有机波谱解析

YOUJI BOPU JIEXI

傅颖 著

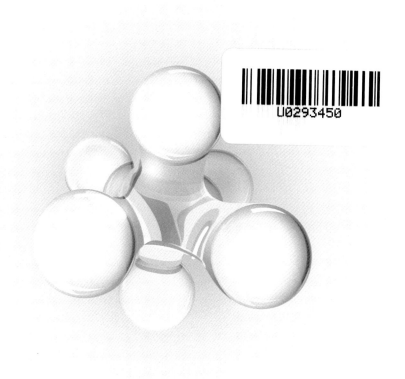

甘肃科学技术出版社

甘肃·兰州

图书在版编目(CIP)数据

有机波谱解析 / 傅颖著. -- 兰州 : 甘肃科学技术
出版社，2019.12
ISBN 978-7-5424-2752-6

Ⅰ. ①有… Ⅱ. ①傅… Ⅲ. ①有机分析－波谱分析－
高等学校－教学参考资料 Ⅳ. ①O657.31

中国版本图书馆CIP数据核字(2020)第205588号

有机波谱解析

傅 颖 著

责任编辑　杨丽丽
封面设计　陈妮娜

出　版　甘肃科学技术出版社
社　址　兰州市读者大道568号　730030
网　址　www.gskejipress.com
电　话　0931-2131567(编辑部)　0931-8773237(发行部)
京东官方旗舰店　https://mall.jd.com/index-655807.html

发　行　甘肃科学技术出版社　　印　刷　甘肃兴业印务有限公司
开　本　787毫米×1092毫米 1/16　　印　张　24.5　插　页　1　字　数　560千
版　次　2022年1月第1版
印　次　2022年1月第1次印刷
印　数　1~500
书　号　ISBN 978-7-5424-2752-6　定　价　98.00元

图书若有破损、缺页可随时与本社联系：0931-8773237
本书所有内容经作者同意授权，并许可使用
未经同意，不得以任何形式复制转载

前　言

有机化合物的波谱解析是有机化学的核心内容之一。它的发展同样推动了有机合成化学、天然产物化学、药物化学的发展。红外、紫外、质谱和核磁共振等波谱表征手段是有机化合物结构鉴定的常用"四大谱"，也已经成为本科阶段和研究生阶段同学必须掌握的重要专业知识。

本书是在本人近年来讲授《有机化学》与《波谱分析导论》课程的基础上，借鉴国内外多种优秀教材的内容，经认真改编而完成的。全书共分7章，系统编列了紫外光谱、红外光谱、核磁共振波谱、质谱的基本原理、方法特点、仪器结构、谱图解析及其应用。第六章为多谱的综合解析，用多种谱图提供的结构信息互为补充及验证，最后推导出有机化合物的构造式。第七章对二维核磁表征的发展做了简要的介绍。

本书针对化学专业的大学本科生和研究生学习使用，理论描述简明扼要。通过采用示例解析，方便同学们理解并掌握常见的有机化合物解析方法，提高他们分析谱图及推导化合物结构的能力。此外，各章还配有适量习题以利于初学者理论联系实际，由谱图推导化合物的结构。

由于编者知识浅薄，书中难免有错误和不妥之处，恳请读者批评指正。

编　者

2019年1月

目　　录

1　紫外光谱

物质分子都是运动着的,在分子内部不同结构层次都存在着不同形式的微观运动。这些微观运动状态具有不同的能量,属于不同的能级。这些能级是量子化的,因此物质分子只有吸收相当于两个能级之差的能量的电磁波,才能够从低能级跃迁到高能级,从而产生吸收光谱。不同波长的电磁波能量不同,与之对应的跃迁形式也不同,因此形成不同的光谱分析法(表1.1)。

表1.1　电磁波段与跃迁类型

电磁波区域	波段	跃迁类型
γ射线	0.001~0.1nm	核
X射线	0.1~10nm	内层电子
紫外	10~400nm	外层价电子
可见光	400~760nm	价电子
红外吸收,拉曼散射	0.78~300μm	分子振动/转动
微波	0.1~100cm	分子转动
无线电波	1~10m	核磁共振

人眼能感受到的光(可见光)的波长大约在400~760nm,波长范围在10~400nm称为紫外光。其中波长范围在10~200nm的称为远紫外区,这个区域的光波容易被空气中的氧气、氮气和水蒸气等干扰,必须在真空状态才可以测定,因此这个波段的光谱又被称作真空紫外光谱。波长200~380nm的电磁谱段称为近紫外区,即我们通常所说的紫外光谱。由于近紫外光区和可见光区内空气无吸收干扰,所以在有机结构鉴定中最为有用。一般紫外光谱仪测定波长范围在200~800nm,有些光谱仪可以进行185~1100nm的全谱段探测,所以紫外光谱也称为紫外-可见光谱。

1.1 紫外光谱的基本原理

多原子分子外层价电子(σ键电子、π键电子以及未成键的n电子)于能级之间的跃迁所吸收的光正好位于紫外-可见光区,所以紫外光谱又称为电子吸收光谱。紫外光谱是最早应用于有机结构分析的波谱表征手段,在确定有机化合物的共轭体系方面有独到之处。其主要优点为:测量灵敏度和准确度高,能测量很多金属和非金属元素及其化合物,仪器操作简便、快速等。

1.1.1 紫外吸收光谱的产生

当分子吸收一定波长的电磁波后,从低能级跃迁到高能级。吸收电磁辐射的频率与能级差之间有以下关系:

$$\Delta E = h\nu = h\frac{c}{\lambda} \qquad (1.1)$$

式中:ΔE 为分子跃迁前后的能极差;ν、λ 分别为所吸收电磁波的频率及波长;c 为光速(3×10^8m/s);h 为普朗克常数(6.62×10^{-34}J·s)。

频率与波长之间的关系为:

$$\nu = \frac{c}{\lambda} \qquad (1.2)$$

可见光子能量与光波频率成正比,与波长成反比。波长越长,频率越低,能量也越低。

电子跃迁主要是分子轨道中最高占有轨道的价电子吸收能量后向能级邻近的最低空轨道发生的跃迁。有机分子中处于最高占有轨道的价电子可分为形成 σ 键的 σ 电子、形成 π 键的 π 电子以及未参与成键的孤电子对(n电子)。根据分子轨道理论,A、B 两原子轨道线性组合可以形成两个分子轨道,分别为成键轨道和反键轨道。成键轨道能量较反键轨道低,成键的两个电子自旋相反配对进入成键轨道。其中 σ 键轨道能量比 π 键轨道能量更低。反键轨道能量较高,为空轨道(σ*反键轨道能量更高)。当有机化合物吸收光波能量而引起外层电子发生能级跃迁时,产生紫外光谱。外层电子吸收电磁波能量发生的跃迁可用图1.1粗略表示。

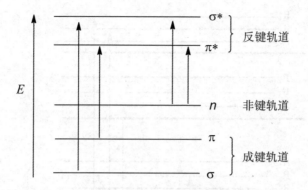

图1.1　电子能级与跃迁类型

在电子光谱中,电子跃迁的概率有高有低,形成的吸收谱带也就有强也有弱。这就是说,价电子的跃迁是服从一定的选择定律,简称选律。选律允许的跃迁,如σ→σ*、π→π*跃迁概率大,形成的吸收谱带强度高。选律禁阻的跃迁,如n→σ*和σ→π*以及n→π*,跃迁概率小,产生的吸收峰强度低,有时甚至观察不到。

1.1.2　分子光谱为带状光谱

分子内部微观运动表现为三种形式:电子相对于原子核的运动、原子核在其平衡位置附近的振动以及分子自身的转动运动。此外分子还有内能和平动能,因此分子的总能量E是这几种能量之和。

$$E_{总} = E_0 + E_m + E_e + E_v + E_r \qquad (1.3)$$

式中:E_0为分子内能,不随分子运动而改变;

E_m为分子在空间的平动能,是温度的函数,因而是连续变化的,不是量子化的,不产生吸收光谱;

E_e为分子中电子的能量;

E_v为分子中原子键的振动能量;

E_r为分子绕质心转动能量。

E_e、E_v、E_r三种能量都是量子化的,都有一定的能级。其中振动跃迁和转动跃迁的能级差较小,产生的吸收光谱处于红外或远红外区。只有外层价电子的能级跃迁产生的吸收光谱处于紫外区,是本章的重点内容。

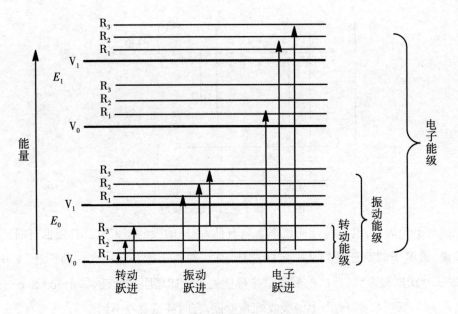

图1.2　电磁波吸收与分子能级变化

从图1.2可见,电子从基态跃迁到激发态,一定伴随着振动能级和转动能级的跃迁。即:

$$\Delta E = \Delta E_e + \Delta E_v + \Delta E_r \qquad (1.4)$$

由于ΔE_e比ΔE_v和ΔE_r大得多,加之电子能级的跃迁总是伴随着多种振动能级和转动能级的跃迁,所以电子能级跃迁和振动能级跃迁所产生的吸收光谱不是一条条的谱线,而是若干谱带,紫外和红外光谱都是这样的谱带。

1.1.3　电子跃迁的类型

从上讨论可知:

σ电子只能从σ键的基态跃迁到σ键的激发态,即σ→σ*,因为两者能级差最大,对应的紫外吸收波长最短,位于远紫外区,在近紫外及可见光区无吸收。

π电子的允许跃迁为π→π*,其能级差较σ→σ*跃迁小,吸收的紫外光波长较长。

未成键的n电子即可以发生n→σ*跃迁,也可以发生n→π*跃迁。其中n→π*跃迁能级差最小,对应的吸收光波长最长。

为了进一步了解不同有机分子价电子的跃迁,对以上所述的价电子跃迁类型分述如下:

(1)σ→σ* 跃迁

有机分子中形成的 σ 共价键比较牢固,因为形成 σ 键的 σ 电子能级很低。要将 σ 键电子激发,需要很大的能量。因此只有高能量、短波长(< 150nm)电磁波才能将 σ 键电子激发,产生吸收光谱。饱和烷烃类化合物既没有 π 电子,也没有孤对电子,只有 σ 电子,所以这类化合物的吸收谱带位于真空紫外光区。如甲烷,λ_{max} = 125nm。

(2)n→σ* 跃迁

一些含有氧、氮、硫、卤素等杂原子的饱和烃化合物中,杂原子的非键电子(n 电子)受激发可以发生 n→σ* 跃迁。虽然非键电子能级较高,但由于 σ* 反键轨道能级也高,因此 n→σ* 跃迁所需能量尽管比 σ→σ* 跃迁所需能量低,但也属于高能量跃迁,一般 λ_{max} < 200nm,落在远紫外区。但跃迁所需能量与 n 电子所属原子的性质关系很大。杂原子的电负性越小,电子越易被激发,激发波长越长。有时也落在近紫外区。如甲胺,λ_{max} = 213nm。

(3)π→π* 跃迁

由于 π 轨道与 π* 轨道之间的能级差比 σ 轨道与 σ* 轨道之间的能级差小,π 电子比较容易发生 π→π* 跃迁,对应的吸收波长较长。单烯烃类化合物发生 π→π* 跃迁吸收电磁波波长范围 λ_{max} 一般在 150~200nm,如乙烯的 λ_{max} = 165nm。两个或两个以上双键共轭时,由于轨道交错的缘故,π→π* 能级差减小,吸收谱带向长波方向位移而且吸收强度大大增强。丁二烯的 λ_{max} = 217nm,己三烯的 λ_{max} = 258nm。

(4)n→π* 跃迁

能够发生 n→π* 跃迁的有机分子是含有由杂原子参与形成的不饱和键(如 C=O, C=S, C=N 等)的一些化合物。杂原子携带的非键电子(n 电子)可被激发到双键的 π* 轨道。在所有价电子中,非键电子能级最高。而空轨道中,π* 反键轨道能级又最低,因此 n→π* 跃迁能级差最小,吸收光波长最长,在近紫外区,有时会出现在可见光区。饱和醛、酮等化合物既含有双键,又携带 n 电子,因此在外来辐射作用下,可以发生 π→π* 和 n→π* 两种跃迁方式。但 π→π* 跃迁属于对称允许跃迁,跃迁概率大,吸收强度大,是强吸收带;而 n→π* 跃迁属于对称性禁阻跃迁,发生概率小,属于弱吸收带,一般 ε_{max} < 500。如—COOR 基团,π→π* 跃迁 λ_{max} = 165 nm,ε_{max} = 4000;而 n→π* 跃迁 λ_{max} = 205nm,ε_{max} = 50。

表1.2　一些典型化合物的电子跃迁类型

能量减小	跃迁类型	化合物类型
	$\sigma \rightarrow \sigma^*$	烷烃
	$\pi \rightarrow \pi^*$	烯烃,含C═O化合物,炔烃,偶氮化合物等
	$n \rightarrow \sigma^*$	含氧、氮、硫以及卤素的化合物
	$n \rightarrow \pi^*$	含C═O、C≡N的化合物,硝基化合物

1.1.4　紫外光谱的表示方法

紫外光谱是由分子中外层电子吸收电磁波能量而发生跃迁产生的,而像 $\sigma \rightarrow \sigma^*$、$n \rightarrow \sigma^*$ 以及部分 $\pi \rightarrow \pi^*$ 跃迁需要能量较高,吸收波长位于远紫外区,不能被一般的紫外光谱仪检测,这就决定了紫外光谱的吸收带很少。加之在电子能级跃迁过程中还伴随着多种振动和转动能级跃迁,所以紫外吸收谱带很宽,因而紫外光谱特征性还是不强。

物质对紫外光的吸收常用吸收曲线来表示,根据 Beer–Lambert 定律:

$$A = \log \frac{I_0}{I} = \varepsilon \cdot c \cdot l \qquad (1.5)$$

式中:A 为吸光度;ε 为摩尔吸光系数,表示吸收带的强度;I 与 I_0 分别为透射光的强度和入射光的强度;l 为光池的长度。

紫外光谱图常用波长 λ(nm)为横坐标,以摩尔吸光系数 ε 或其对数值 $\log\varepsilon$ 为纵坐标来表示。吸收峰最高处对应的波长为最大吸收波长,用 λ_{max} 表示。吸收峰最高处对应的纵坐标值为最大摩尔吸光系数 ε 或其对数 $\log\varepsilon$。ε 值表示物质对光能的吸收强度,是各种物质在一定波长下的特征常数。ε 值的大小可反映电子跃迁的概率。$\varepsilon > 10^4$ 是完全允许的跃迁,$\varepsilon < 100$ 是禁阻跃迁。当测试条件一定时,ε 为常数,是鉴定化合物和定量分析的重要依据。在文献中,化合物的紫外光谱常用文字符号表示。如 $\lambda_{max}^{EtOH} = 297\text{nm}(\varepsilon = 5012)$ 表示试样在乙醇溶液中于 297nm 处有最大吸收峰,该峰的摩尔吸光系数为5012。

许多有机化合物的紫外光谱不只有一个吸收峰,并且各吸收峰有其相应的 λ_{max} 和 ε_{max}。例如,苯甲酸的紫外光谱(图1.3)中有三个吸收峰:$\lambda_{max1} = 230\text{nm}$,$\log_{\varepsilon1} = 4.2$;$\lambda_{max2} = 272\text{nm}$,$\log_{\varepsilon2} = 3.1$;$\lambda_{max3} = 282\text{nm}$,$\log_{\varepsilon3} = 2.9$。

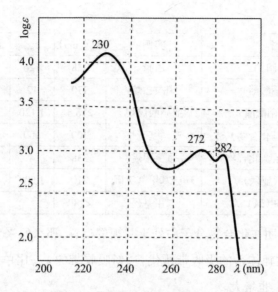

图1.3　苯甲酸的紫外光谱图

1.1.5　紫外光谱常用术语

【生色基】π→π*和n→π*跃迁都要求有机化合物分子中含有不饱和基团,以提供π轨道。含有π键的不饱和基团引入饱和化合物中,使饱和化合物的最大吸收波长移入紫外-可见光区。这类能产生紫外吸收带的官能团,如一个或几个不饱和键、$C\!=\!C$、$C\!=\!O$、$N\!=\!N$、$N\!=\!O$等称为生色团(chromophore)。

表1.3　若干生色基团的紫外吸收特征

生色团	实例	λ_{max}(nm)	ε_{max}	跃迁类型	溶剂
R—CH—CH—R'(烯)	乙烯	165	15,000	π→π*	气体
		193	10,000	π→π*	气体
R—C≡C—R'(炔)	2-辛炔	195	21,000	π→π*	庚烷
		223	160	π→π*	庚烷
R—CO—R'(酮)	丙酮	189	900	n→σ*	正己烷
		279	15	n→π*	正己烷
R—CHO(醛)	乙醛	180	10,000	n→σ*	气体
		290	17	n→π*	正己烷
R—COOH(羧酸)	乙酸	208	32	n→π*	95%乙醇
R—CONH$_2$(酰胺)	乙酰胺	220	63	n→π*	水
R—NO$_2$(硝基化合物)	硝基甲烷	201	5,000	π→π*	甲醇

续表

生色团	实例	λ_{max}(nm)	ε_{max}	跃迁类型	溶剂
R—CN(腈)	乙腈	338	126	$n\to\pi^*$	四氯乙烷
R—ONO$_2$(硝酸酯)	硝酸乙烷	270	12	$n\to\pi^*$	二氧六环
R—ONO(亚硝酸酯)	亚硝酸戊烷	218.5	1,120	$\pi\to\pi^*$	石油醚
R—NO(亚硝基化合物)	亚硝基丁烷	300	100	$n\to\pi^*$	乙醇
R—N—N—R'(重氮化合物)	重氮甲烷	338	4	$\pi\to\pi^*$	95%乙醇
R—SO—R'(亚砜)	环己基甲基亚砜	210	1,500		乙醇
R—SO$_2$—R'(砜)	二甲基砜	<180			

如果生色基团在化合物分子中处于共轭的位置,那么原来生色基团的单个吸收带往往会被新共轭体系的吸收带所代替,新吸收带的λ_{max}比单个生色基团的λ_{max}更长。吸收强度ε_{max}也增大。

【助色基】有些基团本身在200nm以上不产生吸收,但这些基团连在生色基团上时,能增强生色团的生色能力(改变分子的吸收位置和增加吸收强度),这类基团称为助色团(auxochrome)。一般助色团的结构特征为含有孤对电子,如—OH、—NH$_2$、—SH等。当助色基团与生色基团相连接时,助色基团的n电子与生色基团的π电子之间产生的p—π共轭效应导致其$\pi\to\pi$*跃迁能量降低,吸收谱带向长波方向位移。例如苯的B吸收带λ_{max} = 254nm(ε=230),而苯胺的同类吸收谱带的λ_{max} = 280nm(ε=430)。烷基与共轭体系相连接时也可产生助色效应,这是因为C—H上的σ电子与共轭体系的π电子之间发生σ—π超共轭效应。

【红移】由于基团取代或溶剂的影响,λ_{max}向长波方向移动的现象称为红移。

【蓝移】由于基团取代或溶剂的影响,λ_{max}向短波方向移动的现象称为蓝移。

【增色效应】由于基团取代或溶剂的影响,使吸收强度增大的效应。

【减色效应】由于基团取代或溶剂的影响,使吸收强度减小的效应。

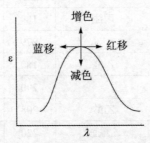

图1.4 光强和波长的术语示意图

【末端吸收】指吸收曲线随波长变短而强度增大,直到仪器测量极限(190nm),即在仪器极限处测出的吸收叫末端吸收。

【肩峰】指吸收曲线在下降或上升处有停顿,或吸收稍微增加或降低的峰,是由于主峰内隐藏有其他峰。

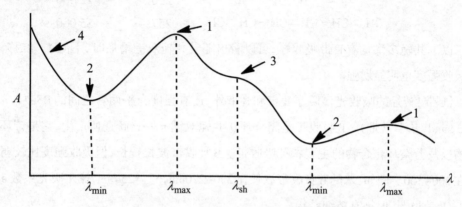

1. 吸收峰　2. 吸收谷　3. 肩峰　4. 末端吸收

图 1.5　吸收光谱示意图

1.1.6　吸收带的种类

紫外光谱中电子吸收光谱表现为吸收带。化合物因其结构不同,跃迁的类型也不同,所以产生不同的吸收带。由 $\pi \rightarrow \pi^*$ 和 $n \rightarrow \pi^*$ 跃迁所产生的吸收带共有四种,分别为 R 带、K 带、B 带和 E 带。

【R带】R 是德文 Radikalartig(基团)的首字母。这种吸收是由基团的 $n \rightarrow \pi^*$ 跃迁引起。这类吸收的基团是由带有未成键电子的杂原子参与形成的多重键的一些化合物,如 C=O 和—NO$_2$ 等。其特征是 $\lambda_{max} > 270nm$, $\varepsilon < 100$(跃迁禁阻)。所以 R 带强度很弱,易被其他吸收遮蔽。例如:

乙醛(CH$_3$CHO):$\lambda_{max} = 291nm$,$\varepsilon = 11$;

苯乙酮(PhCOCH$_3$):$\lambda_{max} = 319nm$,$\varepsilon = 50$。

【K带】K 带名称来源于德文"Konjugierte","共轭"的意思。也就是 K 带吸收是由共轭双键的 $\pi \rightarrow \pi^*$ 跃迁而产生。共轭双烯,α,β-不饱和羰基化合物,芳酮等体系的紫外光谱中都有此吸收带。K 带的 λ_{max} 比 R 带小,但是吸收峰非常强($\varepsilon > 10\,000$),属于允许跃迁。随着共轭体系的增大,$\pi \rightarrow \pi^*$ 跃迁所需能量减小,K 吸收带红移。

K 带是具有共轭体系的化合物的特征吸收带,藉此可以判断化合物是否含有共轭结构,是紫外光谱中应用最多的吸收带。

	λ_{max}	ε_{max}
$CH_2{=}CH{-}CH{=}CH_2$	217	21 000

$$\underset{CH_2{=}CH{-}CH{=}CH_2}{\overset{\overset{CH_3}{\mid}\quad\overset{CH_3}{\mid}}{}}$$

	226	22 000
$CH_2{=}CH{-}CH{=}CH{-}CH{=}CH_2$	257	35 000

以上共轭多烯均有 K 带吸收峰,可以看出随着共轭双键增加时,不但 λ_{max} 红移,而且吸收强度也明显增强。

【B 带】芳烃的吸收光谱除了 K 带和 R 带外,还有强度介乎两者之间的 B 带(benzenoid band,苯型谱带)。B 吸收带是闭合环状共轭双键 π→π* 跃迁所产生,它是芳环化合物以及芳杂环化合物的主要特征吸收带。B 吸收带波长较长,但吸收强度比较弱,ε 值在 200~300。例如:苯的 B 吸收带波长在 230~270nm,λ_{max}=254nm,摩尔吸光系数 ε 为 200。B 带虽弱,但是有精细结构。

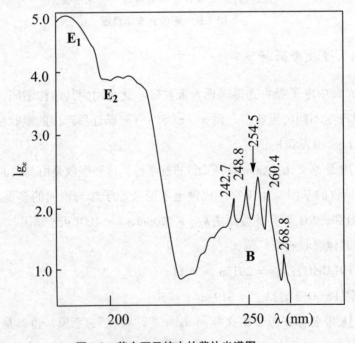

图 1.6　苯在环己烷中的紫外光谱图

【E 带】(Ethylenic,乙烯型):芳香化合物的 E 吸收带也是由芳环的 π→π* 跃迁引起的吸收带。E 吸收带也是芳环化合物的特征吸收带之一,ε_{max} 为 2000~14 000。芳香烃有两个 E 吸收带,分别被称为 E_1 和 E_2 吸收带。

E_1 带:λ_{max} < 200nm,ε > 10 000。苯在 187nm 处的吸收特别强,ε_{max}=68 000。该吸收

带是由于环内乙烯键的激发所致。因处在远紫外区,不常使用。

E$_2$带:λ_{max}稍高于 200nm。苯在 204nm 处有一吸收强度中等的(ε_{max}=7900)的吸收峰,是由于苯环中共轭二烯的跃迁所致,相当于苯环的 K 带。当苯环携带生色基或助色基时,E$_2$带红移。红移超过 210nm,E$_2$带就认为是 K 带。

例如苯乙酮有三个特征吸收峰(图 1.7),分别为:

K 带:λ_{max}=240nm;ε_{max}=1.3×10^4。

B 带:λ_{max}=278nm;ε_{max}=1.1×10^4。

R 带:λ_{max}=319nm;ε_{max}=59。

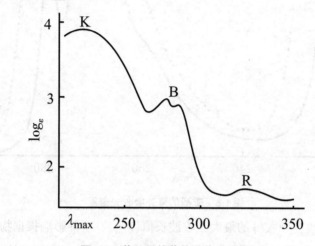

图 1.7　苯乙酮的紫外吸收光谱图

1.2　影响紫外光谱的主要因素

1.2.1　外部因素的影响

1.2.1.1　溶剂

溶剂的极性可以引起谱带形状的变化。在气态或非极性溶剂(如正己烷)中,可以观察到谱带的精细结构。当使用极性溶剂后,由于溶剂分子与溶质分子之间的相互作用增强,使谱带的精细结构变得模糊甚至完全消失而成为一平滑的吸收谱带。图 1.8 为苯酚在庚烷溶液的紫外光谱图,其中可见各种不同振动引起的吸收带裂分的精细结构。在乙醇溶液中,苯酚的吸收带变成一平滑的曲线。

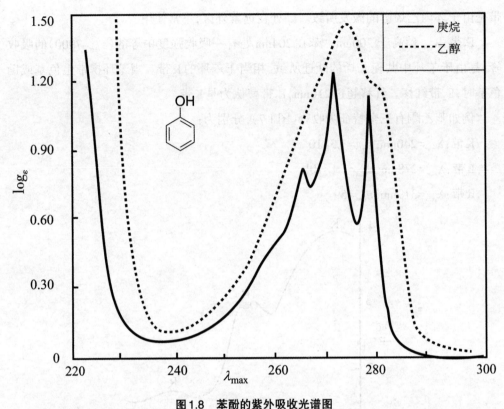

图1.8　苯酚的紫外吸收光谱图

溶剂也可以改变吸收峰的最大吸收波长值(λ_{max})。这种影响根据物质种类的不同而不同。非极性的共轭双烯类化合物受溶剂极性影响较小,而极性较大的α,β-不饱和羰基化合物受溶剂极性影响较大。一般地,随着溶剂极性的增大,π→π* 跃迁红移而n→π* 跃迁蓝移。

n→π*跃迁是未共用n电子跃迁到π*轨道。跃迁的能量最小,吸收峰出现在200~400nm的紫外光区,属弱吸收。在n→π*跃迁中,由于非键n电子的存在,基态的极性比激发态更大,因此基态分子与极性溶剂之间的作用较强,能量下降较大。激发态也因为溶剂化而能量降低,但相对基态能量下降较小,总体来说,溶剂化使得基态和激发态能级增加,即:$\Delta Ep > \Delta En$。故吸收谱带向短波方向移动,即蓝移(图1.9左)。

在 π→π* 跃迁中,激发态的极性较基态更大,溶剂化使得激发态能量下降更多。即溶剂极性增加使得两能级间的能量差较小,即:$\Delta Ep < \Delta En$,吸收峰向长波方向发生红移(图1.9右)。

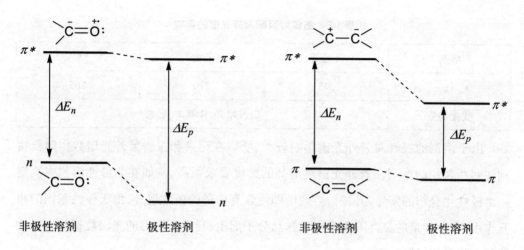

图 1.9 n→π* 跃迁(左)和 π→π* 跃迁(右)的溶剂效应

异丙叉丙酮$(CH_3)_2C$=CH—CO—CH_3在不同溶剂中 K 带和 R 带的λ_{max}值列于表 1.4。图 1.10 更清楚的表现了溶剂极性(正己烷和水)对 K 带和 R 带的影响。

表 1.4 异丙叉丙酮$(CH_3COCH$=$C(CH_3)_2)$不同类型跃迁随溶剂极性的变化

跃迁类型	环己烷	乙醚	氯仿	甲醇	水
n→π*	329	326	315	312	305
π→π*	230	230	238	238	243

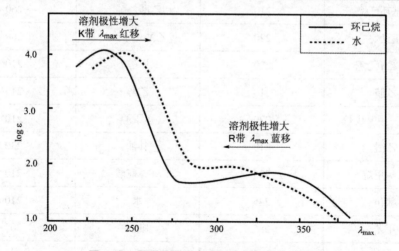

图 1.10 异丙叉丙酮在不同溶剂的紫外光谱

溶剂分子与溶质分子之间如果能够形成氢键,也会对λ_{max}产生影响,使 n→π*跃迁蓝移。表 1.5 列出了水、乙醇和环己烷三种不同溶剂对丙酮λ_{max}的影响,从中可见溶质分子与溶剂形成氢键导致最大吸收发生蓝移。

表1.5 氢键对丙酮紫外光谱的影响

溶剂	环己烷	乙醇	水
λ_{max}(nm)	275	270	265
变化趋势	极性增强,R带 λ_{max} 蓝移		

由于溶剂的极性对紫外光谱影响较大,所以在记录和报告紫外光谱数据时要特别注明所使用的溶剂。紫外光谱对溶剂的纯度要求很高,例如在非极性溶剂中测定一个极性化合物的紫外光谱时,溶剂中即使含有少量的极性组分,由于极性基团的相互作用,将使少量的极性溶剂聚集在样品分子周围,导致所测得的光谱数据与在极性溶剂中测得的相似。

在紫外光谱测试中,选用的溶剂应该是紫外透明的,即在待测样品的吸收波段内该溶剂无吸收。一般地,在近紫外光区,分子结构中仅含有 σ 键和非共轭的 π 键的溶剂都可以使用。常用溶剂有甲醇、乙醇(95%)、水、己烷、环己烷、1,4-二氧六环等。

表1.6 常用溶剂的波长极限

溶剂	波长极限	溶剂	波长极限
环己烷	210	甲酸甲酯	260
甲基环己烷	210	乙酸乙酯	260
正己烷	220	乙酸正丁酯	260
1,4-二氧六环	220	甲醇	210
乙腈	210	乙醇	215
2,2,4-三甲基戊烷	220	正丁醇	210
乙醚	210	甘油	230
二氯甲烷	235	96% 硫酸	210
氯仿	245	水	210
甲苯	285	吡啶	305
丙酮	330	二硫化碳	380

1.2.1.2 介质pH对 λ_{max} 的影响

一些对酸碱敏感的物质如不饱和羧酸、烯醇、酚、苯胺等的紫外光谱对介质pH值的改变比较敏感。一般地,酸性物质当介质从中性变为碱性,吸收带红移。而芳胺酸化时,吸收带发生蓝移。例如苯酚加碱后,由于多增加了一对孤对电子,与苯环的 p—π 共轭效应增强,不仅使 E_2 和 B 吸收带红移,而且摩尔吸光系数 ε 值也明显增大(图 1.11)。

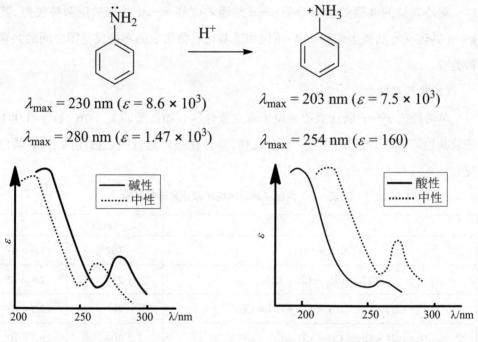

E_2 带：　　$\lambda_{max} = 211$ nm $(\varepsilon = 6.2 \times 10^3)$　　　　$\lambda_{max} = 236$ nm $(\varepsilon = 9.4 \times 10^3)$

B 带：　　$\lambda_{max} = 270$ nm $(\varepsilon = 1.45 \times 10^3)$　　$\lambda_{max} = 287$ nm $(\varepsilon = 2.6 \times 10^3)$

　　苯胺酸化成盐后,氮原子的孤电子对与 H^+ 结合,p—π 共轭作用消失,氨基不再是助色基团,所以苯胺成盐后吸收带蓝移(图 1.12)。

$\lambda_{max} = 230$ nm $(\varepsilon = 8.6 \times 10^3)$　　　　$\lambda_{max} = 203$ nm $(\varepsilon = 7.5 \times 10^3)$

$\lambda_{max} = 280$ nm $(\varepsilon = 1.47 \times 10^3)$　　$\lambda_{max} = 254$ nm $(\varepsilon = 160)$

图 1.11　苯酚的紫外光谱　　　　　图 1.12　苯胺的紫外光谱图

　　酚酞在酸性介质中,分子中只有一个苯环和羰基形成共轭体系,吸收峰位于紫外区,无色。在碱性介质中,整个酚酞阴离子构成一个大的共轭体系,吸收峰红移至可见光区,呈粉红色。

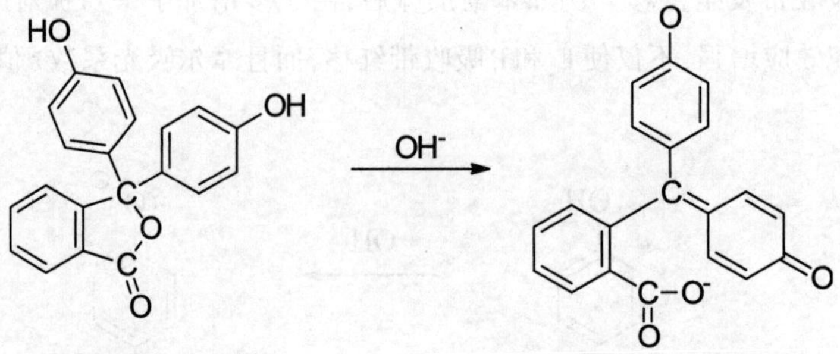

内酯式，无色
（酸性溶液中）

醌式，粉红色
（碱性溶液中）

1.2.2 内部因素的影响

1.2.2.1 共轭效应的影响

紫外光谱的共轭效应可分为 p—π 共轭效应和 π—π 共轭效应两种类型，其中 π—π 共轭又有共轭多烯和 α,β-不饱和羰基化合物代表的不同发色团之间的共轭两种类型。

（1）共轭多烯类

单烯烃的 π→π* 跃迁吸收带位于真空紫外区。如乙烯的 $\lambda_{max}=162nm$，$\varepsilon=1.0\times10^4$。随着共轭双键数目的增加，$\lambda_{max}$ 显著红移，而且往往伴随着吸收强度的增加（增色效应）。

表 1.7 共轭多烯的结构对紫外光谱的影响

烯烃	λ_{max}（nm）	ε
$CH_2 = CH_2$	162	1.0×10^4
$CH_2 = CH_2 - CH = CH_2$	217	2.1×10^4
$CH_2 = CH - CH = CH - CH = CH_2$	267	3.5×10^4
$CH_2 = CH - CH = CH - CH = CH - CH = CH_2$	304	6.4×10^4
$CH_2 = CH - CH = CH - CH = CH - CH = CH - CH = CH_2$	334	1.21×10^5

可见，随着共轭多烯双键数目的增加，吸收带的波长红移并逐渐进入可见光区。很多天然的共轭多烯都具有颜色，就是因为其吸收光的波长进入可见光区。例如 β-胡萝卜素的 λ_{max} 已达452nm，进入可见光区。番茄红素（lycopne）也是22个碳原子形成的共轭体系（碳链两端的两个双键被两个亚甲基与中间的共轭体系隔断，不参与共

轭),其吸收也在可见光区,λ_{max}=474nm(己烷),ε_{max}=18.6×10^4。

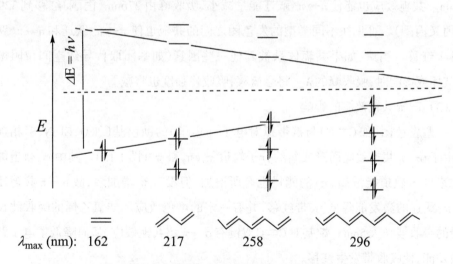

(β-胡萝卜素,λ_{max}=452nm)

(番茄红素,λ_{max}=474nm)

共轭多烯的 λ_{max} 随共轭体系的增加而红移的现象可以根据分子轨道理论得到很好的解释。共轭体系增加,形成的分子轨道数也增加,使最高占有轨道(HOMO)和最低空轨道(LUMO)之间的能加差值逐渐降低,从而使 λ_{max} 红移(图 1.13)。当烯烃的共轭体系中加入羰基时,也会使 $\pi \rightarrow \pi^*$ 跃迁和 $n \rightarrow \pi^*$ 跃迁的能量降低,λ_{max} 红移。非共轭双键对吸收带波长不产生影响,但会有一定的增色效应。

$$\Delta E = h\nu$$

$$E$$

λ_{max} (nm): 162   217   258   296

图1.13 共轭多烯分子轨道能级是示意图

(2) α,β-不饱和羰基化合物

当不同的发色基团共轭时,对紫外光谱产生的影响与共轭多烯类似。例如在异丙叉丙酮分子中,烯烃双键(C=C)和羰基(C=O)相互共轭,产生新的分子轨道,其能级如图1.14所示。

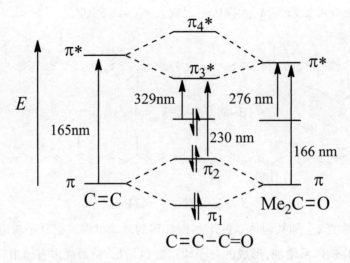

图1.14　C＝C与C＝O共轭的分子轨道

由图1.14可见,在异丙叉丙酮$(CH_3)_2C＝CH—CO—CH_3$中,$\pi_2 \to \pi_3^*$跃迁需要的能量比单一的丙酮C＝O中的$\pi \to \pi^*$跃迁小。因此该吸收峰由166nm(丙酮)红移到230nm。共轭效应也能使$n \to \pi^*$跃迁能量减小,吸收峰由276nm(丙酮)红移到329nm(异丙叉丙酮)。可见在不同类型的发色团之间的共轭也使$\pi \to \pi^*$跃迁和$n \to \pi^*$跃迁都发生红移。当然,如果共轭体系被其他一些因素(如基团取代导致空间位阻增大等)破坏或影响时,吸收峰的λ_{max}将会蓝移,吸收峰强度也将减弱。

（3）p—π共轭效应的影响

一些发色团(如C＝C)与携带孤对电子(p电子)的助色基(如O、Cl、N、S)相连接时,由于p—π共轭效应而形成新的分子轨道π_1、π_2和π^*(图1.15)。其中π_2轨道能量较原来的π轨道能量高,π^*的能量也有所增加,但没有π_2增加多,故p—π共轭使得$\pi \to \pi^*$跃迁的激发能降低,K带红移,并有一定的增色效应。如氯乙烯的吸收波长比乙烯的吸收波长大5nm。烷基对C＝C双键有σ—π超共轭效应,从而降低了电子跃迁的激发能,使吸收带发生红移。

表1.8　乙烯被取代后λ_{max}的变化

取代基	CH_3	Cl	OR	NR_2	SR
$\Delta\lambda(nm)$	5	5	30	40	45
结论	助色基使K带红移				

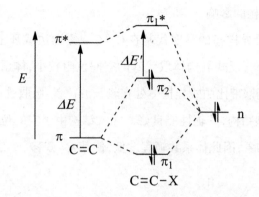

图1.15 n电子与C=C共轭的分子轨道示意图

芳环与助色基团相连时,也会使其E带和B带红移。如苯的B带 λ_{max} 为254nm,氯苯为265nm,苯酚和苯胺的B带 λ_{max} 发生显著的红移,分别为270nm和280nm。

表1.9 苯环被助色基团取代的效应

取代基	E吸收带		B吸收带		溶剂
	λ_{max}(nm)	ε_{max}	λ_{max}(nm)	ε_{max}	
H	204	7900	256	204	正己烷
Cl	210	7600	266	240	乙醇
SH	236	10000	269	700	正己烷
OCH$_3$	217	6400	269	1480	2%甲醇
OH	210	6200	270	1450	水
ONa	235	9400	287	2600	水(碱性)
NH$_2$	230	8600	280	1480	水
—N$^+$H$_4$	203	7500	254	160	稀酸
OPh	255	11000	272	2000	环己烷

助色基与C=O等基团相连时,会使R带的 λ_{max} 发生蓝移。这是由于助色基的n电子与羰基的 π 轨道发生p—π共轭,使其n→π*跃迁激发能增加所致。

表1.10 乙酰基被助色基取代效应

化合物	CH$_3$CHO	CH$_3$CONH$_2$	CH$_3$COOC$_2$H$_5$
λ_{max}(R带)	290	220	208
结论	助色基使R带蓝移		

1.2.2.2　立体结构的影响

【顺反异构】顺反异构指的是取代基在C=C双键两边或环上空间不同的排列方式而引起的异构现象。反式异构体取代基的空间位阻较小,体系共轭较好,所以反式异构体的π→π*跃迁谱带比顺式异构体处在较长波位置,吸收强度也大。例如反式1,2-二苯乙烯为平面型结构,共轭性能良好。顺式结构由于空间位阻的缘故,两个苯环不能采用共平面的构象,因此体系共轭程度低,使其λ_{max}蓝移。

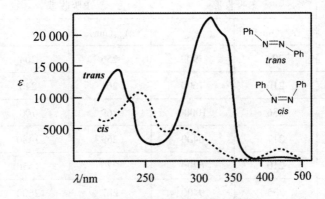

λ_{max}=295nm(ε_{max}=27 000)　　λ_{max}=280nm(ε_{max}=13 500)

反式偶氮苯的摩尔吸光系数也远远大于顺式,且最大吸收峰位红移(图1.16)。

图1.16　顺式和反式偶氮苯的紫外光谱图

【空间位阻】在共轭体系中,邻位基团的引入导致分子共平面性被破坏,使吸收谱带向蓝移且吸收强度减弱。联苯的两个苯环在同一个平面上能很好地共轭,其λ_{max}=249nm,ε_{max}= 1.7×10⁴。4,4′-二甲基联苯由于甲基的超共轭效应,其紫外吸收相对于联苯略有红移和增色效应。2-甲基联苯的最大吸收波长蓝移,λ_{max}=237nm,吸收强度有所降低,ε_{max}= 1.03×10⁴。在2,2′-二甲基联苯中,由于邻位二取代,妨碍了两个苯环的共平面性,使紫外吸收强度大为下降,并稍微显示了精细结构(图1.17)。2,2′,6,6′-四甲基联苯的紫外基本恢复到苯的紫外吸收。像苯环这种邻位取代后空间位阻削弱了发色基团和助色基团之间的有效共轭,使ε值减小的现象称为邻位效应。

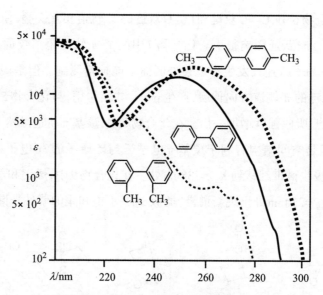

图 1.17　位阻效应对紫外光谱的影响

λ_{max}(nm)	247	253	237	231	227
ε_{max}	17000	19000	10250	561	—

【跨环共轭效应】在刚性环分子中,没有直接共轭的两个基团如果空间距离接近,分子轨道可以相互交盖而产生弱的共轭效应。由此产生的 UV 光谱既不是两个生色团的加合,也不同于相应的共轭光谱,称为跨环效应(transannular effect)。如下化合物2 和 1 比较,2 中两个双键虽然不共轭,但由于在环状结构中C═C 双键的轨道与羰基C═O 的轨道有部分交叠,使得羰基 $n \to \pi^*$ 跃迁发生红移,吸收强度也增加。化合物 3两个羰基双键距离较远,只能观察到两个羰基的加合光谱。化合物 4 中两个羰基中间插入了一个 π 键,虽然不存在直接的共轭关系,但是最大吸收波长出现红移,吸收强度也大幅增加。

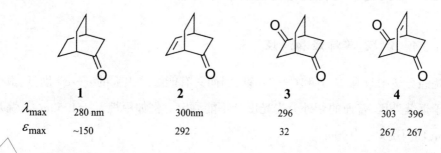

	1	**2**	**3**	**4**	
λ_{max}	280 nm	300nm	296	303	396
ε_{max}	~150	292	32	267	267

再如化合物6中，C═C双键和C═O双键的π轨道相互交叠，使 π→π* 跃迁明显红移，而对n→π*跃迁影响很小。化合物7中两个π轨道距离较远，不能发生π轨道间的重叠，π→π* 跃迁只发生在远紫外区而不能被检测到。但是羰基氧原子的2p轨道向C═C双键的π轨道方向伸展，产生p—π共轭作用，与化合物5比较，其n→π*跃迁谱带红移，且吸收强度增加一倍。在化合物8中，羰基π轨道虽然不与助色基S原子直接相连，但是空间结构有利于羰基π电子云与硫原子的3p电子相互作用，使羰基 π→π* 跃迁吸收谱带红移到 λ_{max}=238nm 处。在化合物9中，烯键和羰基π轨道相互靠近重叠，在 λ_{max}=214nm 处出现新谱带，类似α,β-不饱和酮的紫外光谱。

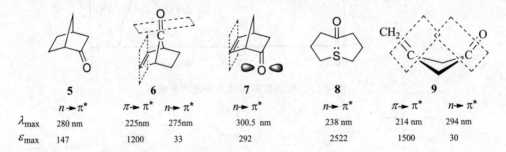

	5	**6**		**7**	**8**	**9**	
	$n→\pi^*$	$\pi→\pi^*$	$n→\pi^*$	$n→\pi^*$	$n→\pi^*$	$\pi→\pi^*$	$n→\pi^*$
λ_{max}	280 nm	225nm	275nm	300.5 nm	238 nm	214 nm	294 nm
ε_{max}	147	1200	33	292	2522	1500	30

【分子内氢键的影响】分子内氢键的形成也使吸收谱带发生红移。例如邻羟基苯乙酮甲基化后，两个主要的吸收谱带均发生蓝移，就是因为其分子内氢键被破坏的缘故。类似地，可以形成分子内氢键的5-羟基黄酮的紫外II带的λ_{max}比不能形成分子内氢键的7-羟基黄酮的紫外II带λ_{max}值更大，吸收更强。

λ_{max} (nm)	252	328	246	307	λ_{max} (nm)	272		252
$\log_\varepsilon$	3.92	3.46	3.80	3.46		4.35		4.33

1.3 非共轭结构有机化合物的紫外光谱

1.3.1 烷烃、单烯烃和炔烃

烷烃分子中只有C—H和C—C σ键，因而只有能级差很大的 σ→σ* 跃迁，其吸收带位于远紫外区，普通的紫外分光光度计不能测定。例如甲烷λ_{max}=125nm，乙烷λ_{max}=135nm，环丙烷λ_{max}= 190nm。

非共轭的烯烃和炔烃分子中因为至少含有一个双键和一个单键,故有两种跃迁方式:$\sigma \to \sigma^*$跃迁和$\pi \to \pi^*$跃迁。$\pi \to \pi^*$跃迁的激发能小于$\sigma \to \sigma^*$跃迁,因此烯烃的紫外吸收波长虽然比相应的烷烃的长,但是单烯烃的λ_{max}仍位于190nm以下的真空紫外区,不属于近紫外–可见光谱研究的范围。如乙烯$\lambda_{max} = 175$nm;丁烯$\lambda_{max} = 178$nm。一般地,烯烃双键每增加一个烷基,吸收谱带红移5nm,这是烷基与双键$\sigma - \pi$超共轭效应引起的。如乙烯$\lambda_{max}=175$nm($\varepsilon=15\ 000$),$(CH_3)_2C=C(CH_3)_2$的$\lambda_{max}=197$nm($\varepsilon=11\ 500$)。取代非共轭烯烃吸收峰位于远紫外区,但会在近紫外光区短波端出现该峰较强的尾部吸收部分,这部分的吸收称为"末端吸收"。饱和卤代烃、胺类或含杂原子的单键化合物的吸收带易产生紫外末端吸收,由于这类化合物含有一个或几个孤对电子,因此产生$n \to \sigma^*$、$n \to \pi^*$跃迁,其范围从远紫外区末端延伸到近紫外区,在200~220nm附近形成末端吸收。

乙炔的吸收带在173nm($\varepsilon=6000$),无实用价值。与烯烃类似,烷基取代可使吸收带红移。炔类化合物除180nm附近的吸收带外,在220nm处有一个弱吸收,ε为100。

1.3.2　含有杂原子的饱和化合物

当烷烃分子中的氢原子被杂原子(O、N、S、卤素等)取代时,激发能比$\sigma \to \sigma^*$跃迁低的$n \to \sigma^*$跃迁成为主要的电子跃迁方式,产生的吸收带λ_{max}均在200nm附近。例如硫醇的$n \to \sigma^*$约在210nm,卤代烃中氯代烃和氟代烃的λ_{max}小于200nm,但溴代烃和碘代烃的λ_{max}一般都大于200nm。不过$n \to \sigma^*$跃迁属于禁阻跃迁,吸收弱。多卤代烷的λ_{max}比一卤代烷的要大。例如CH_3Cl:$\lambda_{max}=173$nm,CH_2Cl_2:$\lambda_{max} = 220$nm,$CHCl_3$:$\lambda_{max}=237$nm,CCl_4:$\lambda_{max} = 257$nm。

1.3.3　含杂原子的不饱和化合物

含杂原子的不饱和化合物除了$\sigma \to \sigma^*$跃迁外,还有$n \to \sigma^*$跃迁、$n \to \pi^*$跃迁和$\pi \to \pi^*$跃迁。其中只有激发能最低的$n \to \pi^*$跃迁出现在近紫外区。

1.3.3.1　饱和羰基化合物及其类似物

醛酮(C=O)、亚胺(C=N)以及硫酮(C=S)和偶氮化合物(—N=N—)等基团的不饱和键都是带有杂原子的,这类基团都可以产生四种跃迁吸收带,其中$\sigma \to \sigma^*$跃迁(120~130nm),$\pi \to \pi^*$跃迁(~160nm)和$n \to \sigma^*$跃迁(~180nm)都位于真空紫外区。只有$n \to \pi^*$跃迁所需激发能较小,吸收波长位于近紫外区。$\pi \to \pi^*$跃迁为对称性允许跃迁,吸收强度大,而n→π*跃迁属于对称性禁阻跃迁,吸收强度小(ε<300),被称为R带。醛酮的R带(λ_{max}为270~290nm,ε为20~50)是很有特征的吸收谱带,对醛酮的鉴定很有帮助。R带一般呈宽带性,溶剂对位置影响明显。

酮比醛多了一个烃基,由于超共轭效应,π轨道能级降低,π*轨道能级升高,致使酮的n→π*跃迁吸收需要更高的能量。因此结构相似的化合物,酮的最大吸收波长略小于醛。酮的R带λ_{max}在270~280nm,而醛的λ_{max}略向长波移动。乙醛有两个吸收带,分别为λ_{max}=190nm(ε=1.0×10^4)与λ_{max}=290nm(ε=13)。前者为π→π*跃迁吸收谱带,后者为n→π*跃迁的吸收带。所以酮羰基n→π*跃迁较醛类蓝移,例如2-丁酮在乙醇的溶液中,λ_{max}=273nm(ε=20)。酮类化合物α位烷基取代数目增多,λ_{max}红移,例如2,2,4,4-四甲基戊酮λ_{max}= 295nm(ε=20,乙醇)。

表1.11　一些常见醛酮的λ_{max}

	甲醛	乙醛	丙酮		丁酮	2-戊酮	4-甲基2-戊酮
λ_{max}(nm)	304	290	279	270	273	278	283
ε_{max}	18	13	15	12	20	15	20
溶剂	蒸气	蒸气	环己烷	甲醇	乙醇	己烷	异辛烷

非环酮的α-位如果被卤素、羟基、烷基等助色基团取代,吸收带红移且强度增加。例如α-溴代丙酮在己烷中,λ_{max}=311nm(ε=80)。而丙酮在己烷中最大吸收波长λ_{max}=279nm(ε=15)。α-取代环己酮有两种构象,当卤素、羟基、苯环等助色基团处于直立键或平伏键时,对羰基的n→π*跃迁会有不同的影响。α-氯代环己酮的氯处于平伏键时,Cl与羰基O原子空间距离较近,由于场效应,使羰基碳氧结合加强,羰基氧原子对n电子拉得更紧,n轨道电子能量降低,n→π*跃迁能量有所增加,谱带蓝移。当氯处于直立键时,氯原子的p轨道与羰基π轨道发生p—π共轭作用,降低了羰基反键轨道π*的能量,使R带明显发生红移,同时也增加了吸收强度。常见α-卤代环己酮的取代基位移值见表1.12。

表1.12　α-卤代环己酮的取代基位移值

α-取代基	λ_{max}的位移值	
	直立键(a键)	平伏键(e键)
—Cl	+ 22	—7
—Br	+ 28	—5
—OH	+ 17	—12
—OH	+ 10	—5

羧酸、酯、酰氯、酰胺等羰基衍生物，由于极性杂原子的引入并与羰基发生显著的 p—π 共轭效应和诱导效应，提升了 π* 的能量，使 n→π* 跃迁的 λ_{max} 显著蓝移。例如：

	CH₃CHO	CH₃COCl	CH₃COOH	CH₃COOC₂H₅	CH₃CONH₂
λ_{max}(nm)	293(己烷)	240(庚烷)	205(乙醇)	211(异辛烷)	220(甲醇)
ε_{max}	12	34	40	58	160

因此利用紫外光谱，可以鉴别醛、酮的结构，也可以将醛酮与羧酸、酯、酰氯、酰胺等羰基化合物区别开来。

C=S 的 R 带 λ_{max} 一般大于结构相似 C=O 的 R 吸收带，这是由于一方面 S 原子未成键电子对在 3p 轨道较 2p 轨道能级高，另一方面 C=S 中 π* 轨道能级与 C=O 中 π* 轨道能级提高不多，故 C=S 中的 n→π* 跃迁的激发能较低，λ_{max} 约 500nm。如 (C₃H₇)₂C=S 在正己烷溶剂中，n→π* 跃迁 λ_{max} 约 503nm(ε=9)，π→π* 跃迁 λ_{max} 为 230nm(ε=6300)。

亚胺类(C=N)化合物和腈类(C=N)化合物也会出现两个吸收带，λ_{max}172nm 的吸收带对应于 π→π* 跃迁，而 λ_{max}244nm(ε=100)的吸收带对应于 n→π* 跃迁。

偶氮(N=N)化合物的 n→π* 跃迁特征吸收带在 360nm 附近，接近可见光区，所以一些偶氮化合物主要表现为黄色。偶氮化合物的吸收峰与结构有关，反式结构为弱吸收，顺式结构为强吸收，如 CH₃N=NCH₃ 水溶液中，反式结构的 R 带 λ_{max}=343nm(ε=25)，顺式结构的 λ_{max}=353nm(ε=240)。

脂肪族硝基化合物(N=O)在紫外区有两个吸收带，分别为对应于 π→π* 跃迁的吸收带(K 带，λ_{max}≈200nm，ε=5.0×10⁴)和对应于 n→π* 跃迁的吸收带(R 带，λ_{max}≈270nm，ε=15)。如 CH₃NO₂：λ_{max}≈279nm，ε=16 和 λ_{max}≈202nm，ε=4400。

1.3.3.2 杂原子取代的单烯烃

当 O、S、N 和卤素等杂原子与 C=C 相连时，由于杂原子的助色效应，λ_{max} 红移，这是杂原子与 C=C 双键发生 p—π 共轭的结果。其中 p—π 共轭效应更强的 N、S 红移更加明显。烷基取代可以与双键发生超共轭作用，使吸收带红移。

	CH₂=CH₂	CH₂=CHCl	CH₂=CHOCH₃	CH₂=CHSCH₃
λ_{max}(nm)	175	185	190	228
ε_{max}	15000	10000	10000	8000

可见，C=C、C=C 等虽然属于生色基团，如不与杂原子等强助色基相连，π→π* 跃迁的吸收带仍处于远紫外区。典型的含杂原子的饱和化合物的紫外吸收见表 1.13。

表1.13 非共轭有机化合物的紫外吸收

发色团	化合物	跃迁类型	$\lambda_{max}(nm)$	ε_{max}	溶剂
R—OH	CH_3OH	$n \rightarrow \sigma^*$	177	200	己烷
R—X	CH_3Cl	$n \rightarrow \sigma^*$	173	200	己烷
	CH_3Br	$n \rightarrow \sigma^*$	202	246	庚烷
	CH_3I	$n \rightarrow \sigma^*$	257	387	庚烷
R—NR$_2$	CH_3NH_2	$\sigma \rightarrow \sigma^*$	174	2200	气态
		$n \rightarrow \sigma^*$	215	600	
	$(CH_3)_3N$	$\sigma \rightarrow \sigma^*$	199	4000	气态
		$n \rightarrow \sigma^*$	227	900	
R—S—R	CH_3SCH_3	$\sigma \rightarrow \sigma^*$	210	1020	乙醇
		$n \rightarrow \sigma^*$	229	140	
C=C	CH_2=CHBu-n	$\pi \rightarrow \pi^*$	180	12500	庚烷
C≡C	HC≡CEt	$\pi \rightarrow \pi^*$	172	4.5×10^3	气态
C≡N	CH_3C≡N	$n \rightarrow \pi^*$	167	弱	气态
R—NO$_2$	CH_3NO_2	$n \rightarrow \pi^*$	279	15.8	
R—CHO	CH_3CHO	$\pi \rightarrow \pi^*$	182	1.0×10^4	气态
		$n \rightarrow \pi^*$	289	12.5	
R—CO—R'	CH_3COCH_3	$\pi \rightarrow \pi^*$	190	1000	环己烷
		$n \rightarrow \pi^*$	275	32	
R—COOH	CH_3COOH	$n \rightarrow \pi^*$	204	41	乙醇
R—COOR'	CH_3CO_2Et	$n \rightarrow \pi^*$	205	60	水
R—CONH$_2$	CH_3CONH_2	$n \rightarrow \pi^*$	220	160	甲醇
R—COCl	CH_3COCl	$n \rightarrow \pi^*$	240	34	戊烷

1.4 共轭结构有机化合物的紫外光谱

1.4.1 共轭烯烃

分子中含有两个以上的生色基时,如果两个生色基相距较远(间隔两个以上的σ键),分子的紫外光谱一般是两个生色基的加合。若两个生色基相互共轭(只相隔一个σ键),则两个生色基相互影响,吸收光谱与单一生色基相比较有很大的改变。共轭体系越长,其最大吸收越向长波移动,有些甚至进入可见光区。吸收强度也逐渐加强。如乙烯 λ_{max}=165nm(ε=15 000),1,3-丁二烯 λ_{max}=217nm(ε 21 000),1,3,5-己三烯 λ_{max}=267nm(ε=35 000)。几种共轭多烯的紫外吸收光谱如图1.18所示。

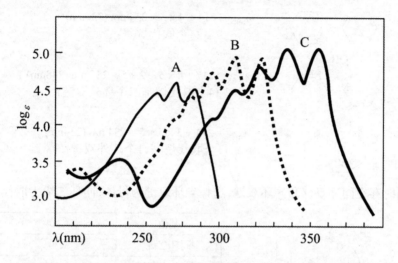

图1.18　$CH_3-(CH=CH)_n-CH_3$的紫外光谱(A:n=3;B: n=4;C: n=5)

1.4.1.1　共轭烯烃K带 λ_{max} 的近似计算:Woodward-Fieser 规则

共轭烯烃的紫外光谱具有一定的变化规律,Woodward对大量共轭多烯化合物的紫外光谱数据进行归纳总结,发现取代的共轭多烯 λ_{max} 具有一定的规律,取代基对共轭多烯 λ_{max} 的影响具有加和性。后经Fieser修订成Woodward-Fieser规则。此规则适合对2~4个双键的共轭多烯化合物的K带 λ_{max} 的预测。

(1)选择一个共轭双烯作为母体,确定其最大吸收的基质。一般以异环或开环共轭二烯为母体,基值为214nm。1,3-丁二烯母体可取217nm。

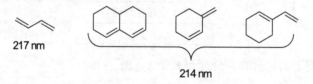

(2)基值加上表1.14所列的取代基经验参数,得到 λ_{max} 的计算值。

表 1.14　共轭烯烃K带 λ_{max} 计算值

共轭二烯基值	一个取代基引起的增值(nm)								
	同环二烯	烷基	环外双键	延长1共轭双键	OAc	OR	SR	Cl/Br	NR₂
214nm	39	5	5	30	0	6	30	5	60

例如：

$\lambda_{max} = 217 + 2 \times 5 = 227$ nm (226nm)
(2个取代烷基)

$\lambda_{max} = 214 + 4 \times 5 = 234$ nm (236nm)
(4个取代烷基)

$\lambda_{max} = 217 + 4 \times 5 + 2 \times 5 = 247$ nm (248nm)
(4个取代烷基，2个环外双键)

$\lambda_{max} = 214 + 3 \times 5 + 5 = 234$ nm (234nm)
(3个取代烷基，1个环外双键)

若同时存在同环双键和异环双键，选择异环双键为母体，同环二烯为取代基。

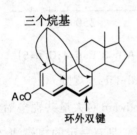

基值	214
同环二烯	39
延长1个双键	30
3个取代烷基	5×3
1个环外双键	5
1个乙酰氧基	0
	303nm（实测305nm）

交叉共轭双键只能选一个共轭键，分叉上的双键不算延长键。

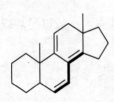

基值	214
同环二烯	39
5个取代烷基	5×5
1个环外双键	5
	283nm（实测285nm）

【例1.1】预测下面化合物紫外光谱K带λ_{max}值。

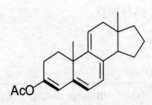

基值	214
同环二烯	39
5个取代烷基	5×5
2个延长双键	30×2
3个环外双键	5×3
一个乙酰氧基	0
	353nm（实测355nm）

【例1.2】从防风草（Anisomeles indica L.）中分离得到一化合物，其紫外光谱λ_{max}^{EtOH}=241nm。根据文献及其他波谱测定可能结构为松香酸（abietic acid，A）或左旋海松酸（B）。请问根据紫外光谱分析的化合物为何者？

解：根据Woodward–Fieser规则，A和B两化合物K带最大吸收波长为：

松香酸A	
基值	214
4个取代烷基	5×4
1个环外双键	5
λ_{max} = 239nm	

左旋海松酸B	
基值	214
4个取代烷基	5×4
1个环外双键	5
同环二烯	39
λ_{max} = 278nm	

可见松香酸（A）λ_{max}的计算值（239nm）与实测值（241nm）接近，该化合物应该为A。

Woodward–Fieser规则不适合于计算存在张力环以及两个烯键不处于同一平面的共轭体系，例如蒎烯：

计算值：λ_{max} = 214 + 5 × 3 = 229nm　　实测：245.5nm。

1.4.1.2　Fieser-Kuhn公式

超过四烯以上的共轭多烯K带λ_{max}需用Fieser- Kuhn公式计算：

$$\lambda_{max} = 114 + 5M + n(48 - 1.7n) - 16.5Rendo - 10Rexo$$

$$\varepsilon_{max}(己烷) = 1.74 × 10^4 n$$

式中：M为双键碳原子上取代烷基数目；n为共轭双键数目；R_{endo}为具有环内双键的环数；R_{exo}为具有环外双键的环数。

【例1.3】计算全反式β–胡萝卜素的λ_{max}和ε_{max}，结构如下：

解：因M=10，n=11，Rendo=2，Rexo=0

故：λmax=114+5×10+11×（48—1.7×11）—16.5 × 2 =453.3nm（实测值：452nm，己烷）

εmax=(1.74×104)×11=1.91×105（实测值：1.52×105，己烷）。

1.4.2 羰基化合物 λ_{max} 的计算

1.4.2.1 α,β-不饱和醛酮

由于与双键的 π—π 共轭作用，α,β-不饱和醛酮的 n→π* 跃迁（R带）和 π→π* 跃迁（K带）均较饱和醛酮红移，其中，R带吸收一般在 300~330nm，吸收强度较弱（ε=10~100），而K带吸收在 220~260nm 的波长范围，吸收强度高（ε=1.0×104~1.5×104）。溶剂对羰基化合物的吸收有一定的影响，随溶剂极性增加，K带红移，R带蓝移。

Woodward、Fieser 和 Scott 等人对共轭不饱和醛酮的K带吸收 λmax 进行研究总结，提出了这类化合物K带吸收 λmax 的计算方法，为了消除溶剂影响，另加一附加值。

表 1.15　α,β-不饱和醛、酮K带 λmax 的 Woodward-Fieser 计算规则（乙醇溶液）

$$\overset{\beta}{-}C=\overset{\alpha}{C}-C=O \qquad \overset{\delta}{-}C=\overset{\gamma}{C}-\overset{\beta}{C}=\overset{\alpha}{C}-C=O$$

基值		—OAc	α,β,γ	6nm
α,β-不饱和醛	207nm	—OCH₃	α	35nm
α,β-不饱和酮（五元环）	202nm			30nm
α,β-不饱和酮（链状及六元环以上）	215nm		γ	17nm
增加值			δ	31nm
共轭双键	30nm	—SR	β	85nm
烷基或环基　α	10nm	—Cl	α	15nm
β	12nm		β	12nm
γ 或更高	18nm	—Br	α	25nm
—OH　　α	35nm		β	30nm
β	30nm	—NR₂	β	95nm
γ	50nm	—Ph	β	63nm
环外双键	5nm	同环二烯		39nm

表 1.16　α,β-不饱和醛、酮紫外吸收波长溶剂校正

溶剂	甲醇	氯仿	二氧六环	乙醚	己烷	环甲烷	水
Δλ（nm）	0	+1	+5	+7	+11	+11	-8

【例1.4】估算如下化合物的K带 λ_{max}。

母体:六元环α,β-不饱和酮	215nm
1个α烷基取代	+ 10
2个β烷基取代	+ 12×2
2个环外双键	+ 5×2
计算值	259nm(258nm)

【例1.5】计算下面化合物紫外吸收的λ_max。

六元环α,β-不饱和醛	215nm
2个β取代	+ 12×2
1个环外双键	+ 5
计算值	244nm（251nm）

【例1.6】计算以下化合物的λ_max。

六元环不饱和酮	215nm
2个延伸双键	+ 2×30
1个环外双键	+ 5
1个同环共轭双烯	+ 39
1个β烷基取代	+ 12
3个γ以上烷基取代	+ 18×3
计算值	385nm（388nm）

【例1.7】用其他分析方法得知紫罗兰酮有如下所示两种异构体,但不知结构中哪个是α异构体,哪种为β异构体。为解决这个问题,采用UV光谱技术。具体方法是先取α体及β体纯品,测得UV光谱。$\lambda_{max(\alpha)}=228nm$,$\lambda_{max(\beta)}=296nm$。运用不饱和酮的计算方法,求(A)及(B)两种结构哪个是α异构体,哪种为β异构体。

(A) **(B)**

解　A:基本值　　215nm　　　B:基本值　　　215nm

　　β位烃基　　12nm　　　　γ位烷基　　　18nm

　　λ_{max}= 227nm　　　δ位烷基　　　(18×2)36nm

　　　　　　　　　　　　延伸共轭双键(30×1)30nm

　　　　　　　　　　　　　　λ_{max}= 299nm

比较计算值与实测值可知:α体的结构式应为(A),β体结构式应为(B)。

1.4.2.2 α,β-不饱和酸和酯

α,β-不饱和酸和酯的计算与α,β-不饱和醛酮类似,所用参数如表1.17。

表1.17 α,β-不饱和酸和酯紫外吸收计算规则

β单取代基准值	208(nm)
α,β 或 β,β 双取代基准值	217
α,β,β 三取代基准值	225
每增加一个取代基的位移增量	
延伸一个共轭双键	+30
环外双键	+5
双键在五元或六元环中	+5

【例1.8】甲、乙型两种强心苷的苷元结构分别为A和B。现测得UV光谱λ_{max}^{EtOH} 为218nm,试问其结构为哪一个?

解:A:α,β-不饱和酯　　　193nm　　　　　　B:α,β-不饱和酯　　　193nm

　　　β 位烷基取代　　　24nm　　　　　　　　共轭双键　　　　30nm

　　　　　计算值: 217nm　　　　　　　　　　同环二烯　　　　39nm

　　　　　　　　　　　　　　　　　　　　　　γ 位烷基　　　　18nm

　　　　　　　　　　　　　　　　　　　　　　δ—OR　　　　　31nm

　　　　　　　　　　　　　　　　　　　　　　　计算值:　　311nm

结构式A计算值与实测值接近,故结构式为A。

1.4.3 芳香族化合物

1.4.3.1 苯及其衍生物

苯的紫外吸收光谱有三个吸收带(图1.6),分别为λ_{max}=184nm 的E_1带、203nm 的E_2或K带和256nm 的R带。其中E_1带在远紫外区,一般不应用。E_2带在近紫外区的边沿,吸收较强(ε_{max}=7900),被助色基团取代后可进入紫外区。B带(λ_{max} = 256nm,ε_{max} = 250)在紫外区中部,ε 值也不太小,当苯在非极性溶剂中或在气体状态下测定时会出现精细结构,因此芳烃B带比较重要。通过B带可以很容易地识别苯环及其衍生物。

（1）单取代苯

总体上，取代基使苯的吸收带发生红移，并使B吸收带精细结构消失（氟取代例外），单取代苯的吸收带波长变化有如下规律：

①烷基苯由于烷基与苯环之间的σ—π超共扼效应使λ_{max}红移，但影响较小。烷基苯的B带吸收如下表：

表1.18　烷基苯的λ_{max}和ε_{max}

谱　带		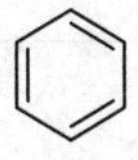 ⌬ 甲醇	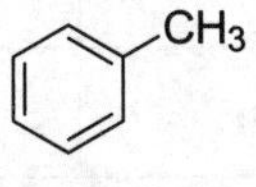 ⌬CH₃ 甲醇	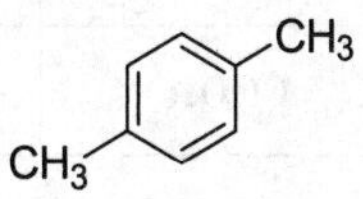 CH₃⌬CH₃
E₂带	λ_{max}(nm)	204	206	216
	ε_{max}(nm)	7400	7000	7600
B带	λ_{max}(nm)	254	262	274
	ε_{max}(nm)	204	225	620

②当苯环上连有给电子的助色团如—NH、—OH、—OR、—X等时，由于杂原子n电子与苯环之间的p—π共轭，会使E₂和B吸收带均发生红移且强度增大，精细结构消失。各种助色团对吸收带红移影响的大小按下列次序增加：

$$—CH_3 < —Cl < —Br < —OH < —OCH_3 < —NH_2 < —O^-$$

表1.19　助色团单取代苯的紫外吸收光谱特征

取代基	E₂带		B带		溶剂
	λ_{max}(nm)	ε	λ_{max}(nm)	ε	
H	203.5	7400	254	204	环己烷
NH_3^+	203	7500	254	169	酸性水溶液
CH_3	206	7000	261	225	甲醇
Cl	210	7500	257	170	乙醇
OH	210	6200	270	1450	水
OCH_3	217	6400	269	1480	2%甲醇
NH_2	230	8600	280	1430	水
SH	236	10000	269	700	己烷

取代基	E$_2$带		B带		溶剂
	λ_{max}(nm)	ε	λ_{max}(nm)	ε	
ONa	235	9400	287	2600	碱性水溶液
OPh	255	11000	272	2000	环己烷
NMe$_2$	250	13800	296	2300	庚烷
COONa	224	8700	268	560	碱性水溶液
COOH	230	11600	272	970	水

③当苯环上连有不饱和取代基(生色基),如—CH═CH$_2$、—NO$_2$、—CHO、—COOR 等时,由于发色基与苯环形成更大的 π—π 共轭体系,使苯环的 E$_2$带(即 K 带)和 B 吸收带发生较大的红移,吸收强度显著加强。当生色基含有孤对电子时,谱图中还会出现低强度的 R 吸收带(较 B 吸收带处于长波长处)。如苯甲醛的 B 带 λ_{max}=280nm,R 带 λ_{max}=328nm。在极性溶剂中,R 带有可能被 B 带掩盖。表1.20列出了一些生色基单取代苯的 E$_2$和 B 吸收带波长和摩尔吸光系数。

表1.20 生色基单取代苯的紫外吸收光谱特征

化合物	E$_1$带		K带		B带		R带	
	λ_{max}(nm)	ε	λ_{max}(nm)	ε	λ_{max}(nm)	ε	λ_{max}(nm)	ε
PhCH═CH$_2$			248	15000	282	740		
PhC≡CH			236	12500	278	650		
PhC≡N			221	12000	269	830		
PhCOCH$_3$			243	13000	279	1200	315	55
PhCHO	200	28500	240	13600	280	1100	328	20
Ph—Ph			246	20000	被掩盖	—		
PhNO$_2$	208	9800	251	9000	292	1200	330	125
PhCH═CH—CHO	218	12400	284	25000	被掩盖	—	351	100
PhC═CHPh(cis)	225	24000	274	40000	被掩盖	—		
PhC═CHPh(trans)	229	16400	295	29000	被掩盖	—		

（2）双取代苯

无论是助色团还是生色团，都能与苯环发生共轭作用（p—π共轭和π—π共轭），使吸收带向红移，吸收强度增加。

① 当苯环携带两个吸电子取代基或两个供电子取代基时，由于其效应相同，无协同作用，λ_{max}与两个取代基相对位置关系不大，即邻、间、对位二取代苯吸收光谱λ_{max}相近，且不超过单取代λ_{max}值较大者。邻位二取代苯的空间位阻使ε_{max}值略微减小。

	COOH	NO_2	NO_2/COOH	NO_2/COOH	NO_2/COOH
λ_{max}	230	265	258	255	255
ε_{max}	11600	7800	11000	7600	3470

② 当苯环被一个吸电子基团和一个供电子基团邻位和间位二取代时，两者无协同作用，λ_{max}值也相近且与单取代时λ_{max}值近似。

	NO_2	NH_2	NH_2/NO_2	NH_2/NO_2
λ_{max} (nm)	265	280	280	282
ε_{max} (nm)	7800	1430	4800	5400

③ 当一个吸电子基团（含不饱和杂原子如—NO_2、—COOR）与一个供电子基团（含饱和杂原子如—OH、—NH_2、—OCH_3）处于对位时，由于其效应相反，产生协同作用，紫外吸收光谱发生红移，吸收强度增加。

O_2N——〈 〉——NH_2 　　λ_{max} (nm)　380
　　　　　　　　　　 ε_{max} (nm)　13500

这种现象主要是因为两种取代基的协同作用延长了共轭体系。

$H_2\ddot{N}$——〈 〉——NO_2 ⟷ $H_2\overset{+}{N}$=〈 〉=$\overset{+}{N}O_2^-$

（3）多取代苯

多取代苯中取代基的位置和类型对紫外吸收λ_{max}的影响更加复杂。但多取代苯甲酰类化合物K带的λ_{max}值可按照Scott规则计算（表1.21）。

表 1.21　二取代苯甲酰类化合物 K 带 λ_{max} 值的近似计算

化合物结构			λ_{max}(nm)		
X	烷基		246		
	环烷基		264		
	H		250		
	OH,OR		230		
R	取代基		邻	间	对
	烷基		3	3	10
	—OH,—OR		7	7	25
	—O⁻		11	20	78
	—Cl		0	0	10
	—Br		2	2	15
	—NH₂		13	13	58
	—NHAc		20	20	45
	—NR₂		20	20	85

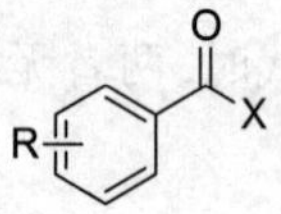

【例 1.9】

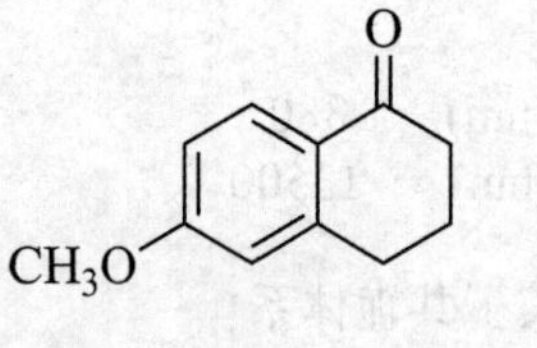

芳香族羰基化合物基本值	246
邻位环残基	+3
对位 —OCH₃	+25
计算值	274nm
实测	276nm

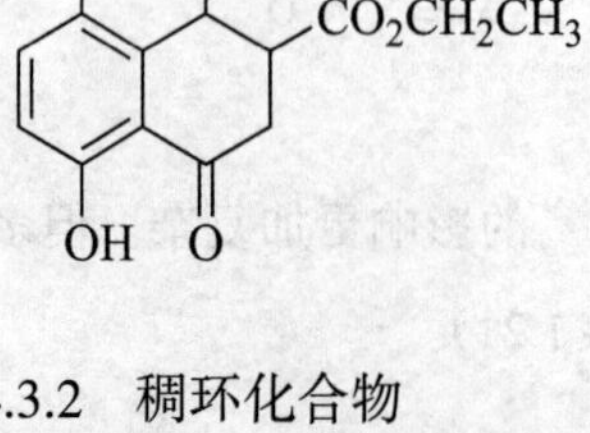

芳香族羰基化合物基本值	246
邻位环残基	+3
邻位 OH 取代	+7
间位 Cl 取代	+25
计算值	256nm
实测	257nm

1.4.3.2　稠环化合物

稠环化合物含有比苯更大的共轭体系,紫外吸收更加红移且吸收增强,精细结构也更加明显。萘、蒽这类稠环化合物属于线形排列,菲属于角形排列的稠环化合物,相同环数的稠环化合物线形比角形排列的紫外吸收波长更长。如角式排列的菲的E_1带 λ_{max}=251nm(ε=90 000),E_2带 λ_{max}=292nm(ε=20 000)。线形排列的蒽E_1带 λ_{max}=252nm(ε=220 000),E_2带 λ_{max}=375nm(ε=10 000)。角式排列的菲较线形排列的蒽,E_1带吸收强度明显减弱,E_2带 λ_{max}明显蓝移。苯、萘、蒽的紫外吸收光谱见图1.19。

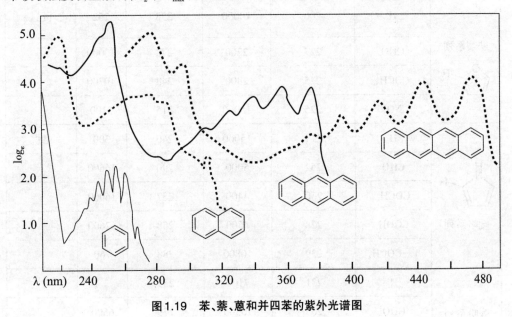

图1.19　苯、萘、蒽和并四苯的紫外光谱图

1.4.4　杂环化合物

饱和的杂环化合物如四氢呋喃、1,4-二氧六环、四氢吡咯等与饱和烷烃类似,在200nm以上无紫外吸收。

芳杂环化合物如吡啶、噻吩和呋喃等与苯类似,在近紫外光区有吸收谱带。

1.4.4.1　五元杂环化合物

五元环的芳杂环化合物中相当于环戊二烯中的sp^3杂化碳原子被杂原子(O、N、S)取代,因此与环戊二烯具有相似的吸收光谱。在200nm附近有一较强的吸收峰,称为I带。在238nm附近有一较弱的吸收峰,称为II带。助色团或发色团取代会导致吸收谱带发生红移,同时ε增大。由于杂原子的孤对电子参与形成芳环大π键,因而这类杂环化合物通常不显示n→π*的吸收带(R带)。

表1.22 一些取代五元杂化化合物的紫外吸收光谱的 λ_{max} 和 ε_{max}

化合物	R	I带		II带		溶剂
		λ_{max}(nm)	ε_{max}	λ_{max}(nm)	ε_{max}	
环戊二烯		200	10000	238	3400	己烷
呋喃系列	H	200	10000	238	252	环己烷
	CHO	227	2200	272	13000	
	COCH₃	225	2300	243	10700	
	NO₂	225	15000	315	8100	
吡咯系列	H	211	15000	240	300	己烷
	CHO	252	5000	290	16600	
	COCH₃	250	4400	287	16000	
	COOH	228	4500	258	12600	
	1—COCH₃	239	10800	288	760	
噻吩系列	H	231	7100	239		
	CHO	265	10500	279	6500	
	COCH₃	252	10500	273	7200	
	COOH	249	11500	269	8200	
	NO₂	268~272	6300	294~298	6000	
吲哚		220	26000	262	6310	环己烷

1.4.4.2 六元芳杂环化合物

六元芳杂环化合物的紫外光谱与苯相似,例如吡啶 B 带 λ_{max}=257nm(ε =2750)和 E_2 带 λ_{max}=195nm(ε =7500)都与苯的紫外吸收谱带很近似。吡啶 B 带吸收比苯 B 带强,精细结构也没苯那么清晰。原因可能是吡啶有强度较弱的 n→π*跃迁,频率正好与吡啶 B 带重叠。改变溶剂极性可能会使之出现。吡啶的 N 原子呈碱性,可以与溶剂活性氢形成氢键,因而对溶剂极性改变比较敏感。一些六元芳杂环化合物的紫外吸收光谱数据列于表1.23。

表 1.23　六元芳杂环化合物的紫外吸收光谱数据

化合物	λ_{max}	ε_{max}	溶剂	化合物	λ_{max}	ε_{max}	溶剂
（吡啶环结构）	195	7500	己烷		278	4200	乙醇
	275	2750			222	3300	酸液
（2-羟基吡啶结构）	227	10000	甲醇	（3-羟基吡啶结构 OH）	283	5900	
	297	6300			234	10200	碱液
	225	7000	酸液		298	4500	
	295	5700		（喹啉结构）	270	3162	甲醇
	230	10000	碱液		315	2500	
	295	6300		（异喹啉结构）	265	4170	甲醇
					313	1800	

1.5　紫外光谱的解析及应用

1.5.1　隔离效应和加合规律

当一个生色团的母核 A 与生色团 B 键连时,共轭体系扩大;若 B 为助色团,则 B 所携带的孤对电子与 A 形成 p—π 共轭,从而产生新的吸收谱带,并强化吸收。如果 B 与 A 是通过一个不含杂原子的饱和的基团 C(如 CH_2)形成 A—C—B,A 和 B 因为 C 的隔断而不能形成共轭体系,即 C 具有隔断效应。A—C—B 的紫外吸收表现为 A 和 B 单独紫外吸收的简单"加合",这就是紫外光谱的加合规则。由加合规律可知,一个分子的紫外光谱应该是分子中几个互不共轭部分的结构单元的紫外吸收的简单加合。这一规律在未知化合物结构鉴定中起过很大的作用。当研究结构复杂的化合物时,由于紫外光谱仅由分子中的共轭体系或羰基等发色基团产生,而且其吸收波长和强度又与分子中其他饱和烷基结构不敏感,因此可以选取结构上大为简化的模型化合物来估计该化合物的紫外吸收。

【例 1.10】二硫化碳和乙醛反应,产物分子式为 $C_5H_{10}N_2S_2$,有下面两种可能结构。

解：这两个结构式的紫外吸收应该有明显的不同,因为发色基团一个为硫酮,一个为甲亚胺,硫酮的紫外吸收要比甲亚胺更加明显。为了鉴定产物的结构,分别选取以下模型化合物。

λ_{max}=276nm, ε=21000
λ_{max}=246nm, ε=8000

λ_{max}=217nm, ε=8000

对比未知物的紫外吸收：

λ_{max}=288nm, ε=12800

λ_{max}=243nm, ε=8000

可知结构应该为A。

1.5.2 紫外光谱提供的分子结构信息

由于很多有机化合物没有或只有很弱的紫外吸收,加之紫外光谱一般比较简单,缺乏官能团的特征性等原因,紫外光谱目前几乎不用于有机化合物的结构鉴定。鉴于人们对紫外光谱在具有发色团的有机化合物,特别是在具有共轭体系的有机化合物鉴定方面的研究比较透彻,并可以提供 λ_{max} 和 ε_{max} 这两类重要的数据及其变化规律,因此作为其他一些鉴定方法的补充,紫外光谱在具有共轭体系的有机化合物鉴定方面具有一定的应用价值。历史上,紫外光谱在决定一系列的维生素、抗菌素,即一些天然结构中曾起过重要作用。如维生素 A_1、A_2、B_{12}、B_1,青霉素、链霉素、土霉素、萤火虫尾部发光物质等。

紫外光谱主要应用于鉴定一些具有大共轭体系或发色团的化合物,主要利用最大吸收波长 λ_{max} 和摩尔吸光系数 ε_{max} 两个参数来鉴定。

如果一个化合物在紫外区（220~800nm）无吸收，则说明其分子中不存在共轭体系，不含羰基、硝基等发色基以及不存在如碘、溴等重元素。可能是脂肪烃、胺、腈、醇等脂肪烃的衍生物。

如果在220~250nm有强吸收（K带），表明分子中含有两个以上不饱和键的共轭体系（共轭烯烃，α，β-不饱和羰基化合物等）。如果K带红移（260~330nm）而且强度很大（$\varepsilon_{max} \geqslant 10\ 000$），表明分子中有多个不饱和键的共轭体系存在。

如果在230~290nm有中强吸收（$\varepsilon = 200~1000$），则表示有B带吸收，表明体系中含有苯环。如果苯环上有共轭的生色基团，则ε可达10 000。

如果在250~350nm有弱吸收带（R带），表明体系含有非共轭并含有杂原子（N、O、S等带n电子的原子）的生色基团，如羰基等。

如果化合物呈现多条谱带，在300nm以上有高强吸收并延伸到可见光区，表明分子为一长链共轭体系（四个以上的双键参与共轭）或多个芳香环或杂芳环组成的芳香体系。

如果化合物紫外吸收光谱对酸、碱介质敏感。若在碱性介质中λ_{max}发生红移，加酸至中性后，λ_{max}为210nm左右，则表明有酚羟基存在。若在酸性介质中λ_{max}发生蓝移，加碱至中性后，λ_{max}为240nm左右，则表明有芳胺结构存在。

按上述规律可以初步确定化合物的归属范围。将该化合物的光谱与标准谱图进行对照，如两者吸收光谱的特征完全相同，则可考虑它们具有相同的发色基团或分子骨架，也可与已知模型化合物的紫外光谱相对照后作出判断。

1.5.3　紫外光谱在有机化合物结构鉴定中的应用实例

1.5.3.1　测定未知化合物是否含有与某一已知化合物具有相同的共轭体系

紫外光谱表征的化合物发色团的光谱性质，当化合物具有相同的发色母核时，其紫外光谱可能完全相同或相似，如烟碱（尼古丁，nicotine）及去甲基烟碱以及3-甲基吡啶的紫外吸收完全一致，$\lambda_{max} = 262$nm。与吡啶相比较，向长波位移5nm。麦斯明（myosmine）具有与吡啶环共轭的二氢吡咯环，吸收带向长波位移至$\lambda_{max} = 266$nm，同时在$\lambda_{max} = 234$nm出现一个新的强带。这是因为麦思明吸收母核不再是吡啶环，而是共轭体系扩大了的吡啶亚甲氨体系。

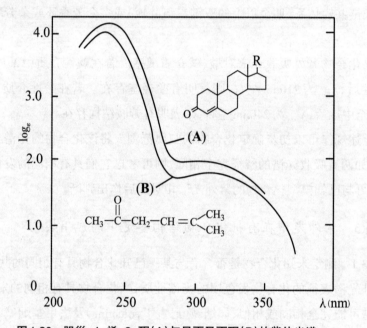

R= CH₃　烟碱
R=H　去甲基烟碱

麦斯明
Myosmine

所以,如果某未知化合物与已知化合物(也称为模型化合物)的紫外光谱走向一致时,可以认为两者具有相同的共轭体系。但分子的结构不一定完全相同。例如,胆甾-4-烯-3-酮(A)和异丙叉丙酮(B)的结构完全不同,但是两者紫外光谱却非常相似(如图1.20)。这是因为紫外光谱只能表现化合物的发色团的分子母核。这两个化合物都具有 a,β-不饱和酮的结构单元,其紫外光谱皆出于烯酮的发色团 π→π* 和 n→π* 跃迁,所以光谱相同。

图1.20　胆甾-4-烯-3-酮(A)与异丙叉丙酮(B)的紫外光谱

1.5.3.2　预测产物结构

【例1.11】下面季铵盐发生消除反应得到 $C_8H_{12}O$ 的产品(结构式 a 或 b),紫外光谱测得该化合物 λ_{max}=236.5nm($\log_{\varepsilon} > 4$),试推测其结构。

解：根据产品紫外光谱可知λ_{max}=236.5nm（$\log_{\varepsilon} > 4$）的吸收带为K带，表明化合物具有α,β-不饱和酮的结构。结合反应过程中碳骨架不会发生变化可知化合物应为以下两结构式之一。根据Woodward–Fieser经验式分别计算其λ_{max}。

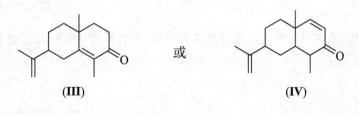

(a)　　　　　　　　　　　　　　　(b)

$$\lambda_{max} = 215 + 12 + 10 = 237nm \qquad \lambda_{max} = 215 + 10 + 5 = 230nm$$

因此结构式(a)的可能性较大。

【例1.12】如下反应得到主产物，纯化后测得其紫外光谱：λ_{max}=242nm（ε=1.01×10^4），判断以下反应主产物结构是否为(I)。

解：根据Woodward–Fieser规则计算化合物(I)得：

λ_{max}=215 + 5 × 3=230nm，与产物实测值相差较远，化合物(I)不大可能为主产物结构式。考虑以下重排反应得到的结构式(II)，其λ_{max}=215 + 5 × 4 + 5=240nm。

因此证明产物应该为重排产物(II)而非(I)。

1.5.3.3　异构体的判别

(1)不同共轭方式的异构体的判断

【例1.13】α-莎草酮（cyperone）经紫外测定，λ_{max}= 252nm（$\log_{\varepsilon}$=4.3），问其结构可能是下面(III)和(IV)中的何者？

(III)　　　　　或　　　　　(IV)

解：根据 Woodward-Fieser 规则：

(III)：$\lambda_{max}=215 + 10 + 2 \times 12 + 5=254nm$；　(IV)：$\lambda_{max}=215 + 12 =227nm$

所以的结构可能为(III)。

(2)确定互变异构体

【例 1.14】2-羟基吡啶有两种异构体(烯醇式和酮式)，用紫外光谱识别下列平衡中，哪一个异构体是主要成分？

解：测定 2-羟基吡啶在中性、酸性溶液中的紫外光谱，并与 2-甲氧基吡啶和 N-甲基-2-吡啶酮比较，可见在 2-羟基吡啶两个互变异构体的平衡体系中，酰胺式结构为主要存在形式。因为在中性和酸性溶液中，其紫外光谱与 N-甲基-2-吡啶酮接近。

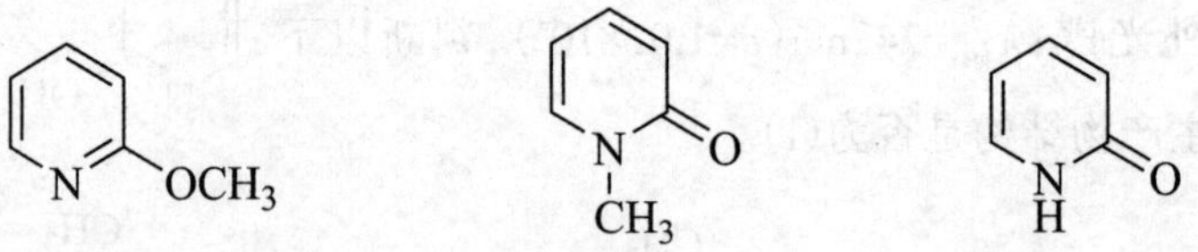

中性溶液　λ_{max}　269nm ($\varepsilon = 3230$)	297nm ($\varepsilon = 5700$)	293 ($\varepsilon = 5900$)
酸性溶液　λ_{max}　279nm ($\varepsilon = 6200$)	279nm ($\varepsilon = 6250$)	277 ($\varepsilon = 6950$)

【例1.15】乙酰乙酸乙酯有下述互变异构：

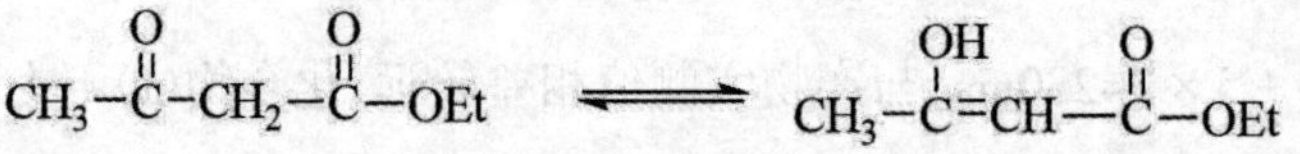

$$CH_3-\overset{O}{\overset{\|}{C}}-CH_2-\overset{O}{\overset{\|}{C}}-OEt \rightleftharpoons CH_3-\overset{OH}{\overset{|}{C}}=CH-\overset{O}{\overset{\|}{C}}-OEt$$

在极性溶剂(水)中，在 $\lambda_{max}=272nm$ 处出现一弱峰($\varepsilon_{max}=16$)，属于 $n \rightarrow \pi^*$ 跃迁引起的吸收峰。说明在极性溶剂中，该化合物主要以酮式结构存在。原因可能是极性的水与乙酰乙酸乙酯酮式结构形成氢键。在非极性溶剂中(己烷)测定，在 $\lambda_{max}=243nm$ 处出现强吸收峰，表明此时烯醇式结构为主要存在形式。

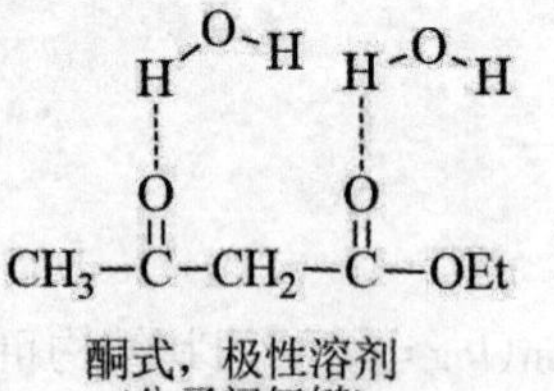

酮式，极性溶剂
(分子间氢键)

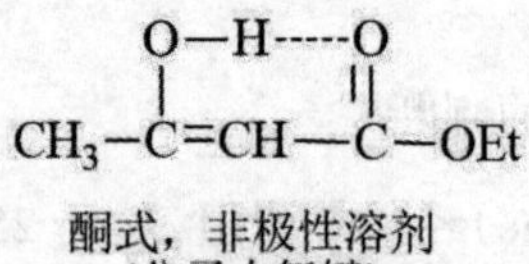

酮式，非极性溶剂
(分子内氢键)

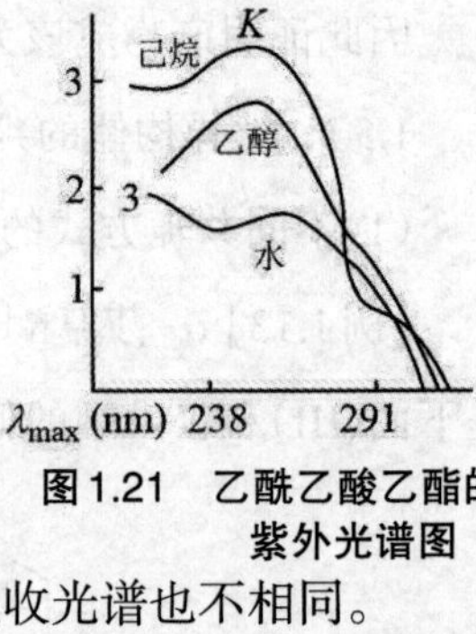

图 1.21　乙酰乙酸乙酯的
紫外光谱图

类似地，苯甲酰丙酮也有两种互变异构体，其各自紫外吸收光谱也不相同。

$$\lambda_{max} = 250nm（水）\qquad\qquad \lambda_{max} = 307nm（己烷）$$

（3）顺反异构的判定

有机分子的构型不同，其紫外光谱的重要参数 λ_{max} 及 ε_{max} 也不同。通常，反式（trans）异构体的 λ_{max} 及 ε_{max} 值较相应的顺式（cis）异构体大。表1.24 列出了一些化合物顺式和反式异构体的 λ_{max} 和 ε_{max}。

表1.24　一些烯烃化合物的构型与其紫外光谱数据

化合物	顺式异构体		反式异构体	
	λ_{max}（nm）	ε_{max}	λ_{max}（nm）	ε_{max}
1,2-二苯乙烯	280	10500	296	29000
1-苯基丁二烯	265	14000	280	28300
肉桂酸	280	13500	295	27000
β-胡萝卜素	449	92500	452（全反式）	152000
丁烯二酸	198	26000	214	34000
偶氮苯	295	12600	315	50100

但对一些环状二烯结构和有环的 α,β-不饱和酮类化合物，则可能具有反式（s-trans）和顺式（s-cis）两种构象，且顺式异构体比相应的反式异构体的吸收波长增加，但吸收强度减弱。例如：

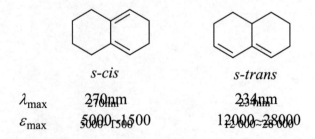

	s-cis	s-trans
λ_{max}	270nm	234nm
ε_{max}	5000~1500	12000~28000

1.5.4　氢键强度的测定

溶剂分子与溶质分子缔合形成氢键时，对溶质分子的紫外吸收光谱有较大的影响。羰基化合物与极性溶剂（如水）可以形成氢键，通过对比羰基化合物在极性溶剂和非极性溶剂中紫外光谱R带差别,可以近似估算出氢键的强度。例如,异丙叉丙酮在水中羰基氧原子通过n电子与水形成氢键,其R带吸收波长λ_{max}=305nm,所吸收的能量一部分用于n→π*跃迁,一部分用于破坏氢键。在正己烷测定时,λ_{max}=329nm。溶质与溶剂分子之间不形成氢键,所吸收能量仅用于n→π*跃迁。这两种溶剂中吸收的能量差值相当于形成氢键的能量。

$$E_{氢键} = \Delta E = 6.02 \times 10^{23} \times h\Delta v = 6.02 \times 10^{23} \times hc(\frac{1}{\lambda_1} - \frac{1}{\lambda_2})$$

$$= 6.02 \times 10^{23} \times 6.626 \times 10^{-34} \times 3.0 \times 10^{8} \times (\frac{1}{305 \times 10^{-9}} - \frac{1}{329 \times 10^{-9}})$$

$$= 28.62 \text{ kJ/mol}$$

2 红外光谱

2.1 红外光谱基本知识

2.1.1 红外光谱（Infrared Spectroscopy，IR）

红外光（Infrared，infra：拉丁语）是波长介于微波与可见光之间的电磁波段，波长在760nm至1mm之间。红外光频率较低，能量不足以穿透到原子、分子的内部，但能使原子或分子的振动加速、间距拉大，即增加分子的热运动能量。因此红外光谱实际上是研究红外光和物质分子运动（振动和转动）之间相互关系的吸收光谱，因此红外光谱也称分子光谱或分子振转光谱。

目前常用的傅立叶变换红外光谱仪（Fourier Transform Infrared Spectrometer，简写为FTIR Spectrometer）是按照全波段进行数据采集，即使用连续波长的红外光照射样品。样品吸收一定波长的红外光能并将其转化为振动能量和转动能量。这样在红外光谱中，在被吸收的光的波长或波数的位置出现吸收峰。以波长（μm）或波数（cm⁻¹）为横坐标，吸收度（A）或百分透过率（T%）为纵坐标记录物质的吸收曲线，即得到该物质的红外吸收光谱。图2.1为反式1,2-二苯乙烯的红外光谱图。

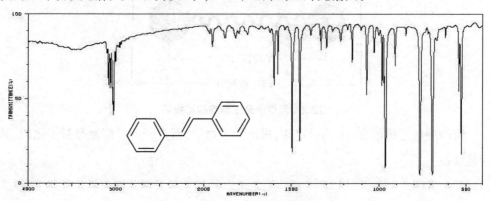

图2.1 （反）-1,2-二苯乙烯的红外光谱图

波数($\bar{\nu}$)是光谱学中的频率单位,其定义是在波传播的方向上单位长度内的波周数目,为波长的倒数,单位是cm^{-1}。

$$\bar{\nu}(cm^{-1}) = \frac{10^4}{\lambda(\mu m)} \qquad (2.1)$$

红外光谱区域可大致分为以下三个区域:

(1) 近红外区(泛频区):由低能电子跃迁以及含氢原子团(O—H,N—H,C—H等的倍频或组频吸收)产生的,其波数为12 500~4000cm^{-1}(波长0.80~25μm)。

(2) 中红外区(基本振动区):400~4000cm^{-1}(波长2.5~25μm)。绝大多数有机化合物和许多无机化合物的化学键振动基频都落在这一光谱范围,因而研究最多,因此在化合物结构鉴定和表征中应用最为广泛,也是本章主要介绍的内容。中红外光谱的频率常用波数$\bar{\nu}$表示。

(3) 远红外区(转动区):400~25cm^{-1}(25~400μm),主要用于研究分子转动以及重原子成键振动,氢键的X—H⋯Y的伸缩振动、弯曲振动以及一些络合物的振动光谱。

2.1.2 分子化学键的振动与红外吸收光谱

由于分子振动能级差远大于分子转动能级差,因此分子吸收红外光引发振动能级跃迁时,必然伴随着数种转动能级的跃迁,因此无法测得纯的振动光谱。实际测得的是分子振动-转动光谱。本章不讨论转动光谱,只讨论振动光谱。

2.1.2.1 双原子分子的振动频率

双原子分子A-B之间的伸缩振动可以近似地根据经典力学的简谐振动模型处理(图2.2)。

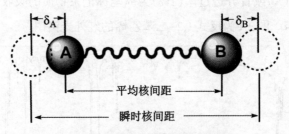

图2.2 双原子分子伸缩振动模型

简谐振动遵循胡克(Hooke)定律,根据量子力学,谐振子的总能量是量子化的,其能量为:

$$F = -Kx \qquad (2.2)$$

式中,K为弹簧的力常数;x为谐振子位移距离。

对于双原子分子来说,K就是化学键的力常数。x就是原子伸缩振动位移的距离。根据牛顿第二定律有:

$$F = ma = m\frac{d^2x}{dt^2} \qquad (2.3)$$

将式(2.3)代入式(2.2)得谐振子的总能量:

$$m\frac{d^2x}{dt^2} = -Kx \qquad (2.4)$$

解微分方程得:

$$x = A\cos(2\pi\nu t + \varphi) \qquad (2.5)$$

式中:A为振幅;ν为振动频率。

将式(2.4)对t微分两次再代入式(2.3)得:

$$\nu = \frac{1}{2\pi}\sqrt{\frac{K}{M}} \qquad (2.6)$$

对于双原分子,用折合质量μ代替M,得基频振动吸收频率:

$$\bar{\nu} = \frac{1}{2\pi}\sqrt{\frac{K}{\mu}} \qquad (2.7)$$

或波数表示为:

$$\bar{\nu} = \frac{1}{2\pi c}\sqrt{\frac{K}{\mu}} \qquad (2.8)$$

式(2.7)是双原子分子振动的经典方程。

其中K为化学键力常数(10^5dyn/cm 或 10^2N/m),μ为双原子分子AB的折合质量。

$$\mu = \frac{m_A m_B}{m_A + m_B} \qquad (2.9)$$

如果知道键力常数K,再从式(2.9)算出双原子分子的折合质量,就可以利用式(2.8)计算出双原子分子基频振动的吸收波数$\bar{\nu}$(cm^{-1})。同样,如果知道双原子分子的基频吸收频率,也可以计算出它的键力常数K。一些键的伸缩力常数列于表2.1。

表2.1　一些键的伸缩力常数($\times 10^5$dyn/cm)

键	K	键	K	键	K
H—F	9.7	N—H	6.4	C≡N	16~18
H—Cl	4.8	≡C—H	5.9	C=O	12~13
H—Br	4.1	=C—H	5.1	C—O	5.0~5.8
H—I	3.2	C_{sp3}—H	4.6~5	C—F	5.9

续表

键	K	键	K	键	K
O—H	7.7	C≡C	15~17	C—Cl	3.4
O—H(游离)	7.12	C=C	9.6	C—Br	3.1
S—H(H_2S)	4.3	C—C	4.5~5.6	C—I	2.7

式(2.7)和(2.8)表明,分子中成键原子的振动频率是该化学键固有的性质,它大小主要由化学键的键力常数K和分子成键原子的折合质量μ决定。分子折合质量越小,振动频率越高。化学键力常数越大,即键越强,振动频率越高。总体来说,分子吸收红外光引发的分子内部振动有如下规律:

(1)成键的原子质量越大,折合质量也大,其吸收的红外光波长越长(波数越小)。氢原子的原子量最小,所以在高频区出现的都是X—H(X═ C、N、O)伸缩振动的吸收峰(ν_{C-H} 2800~3100cm^{-1}),而质量较大的C—I键振动频率较低(ν_{C-I} 500cm^{-1})。

(2)键力常数K是一个重要的价键参数,与化学键的键能成正比。质量相似的原子之间形成的价键,三键的力常数总是大于双键的,而双键的力常数又大于单键,因此红外吸收频率总有:

$$\nu_{C=O} > \nu_{C-O}; \ \nu_{C\equiv C} > \nu_{C=C} > \nu_{C-C}$$

(3)红外振动是由成键原子振动时引起偶极矩的变化而产生的。一般价键本身偶极矩较大,在能级跃迁时瞬时偶极变化也较大,所以跃迁的能间距较大,频率高。对于和同一原子形成的价键(如氢原子),另一原子的电负性越大,其红外伸缩振动的频率越大。

$$\nu_{O-H} > \nu_{N-H} > \nu_{C-H}$$

(4)弯曲振动比伸缩振动容易,弯曲振动的力常数均较小,故弯曲振动对应的吸收峰出现在低频区。

若K的单位为10^{5}dyn/cm,M用原子质量单位,c的单位为cm/s,则式(2.7)可进一步简化为:

$$\bar{\nu} = 1303 \sqrt{\frac{K}{M}} \qquad (2.10)$$

折合质量大体由质量最小的一个原子决定,对于X—H键的伸缩振动,折合质量M ≈ 1,所以式2.9简化为:

$$\bar{\nu} \approx 1303 \sqrt{K} \qquad (2.11)$$

【例2.1】计算C—H(CH$_3$X)键的伸缩振动频率。

解：由表2.1查得，K=5，代入式(2.10)，得：

$$\bar{\nu} = 1303\sqrt{5} = 2913\text{cm}^{-1}$$

【例2.2】计算C═O键的伸缩振动频率。

解：从表2.1得，C═O的K=12，代入式2.10，得：

$$\bar{\nu} = 1303\sqrt{\dfrac{12}{\dfrac{12 \times 16}{12 + 16}}} = 1724\text{cm}^{-1}$$

以上计算结果基本与红外检测的C—H伸缩振动频率2985~2860cm^{-1}以及C═O伸缩振动频率在1715cm^{-1}处相符合。因此这种对红外振动的简约化处理对于归属和识别红外谱图中相关振动峰位具有一定的指导意义。当然，这种不考虑分子中各原子之间的相互作用而得到的计算值与真实分子的振动吸收峰位之间还是有一定的误差的。实际分子振动频率影响因素比较复杂，例如羰基C═O键的伸缩振动随分子类型和结构的不同而变化范围很大。酰氯吸收可达1800cm^{-1}以上，酰胺可能在1650cm^{-1}以下。

分子振动的能级是量子化的，因此只有当分子中某个基团的振动频率与红外光频率一致时才能产生吸收，从原来的基态振动能级跃迁到激发态能级。如果跃迁符合量子效率，相应的吸收谱带就比较强；如果跃迁是禁阻的，相应的吸收就弱。在红外光谱中，绝大多数的振动能级跃迁都发生在从n=0的基态到n=1的第一激发态之间的跃迁，称为本征跃迁。本征跃迁产生的吸收称为本征吸收带或基频峰。真实分子也可以发生 $\Delta\nu= \pm2$ 或 $\Delta\nu= \pm3$ 这样的跃迁。因此可以在红外光谱中观察到波数为基频峰两倍或三倍的吸收峰，这种吸收峰一般比较弱，叫倍频峰(over tone)。此外，基频峰之间相互作用，形成频率为两个基频峰之和或之差的合频峰(combination tone)。倍频峰和合频峰统称为泛频峰。与基频峰相比较，形成泛频峰的跃迁概率较小，因此泛频峰一般比较弱，经常不能被检出。有时跃迁也可能发生在激发态之间，这种跃迁产生的吸收称为热峰(hotband)。热峰也很弱，常被基频掩蔽。

分子振动时如果伴有瞬时偶极的变化，其振动属于红外活性振动，能够吸收红外光。一般地，化学键的极性越强，振动时瞬时偶极变化越大，吸收谱带越强。例如羰基(C═O)是极性基团，其伸缩振动吸收谱带比弱极性的碳碳双键(C═C)伸缩振动吸收谱带要强很多。在乙炔(H—C≡C—H)分子中，C≡C键的振动是对称的，不会产生瞬时偶极矩的变化，因此不会产生相应的红外吸收谱带。

2.1.2.2 多原子分子振动的类型

双原子分子的振动只有伸缩振动一种。多原子分子除了两个原子之间的伸缩振动外,还有三个或三个以上原子之间的伸缩振动以及各种类型的弯曲振动,多原子的所有这些振动称为简正振动。在中红外区,基团的振动模式大致可分为两大类,即伸缩振动和弯曲振动。

伸缩振动是指原子沿着价键来回振动,键角不发生变化。相同原子组成的双原子分子(O_2、Cl_2、N_2 等)的伸缩振动不是红外活性的振动。但是由不同原子组成的双原子分子,其伸缩振动可能会引起分子偶极矩的变化,因而可以是红外活性的振动。

多原子分子的伸缩振动可分为对称伸缩振动和反对称伸缩振动。线形三原子基团 X—Y—X(如 CO_2)、平面形四原子基团(CO_3^-、NO_3^- 等)以及四面体五原子基团(SO_4^{2-}、PO_4^{3-} 等)的对称伸缩振动(Symmetric stretching vibration,n_s)都是非红外活性的(拉曼活性)。但是像甲基、亚甲基等基团的对称伸缩振动可以引起分子瞬时偶极矩的变化,因而是红外活性的吸收。

各种基团的反对称伸缩振动(ν_{as})表示都是红外活性的。如线形的 CO_2,V 形的 H_2O、—CH_2—、—CH_3—,角锥形的 NH_3,平面形的 NO_3^- 等基团的不对称伸缩振动都是红外活性的振动类型。图 2.3 是一些常见基团的对称和反对称振动示意图。

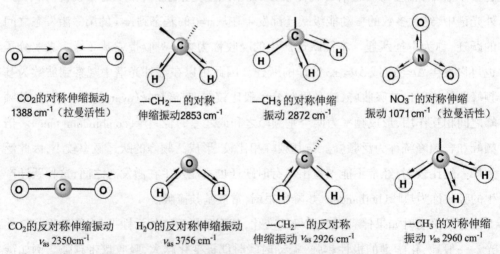

CO₂的对称伸缩振动　　—CH₂— 的对称　　—CH₃ 的对称伸缩　　NO₃⁻ 的对称伸缩
1388 cm⁻¹(拉曼活性)　伸缩振动2853 cm⁻¹　振动 2872 cm⁻¹　　振动1071 cm⁻¹(拉曼活性)

CO₂的反对称伸缩振动　H₂O 的反对称伸缩振动　—CH₂— 的反对称　　—CH₃ 的对称伸缩
νas 2350cm⁻¹　　　　νas 3756 cm⁻¹　　伸缩振动 νas 2926 cm⁻¹　振动 νas 2960 cm⁻¹

图2.3　一些基团的对称和反对称伸缩振动模式

除了伸缩振动外,多原子分子的主要振动形式还有弯曲振动(bending vibration)。弯曲振动时,基团原子运动的方向与价键垂直。弯曲振动又可分为剪式变角振动、对称变角振动、反对称变角振动、面内弯曲振动、面外弯曲振动、平面摇摆等几种类型(图2.4)。

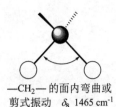 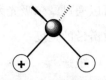 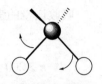

—CH₂—的面内弯曲或　　—CH₂—的面外弯曲或　　—CH₂—的面外弯曲或　　—CH₂—的面内弯曲或
剪式振动　δ_s 1465 cm⁻¹　　摇摆　ω 1350~1150 cm⁻¹　　扭曲　τ 1350~1150 cm⁻¹　　摇摆　ρ~720 cm⁻¹

图 2.4　亚甲基的一些弯曲振动模式

亚甲基的振动形式与谱带的对应关系可以从图 2.5 所示正构十二烷的红外光谱看到。亚甲基的对称伸缩振动对应的吸收峰位于 2926cm⁻¹；反对称伸缩振动对应的谱峰在 2853cm⁻¹ 处。面内弯曲（剪式振动）出现在 1465cm⁻¹ 处，面内摇摆的吸收峰在 721cm⁻¹。

甲基也有多种振动形式，如对称伸缩振动（ν_s 2872 cm⁻¹），反对称伸缩振动（n_{as} 2962 cm⁻¹），对称变形振动（δ_s 1380cm⁻¹），不对称变形振动（δ_{as} 1460cm⁻¹），平面摇摆（ρ 1000cm⁻¹），以及扭转振动（τ 400cm⁻¹ 以下）。

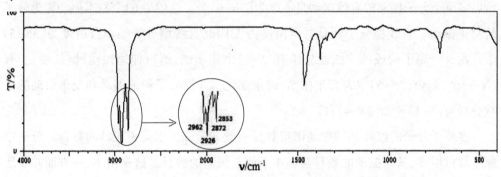

图 2.5　正十二烷的红外光谱图

饱和烃的 C—C 单键伸缩振动和变形振动一般强度很小。此外，在有机化合物中还有对应于其他振动形式的振动名称，如环结构的呼吸振动（breathing vibration，b）、碳链的骨架振动（skeletal vibration，s）和折叠振动（pucking vibration，p）等。常见的振动形式和缩写归纳如下：

ν：伸缩振动；　　　　　　δ：弯曲振动；　　　　　　β：面内弯曲振动；

γ：面外弯曲振动；　　　　ρ：面内摇摆振动（或用 β 表示）；

ω：面外摇摆振动；　　　　b：呼吸振动；　　　　　　p：折叠振动；

τ：卷曲振动；

ν_{as}：反对称伸缩振动；　　ν_s：对称伸缩振动；

δ_{as}：反对称弯曲（变形）振动；　δ_s：对称弯曲（变形）振动；　　δ：剪式振动。

吸收谱带的强度可以通过摩尔吸光系数 ε 来衡量：

吸收谱带的强度		表示字母
$\varepsilon > 200$	很强	vs
$75 < \varepsilon < 200$	强	s
$25 < \varepsilon < 75$	中强	m
$5 < \varepsilon < 25$	弱	w
$\varepsilon < 5$	很弱	vw

2.1.2.3 分子振动自由度

双原子分子只有一种振动形式（伸缩振动），所以在红外光谱中只产生一个基频吸收。多原子分子的振动要比双原子分子的振动复杂得多。一个由N个原子组成的复杂分子中，每个原子（质点）在三维空间有3个位移自由度，N个质点就有3N个位移自由度。分子整体平动（3个）和整体转动（3个）不产生分子偶极变化，没有红外吸收，所以多原子分子振动的有效振动自由度为（3N-6）个。这（3N-6）个基本振动称为分子的简正振动。直线型分子转动的自由度为2，因此直线型分子振动自由度为（3N-5）个。由N个原子构成的非线性分子有（N-1）个化学键，所以伸缩振动（键长变化）有（N-1）个，剩余（2N-5）中为变角振动（键角变化），线性分子伸缩振动和变角振动的个数分别为（N-1）种和（2N-4）种。

多原子分子的红外基频振动谱带数目一般等于或少于简正振动的数目。分子中原子数目增多，基频振动的数目会远小于简正振动的数目。这是由于：一方面并非所有的简正振动都是红外光活性的，有些振动是拉曼活性的；另一方面，对称性相同的同种基团的简正振动频率有可能重叠在一起而发生简并，只出现一个吸收谱带。气态水分子是非线性分子，有3N-6=3×3-6=3个简正振动（图2.6）。

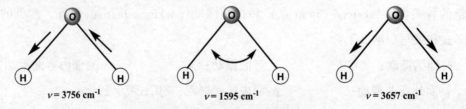

图2.6　水分子的3种振动方式

气态水分子的三种简正振动都会引起水分子偶极的变化，因此都是红外活性的振动，在红外光谱中出现三条水分子的振动谱带分别对应于其反对称伸缩振动 $\nu_1=$3755cm^{-1}，对称伸缩振动 $\nu_2 = 3656$ cm^{-1}，弯曲振动 $\nu_2=1594$ cm^{-1}。在液态水中，由于水分子之间形成很强的氢键,形成缔合水,使水的反对称伸缩振动和对称伸缩性振动重叠在一起,形成宽谱带,其中心约在 $\nu_1 = 3319$ cm^{-1}。与气相谱图比较,氢键的形成使O—H的伸缩振动向低频位移200~400cm^{-1},谱峰的宽度也因此加宽。氢键的形成也使弯曲振动吸收峰发生变化。弯曲振动的峰位从1594cm^{-1}向高频位移至 $\nu_2 = 1631$cm^{-1},并且裂分消失,峰形变矮(图2.7)。

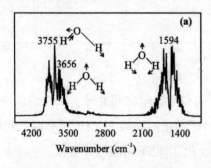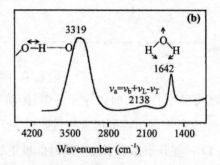

图2.7 气态水(a)和液态水(b)的红外光谱图

二氧化碳是线性分子,应该有3N-5=4个简并振动,这四个简并振动模式如图2.8所示:

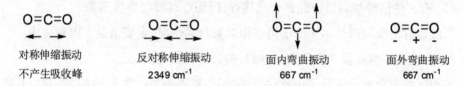

图2.8 CO$_2$的简正振动示意图

由于CO$_2$是直线型分子,其对称伸缩振动不会引起分子偶极矩的变化,因此在红外光谱中不产生吸收谱带。它的反对称振动是红外光活性振动,吸收位置在2349cm^{-1}处。另外,CO$_2$的面内弯曲和面外弯曲振动都是红外光活性振动,只是这两种振动引起的红外吸收频率相同(667cm^{-1}),发生简并。所以CO$_2$的红外光谱中只在667cm^{-1}和2349cm^{-1}处出现两个基频振动谱带(图2.9)。

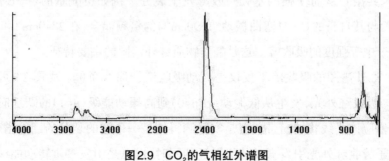

图2.9 CO$_2$的气相红外谱图

有机分子几乎都是多原子分子,实际出现的谱带比用理论计算的要少得多。例如苯分子有3N-6=30个简正振动,但是苯的红外谱图只出现9个吸收谱带(图2.10)。

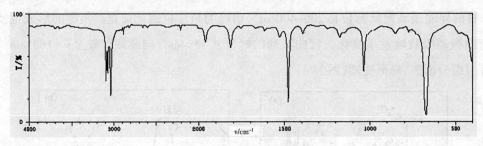

图 2.10　苯的红外谱图

因此多原子分子的红外光谱图,振动形式和吸收带之间并非一一对应。在观察红外光谱时,实际出现的谱带数目要远少于分子简正振动数,主要原因有以下几点:

(1)一些分子振动不发生瞬时偶极矩的变化,所以不引起红外吸收。

(2)一些相同基团的振动频率相同而简并为一个谱带。

(3)一些较强的吸收谱带会将邻近较弱的吸收谱带湮没。

(4)有些吸收谱带并不在中红外区出现,不能被仪器检测到。

(5)有一些谱峰很弱或彼此重合或接近,因而难以被仪器检测到。

当然也有出现的谱带多于分子简正振动数目的情况,主要由以下因素造成:

(1)一些基频振动会产生倍频、合频及差频吸收谱带。

当相同的两个基团在分子中靠得很近(例如相隔一个σ键或直接相连)时,其相应的吸收带往往裂分成两个吸收峰(也叫振动偶合)。例如异丙基—$CH(CH_3)_2$中的两个甲基相互偶合,在甲基的弯曲振动1380cm^{-1}处出现两个相等的吸收峰。类似地,叔丁基的单个甲基也会相互偶合,在1380cm^{-1}附近出现两个大小不等的吸收峰。这些偶合峰的出现对此类基团的鉴定很有帮助。

(2)当弱的倍频或合频与分子中某个基团的基频振动频率接近时,也会发生共振偶合(费米共振),从而使强的基频吸收峰发生裂分。例如甲酰基的C—H伸缩振动(2720cm^{-1})与其自身的C—H弯曲振动(1390cm^{-1})的倍频偶合,在2840cm^{-1}和2720cm^{-1}处出现两个中等强度的吸收峰。这是醛类物质红外谱图的主要特征。

当然,红外谱图的吸收绝不仅仅是振动吸收谱带那么简单。由图2.9可见,当分子(如CO_2)吸收红外光,发生从低振动级(n=0)到高振动能级(n=1)的跃迁时,得到的纯振动光谱应该是线状的谱带。但是实际测得的是一条宽的裂分的红外谱带。这是因为在分子吸收红外光引发振动能级跃迁的同时,也总是引发多重转动能级的跃迁。

图2.11所示,采用不同分辨率测得空气中CO_2的吸收光谱,在2390~2280cm^{-1}的CO_2反对称伸缩振动区间,可以观察到很多条近乎线状的彼此间隔相等的振-转光谱(光谱A)。随着测量分辨率的逐渐降低,线状振-转光谱裂分逐渐合并为宽的吸收谱带。

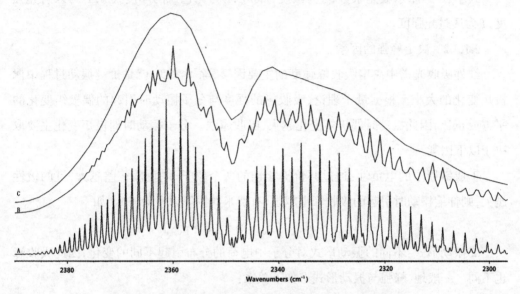

图2.11　CO_2气体的反对称伸缩振动区间的振转吸收光谱

A:0.125cm^{-1}分辨率;B:1cm^{-1}分辨率;C:4cm^{-1}分辨率

2.1.3　峰强

2.1.3.1　峰强的表示方法

在红外光谱中峰强最常见的表示方法是用百分透光率T%或吸光度A。

(1)百分透光率(T%):是透射光强度(透过比色皿,I)与入射光强度(还未过比色皿之前的光强度,I_0)之比的百分数。

$$T\% = \frac{I}{I_0} \times 100\% \qquad (2.12)$$

所以透光率T%越小,吸收越强。

(2)吸光度(A):吸光度是透光率T的倒数的对数值,即:

$$A = \lg\frac{I_0}{I} = \lg\frac{T_0}{T} \qquad (2.13)$$

如图2.10中,苯环骨架振动1479cm^{-1}处吸收峰的基线百分透光率$T_0\%=90\%$,峰顶百分透光率为T%=20%,所以1479 cm^{-1}处苯环骨架振动的特征吸光度为:$A=\lg\frac{90}{20} = 0.65$。

（3）摩尔吸光系数（ε）：红外光谱的绝对峰强可以用摩尔吸光系数表示为：

$$\text{式中}:\varepsilon^a = \frac{1}{C \times L}\lg\frac{T_0}{T} = \frac{A}{C \times L} \qquad (2.14)$$

式中：ε^a 为摩尔吸光系数；C 为浓度，mol/L；L 为比色皿的厚度，cm；T_0 为入射光强度；T 为透过光强度。

2.1.3.2 决定峰强的因素

红外吸收光谱中决定吸收峰强度的主要因素，除了浓度，就是价键振动过程中偶极矩变化的大小。根据量子理论，吸收峰的强度与分子振动时引起的偶极矩变化的平方成正比，因此振动时偶极矩变化越大，吸收越强。分子振动时偶极矩变化主要取决于以下因素：

①成键原子的电负性：通过共价键相连的两个原子，电负性相差越大，键的极性越大，则伸缩振动时引起的吸收峰也越强（有费米共振等因素除外）。如：

$$\nu_{C=O} > \nu_{C=C}; \quad \nu_{O-H} > \nu_{N-H} > \nu_{C-H}$$

②振动形式：不同的振动形式对分子中电荷的分布引起不同的变化，因此吸收峰也不同。一般地，峰强与振动形式有如下关系：

$$\nu_{as} > \nu_s; \quad \nu > \delta$$

③分子对称性：结构对称的分子在振动时，如果振动方向也是对称的，就不会引起整个分子偶极矩的改变，因此没有吸收峰。例如 CO_2 是线形分子，它没有对称伸缩振动吸收峰。反式的1,2-二氯乙烯也是对称的分子，它的 C=C 双键的对称伸缩振动也不会出峰。

④其他因素：如费米共振、形成氢键、与偶极矩比较大的基团的共轭以及偶合等因素都会对峰强度产生影响。

2.2 影响官能团吸收频率的因素

如前文所述，多原子分子的基团有多种振动模式。有些振动是红外活性的，在红外光谱中出现吸收谱带；有些振动模式是拉曼活性的，在拉曼光谱中出现吸收带。在一个分子中如果含有多个相同的基团，它们的振动模式是相同的，但是它们的吸收频率却不一定相同。例如月桂酸分子有10个—CH_2—基团，与—COOH直接相连的—CH_2—的变角振动频率为 $1410cm^{-1}$，其余9个的—CH_2—的变角振动频率为 $1464cm^{-1}$。不同分子中相同基团的振动频率也会有差别。

虽然不同的官能团在红外光谱中都有自己特征的吸收峰,但是当分子结构发生变化时,官能团的吸收频率也会发生相应的改变。在红外光谱中,羰基基团不仅吸收强度大,而且吸收频率变化也较大(超过400cm⁻¹),故这里以羰基为例展开讨论。

2.2.1 质量效应

由成键原子振动频率计算公式(2.8)可知,基团的振动频率随力常数的增加而增大,随成键原子的折合质量增大而减小。氢原子的质量最小,因此 O—H,N—H 以及 C—H 键的伸缩振动均出现在高频区(3650~2700cm⁻¹)。相应地,C—O、C—C、N—C 等键的伸缩振动则出现在较低的频率范围内(1300~1000cm⁻¹)。重原子形成键的振动频率一般都较低,例如 C—I 键的伸缩振动出现在530~470cm⁻¹区域,C—Br 键的伸缩振动位于600~500cm⁻¹区间。

有机化合物主要由碳和氢元素组成,C—H 键的红外吸收也是红外光谱研究的重点内容。当氢原子被其同位素氘取代后,根据式(2.7),当价键的力常数接近时,红外吸收谱带的吸收频率与折合质量成反比,因此会向低波数方向移动。根据双原子分子振动频率计算公式(2.7)可得:

$$\frac{\nu_{X-H}}{\nu_{X-D}} = \sqrt{\frac{\mu_{X-D}}{\mu_{X-H}}} = \sqrt{\frac{\dfrac{m_X m_D}{m_X + m_D}}{\dfrac{m_X m_H}{m_X + m_H}}} = \sqrt{\frac{m_X + m_H}{m_X + m_D} \cdot \frac{m_D}{m_H}} \qquad (2.15)$$

因为 $m_H = 1$,$m_D = 2$,且 $\dfrac{m_X + 1}{m_X + 2} \approx 1$,则:

$$\frac{\nu_{X-H}}{\nu_{X-D}} = \sqrt{\frac{2(m_X + 1)}{m_X + 2}} \approx \sqrt{2} \qquad (2.16)$$

用上式计算的伸缩振动频率与实验值很符合,但是计算弯曲振动误差较大。特别是当对一些含氢官能团的位置指认有困难时,可将该官能团进行氘代。若该官能团的吸收频率移向低波数,且吸收频率与上式计算值接近,说明原指认是正确的。

元素周期表同族的元素一般具有相似的化学性质。但在红外光谱中,同族元素原子之间的质量相差较大,因而吸收频率变化比较明显。下表列出一些同族元素与氢原子形成共价键的吸收频率。可以看出明显的质量效应。例如 $\nu_{C-H} \approx 3000cm^{-1}$,$\nu_{Sn-H}$ 降低到1856cm⁻¹。同周期元素的原子质量接近,但是电负性差别较大。同同期元素随着质量的增大,电负性也增大,因而共价键的力常数增大,表现为红外吸收频率增加(表2.2)。

表2.2　X—H键的伸缩振动频率

化学键	ν/cm^{-1}	化学键	ν/cm^{-1}
C—H	3000	F—H	4000
Si—H	2150	Cl—H	2890
Ge—H	2070	Br—H	2650
Sn—H	1850	I—H	2310

2.2.2　电子效应

羰基为C＝O极性共价键,具有 $>C=O \leftrightarrow >C^+-O^-$ 的共振平衡。双键的键力常数较单键大。若结构上的改变使羰基朝向单键形式改变,必然导致吸收频率降低。

(1)诱导效应:两个成键原子之间的伸缩振动的振动频率与折合质量的平方根成反比,与力常数的平方根成正比。当折合质量不变时,力常数越大,振动频率越高。力常数与成键两原子之间的电子云密度分布有关,而电子云密度的分布主要受到取代基或周围环境的影响。当基团邻近被其他基团取代时,引起成键电子云的位移。当电子云向两个成键原子中心移动,加强了两原子之间的共价键,使得力常数增大,振动频率向高频方向位移。反之,当取代基使得成键电子云移向某一个原子,化学键被削弱,振动力常数也随之减小,振动频率降低。

丙酮等脂肪酮羰基的吸收频率为1715cm⁻¹。如果羰基两侧的氢原子被卤原子取代将使羰基吸收频率上升。这是因为卤原子电负性较大,诱导效应较强,从而使羰基的双键性增强。

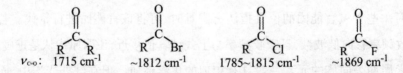

$$\nu_{C=O}:\quad 1715\ cm^{-1}\qquad \sim1812\ cm^{-1}\qquad 1785\sim1815\ cm^{-1}\qquad \sim1869\ cm^{-1}$$

(2)中介效应(Mesomeric Effect,M):为了与多重π键之间的共轭效应相区别,杂原子p电子与π键之间的作用在这里称为中介效应。这种效应使得羰基等不饱和化合物的振动频率降低,而自身链接的化学键的振动频率升高。电负性较低的杂原子,其供电子的中介效应较大,反之则中介效应较小。例如,酰胺分子由于供电子的中介效应,使C—N键的电子云密度增加,键力常数增大,从而使C=O双键更加容易极化为单键形式。与脂肪酮($\nu_{C=O} \approx 1715\text{cm}^{-1}$)相比较,酰胺羰基伸缩振动吸收峰位移到1680cm^{-1}附近。

$$\text{(结构式) } \nu_{C=O}: 1680\text{ cm}^{-1} \longleftrightarrow \text{(结构式)} \qquad \boxed{\text{R—C(=O)—R } \nu_{C=O}: 1715\text{ cm}^{-1}}$$

(3)共轭效应:当双键之间被一个单键相连时,双键的π电子发生共轭而离域到整个体系中,从而降低了双键的力常数,使得双键的振动频率降低,吸收强度增强。

$$\text{—CH}_2\text{—C(=O)—CH}_2\text{—} \qquad \text{—CH=CH}_2\text{—C(=O)—CH}_2\text{—} \qquad \text{—CH=CH}_2\text{—C(=O)—CH=CH—}$$
$$\nu_{C=O}: 1725\sim1705\text{ cm}^{-1} \qquad\qquad 1685\sim1665\text{ cm}^{-1} \qquad\qquad 1670\sim1663\text{ cm}^{-1}$$

(4)超共轭效应:又称σ—π共轭,是当C—H σ键与C=C、C=O等不饱和π键或碳正离子的p轨道处于平行位置时产生的一种电子离域的现象。烷基中的C—H σ键与相邻π键处于平行位置时,会有部分重叠,产生电子的离域现象,即超共轭现象。丙酮分子中,C—C单键可以自由旋转,当C—H键与C=O双键处于平行位置时,会产生σ—π超共轭现象。超共轭作用使得C—H键上电子云密度增加,伸缩振动向高频移动。丙酮的CH$_3$反对称伸缩振动频率是3004cm^{-1},3,3-二甲基丙烯酸乙酯(CH$_3$)$_2$C=CH—COOEt的甲基的C—H伸缩振动出现在2981 cm^{-1},比CH$_3$的C—H伸缩振动频率(2965cm^{-1})高。

$$\text{(结构式) } \nu_{CH}: 3004\text{ cm}^{-1} \qquad\qquad \text{(结构式) } \nu_{CH}: 2981\text{ cm}^{-1}$$

2.2.3 空间效应

(1)场效应(F效应):诱导效应与共轭效应是通过化学键而使电子云密度发生变化的,场效应是通过空间作用使电子云密度发生变化的,通常只有在立体结构上相互靠近的基团之间才能发生明显的场效应。1,3-二氯丙酮的羰基伸缩振动出现三重峰,分别对应于它的三种旋转异构体(Ⅰ~Ⅲ)。氯和氧的电负性都比碳大,在(Ⅰ)和(Ⅱ)两种异构体中,由于C—Cl键和C=O键处于平行的位置,氯原子与羰基氧原子空间距离比较近,发生负极相斥效应,使得羰基电子云移向双键中心,增加了C=O键力常数,所以振动频率升高。而异构体(III)羰基振动频率与开链脂肪酮($\nu_{C=O}$ 1715cm^{-1})的接近。

(I) $\nu_{C=O}$　1755 cm^{-1}　　(II) $\nu_{C=O}$　1742 cm^{-1}　　(III) $\nu_{C=O}$　1728 cm^{-1}

　　环己酮和4,4-二甲基环己酮的$\nu_{C=O}$几乎没有差别,都是1712cm^{-1}。但是它们的邻位卤代物羰基伸缩振动却出现了明显的差别。α-溴代环己酮的$\nu_{C=O}$是1716cm^{-1},与脂肪酮的羰基C=O伸缩振动接近。但是4,4-二甲基-2-溴环己酮的C=O伸缩振动却出现在1728cm^{-1}处。合理的解释是,由于在两个化合物中,C—Br与C=O可形成两个偶极。在α-溴代环己酮中,优势构象是C—Br键处于直立键位置,使溴原子远离羰基氧原子。在4,4-二甲基-2-溴环己酮中,优势构象是溴原子处于平伏键(溴处于直立键会与4位直立键的甲基产生较大的空间位阻),与C=O靠得较近,使O原子上电子云向C=O键偏移,C=O的双键性增加,结果$\nu_{C=O}$增高。在甾体药物中,遇到α-卤代酮这类场效应的现象很普遍,这一现象被称为"α-卤代酮效应"。

$\nu_{C=O}$　1716 cm^{-1}　　　　　　　　$\nu_{C=O}$　1728 cm^{-1}

　　(2)空间位阻:在共轭体系中,当参与共轭基团周围出现大体积取代基团后,常使共轭体系的共平面性质被偏离或破坏,从而使得吸收频率增高。如下1-乙酰环己烯的羰基邻位引入甲基后,消弱了C=O双键与—C=C—双键之间的共轭效应,并且取代基增多,$\nu_{C=O}$向高波数方向移动。

$\nu_{C=O}$:　　1663 cm^{-1}　　　　1686 cm^{-1}　　　　1693 cm^{-1}

　　苯酚的2,6位引入大体积的叔丁基后,分子间氢键不容易形成,从而使ν_{O-H}向高波数位移。

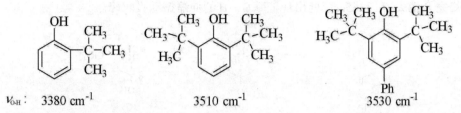

ν_{O-H}: 3380 cm^{-1} 3510 cm^{-1} 3530 cm^{-1}

（3）环张力：小环化合物由于环张力的作用使得环内共价键被消弱，力常数减小，伸缩振动频率降低。与之相对应，环外各键却得到加强，伸缩振动频率升高。如下所示，环酮分子的 $\nu_{C=O}$ 随着环减小，环张力的增大而增大。

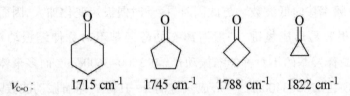

$\nu_{C=O}$: 1715 cm^{-1} 1745 cm^{-1} 1788 cm^{-1} 1822 cm^{-1}

脂环上 CH$_2$ 的吸收频率也有类似的变化：

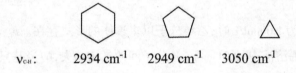

ν_{C-H}: 2934 cm^{-1} 2949 cm^{-1} 3050 cm^{-1}

环烯烃中，随着环的减小，环外 ν_{C-H} 升高，环内双键 $\nu_{C=C}$ 减小。

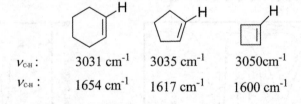

ν_{C-H}: 3031 cm^{-1} 3035 cm^{-1} 3050 cm^{-1}
ν_{C-H}: 1654 cm^{-1} 1617 cm^{-1} 1600 cm^{-1}

当环烃双键上氢原子被烷基取代，则 $\nu_{C=C}$ 向高频位移。

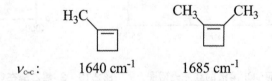

$\nu_{C=C}$: 1640 cm^{-1} 1685 cm^{-1}

（4）跨环效应：跨环效应是指分子中两个非共轭的基团处于一定的空间位置时，由于两个基团的空间位置接近而产生的跨环共轭效应。如下桥环化合物因为氨基和羰基的空间位置比较近而产生跨环作用，使羰基 C=O 的吸收频率降低，仅为 1675cm^{-1}。桥环化合物存在如下 A、B 的共轭关系。当用高氯酸处理成盐（C），羰基吸收峰完全消失,在3365cm⁻¹处出现羟基O—H的伸缩振动吸收峰。

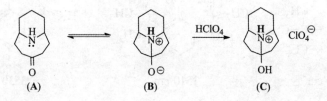

2.2.4 氢键的影响

无论是分子内的氢键还是分子间的氢键,都使参与形成氢键的原化学键的力常数下降,吸收频率移向低波数。与此同时,振动时偶极矩变化加大,因而吸收强度增强。醇羟基很容易形成氢键,一般游离态的醇羟基不对称伸缩振动 ν_{O-H} 在 3610~3640cm⁻¹,二聚体羟基的不对称伸缩振动 ν_{O-H} 在 3500~3600cm⁻¹,而多聚体的羟基红外吸收谱带出现在 3200~3400cm⁻¹。形成氢键的X—H键的伸缩振动波数降低,吸收强度增加,峰变宽。峰移动的幅度以 O—H 最大(>100cm⁻¹),N—H 次之,S—H 和 P—H 最小。

当乙醇浓度为1.0 mol/L时,乙醇分子以多聚体的形式存在。ν_{O-H}(缔合)出现在 3350cm⁻¹处。在稀溶液中(0.01 mol/L),分子间的氢键消失,醇羟基只在 3640cm⁻¹ 处出现游离态的 ν_{O-H} 伸缩振动吸收峰。所以,可以通过在稀的非极性溶剂中改变浓度测试来观察和区别分子内氢键与分子间氢键的峰。

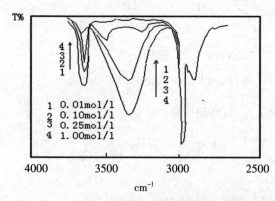

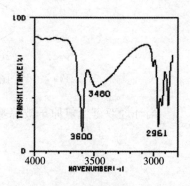

图2.12 不同浓度乙醇CCl₄溶液的红外光谱图　　图2.13 2-氯乙醇在CCl₄溶液中的部分谱图

醇、酚和羧酸等含羟基的物质在较浓的溶液或固态下都会形成强烈的分子内或分子间氢键,因此要观察游离的羟基吸收峰,要选择在非极性溶剂的稀溶液或气相测定。图2.13是2-氯乙醇的红外光谱图,其中3600cm⁻¹处为游离羟基的吸收峰,而3480cm⁻¹处为缔合羟基(形成氢键)的吸收峰。

浓度对分子间氢键和分子内氢键的影响是不一样的。通常由分子间氢键形成的谱带在低浓度下(在非极性溶剂中低于0.01M)就会消失,而分子内氢键是一种分子内部作用的结果,因此在低浓度下,氢键引起的谱带依然存在。α-羟基蒽醌会形成分子内氢键,其羟基伸缩振动移至3150cm⁻¹以下,多与芳环的C—H伸缩振动吸收峰重合。此外还会出现两个C═O峰,其一在1675~1647cm⁻¹区间,为正常羰基峰,另一个在1637~1621cm⁻¹,两峰相距约24~38 cm⁻¹。在稀溶液中,β-羟基蒽醌的游离态羟基吸收峰出现在3615~3605cm⁻¹,两个羰基的伸缩振动几乎完全重合(在1676 cm⁻¹附近)。当形成分子间氢键时,两个羰基只在1659 cm⁻¹处出现一个吸收峰。

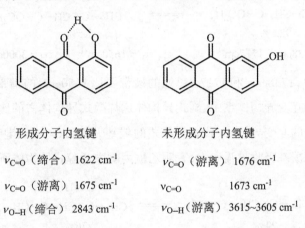

形成分子内氢键　　　　　　　　　未形成分子内氢键

$\nu_{C=O}$（缔合）　1622 cm⁻¹　　　　　$\nu_{C=O}$（游离）　1676 cm⁻¹

$\nu_{C=O}$（游离）　1675 cm⁻¹　　　　　$\nu_{C=O}$　　　　　1673 cm⁻¹

ν_{O-H}（缔合）　2843 cm⁻¹　　　　　ν_{O-H}（游离）　3615~3605 cm⁻¹

胺类化合物中的氨基(NH_2或NH)也会产生分子间的缔合,缔合后的氨基吸收频率向低波数方向移动(有些情况下会移动超过100cm⁻¹)。在羧酸类化合物中,分子间氢键的生成不仅使ν_{O-H}向低频方向移动,而且使$\nu_{C=O}$也向低频方向移动。当用羧酸气体或极稀的非极性溶剂的溶液测定红外光谱时,可以在~1760cm⁻¹处看$\nu_{C=O}$（游离）吸收峰。但是在液相或固相测定时,只能在~1710cm⁻¹附近出现一个缔合的$\nu_{C=O}$伸缩振动峰,表明在此状态下,羧酸分子只以二聚体形式存在。氢键的形成使羧酸的羟基伸缩振动在3200~2500cm⁻¹波数时出现一个宽而散的吸收带,成为羧酸类化合物ν_{O-H}的特征峰形,用于羧酸的鉴定。

2.2.5　互变异构

分子发生互变异构,吸收峰也将发生位移,在红外图谱上能够看出各互变异构的的峰形。如乙酰乙酸乙酯的酮式和烯醇式的互变异构,酮式$\nu_{C=O}$1738cm⁻¹,1717cm⁻¹,烯醇式$\nu_{C=O}$1650cm⁻¹,ν_{O-H}3000cm⁻¹(图2.14)。

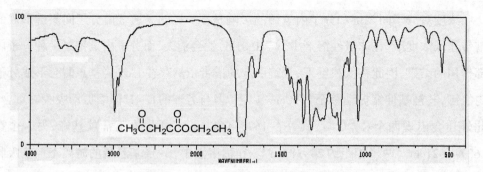

图2.14　乙酰乙酸乙酯的红外光谱图

$$CH_3-\overset{\underset{\|}{O}}{C}-CH_2-\overset{\underset{\|}{O}}{C}-OC_2H_5 \rightleftharpoons CH_3-\overset{O-H\cdots O}{C}=CH-\overset{}{C}-OC_2H_5$$

92.5%　　　　　　　　　　　　　　　　　　7.5%

$\nu_{C=O}$ = 1738cm^{-1}，1717cm^{-1}　　　　$\nu_{C=O}$ = 1650cm^{-1}，ν_{O-H} = 3000cm^{-1}（宽）

在图2.14中，1738cm^{-1}和1717cm^{-1}处的谱带要比1650cm^{-1}的谱带强得多，说明在乙酰乙酸乙酯的互变异构体系中，酮式异构体比烯醇式异构体占的比例大得多。

在乙酰丙酮的互变异构中，代表烯醇式的羰基吸收和C═C双键吸收在1613cm^{-1}，吸收带比酮式的羰基吸收带强度大，表明乙酰丙酮中烯醇式异构体所占的比例较多。

$$CH_3-\overset{\underset{\|}{O}}{C}-CH_2-\overset{\underset{\|}{O}}{C}-CH_3 \Longrightarrow CH_3-\overset{O-H\cdots O}{C}=CH-\overset{}{C}-CH_3$$

24%　　　　　　　　　　　　　　　　76%

$\nu_{C=O}$ = 1740cm^{-1}，1710cm^{-1}　　　$\nu_{C=O}$，$\nu_{C=C}$ 为1613cm^{-1}

　　　　　　　　　　　　　　　　ν_{O-H} 为3200~2800cm^{-1}（宽）

2.2.6　振动偶合效应

当分子中两个相同的基团靠得很近时，其相应的特征吸收峰常发生分裂，形成两个峰，这种现象叫作振动偶合。在酸酐、过氧酸酐、酰亚胺、丙二酸、丁二酸及其酯类化合物等分子中，由于两个羰基距离很近，发生振动偶合，使$\nu_{C=O}$吸收峰裂为双峰。这种偶合作用随基团距离的远离而减弱或消失。如二元酸HOOC(CH$_2$)$_n$COOH系列中，当n=1时，丙二酸的两个羰基发生振动偶合，$\nu_{C=O}$吸收峰分别位于1740cm^{-1}和1710cm^{-1}处。丁二酸的两个羰基也发生振动偶合，$\nu_{C=O}$出现在1780cm^{-1}和1700cm^{-1}附近。当n>3时，二元酸只有一个羰基伸缩振动吸收峰。图2.15为草酸二甲酯的红外光谱图，圆圈所示为羰基振动偶合使其裂分为两重峰，分别位于1780cm^{-1}和1763 cm^{-1}处。

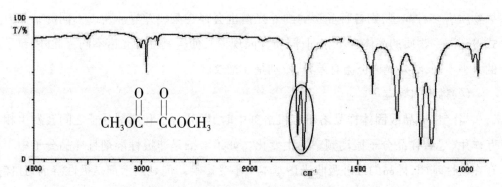

图2.15　草酸二甲酯的红外谱图（CCl₄）

费米共振（Fermi resonance）是红外光谱中常见的一种振动偶合现象。当某个基团的倍频峰（或泛频峰）出现在某强的基频峰附近时，弱的倍频峰（或泛频峰）的吸收强度常常被增强，甚至发生分裂。这种倍频峰（或泛频峰）与基频峰之间的振动偶合现象称为费米共振。环戊酮、苯甲酰氯以及苯甲醛等都有很明显的费米共振效应。

苯甲酰氯的 C—Cl 伸缩振动在 875cm⁻¹，为一强吸收峰。它的倍频峰位于 1730cm⁻¹，与其羰基吸收峰（$\nu_{C=O}$:1770cm⁻¹）邻近，从而发生费米共振，使其强度大大增强，看起来就像羰基裂分为双重峰（1775cm⁻¹和1733 cm⁻¹）（图2.16）。

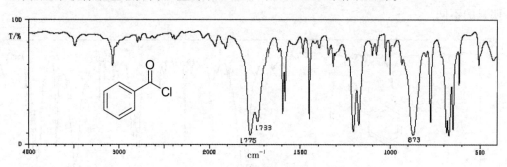

图2.16　苯甲酰氯的红外谱图

2.2.7　外部因素影响

（1）样品物理状态的影响

同一样品测定时，若物态不同，所得的光谱也会有差异，有时差异还会很大。气态下测定红外光谱时由于样品无分子间氢键而以游离态存在，吸收峰尖锐。液态和固态样品，由于分子间的缔合和氢键的产生，常常使峰位发生移动，峰形变宽。如丙酮 $\nu_{C=O}$ 气态 1749 cm⁻¹，液态 1715cm⁻¹。固体的光谱吸收峰比液体尖锐，而且吸收峰会更多。这是由于晶体力场的作用使分子振动与晶格振动发生偶合而出现新谱带。如果物质有多种晶型,则各种晶型的红外光谱也会存在某些差异。所以不同的结晶方式得到同一物质的晶体会不相同(同质异晶现象),使得其红外光谱不同。此外,粒子的大小不同,红外光谱也会有差异,特别是在指纹区。

（2）稀释剂效应

当液体样品或固体样品溶于有机溶剂中时,样品分子和溶剂分子之间会发生相互作用,导致样品分子振动频率发生变化。如果溶剂是非极性溶剂且样品分子中不存在极性基团,样品的红外吸收光谱基本上不受影响。但是当溶剂是极性溶剂,且样品分子中含有极性基团,样品的光谱肯定会收到影响。溶剂的极性越强,与样品之间的相互作用越大,光谱变化也越大。极性基团的伸缩振动频率一般随溶剂极性的增加而降低。如羧酸中羰基伸缩振动频率$\nu_{C=O}$在非极性溶剂(CCl_4)、乙醚、乙醇中的振动频率分别为$1760cm^{-1}$、$1735cm^{-1}$和$1720cm^{-1}$。所以在报告样品红外光谱时,必须说明测定时使用的溶剂。常用的溶剂有CCl_4、CS_2、CH_2Cl_2、$CHCl_3$、乙腈、丙酮。为了排除溶剂的影响,液体样品经常使用液膜法测定。固体样品一般采用压片法测定红外光谱,一般使用无水卤化物如无水溴化钾作极性基团的振动频率发生位移,谱带发生形变。下图为硬脂酸的谱图,可以看出两种不同的测试方法得到的谱图在$1350\sim1200cm^{-1}$有明显的不同。

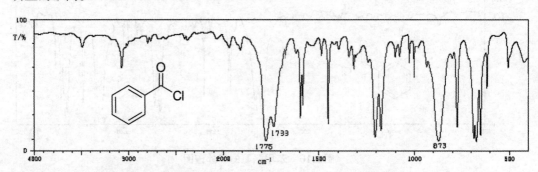

图2.17　硬脂酸的红外光谱图(A:KBr压片法;B:CCl_4溶液)

固体样品如果要制成溶液测定红外光谱,溶剂的选择非常重要。

①溶剂不能干扰基团的吸收频率,各种溶剂的透明区域见表2.3。

②溶剂不能与样品发生反应(如形成配合物或氢键)。

③溶剂不得含水,否则在$3700\sim3600cm^{-1}$出峰。在$1600cm^{-1}$附近也有弱的宽峰。另外水会破坏由KBr或NaCl盐窗构成的吸收池,使红外光谱仪的性能恶化。

表 2.3 溶剂的透明区域

溶剂	可用区域(cm^{-1})	通常液池厚度(mm)
CCl_4	全部可用(除850~700以外)	0.5
CS_2	全部可用(除3300~2100与1600~1400以外)	0.5
$CHCl_3$	全部可用(除1250~1175和820以下以外)	0.25
CH_2Cl_2	全部可用(除1300~1200和820以下以外)	0.2
DMSO	全部可用(除1100~900以外)	0.05
H_2O	2800~1800	0.05(必须使用特殊液池)

（3）样品厚度的影响

一张好的红外光谱图，其吸收基线应该在透光率80%以上，大部分吸收峰的透光率在20%~60%，最强的吸收峰透光率在1%~5%。否则谱图失真，不能反应物质的真实吸收。如果样品厚度太大，则吸收过强，把其中一些弱的倍频或合频等峰放大，甚至其中含的少量杂质峰也会被放大成峰，造成误判。当然，样品太薄，也使一些本来就弱的吸收峰不能出现，从而造成遗漏。

（4）仪器的色散元件

棱镜与光栅的分辨率不同，光栅光谱与棱镜光谱有很大不同，特别是在4000~2500cm^{-1}波段尤为明显。目前红外仪器使用的色散元件都是光栅。

2.3 红外光谱的重要吸收区段

2.3.1 特征区、指纹区和相关峰

有机分析中遇到的分析对象大多是多原子、多种元素、多种价键的复杂分子。每一种类型的价键都具有多种类型的振动形式，因此一个结构复杂的有机化合物，其红外吸收谱图中出现的吸收峰的数目是比较多的。若想要将所有红外吸收峰进行归属是一件比较困难的事情。然而，大量的研究发现红外光谱中一定的特征吸收谱带总是对应于一定的基团，从而归纳出各种基团的特征频率表。这对有机化合物的结构鉴定具有重要的指导意义。

按照红外光谱与分子结构的特征，红外光谱可大致分为两个区域，即特征吸收区（也叫官能团区，4000~1300cm^{-1}）和指纹区（1300~400cm^{-1}）。

　　中红外光谱中4000~1300cm⁻¹出现的谱峰与有机化合物基团的简正振动之间有很好的一一对应关系,可用于鉴定某一特定基团的存在,此区域内的吸收峰称为特征吸收峰或特征峰。官能团区的吸收峰一般比较尖锐,相互之间的间距也比较明显,因此比较容易识别。例如C—H伸缩振动出现在3100~2700cm⁻¹的波段内,饱和烃的C—H伸缩振动很少超过3000cm⁻¹而不饱和烃的伸缩振动则一般不会低于3000cm⁻¹。这样只需要查看3000cm⁻¹以上的3300~3100cm⁻¹有无吸收峰就可以很容易地辨别出该化合物是否含有不饱和基团。2500~1600cm⁻¹的不饱和吸收区是辨认C≡N、C≡C、C═O、C═C等不饱和基团的特征区。各类不饱和基团又有自身的特征振动区间。如羰基C═O双键的伸缩振动一般位于1800~1650cm⁻¹的波段内,而包括烯烃、芳烃等化合物在内的C═C双键伸缩振动则一般出现在1600~1450cm⁻¹,它们特有的峰位以及峰形是辨认这些基团是否存在的依据。1600~1300cm⁻¹区域主要有—CH₃、—CH₂—、—CH以及—OH的面内弯曲振动引起的吸收峰,虽然特征性较差,但是它们与较高波段出现的C—H伸缩振动一起可以基本确定这些基团是否存在。

　　红外区吸收光谱中1300~400cm⁻¹的低频区出现的谱带密集而复杂,犹如人的手指纹,因而称之为指纹区。该区域出现的谱带主要是一些非氢元素构成的单键的伸缩振动和各种弯曲振动所引起的吸收峰。由于这些单键的键强差不多,同时成键原子质量也接近,所以这一区域出现的谱峰密集而缺乏特征性。要对此区域出现的谱峰与化合物分子的某一简正振动之间建立关联是很困难的。但是由于各个化合物结构上的微小差异都会在指纹区得到体现,因此在确认有机化合物时很有用处。

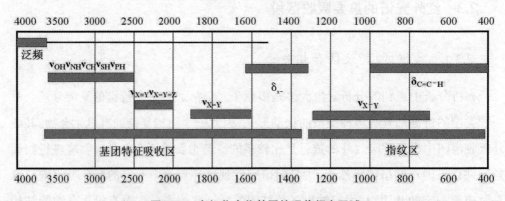

图2.18　有机化合物基团的吸收频率区域

　　一个基团可以有数种振动形式,每种红外活性的振动会有相应的一个吸收峰。这些相互依存、相互佐证的吸收峰称为相关峰。如羧酸中基团(—COOH)会有如下几种相关峰,即:ν_{O-H}在3400~2500cm⁻¹,为一宽而散的吸收峰;$\nu_{C=O}$在1710cm⁻¹左右出现强而宽的吸收峰;ν_{C-O}在1260cm^{-1}附近有中等强度的吸收峰;δ_{O-H}(面外弯曲)出现在930cm^{-1},为一宽而较弱的峰。这一组特征吸收峰即为羧基的相关峰。再如单环芳烃也因为含有苯环而具有如下的相关峰,芳环的ν_{Ar-H}在3050cm^{-1}左右会出现一组峰;芳环的骨架振动则在1600cm^{-1}和1500cm^{-1}处出现两组峰,在2000~1660cm^{-1}会有泛频峰出现;而且芳环还在900~600cm^{-1}出现δ_{Ar-H}(面外弯曲)的吸收峰;在确定有机化合物是否存在某种官能团时,首先应当注意有无特征峰,然后要检查与之对应的相关峰是否同时出现。

2.3.2 红外光谱图的几个重要区段

为了方便解析,红外光谱的特征区和指纹区通常细分为以下几个区域(表2.4)。

表2.4 红外光谱的五个重要区域

	基团类型	波数(cm^{-1})	振动类型
官能团区	含氢基团区(ν_{X-H})	3750~2500	$\nu_{OH}, \nu_{NH}, \nu_{CH}$
	三键及累积双键区($\nu_{X=Y}$)	2500~2100	$\nu_{C\equiv C}, \nu_{C\equiv N}, \nu_{-C=C=C-}, \nu_{-N=C=O}$
	双键区($\nu_{X=Y}$)	2000~1500	$\nu_{C=O}, \nu_{C=C}, \nu_{Ar}, \nu_{C=N}, \nu_{N=N\cdots}$
	C—H弯曲振动区	1500~1300	$\delta_{C-H}, \bar{\nu}_{as(-NO2)}$
	指纹区	1300~650	$\delta_{C=C-H}, Ar-H (o.o.p) \nu_{X-Y}$

2.3.2.1 3750~2500cm^{-1}区域

此区域又可分为两个大的部分,OH、NH伸缩振动区(3750~3000cm^{-1})和CH伸缩振动区(3300~2700cm^{-1})。

(1)OH、NH伸缩振动区(3750~3000cm^{-1})

不同类型的OH、NH伸缩振动列于表2.5。

表2.5 O—H,N—H伸缩振动区

基团类型	波数(cm^{-1})	峰的强度	注
ν_{O-H}	3700~3200	强	特征
游离O—H	3700~3500	较强,尖锐	特征
缔合O—H	3450~3200	强,宽	特征
ν_{N-H}			
游离N—H	3500~3300	弱而稍尖	

基团类型	波数(cm⁻¹)	峰的强度	注
缔合 N—H	3500~3100	弱而尖	
$\overset{O}{\underset{\|\|}{—C}}—NH_2$（内酰胺）	3500~3300	可变	
ν_{O-H}羧酸	3200~2500	强,宽,散	特征

①羟基的吸收:醇、酚和羧酸

羟基O—H伸缩振动的吸收位于3200~3650cm⁻¹的范围内。游离的羟基仅存在于气态或低浓度的非极性溶剂中,红外吸收在较高的波数区(3700~3650cm⁻¹),峰形尖锐。当氢键形成时,键力常数K值下降,但是吸收强度增加,所以红外吸收位置向低波数方向位移(3300cm⁻¹附近),峰形变得宽胖。如图2.19为3-己醇的红外光谱图。

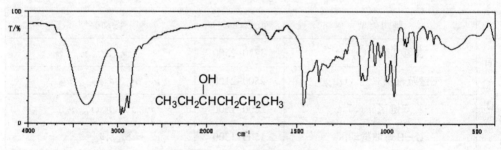

图2.19　3-己醇的红外光谱图

游离酚中羟基的O—H的伸缩振动吸收位于3500cm⁻¹附近,峰形尖锐,附近没有其他干扰(溶剂中微量的游离水峰在3710cm⁻¹附近)很容易辨识。而在液相或固体溴化钾压片测试时,酚羟基会形成氢键而缔合,缔合的酚羟基会在3450~3200cm⁻¹出现一个强而宽的吸收峰。图2.20为4-甲基苯酚在CCl₄溶液(A)和液膜法(B)测得的红外光谱图。在CCl₄溶液中游离态的羟基伸缩振动出现在3614cm⁻¹处。用液膜法测试时,羟基处于缔合态,伸缩振动吸收频率向低频位移而且谱带变宽。

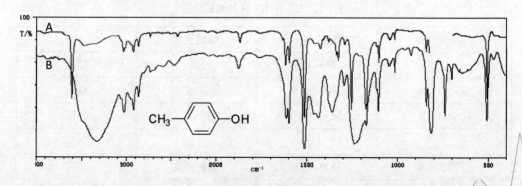

图2.20　4-甲基苯酚的红外光谱图(A: CCl₄; B: KBr))

羧酸羰基和羟基也会形成很强的分子间氢键,甚至在气态下也以二聚体存在,所以羧酸分子形成的氢键非常强,吸收峰非常宽胖,底部可能延伸到2500cm⁻¹附近,和脂肪烃的C—H伸缩振动峰重叠。只有在测定气相谱或在非极性溶剂的稀溶液中,方可能观察到游离的—OH吸收峰,在3450cm⁻¹附近出现。图2.21为乙酸的气相(左)和液相(右)红外光谱。

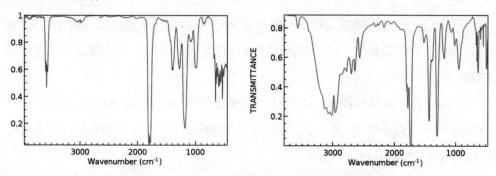

图2.21　乙酸的气相(左)和液相(右)红外光谱图

② 氨基的红外吸收

氨基的红外吸收与羟基的类似,游离氨基的红外吸收发生在3300~3500cm⁻¹。缔合的氨基吸收位置下降约100cm⁻¹,中心位置在3300cm⁻¹。无论是游离的N—H还是缔合的N—H,其峰强都比形成氢键的O—H峰弱很多且峰形稍尖锐。伯胺有两个N—H键,因此它有对称和非对称两种伸缩振动模式,其吸收强度比醇羟基要弱很多,而且出现两个吸收峰。仲胺只有一个N—H键,也只有一种振动模式,所以只会出现一个吸收峰。其吸收峰比羟基更加尖锐。芳香仲胺的吸收峰比相应的脂肪仲胺波数偏高,强度更大。叔胺没有N—H键,所以在这个区域没有吸收峰。

(2)C—H伸缩振动区(3300~2700cm⁻¹)

C—H伸缩振动根据碳原子的杂化类型又可以区分为不饱和C—H伸缩振动区(3300~3000cm⁻¹)和饱和碳氢伸缩振动区(3000~2700cm⁻¹)。两者的界限在3000cm⁻¹处。

端炔的C_{sp}—H伸缩振动吸收峰位于3300cm⁻¹处。虽然位置可能与O—H伸缩振动区域重叠,但是端炔C_{sp}—H伸缩振动由于峰形尖锐,特征非常明显,可以很容易地与O—H、N—H伸缩振动区别开来。

烯氢和芳氢的C—H伸缩振动频率一般处于3100~3000cm⁻¹。芳烃的C_{Ar-H}伸缩振动吸收峰强度比饱和烃的弱,谱带尖锐。末端烯烃的$\nu_{=C-H}$的吸收出现在3085cm⁻¹附近,谱带尖锐。表2.6列出不饱和烃和芳烃的C—H伸缩振动的大致范围。

表2.6 不饱和烃与芳烃的 C—H 伸缩振动区

C—H键类型	波数(cm^{-1})	峰强度
C≡C—H	~3300	强
Ar—H	~3030	弱~中
C=C—H	3040~3010	弱~中强

饱和烃的 C—H 伸缩振动频率一般不会超过3000cm^{-1},振动强度一般比较大(表2.7)。当然也有少数例外。张力较大的三元环体系,饱和的 C—H 伸缩振动吸收峰超过3000cm^{-1}。

饱和碳的 C—H 伸缩振动一般可见四个吸收峰,其中两个属于 CH$_3$:~2960(ν_{as}),~2870cm^{-1}(ν_s)。两个属于 CH$_2$:~2925cm^{-1}(ν_{as}),2850cm^{-1}(ν_s)。这两组峰的强度大概可以判断 CH$_2$ 和 CH$_3$ 的比例。

当 CH$_3$ 和 CH$_2$ 与氧原子相连时,其吸收位置会向较低的波数偏移。

醛类化合物在~2820cm^{-1}和2710cm^{-1}处有两个吸收峰,这是 ν_{C-H} 和 δ_{C-H} 倍频间的费米共振所致。

表2.7 饱和烃和甲酰基氢的伸缩振动区

C—H键	波数(cm^{-1})	峰强度
—CH$_3$	2960, 2870	高强
—CH$_2$	2930, 2850	强
⟩C—H	2890	中强
—OCH$_3$	2830~2810	中强
O=C—H	2720~2750	中强
—O—CH$_2$—O—	2780~2765	弱~中

2.3.2.2 三键及累积双键伸缩振动区(2500~2000cm^{-1})

这一区域主要包括炔烃(—C≡C—)、氰基(—C≡N)、丙二烯(C=C=C)和异氰酸酯基(—N=C=O)等的伸缩振动区域(表2.8)。此区域中只有作图时未扣除的空气中 CO$_2$(ν_{CO2}~2365cm^{-1}、2335cm^{-1})的吸收可能产生干扰。结构对称的乙炔等不会出现吸收峰。除了端炔,一些结构不对称的链内炔的伸缩振动吸收峰也是很弱的,因此这一区域,任何小的吸收峰都有可能包含化合物重要的结构信息,需要引起重视。

表2.8　三键对称伸缩振动区

三键类型	波数(cm⁻¹)	峰强度
H—C≡C—H	2140~2100	强
R—C≡C—R′	2260~2190	可变
R—C≡C—R	无吸收	
R—C≡N	2260~2240	强
R—C≡C—C≡C—R′	2400~2100(2~3个峰)	弱~强

2.3.2.3　双键伸缩振动区(2000~1500cm⁻¹)

这是红外谱图中最重要的区域之一。在此区域中,最重要的吸收谱带是羰基化合物的C=O双键的伸缩振动(1755~1650cm⁻¹)(表2.9)和C=C伸缩振动区(1680~1500cm⁻¹)。由于羰基的偶极矩比较大,羰基吸收峰一般都比较强而微宽,因此在羰基化合物的结构鉴定中扮演很重要的角色。在前节的影响因素中我们已经做了很详细的探讨。

表2.9　羰基C=O伸缩振动区

羰基类型	波数(cm⁻¹)	峰强度
醛(饱和)	1740~1720	强
羧酸(饱和)	1705~1725	强
酮(饱和)	1705~1725	强
内酯(六,七元环)	1750~1730	强
内酯(五元环)	1780~1760	强
酯	1740~1710	强
酰氯	1815~1720	强
酸酐	1850~1800,1780~1720(两个峰相距约60cm⁻¹)	强
酰胺	1700~1680(游离) 1660~1640(缔合)	强

烯烃C=C双键的伸缩振动吸收出现在1600~1670cm⁻¹,强度中等或较低(表2.10)。

表2.10　双键的伸缩振动区

双键类型	波数(cm^{-1})	峰强度
C=C	1680~1620	不定
苯环骨架	1620~1450	
C=N	1690~1640	不定
—N=N—	1630~1575	不定
—NO$_2$	1615~1510 1390~1320	强 强

当分子比较对称,C=C双键伸缩振动峰很弱,但是结构不对称的端烯C=CH$_2$的吸收就比较强。顺式烯烃的C=C较强,而结构相对比较对称的反式烯烃的C=C伸缩振动较弱,甚至没有吸收。

C=C伸缩振动的高频区也有可能跟酰胺等的C=O伸缩振动接近或重叠,但是两者的区别很明显。一般羰基C=O伸缩振动很强,峰形强而稍宽,但是C=C伸缩振动则弱得多。烯基醚、烯醇或烯基酯等分子中C=C双键与电负性较大的氧原子相连接,受此影响,C=C双键的伸缩振动幅度大大加强。

苯环的骨架振动在~1450、~1500、1580、1600cm^{-1}。其中1450cm^{-1}的吸收峰与CH$_3$和CH$_2$的吸收和靠近,因此特征性不强。但是只要在1500cm^{-1}和1600cm^{-1}附近有一处吸收,原则上可断定有苯环的存在。

杂芳烃和苯环有相似之处,如呋喃在~1600、~1500、~1400cm^{-1}三处有吸收谱带。吡啶在1600、1570、1435cm^{-1}处有吸收存在。

2.3.2.4　C—H弯曲振动区(1500~1300cm^{-1})

除了前面讲到的苯环(其中的~1450、~1500cm^{-1}的吸收进入此区间)、杂芳烃(吸收位置与芳烃近似)、硝基外,此区域最有意义的是甲基和亚甲基的C—H弯曲振动。

绝大多数有机化合物都含有甲基(—CH$_3$)和亚甲基(—CH$_2$—),它们在1470~1430cm^{-1}处有特征的吸收峰,这是由于甲基和亚甲基的C—H弯曲振动(δ_{C-H})引起的。甲基还在1380cm^{-1}附近有特征的对称弯曲振动峰,用以与亚甲基区分。孤立的甲基在此区域出现单峰。偕二甲基(异丙基)在1380cm^{-1}处出现两个强度相等的吸收峰,峰距15~30cm^{-1}。而叔丁基裂分为大小不等的两个峰。

亚甲基仅在~1470cm^{-1}处有吸收,这一振动特征性并不强,因为甲基的不对称弯曲振动也在附近出现。

表2.11　CH弯曲振动区

振动类型	波数(cm⁻¹)	峰强度
$\delta_{as}(CH_3)$	1470~1430	中
$\delta_s(CH_3)$	1380	中→强
$\delta_{as}(CH_2)$	1470~1430	中

此外,此区域还有以下重要基团吸收峰。硝基($-NO_2$)的N—O伸缩振动出现在1385~1290cm⁻¹处。砜类的$\nu_{as}(SO_2)$在1440~1290cm⁻¹出现。都是比较特征的吸收峰。

2.3.2.5　指纹区(1300~650cm⁻¹)

指纹区具有鉴定价值的谱带也大概划分为1300~1000cm⁻¹的X—Y伸缩振动区和C—H面外弯曲振动区(1000~650cm⁻¹)两个小的区段。

（1）X—Y伸缩振动区(1300~1000cm⁻¹)

X—Y伸缩振动区主要包括C—O键和C—N键的伸缩振动,饱和C—H键的弯曲振动以及不饱和C—H键的面内弯曲振动。极性C—O键的伸缩振动峰强而宽,是醇、醚酯等化合物红外光谱中很具特征的吸收谱带。醚和酯常出现(C—O—C)吸收谱带,因为偶极矩较大,表现为强吸收峰,对此类含氧有机化合物的鉴定很有价值。

C—N键的极性比C—C键极性强,C—N伸缩振动吸收峰比C—C伸缩振动要强的多,脂肪胺的伸缩振动在1160~1030cm⁻¹。由于处于指纹区,容易受到其他峰的干扰。芳胺的N原子与芳环共轭而使C—N键具有双键的性质,伸缩振动在1350~1250cm⁻¹,吸收强度比较大。酰胺分子中,由于存在氨基与羰基的强共轭效应,C—N键伸缩振动比较复杂,在酰胺的红外谱图分析部分会详细讨论。

烷烃的C—C伸缩振动一般比较弱,在红外鉴定中不具重要意义。

表2.12　X—Y伸缩振动

振动类型	波数(cm⁻¹)	峰强度
醇ν_{C-O}	1200~1000	强
伯醇	1065~1015	强
仲醇	1100~1010	强
叔醇	1150~1100	强
酚ν_{C-O}	1300~1200	强
醚ν_{C-O}	1275~1060	强
脂肪醚	1150~1060	强

振动类型	波数(cm⁻¹)	峰强度
芳香醚	1275~1210	强
乙烯醚	1225~1200	强
酯 ν_{C-O}	1300~1050	强
胺 ν_{C-N}	1360~1020	强

（2）C—H面外弯曲振动区（1000~650cm⁻¹）

C—H面外弯曲振动区主要应用于鉴定烯烃取代和芳香环上取代的信息。

苯环因为取代而产生的吸收（900~650cm⁻¹）是这个区域很重要的内容，这是判断苯环取代位置的主要依据（主要是苯环C—H面外弯曲振动引发的吸收谱带）。关于芳香环取代的 $\delta_{=C-H}$ 面外弯曲振动的特征和位置将在以后讨论。此外，烯烃 ═C—H 之间的弯曲振动也出现在这个区域，出现的位置与烯烃C═C双键取代类型之间具有一定的对应关系，对烯烃的构型鉴定具有很好的借鉴价值。

此区域也包括所有非氢原子形成的单键的伸缩振动。分子骨架振动频率都位于这个区域内。部分含氢基团的一些弯曲振动和一些重原子的双键（P═O，P═S）等的伸缩振动频率也在这一区域。弯曲振动的键力常数K是比较小的，但是含氢基团的折合质量也小。因此某些含氢基团弯曲振动出现在此区域。对于重原子形成价键，虽然键力常数比较大，但是由于键接的两个重原子的质量也较大，所以重原子基团的吸收谱带也出现在这一区域。可见，这个区域中包含的信息非常丰富。

2.3.3　各类化合物的特征吸收光谱

红外光谱的优点在于各类基团都有自己特定的红外吸收谱带，分子中其他的部分对它的影响比较小。通常把这种代表某种基团的存在并且有较高强度的吸收峰称为特征吸收峰。此外，有机基团的各个化学键还有多种的振动形式，这些不同的振动形式又对应不同的吸收谱带，形成相关峰。通过特征吸收峰和各个相关峰，我们可以很容易辨识出化合物结构信息。

2.3.3.1　饱和烃

饱和烃结构简单，其红外吸收主要由C—H伸缩和弯曲振动引起。一般烷烃的C—C伸缩振动的吸收带很弱，并且出现在1200~800cm⁻¹的一个宽广区域内，所以它对结构鉴定也没有应用价值。烷烃的C—C弯曲振动也只出现在很低的频率处（<500cm⁻¹），

也没有鉴定价值。

（1）伸缩振动（ν_{C-H}）

烷烃最具有特征的振动，是由C—H键的伸缩和弯曲振动。烷烃的C—H伸缩振动吸收谱带通常在3000~2840cm^{-1}。

甲基（—CH$_3$）含有三个C—H键，在此范围通常出现两个清晰的谱带，分别位于2962cm^{-1}和2872cm^{-1}附近。前者是由甲基不对称伸缩振动（ν_{as}CH$_3$）产生，而后者是由甲基三个C—H键的对称伸缩振动（ν_sCH$_3$）产生。

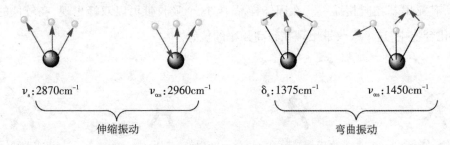

ν_s:2870cm^{-1} ν_{as}:2960cm^{-1} δ_s:1375cm^{-1} ν_{as}:1450cm^{-1}

伸缩振动   弯曲振动

图2.22　甲基的四种振动形式和对应吸收峰位

亚甲基的不对称（ν_{as}）和对称伸缩振动（ν_s）的吸收分别出现在2926cm^{-1}和2853cm^{-1}处。在脂肪烃和无张力的环烃，该谱带变化不超过±10cm^{-1}。当亚甲基是张力环的一部分时，它的伸缩振动频率会有所增加。

环丙烷由于存在很大的环张力，ν_{C-H}移向高频，出现在3080~3040cm^{-1}。

叔碳的C—H伸缩振动产生的吸收非常弱，通常被湮没于其他脂肪族的C—H吸收中，它的吸收出现在2890cm^{-1}附近。

（2）弯曲振动（δ_{C-H}）

甲基有对称的和不对称两种弯曲振动。在对称弯曲振动中，C—H键的移动就像花瓣同时开闭，而不对称弯曲振动时，三个甲基的运动如同一个花瓣开放，同时另外两个花瓣闭合。对称的弯曲振动（δ_sCH$_3$）出现在1375cm^{-1}附近，不对称弯曲振动（δ_{as}CH$_3$）对应的吸收谱带出现在1450cm^{-1}附近（图2.20）。甲基C—H键的对称弯曲振动所产生的1375cm^{-1}附近的吸收谱带在光谱中是非常稳定的，其强度大于不对称甲基弯曲振动的或亚甲基的剪式振动峰，因而对于识别甲基很有用。

偕二甲基—CH（CH$_3$）$_2$在1380cm^{-1}附近出现强度相等双峰（1391~1380cm^{-1}和1372~1365cm^{-1}）是验证分子中有偕二甲基的根据【注意：环己烷醇、甾体和二萜类含有的乙酰氧基（CH$_3$CO$_2$—）的甲基在1380~1365cm^{-1}出现双峰，不要误认为分子中有异丙基】。

　　叔丁基在1380cm⁻¹附近出现强度不等的双峰(1380cm⁻¹为弱峰,1365cm⁻¹峰为强峰),足以与偕二甲基区分。偕二甲基和叔丁基出现双峰是由于两个相同的甲基连在同一个碳原子上,它们的同相和异相对称振动之间相互作用的结果。

　　亚甲基的C—H键有四种弯曲振动类型,分别为剪式、面内摇摆、面外摇摆和扭曲振动。虽然振动比较复杂,但是烃类化合物的亚甲基剪式振动谱带($\delta_s CH_2$)在1465cm⁻¹处。它的位置基本固定不变,可作为亚甲基的特征谱带。含有七个或更多碳的直链烷烃,其亚甲基面内摇摆振动(ρCH_2)产生的谱带在720cm⁻¹附近,在这种振动中,所有亚甲基在同相摇摆。在固体样品中,这个吸收带可以双峰出现,在较低的正烷烃化合物中,这个吸收出现在较高频率的位置。

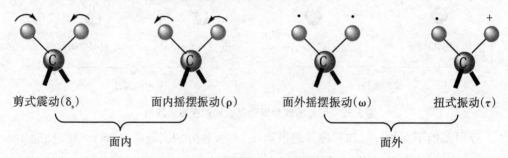

剪式震动(δ_s)　　　面内摇摆振动(ρ)　　　面外摇摆振动(ω)　　　扭式振动(τ)

面内　　　　　　　　　　　　　　　　　面外

图2.23　亚甲基的四种弯曲振动

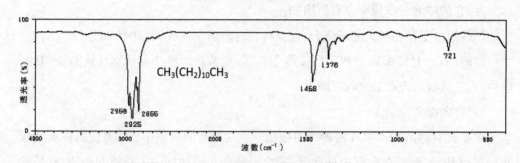

$CH_3(CH_2)_{10}CH_3$

2968　2856
2925
1468　1376　721

透光率(%)

波数(cm⁻¹)

图2.24　十二烷的红外谱图

C—H伸缩振动:$\nu_{as}CH_3$:2968cm⁻¹;$\nu_s CH_3$:2873cm⁻¹;$\nu_{as}CH_2$:2925cm⁻¹;$\nu_s CH_2$:2856cm⁻¹;

C—H弯曲振动:$\delta_s CH_2$:1468cm⁻¹;$\delta_s CH_3$:1376cm⁻¹;

C—H面外摇摆:ρCH_2:721cm⁻¹。

　　烃类的亚甲基扭曲和面外摇摆产生的吸收在1350~1150cm⁻¹,这些谱带通常比亚甲基的剪式振动产生的谱带要弱。这个区域内由亚甲基引起的一系列谱带是固体长链羧酸、酰胺和酯的红外特征谱带。当化合物含有四个以上邻接的—CH₂—基团时,几乎总是在720cm⁻¹处有谱带(—CH₂—面内摇摆),它在含有长脂肪链的化合物鉴别上是有用的。

亚甲基的扭曲和面外摇摆引起的振动对结构鉴定价值有限,因为它们较弱并且很不稳定。这种不稳定是由于亚甲基和分子中其余部分的强烈偶合作用的结果。

图2.24为正十二烷的红外光谱图,从中可以看出烷烃中甲基和亚甲基的各种振动对应的吸收峰位。烷烃的一些特征吸收峰的出峰位置和强度信息列于表2.13。

表2.13　烷烃的特征吸收位置

基团	吸收峰位置/cm⁻¹	吸收强度	振动类型
—CH₃	2960 ± 10	s	ν_{as}
	2872 ± 10	s	ν_{s}
—CH₂—	2926 ± 5	s	ν_{as}
	2853 ± 5	s	ν_{s}
—CH—	2890 ± 10	w	ν
—C—CH₃	1450 ± 20	m	δ_{as}
	1375 ± 5	s	δ_{s}
CH—(CH₃)₂	$1389 \sim 1381$	m	δ_{s}
	$1372 \sim 1368$		
—CH₂	1465 ± 20	m	δ_{s}
—(CH₂)ₙ—	$n > 4, 724 \sim 722$	m	γ
	$n = 3, 729 \sim 726$	m	
	$n = 2, 743 \sim 734$	m	
	$n = 1, 785 \sim 770$	m	
CH—(CH₃)₂	1170 ± 5	m	δ_{s}
C(CH₃)₃	1250 ± 5	m	δ_{s}

注:表中字母s、m、w分别表示强、中、若、弱。

2.3.3.2　不饱和烃

(1) 烯烃

与烷烃相比较,烯烃增加了C═C伸缩振动、烯氢(C_{sp2}—H)伸缩振动和烯氢(C_{sp2}—H)的弯曲振动。此外对于末端烯烃,还存在1400cm⁻¹处的剪式振动和1800cm⁻¹处的泛频吸收。

①烯烃C—H伸缩振动($\nu_{=C-H}$)

烯烃的C—H伸缩振动吸收在3100~3000cm⁻¹。吸收频率和强度受取代基的类型影响比较明显。在分辨率良好的情况下，可以看到一些精细结构信息。例如乙烯基=CH_2在此区域出现三重峰，分别对应于端基烯烃C—H的对称和不对称伸缩振动。第三个谱带是另外一个C—H的伸缩振动产生。通常对称的振动吸收由于强度极弱而难以检测，因此乙烯基的C—H只显示出一种伸缩振动吸收峰，在3075~3095cm^{-1}处。由于芳烃的C—H伸缩振动也在3050cm^{-1}附近，因此单凭这一个特征吸收峰不能对体系中是否有烯烃双键下结论。

② 烯烃C—H面外弯曲振动($\delta_{=C-H}$)

烯烃=C—H的面外弯曲振动γ吸收在烯烃结构的鉴定上十分重要，出现在1000~650cm^{-1}，是烯烃红外谱图中最具特征的吸收谱带。γ吸收出现的位置与烯烃C=C双键取代类型之间具有一定的对应关系。不同类型的烯烃都具有自身特定的吸收峰位，很少受取代基团的影响。这一吸收强度特别强（通常是最强吸收峰），对判断烯烃的存在类型十分有用。其中端烯的=CH_2基团除了表中所列数据外，在1800cm^{-1}附近还可以观察到$\delta_{=C-H}$的倍频峰。表2.14仅列出脂肪族烯烃化合物的$\delta_{=C-H}$面外弯曲振动的数据。

表2.14　烯烃化合物的$\delta_{=C-H}$面外弯曲振动

烯烃类型	波数(cm^{-1})	峰强度
RCH=CH_2	990和910	强
RCH=CHR(顺)	690	中→强
RCH=CHR(反)	970	中→强
R_2C=CH_2	890	中→强
R_2C=CHR	840~790	中→强

③ 烯烃C=C伸缩振动($\nu_{C=C}$)

非共轭的烯烃的C=C伸缩振动通常出现在1680~1620cm^{-1}，吸收强度中等到弱（表2.15）。共轭使烯烃C=C双键的振动移向低频方向，并使强度增加。因此可以根据该吸收峰来推断烯烃的结构。不同的取代情况也会影响该吸收峰的位置与强度，从而给出烯烃双键的取代信息。

单取代的烯烃（乙烯基、—C=CH_2）的吸收在1640cm^{-1}附近，强度中等。二取代的反式烯烃、三取代和四取代的烯烃的吸收在1670cm^{-1}附近。对称的二取代反式烯烃以及四取代的烯烃的吸收非常弱，甚至观察不到。顺式烯烃缺乏对称性，因此吸收比反式烯烃强,由于准对称性的原因,偏向碳链中间的烯烃比末端烯烃双键的吸收更弱。

无张力的环内烯烃,如环己烯、C=C双键伸缩振动引起的红外吸收与顺式烯烃比较相似。

表2.15 烯烃双键的特征吸收

基团	吸收位置/cm^{-1}	强度	振动类型
=C-H	3050 ± 50	中~弱	ν
C=C	1640 ± 20	中~0	ν
C=C-C=C	1600	强	ν_{as}
	1650	弱~0	ν_s
	1950 ± 50	中	ν_{as}

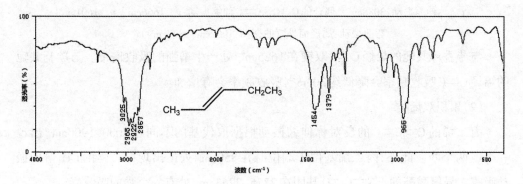

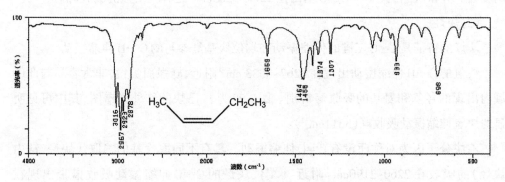

图 2.25 2-戊烯的红外光谱图:反式(上)和顺式(下)

没有对称中心的共轭双烯中存在两个烯键的伸缩振动的偶合,产生两个C=C伸缩振动谱带。例如1,3-戊二烯在1650cm^{-1}和1600cm^{-1}附近有两个吸收带。对称的1,3-丁二烯近在1600cm^{-1}处出现一个C=C不对称振动吸收峰(C=C双键的对称伸缩在红外光谱中是非活性的)。图2.26是1,3-异戊二烯的红外吸收光谱图。

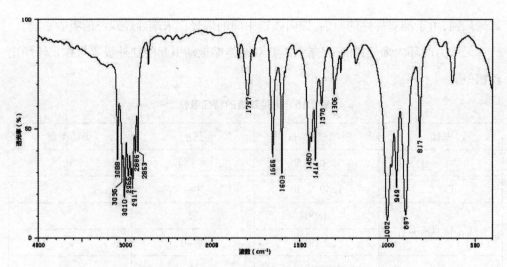

图2.26 （反）1,3-戊二烯的红外光谱图

（$\nu_{=C-H}$伸缩振动：3088cm^{-1}；偶合的 C=C—C=C 伸缩振动：ν_s：1666cm^{-1}，ν_{as}：1601cm^{-1}

弯曲振动：烯烃面外弯曲振动：1002cm^{-1}，897cm^{-1}）

与芳香环共轭的烯烃C=C双键在1625cm^{-1}处产生增强的吸收谱带。与羰基共轭的烯烃C=C吸收频率会降低约30cm^{-1}，吸收频率会有增加。

（2）累积双烯类

丙二烯的C=C=C的反对称伸缩振动根据取代基的不同在2000~1900cm^{-1}出现一个或两个峰。此外，丙二烯基位于端位时在850cm^{-1}处还出现一个强的CH$_2$弯曲振动吸收。异氰酸酯的—N=C=O基团在2275~2263cm^{-1}处有一个强的吸收峰。

（3）炔烃

炔烃的特征是C≡C三键的伸缩振动和端位炔基氢参与的C—H伸缩振动。

炔氢的C—H伸缩振动出现在3267~3333 cm^{-1}附近，峰强而尖锐，非常容易与此区域内出现的羟基和氨基的吸收峰辨别。图2.27为1-己炔的红外光谱图，其中可见明显的炔氢伸缩振动吸收峰（3311cm^{-1}）。

乙炔分子因为对称而没有C≡C伸缩振动。具有不同取代基的二取代炔烃（链内炔烃）的吸收在2260~2190cm^{-1}附近。端位炔烃的C≡C伸缩振动吸收谱带出现在2140~2100cm^{-1}处（如1-己炔在2120cm^{-1}处出峰）。如果炔键两侧的取代基比较相似或相同，吸收谱带可能很弱，甚至根本观察不到。因此红外光谱图中没有明显的C≡C三键振动吸收，并不能代表分子中没有炔键。

乙炔或单取代的炔烃的≡C—H弯曲振动在700~610cm^{-1}，吸收峰强且宽。在1370~1220cm^{-1}可能观察一个弱而宽的≡C—H弯曲振动的倍频谱带。

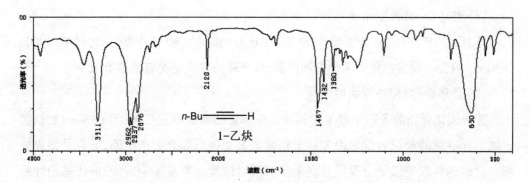

图2.27 1-己炔的红外光谱图

$(\nu_{\equiv C-H}:3311cm^{-1},\nu_{C\equiv C}:2120cm^{-1};\delta_{\equiv C-H}:630cm^{-1})$

2.3.3.3 单环芳烃

很多天然产物如黄酮、香豆素、木质素等都含有取代的苯环。在有机合成领域中,芳环的引入也是经常研究的课题。因此利用红外光谱来鉴定芳环是红外光谱解析中的重点内容。

芳香环(取代苯)在红外光谱图中主要有以下五个相关峰区(表2.16)。

其中对苯环的判定主要根据3030cm^{-1}附近的ν_{Ar-H}峰和1600~1430cm^{-1}的骨架振动峰($\nu_{C=C}$)。苯环上的取代信息主要来自2000~1660cm^{-1}的泛频峰和900~690cm^{-1}的面外弯曲振动峰。

表2.16 芳烃的主要特征吸收

相关峰	波数/cm^{-1}	峰强度	注解
ν_{Ar-H}	3040~3030	中	多重峰
泛频及组峰	2000~1660	弱	有助于确定苯环取代
$\nu_{C=C}$	1640~1430		骨架振动区
	1600	不定	特征峰,确认苯环
	1580 ± 5	不定	仅当苯环和双键或具有孤对电子基团共轭才成为主要峰
	1500 ± 25	不定	特征峰,确认苯环
	1450 ± 10	中	有时与CH$_2$对称弯曲吸收峰重叠
C—H 面内弯曲	1225~950	弱而尖锐	与取代有关
C—H 面外弯曲	900~690	强	特征峰,判断苯环取代

（1）芳环C—H伸缩振动

芳环C—H伸缩振动谱带出现在3010~3080cm⁻¹，强度中等。此外在2000~1650cm⁻¹内会出现弱的复合频和倍频谱带，对苯环的取代情况有借鉴价值。

（2）芳环C—H面外弯曲振动（γ_{Ar-H}）

芳香族化合物的光谱中最主要和最富含信息的谱带出现在900和675cm⁻¹的低频区域。这些强的吸收谱带是由芳环上相邻氢振动强烈偶合而产生的，通常是很强的峰。它们的位置与形状由取代后剩余氢的相对位置与数量来决定，与取代基的性质基本无关，对确定芳烃的结构具有很重要的指导意义。芳烃上取代基的数目、位置和性质（如电负性）都会影响C=C伸缩振动的谱带的数目和位置以及它们之间的强度。常见苯环各种取代形式见图2.28芳环的骨架振动。

（3）芳环C=C双键的骨架振动

由于存在苯环大π键共轭体系，芳环的C=C伸缩振动频率比烯烃的C=C伸缩振动频率低。芳烃的C=C伸缩振动（也叫芳环骨架振动）在1610~1585cm⁻¹和1500~1400cm⁻¹范围出现两组四个峰。其中1500cm⁻¹吸收强度最大，其余都比较弱。1450cm⁻¹吸收峰的用途不大，因为如果分子中存在烷基时，δ_{CH}也在1450cm⁻¹处出峰。1600cm⁻¹和1500cm⁻¹吸收带对芳烃是高度特征的。只有当苯环与双键或具有孤对电子的基团共轭时，1580cm⁻¹才为主要吸收峰，而1500cm⁻¹（m）的吸收峰则在NO₂等吸电子基团与苯环相连时消失。图2.29是典型的芳烃（邻二甲苯）的红外光谱图，其中可以看到各个吸收峰的位置和强度关系。

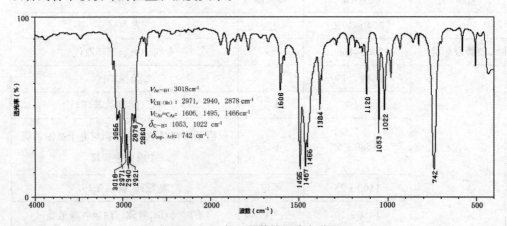

图 2.29　邻二甲苯的红外光谱图

2000 1600	取代	950 650	峰位/cm⁻¹	说明
			770~730(s)	五个相邻氢面外弯曲振动带
			710~690(s)	芳环骨架面外弯曲振动带
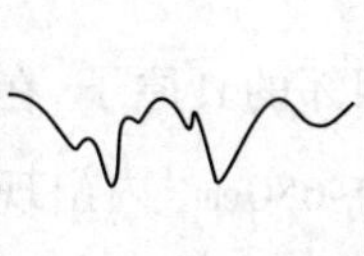	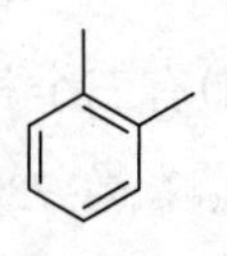	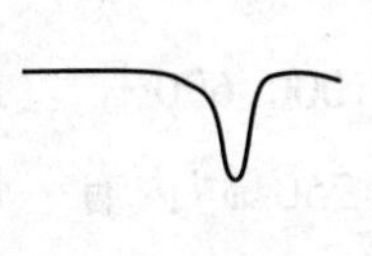	770~735(vs)	四个相邻氢面外弯曲振动带（与单取代苯吸收重叠,但没有710~690峰）。
			900~860(m)	孤立氢面外弯曲振动带
			810~750(vs)	三个相邻氢面外弯曲振动带
			725~680(m→s)	芳环骨架面外弯曲振动带
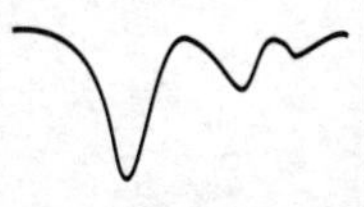	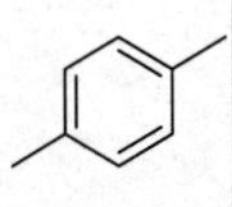	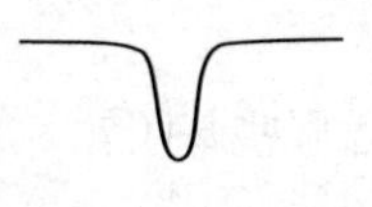	860~800(vs)	两个相邻氢面外弯曲振动带
			780~760(s)	三个相邻氢面外弯曲振动带
			745~705(m)	芳环骨架面外弯曲振动带
			910~830(m~w)	孤立氢面外弯曲振动带
			860~790	两个相邻氢面外弯曲振动带
			910~830(s)	孤立氢面外弯曲振动带 易与1,2,3,5–四取代混淆
			730~675(s)	芳环骨架面外弯曲振动带
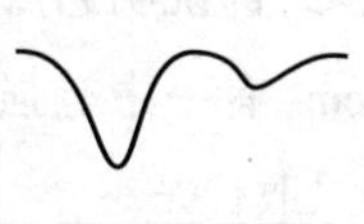	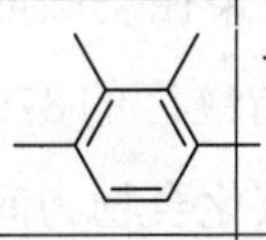	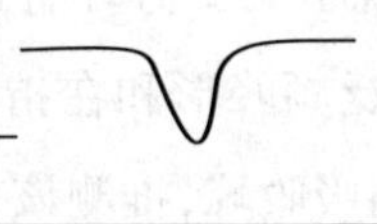	860~790(s)	两个相邻氢面外弯曲振动带 易与对位二取代混淆
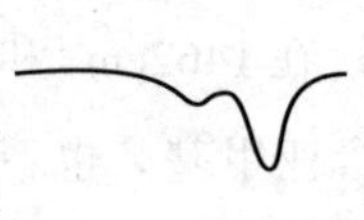	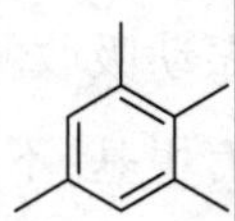	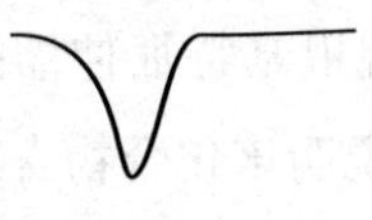	910~830(s)	孤立氢面外弯曲振动带 易与1,3,5–三取代混淆
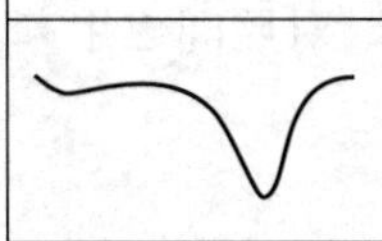	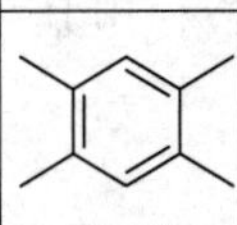	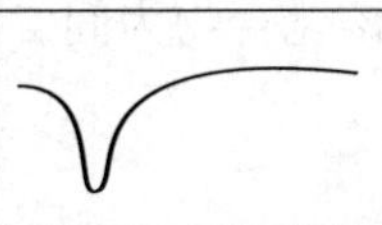	910~830(s~m)	孤立氢面外弯曲振动带 易与五取代混淆
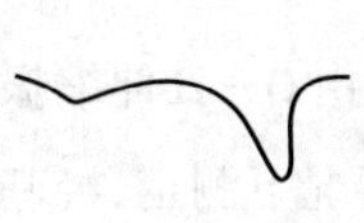	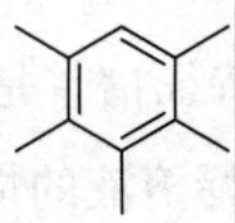	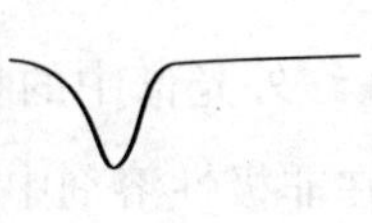	900~860(s)	孤立氢面外弯曲振动带

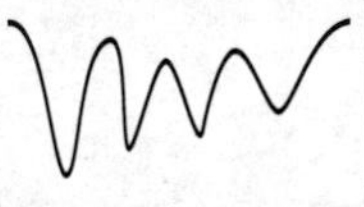

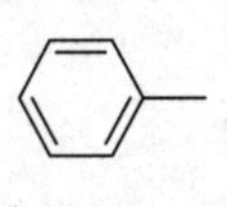

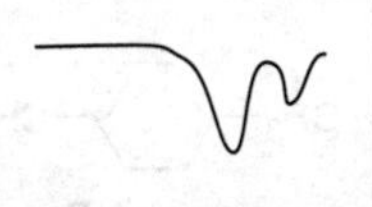

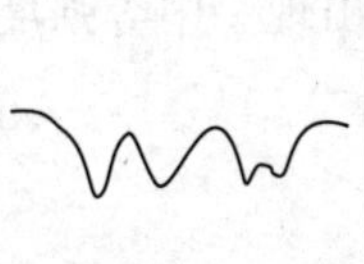

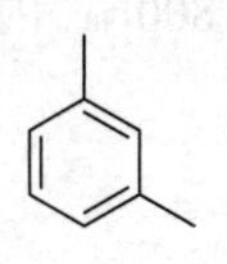

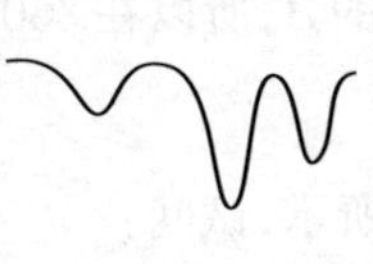

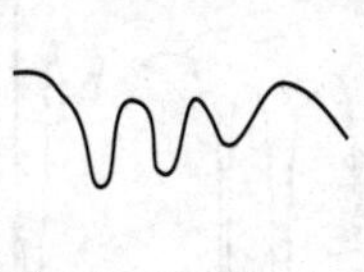

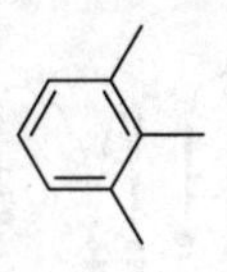

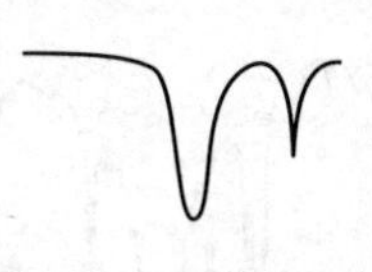

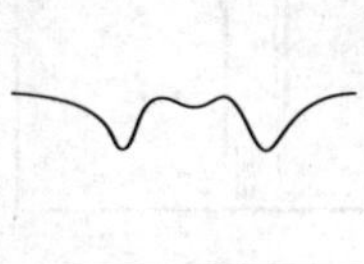

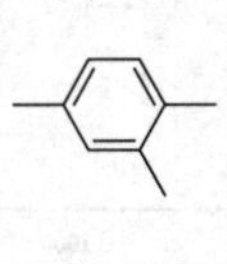

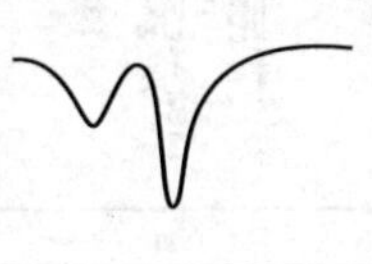

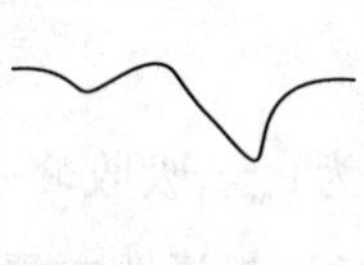

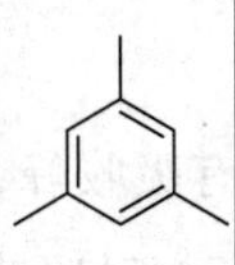

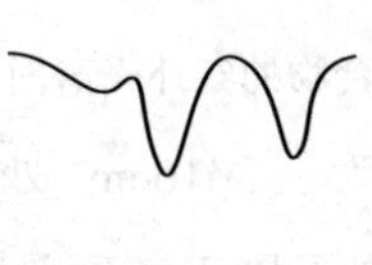

图2.28　各种取代苯在2000~1667 cm⁻¹的C—H的泛频峰和在900~690cm⁻¹的面外弯曲振动峰

【例2.3】下列化合物的红外光谱有何不同？

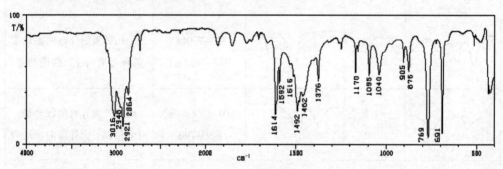

解：(A)、(B)红外光谱图主要区别在1000~690cm⁻¹。(A)有三个相邻的H原子，在900~690cm⁻¹内出现两个吸收峰，即在810~750cm⁻¹内有一强峰，在730~680cm⁻¹内出现一中等强度的吸收峰。而(B)有两个相邻的H，所以在860~800cm⁻¹内出现一中等强度的吸收峰。

【例2.4】某化合物的IR光谱如图2.30所示，试问：

(1)该化合物是否含有苯环？为几取代苯？

(2)该化合物可能含有哪些基团？不含哪些基团？

图2.30 未知化合物的红外光谱图

解：该化合物属于芳香族化合物，因为在3016cm⁻¹处有吸收峰，为ν_{Ar-H}吸收峰。此外该化合物在1614cm⁻¹、1592cm⁻¹都出现了属于芳环骨架振动吸收峰，都说明它属于芳香族化合物。根据2000~1660cm⁻¹的泛频峰形和在指纹区的876cm⁻¹有一中等强度吸收峰，769cm⁻¹和691cm⁻¹处出现两个强吸收峰，推测该化合物为间二取代苯。

该化合物在2921cm⁻¹和2864cm⁻¹出现甲基特征伸缩振动吸收峰，在1462cm⁻¹和1376cm⁻¹各出现甲基的δ_{C-H}弯曲振动峰，说明该化合物含有甲基，不含亚甲基。也不含OH，NH以及羰基等重要官能团。推测该化合物为间二取代甲基苯，对照间二甲苯的标准谱图可知该化合物为间二甲苯。

2.3.3.4 醇、酚和醚

醇和酚分子中都存在羟基（—OH），在红外光谱中的特征谱带是由O—H伸缩振动和C—O伸缩振动所产生的。当醇和酚在非极性溶剂中稀溶液的情况下测定，羟基的伸缩振动出现在3650~3590cm⁻¹，有强而尖锐的吸收峰。一般情况下，由于羟基属于强极性基团,很容易形成氢键,在3400~3200cm⁻¹出现缔合羟基吸收谱带,峰形强而宽胖。因此测定醇和酚的固体、液体或浓溶液时,只能看到缔合羟基吸收峰。图2.31为正丁醇的红外谱图中3000~4000cm⁻¹部分。上面谱图A图是液膜法测定的正丁醇的红外光谱图,只有在3333cm⁻¹处出现了缔合羟基的吸收峰。下面谱图B是正丁醇在CCl_4溶液中测得的,从中可以看出分子内氢键和分子间氢键的红外特征也是截然不同的。在3638cm⁻¹处出现细而尖的游离羟基吸收峰,同时3344cm⁻¹处出现了宽胖的缔合羟基吸收峰。在液态测定时,醇和酚的羟基在769~650cm⁻¹会出现成氢键的O—H面外弯曲振动形成的宽吸收带。

在测定醇的红外谱时,水汽的影响不可忽视。当样品不太干燥或溴化钾晶体含水时,会在3300cm⁻¹附近出现较强的吸收峰。当含水量比较大时,~1630cm⁻¹也会出现水的弯曲振动吸收峰,但羟基无此峰。若要鉴别微量水和羟基,可进一步观察指纹区内是否有羟基的吸收峰。O—H面外弯曲出现在769~659cm⁻¹处。或将样品溶解于溶剂中,以溶液作图,从而排除微量水的干扰。游离的羟基吸收谱带出现在较高的波数(~3600cm⁻¹),且峰形尖锐,因而不会与水的吸收混淆。

表2.17列出一些醇和酚的特征吸收峰位和强度信息。

表2.17 羟基化合物的特征吸收频率

基团	振动形式	吸收峰位置(cm⁻¹)	强度	备注
R—OH	ν_{OH}	3700~3580(游离)		尖峰
		3550~3450(二聚体)	强	中强,较尖
		3400~3200(多聚体)	强	强而宽
		3600~2500(分子内缔合)		宽,散
Ar—OH	δ_{C-O}	1050(伯)		有时发生裂分
		1100(仲)	强	
		1150(叔)		
		1200(酚)		
	δ_{OH}	醇 1410~1250	弱	用处不大
		酚 1300~1165	强	用处不大
	ν_{C-O}	醇 1100~1000	强	
		酚 1260	强	

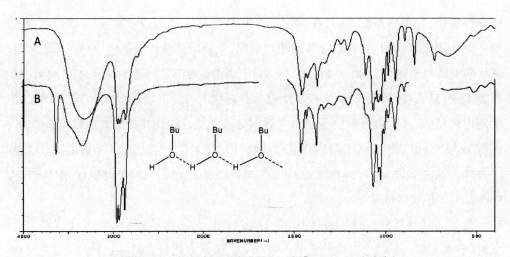

图 2.31　正丁醇的红外谱图(A:液膜；B:CCl₄溶液中)

　　醇和酚都容易形成氢键,分子内氢键一般不会因为溶液稀释而改变。例如邻硝基苯酚存在强的分子内氢键。如图 2.32A 所示,即使在 CCl₄ 的稀溶液中测定,也只能观察到缔合羟基的吸收峰(在 3241cm⁻¹ 产生,强度中等)。对硝基苯酚只能形成分子间的氢键,在 3331cm⁻¹ 处出现强而宽的缔合羟基吸收峰(图 2.32B)。2,6-二叔丁基苯酚由于空间位阻效应,不会形成分子间氢键(图 2.32C),因此即使在纯样品的红外光谱中,也观察不到缔合羟基吸收峰,只在 3645cm⁻¹ 出现游离羟基的吸收峰。

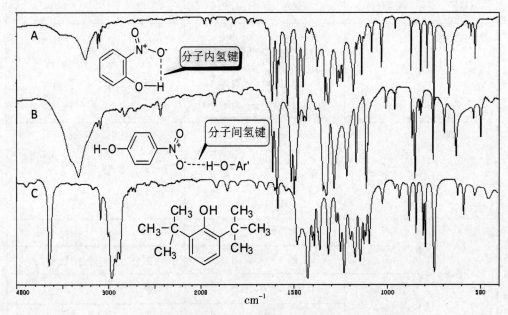

图 2.32　邻硝基苯酚(A),对硝基苯酚(B)和2,6-二叔丁基苯酚

(C)的分子内氢键与分子间氢键对比

醇和酚的C—O伸缩振动(ν_{C-O})出现在1260~1000cm^{-1},是一个强的谱带。不同醇的伸缩振动频率也稍有不同,伯醇的C—O伸缩振动(ν_{C-O})在1050cm^{-1}附近,仲醇在1100cm^{-1}附近,叔醇在1150cm^{-1}附近,酚在1230cm^{-1}附近。由于此区域还有C—C伸缩振动(ν_{C-C})和C—H弯曲振动(δ_{C-H}),因此这一区域谱峰较杂。但由于C—O伸缩振动产生的偶极矩变化比C—C伸缩振动强,所以C—O伸缩振动都是强吸收,峰形一般较宽。

醇的COH面内弯曲振动位于1500~1350cm^{-1},峰形宽而较弱。在短链烷基醇中(甲醇、乙醇,乙二醇等),这个谱带比较明显。在长链脂肪醇中,这个谱带基本会被CH$_3$和CH$_2$的弯曲振动谱带掩盖。醇的COH面外弯曲振动位于680~620cm^{-1},是一个宽的谱带,吸收强度很弱。图2.33是正丁醇的红外光谱图,从中可见上述几种吸收峰。

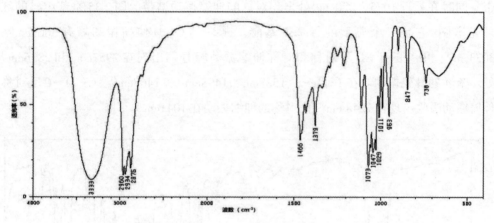

图2.33　正丁醇的红外光谱图

醚的特征吸收为C—O—C伸缩振动。开链醚的C—O—C反对称伸缩振动吸收大都出现在1275~1060cm^{-1}。饱和脂肪族醚的吸收在1150~1060cm^{-1}。芳醚的吸收位移到1275~1010cm^{-1},而烷基乙烯基醚的吸收出现在1225~1200cm^{-1}。同时乙烯基的C=C双键伸缩振动往往也裂分成两个峰,分别在1640cm^{-1}和1620cm^{-1},且强度增加。结构对称的醚没有C—O—C伸缩振动吸收。图2.34为乙醚的红外光谱图。

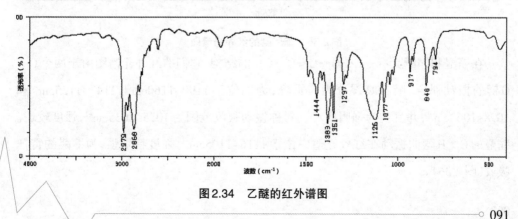

图2.34　乙醚的红外谱图

乙烯基醚的不对称 C—O—C 伸缩振动为强吸收带，在 1225~1200cm^{-1} 处，对称伸缩振动吸收在 1075~1020cm^{-1}。乙烯基醚的 C=C 伸缩振动谱带位于 1660~1610cm^{-1}。由于 O 原子和 C=C 双键的共轭，这个谱峰比一般烯烃的 C=C 伸缩振动频率更高。此外，由于存在旋转异构体，这个谱带通常会以双峰的形式存在。

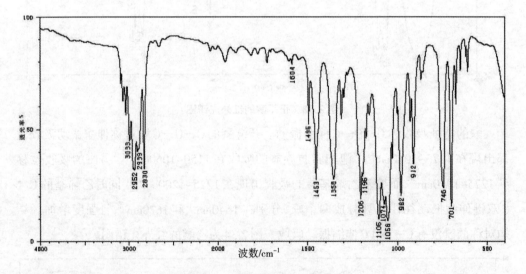

芳基烷基醚的光谱在 1275~1200cm^{-1} 处出现一个不对称的 C—O—C 伸缩振动谱带。同时在靠近 1075~1020cm^{-1} 处出现对称的伸缩振动谱带。图 2.35 是苯甲醚的红外光谱图，它是一个典型的芳基烷基醚。苯环的 C—H 伸缩振动峰有 3063cm^{-1}、3033cm^{-1}。甲基的 C—H 不对称和对称伸缩振动峰分别出现在 2957cm^{-1} 和 2836cm^{-1} 处。苯环的骨架振动峰在 1601cm^{-1}、1588cm^{-1}、1498cm^{-1} 和 1468cm^{-1}。C—O—C 反对称伸缩振动吸收出现在 1248 cm^{-1}，而对称的伸缩振动在 1041cm^{-1}。

图 2.35　苯甲醚的红外光谱图

在缩醛和缩酮具有—C—O—C—O—C—的结构，它们的红外光谱图由于两个 C—O 键的振动偶合，吸收峰裂分为三重峰，为别位于 1190~1160cm^{-1}，1143~1125cm^{-1} 和 1098~1063cm^{-1}，并且均为强吸收峰。对称振动吸收范围为 1055~1035cm^{-1}，强度较弱。缩醛的 C—H 弯曲振动在红外光谱中位于 1116~1105cm^{-1}，强度特别强，为缩醛的特征吸收（图 2.36）。

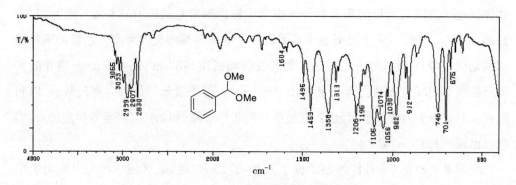

图2.36　二甲醇缩苯甲醛的红外光谱图

（2830cm⁻¹:甲氧甲基对称伸缩振动;1453 cm⁻¹:甲基对称变形振动;1206,1106,1056cm⁻¹:—C—O—C—O—C—的偶合振动吸收;1106cm⁻¹缩醛的C—H弯曲振动）

2.3.3.5　羰基化合物

羰基化合物的C＝O伸缩振动出现在1900~1600cm⁻¹,而且吸收峰很强,是非常特征的吸收谱带。各种羰基化合物的C＝O伸缩振动谱带位置列于表2.18。

表2.18　羰基化合物的特征吸收峰位置

物质类型	振动形式	峰位置/cm⁻¹	强度	说明
醛	$\nu_{C=O}$	1740~1720	强	~2820cm⁻¹和2720cm⁻¹
	ν_{C-H}	2900~2700	中→弱	
酮	$\nu_{C=O}$	1720~1710	很强	特征性很强
酸	$\nu_{C=O}$	1770~1700	强	一般
	ν_{O-H}	3300~2500	中,宽	峰形宽散,特征特征性较强
	δ_{OH}	955~915	强	
酯	$\nu_{C=O}$	1745~1720	强	一般
	ν_{C-O-C}	1300~1000	强	1300~1150cm⁻¹和 1140~1030cm⁻¹两个峰
酰胺	$\nu_{C=O}$	1690~1650	强	酰胺Ⅰ带
	ν_{N-H}	3500~3050	中	
	δ_{NH}	1650~1620	中	酰胺Ⅱ带
	ν_{N-H}和δ_{NH}	~1400	弱	酰胺Ⅲ带
酸酐	$\nu_{C=O}$	1820和1760	强	双峰
	ν_{C-O-C}	1170~1050	强	
酰氯	$\nu_{C=O}$	1815~1785	强	可能出双峰

（1）醛

醛和酮的C＝O伸缩振动位置相差不大。一般来说,由于醛比酮少一个烷基(超

共轭供电子基团），所以醛羰基的伸缩振动位置比酮羰基的高 10~15cm⁻¹，位于 1740~
1720cm⁻¹ 处。α-碳原子上被吸电子基团取代会增加羰基的吸收频率。乙醛的羰基伸
缩振动吸收峰位于 1730cm⁻¹，三氯乙醛的吸收峰则在 1768cm⁻¹ 处。α,β-不饱和醛和
芳醛的羰基出峰位置则会降低至 1710~1685cm⁻¹。芳香醛苯环如果含有羟基，可以和
醛羰基形成分子内或分子间氢键，会使羰基吸收峰下降（如 2,4-二羟基苯甲醛的 C=O
吸收出现在 1633cm⁻¹ 处）。

　　醛羰基含有的 C—H 伸缩振动位于 2820~2720cm⁻¹ 处，此区域一般会出现两个中
等强度的吸收峰。这两个吸收峰是由于醛氢的 C—H 伸缩振动和 C—H 弯曲振动倍频
的 Fermi 共振引起。醛羰基区别于其他羰基化合物主要特征就是除了 1740~1720cm⁻¹
处的羰基吸收外，在 ~2720cm⁻¹ 处出现醛氢所特有的 C—H 伸缩振动吸收峰，因此醛类
化合物用红外光谱极易识别。一些芳香醛当邻位含有强吸电子基团的取代基时，这
个吸收峰会到 2900cm⁻¹ 处。

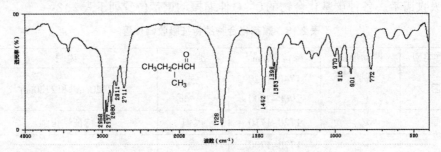

图 2.37　2-甲基丁醛的红外光谱图

$(\nu_{C=O}:1728cm^{-1};\nu_{C-H}(醛):2811,2711cm^{-1})$

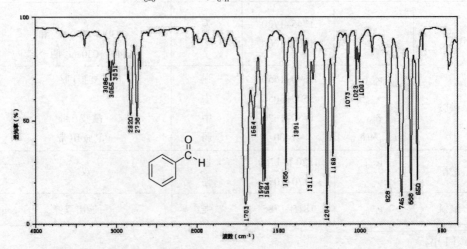

图 2.38　苯甲醛的红外吸收光谱 $(\nu_{C羰基-H}:2820,2738cm^{-1};\nu_{C=O}:1703cm^{-1})$

（2）酮

羰基化合物在1870~1540cm⁻¹显示出强劲的C═O伸缩振动谱带。考虑到羰基化合物的种类较多,因此为了比较方便期间,常把脂肪酮羰基吸收频率1715cm⁻¹作为"标准值"。图2.39为一个典型的脂肪酮(2-戊酮)的红外吸收光谱。

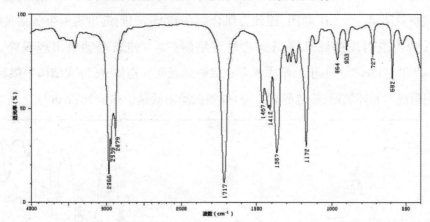

图 2.39　2-戊酮的红外吸收光谱($\nu_{C=O}$:1717 cm⁻¹;ν_{C-O}:1172 cm⁻¹)

一般酮羰基C═O伸缩振动的出峰位置在1750~1650cm⁻¹。饱和脂肪酮的C═O伸缩振动位于1715cm⁻¹处,比饱和脂肪醛的低10个波数左右。这是由于烷基的推电子效应,使C═O之间的电子云密度进一步靠近氧原子,导致C═O伸缩振动力常数减小。酮羰基的α-碳上链接有吸电子基团时,由于诱导效应,使酮羰基的C═O伸缩振动向高波数方向移动。如氯丙酮C═O伸缩振动频率位于1752cm⁻¹和1726cm⁻¹,出现双峰。

当羰基C═O与C═C或苯环处于共轭的位置时,由于电子的离域效应,C═O的双键特征被消弱,导致羰基伸缩振动峰向低波数方向位移到1685~1660cm⁻¹。图2.40为3-乙基苯乙酮的红外光谱图,C═O伸缩振动出现在1688cm⁻¹处。峰位比2-戊酮的低20cm⁻¹左右。

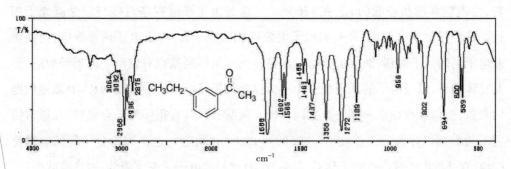

图2.40　3-乙基苯乙酮的红外光谱（$\nu_{C=O}$:1688 cm⁻¹）

β-二酮通常以酮式和烯醇式两种互变异构体的混合物形式存在。其中烯醇式不出现共轭酮的吸收峰,而是以 C=C—C=O 的集合体在 1640~1580cm⁻¹ 出现一个宽谱带。在烯醇式结构中,形成了稳定的分子内氢键,在 3000~2700cm⁻¹ 出现,谱峰宽而弱。因此 β-二酮的红外光谱中还可以观察到缔合的羟基吸收谱带。在酮式结构中,两个羰基只间隔一个 CH_2 基团,因此会偶合而在 1725cm⁻¹ 附近出现两个羰基吸收峰。图 2.41 为乙酰丙酮的红外谱图。乙酰丙酮的 C=O 伸缩振动也出现双峰,位于 1729cm⁻¹ 和 1712cm⁻¹。由于乙酰丙酮存在烯醇式互变异构体,烯醇式结构中羰基和羟基之间形成六元环氢键,使烯醇式 C=O 伸缩振动向低频位移至 1622cm⁻¹。

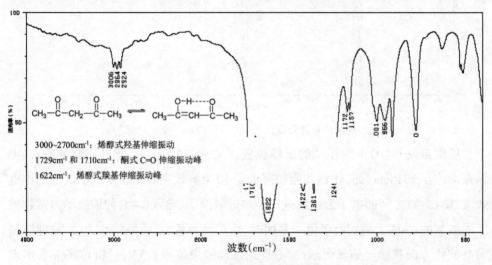

图2.41 乙酰丙酮的红外谱图

(3)羧酸

羧酸的羧基(—COOH)中的羰基 C=O 伸缩振动、O—H 伸缩振动以及 O—H 面内弯曲振动是红外光谱中识别羧酸的三个重要特征谱带。

羧酸单体羰基的 C=O 伸缩振动频率比醛和铜羰基的伸缩振动频率高 40cm⁻¹ 左右,游离饱和脂肪羧酸的 $\nu_{C=O}$ 在 1760cm⁻¹。这是由于羧酸羟基直接与羰基碳原子相连。从诱导效应来分析,羟基氧原子电负性比碳原子大,为吸电子诱导效应,使得羰基电子向碳原子偏移,加强了羰基的双键性能。虽然羟基也有供电子的诱导效应,但是总体来讲,以吸电子的诱导效应为主。综合结果是增强了羧酸羰基 C=O 双键的键力常数,使得吸收频率向高波数方向移动。羧酸分子具有很强的缔合氢键,在通常情况下羧酸都以缔合形式存在,$\nu_{C=O}$ 降低到 1720cm⁻¹ 附近。这是因为分子间的氢键使 C=O 双键的电子云向 O 原子移动,导致 C=O 之间的电子云密度降低,力常数减少。

当羧酸和双键或芳环相连时,羧基中的羰基与双键或苯环发生共轭,使得C=O伸缩振动频率分别位于1676cm⁻¹和1688cm⁻¹。如果羧酸分子中既有共轭作用,又有分子内氢键,C=O伸缩振动频率进一步下降到1660cm⁻¹。

游离的醇羟基O—H伸缩振动吸收在3650cm⁻¹附近。在羧酸分子中,强烈的缔合作用使得O—H伸缩振动在3300~2600cm⁻¹形成宽而强的吸收谱带(只有极少数脂肪羧酸分子在非极性稀溶液中以单体形式存在,游离羧酸的O—H伸缩振动频率位于~3550cm⁻¹)。这个谱带甚至可以完全湮没其自身的ν_{C-H}伸缩振动峰。此外在指纹区的950~910cm⁻¹会有O—H弯曲振动的强吸收峰,峰形宽而强度中等,是个特征谱带。

图2.42为己酸的气相红外光谱图,可以观察到游离态的羟基吸收峰(3576cm⁻¹)和羧酸羰基的C=O伸缩振动峰(1778cm⁻¹)。在用液膜法测定时,羟基因为强烈的分子间氢键,在3600~2300cm⁻¹形成宽而散的缔合羟基伸缩振动吸收谱带。羰基C=O伸缩振动也因此而下降到1709cm⁻¹处(图2.43)。

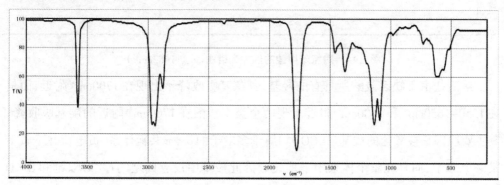

图2.42 己酸的红外光谱(ν_{O-H}:3576cm⁻¹; $\nu_{C=O}$:1778cm⁻¹)(气相谱)

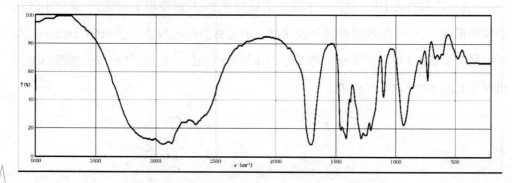

图2.43 己酸的红外光谱($\nu_{C=O}$:1709cm⁻¹)(液膜)

　　芳香酸因为羧基和芳环之间的共轭效应,使羰基C＝O的伸缩振动吸收频率进一步降低。例如对氯苯甲酸的羰基C＝O的伸缩振动吸收峰出现在1683cm^{-1}处。如果形成分子内氢键,如水杨酸(邻羟基苯甲酸),其羰基伸缩振动频率降低至1660cm^{-1}。

　　羧酸的COH面内弯曲振动与C—O(H)伸缩振动发生偶合作用,在1430cm^{-1}和1300cm^{-1}处出现两个吸收谱带。前者为COH面内弯曲振动而后者为C—O(H)伸缩振动。其中COH面内弯曲振动与甲基和亚甲基的C—H弯曲振动谱带可能会重叠,成为C—H弯曲振动谱带的肩峰(图2.44)。

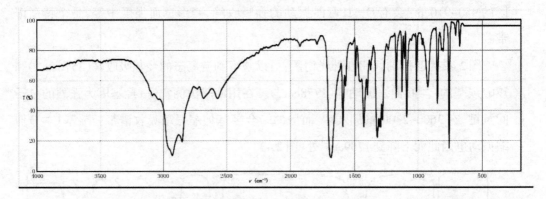

图2.44　对氯苯甲酸的红外光谱图($\nu_{C=O}$:1683cm^{-1})

　　羧酸盐由于缺乏羧酸所具有的羟基,其羰基吸收峰不出现在1700cm^{-1}附近,而是在1550~1650cm^{-1}和1400cm^{-1}附近出现两个类似羧酸在1700cm^{-1}附近的羰基吸收峰。其主要原因是羧酸盐的羧基(—COO$^-$)属于多电子的p—π共轭体系,负电荷并不属于某一个原子,而是在整个体系中平均化。因此羧基中没有典型的C＝O双键和C—O单键,而是平均化的两个 C＝＝＝＝O。因此红外吸收频率略低于$\nu_{C=O}$,而高于ν_{C-O}。此外,羧酸基团中的两个C—O键接于同一个碳原子上,其振动频率相同,于是发生强烈的振动偶合,其结果是再出现两个吸收峰。不对称的伸缩振动位于1550~1650cm^{-1}而对称伸缩振动在1400cm^{-1}附近。图2.45为苯甲酸钠的红外谱图,其羧基伸缩振动吸收出现在1564 cm^{-1}和1413cm^{-1}处。

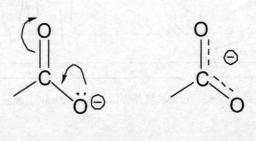

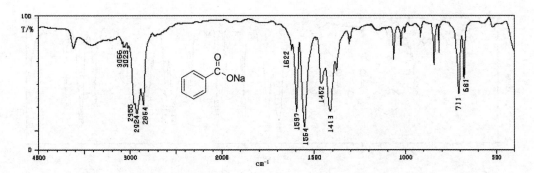

图2.45 苯甲酸钠的红外谱图(KBr)($-CO_2^-$, ν_{as}:1564 cm^{-1}; ν_s:1413 cm^{-1})

【例2.5】下列化合物在3650~1650cm^{-1}区间内红外光谱有何不同?

$$CH_3CH_2COOH \qquad CH_3CH_2\overset{\displaystyle O}{\overset{\|}{C}}-H \qquad CH_3\overset{\displaystyle O}{\overset{\|}{C}}CH_3$$

(A)   (B)   (C)

解:A、B、C都属于羰基化合物,在1700~1650cm^{-1}均有强的吸收。但A,B的红外光谱图和C有明显的区别。A为羧酸,在3000~2500cm^{-1}内应有一宽而强的O—H伸缩振动峰。B为醛,在2720cm^{-1}和2820cm^{-1}有两个中等强度的吸收峰。

(4)酸酐

在各类羰基化合物的C=O伸缩振动中,酸酐的C=O伸缩振动频率是最高的。酸酐分子中两个羰基与同一个氧原子相连,因此发生偶合,分裂为两个吸收谱带。

开链脂肪酸酐的两个羰基伸缩振动分别位于1830~1800cm^{-1}和1755~1740cm^{-1}处。这两个羰基相距60~70cm^{-1},高波数的谱带比低波数的谱带强度高。芳香羧酸酐的羰基伸缩谱带会向低频方向移动。如乙酸酐的两个C=O伸缩振动频率都位于1832cm^{-1}和1761cm^{-1}。苯甲酸酐的羰基由于和苯环存在共轭关系,吸收峰降低到1788cm^{-1}和1726cm^{-1}。

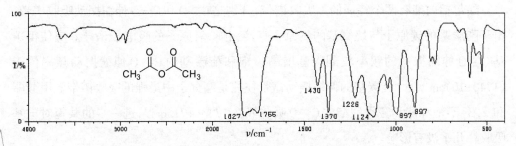

图2.46 乙酸酐的红外光谱图($\nu_{C=O}$:1832cm^{-1}和1761cm^{-1})

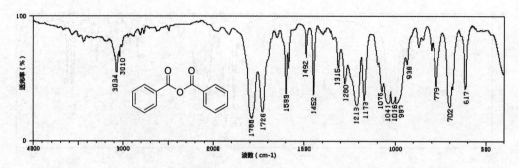

图2.47 苯甲酸酐的红外光谱图($\nu_{C=O}$:1788cm^{-1}和1726cm^{-1})

（5）酰氯

由于电负性较大的氯原子直接与羰基相连,脂肪族酰氯的羰基C＝O伸缩振动频率达到1800cm^{-1}以上。共轭的芳基酰氯吸收峰稍有降低,在1800~1770cm^{-1}。芳酰氯在1750~1735cm^{-1}有一个稍弱的吸收谱带,可能是羰基C＝O伸缩振动与875cm^{-1}附近谱带的倍频之间的费米共振引起的。所以酰氯羰基吸收带有时也可观察到双峰,两峰之间相距越40cm^{-1},高频峰略强。

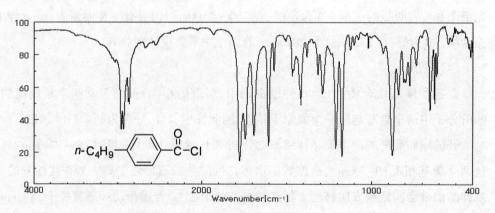

图2.48 丁基苯甲酰氯的红外光谱图($\nu_{C=O}$:1774cm^{-1}和1741cm^{-1})

（6）酯

酯包括内酯有两个特征的强吸收谱带,分别是C＝O和C—O伸缩振动吸收谱带。由于酯羰基的碳原子与烷氧基的氧原子直接相连,氧原子的吸电子诱导效应使得羰基C＝O伸缩振动的频率较酮羰基增高。饱和酯羰基的C＝O伸缩振动频率位于(1740±10)cm^{-1}处。酯羰基的伸缩振动谱带往往是酯分子中最强的吸收谱带。甲酸酯和α,β-不饱和酯和芳香酸酯的C＝O吸收峰在1730~1715cm^{-1},进一步的共轭对羰基吸收峰几乎没有影响。

酯与酮的红外谱图区别在于酯有一个强的C—O伸缩谱带（1300~1030cm^{-1}），而酮在这个区域中只有一个较弱的吸收谱带。一般在此区域，酯会有两个峰出现，分别归属于C—O—C基团的不对称和对称伸缩振动。其中不对称伸缩振动谱带比羰基C＝O伸缩谱带更强而宽，被称为酯谱带。

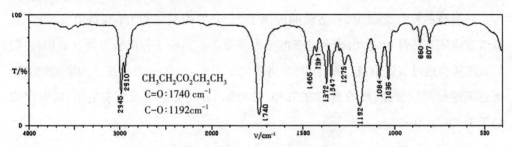

图2.49 丙酸乙酯的红外光谱图

烯醇酯和酚酯的C＝O伸缩振动频率比相应的醇酯高。例如醋酸乙烯基酯C＝O振动出现在1770cm^{-1}而醋酸乙酯的C＝O振动则出现在1740cm^{-1}。这是因为氧原子同时与羰基和烯基（苯环）共轭，相互竞争的结果减弱了羰基氧原子的吸电子效应，降低了C＝O键的极性，使C＝O的键能有所提高，因此使C＝C的振动频率升高，与此同时却减弱了C—O键。

当羰基α-碳被卤素取代时，羰基伸缩振动的吸收带向高频处移动，比如氯甲酸乙酯的C＝O伸缩振动频率达到1777cm^{-1}。

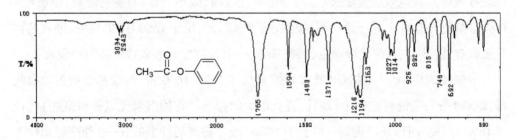

图2.50 乙酸苯酯的红外光谱图（$\nu_{C=O}$:1765cm^{-1}；ν_{C-O-C}:1216cm^{-1}和1194cm^{-1}）

（7）酰胺

酰胺的C＝O伸缩振动、N—H伸缩振动、面内弯曲振动和C—N伸缩振动是酰胺的四个重要的特征吸收谱带。习惯上把酰胺的几个特征吸收带命名为"酰胺Ⅰ带""酰胺Ⅱ带"等。"酰胺Ⅰ带"实际上是酰胺C＝O伸缩振动吸收带，"酰胺Ⅱ带"是与N—H的弯曲振动有关的吸收。

①酰胺的N—H伸缩振动

在非极性的稀溶液中,游离态的伯酰胺NH_2的反对称和对称伸缩振动的吸收分别位于3520cm^{-1}和3400cm^{-1}附近,而在固态样品光谱中,缔合的NH_2吸收峰位则降低到3350cm^{-1}和3180cm^{-1}附近。

仲酰胺的红外光谱中,稀溶液的游离态N—H伸缩振动在3500~3400cm^{-1}处。在浓溶液或固态样品中,会出现多重态的吸收谱带。这是由于仲酰胺有顺反异构,一般顺式酰胺会通过氢键形成二聚体,吸收谱带位于3180~3140cm^{-1};而反式构象的酰胺可通过氢键形成多聚体,吸收谱带在3330~3270cm^{-1}处。如果顺反都有的话,吸收谱带位于3130~3070cm^{-1}。

顺式,二聚体
3180~3140 cm^{-1}

反式,多聚体
3330~3270 cm^{-1}

②酰胺C=O伸缩振动(酰胺I谱带)

酰胺分子中,N原子和羰基碳原子相连,N原子供电子的共轭效应远强于吸电子的诱导效应。共轭效应使酰胺C=O双键特性减弱,减小了C=O键力常数,因而C=O伸缩振动向低频移动,比醛、酮、羧酸、酯羰基都低,位于1680~1630cm^{-1}。酰胺的特征吸收有:羰基C=O伸缩振动吸收、氨基的N—H伸缩振动吸收或弯曲振动吸收。

伯酰胺的C=O伸缩振动(酰胺I带)是位于1690~1650cm^{-1}的羰基伸缩振动吸收峰(酰胺I带),氢键对这两个带的位置有很大的影响。在稀溶液无氢键时酰胺I带位于1690cm^{-1}处,而形成氢键时下降到1650cm^{-1}处。游离的仲酰胺N—H伸缩振动位于3470~3400cm^{-1}。在浓溶液中,由于氢键的形成,可能出现两组峰,分别位于3340~1655cm^{-1}和3100~3060cm^{-1}。

仲酰胺的吸收谱带位于1640cm^{-1}附近,在稀溶液无氢键形成时,仲酰胺的酰胺I带可以增加到1680cm^{-1}。N-芳基酰胺的酰胺I带可以达到1700cm^{-1}。这是因为苯环与羰基争夺N原子的孤对电子。

叔酰胺没有N—H键,不能形成氢键,所以它的C=O吸收峰与酰胺的状态无关,一般在1680~1630cm^{-1}出现。在质子性溶剂中,叔酰胺羰基会与溶剂形成氢键,因此吸收频率下降。例如N,N-二甲基乙酰胺在1,4-二氧六环中羰基吸收谱峰在1647cm^{-1}附近,而在甲醇溶液中测定,吸收峰位则下降到1615cm^{-1}。

③N—H弯曲振动(酰胺II带)

伯酰胺都有一个窄的N—H弯曲振动所引起的吸收谱带(酰胺II带),频率略低于羰基伸缩振动谱带,强度约为羰基吸收谱带的1/2~1/3。氢键对酰胺II带的影响则相反,随着氢键的形成由1600cm^{-1}移动到1640cm^{-1}。在研糊和压片法测得的样品中,这个谱带在1655~1620cm^{-1},而且常常被酰胺I带所覆盖。在稀溶液中,这个谱带出现在较低的频率处(1620~1590cm^{-1}),与酰胺I带分开。在通常的样品测试中,游离态和缔合态处于平衡状态,此区会有四组峰出现,影响谱图的辨识。为了便于识别,可以同时测定其稀溶液谱图和固态谱图进行比较。

仲酰胺在1570~1515cm^{-1}出现酰胺II带(稀溶液在1550~1510cm^{-1}),是非常明显的特征,可用于与伯酰胺区分。无论是在游离态还是缔合态,仲酰胺的δ_{NH}吸收都在1600cm^{-1}以下,不会与酰胺I带重合,这是伯、仲酰胺的区分点。

④C—N伸缩振动(酰胺III带)

伯酰胺的C—N伸缩振动谱带(酰胺III带)在1420~1400cm^{-1}。仲酰胺在1300~1260cm^{-1}出现一个包含C—N伸缩振动和N—H弯曲振动的混合吸收峰(酰胺III带)。

除了以上所述的特征吸收峰外,伯酰胺和仲酰胺都有一个宽的中等强度的吸收谱带出现在800~666cm^{-1},这是N—H面外摇摆振动所产生的。

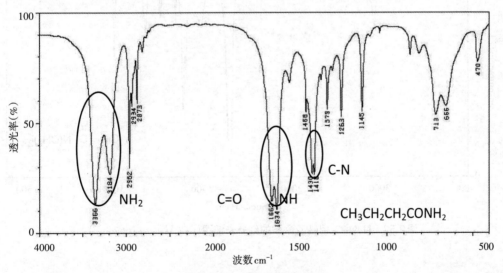

图2.51 丁酰胺的红外谱图

（N—H伸缩振动：伯酰胺有偶合，形成双峰，不对称，3366cm^{-1}；对称3184cm^{-1}。

C=O伸缩振动：酰胺 I 带，1662cm^{-1}。N—H弯曲振动：酰胺 II 带，1634cm^{-1}。

N—H面外弯曲振动：700~600cm^{-1}。O=C—N的弯曲振动吸收峰：666cm^{-1}）

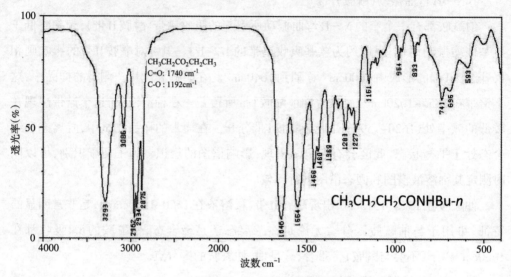

图2.52　N—丁基丁酰胺

（N—H伸缩振动，仲酰胺N—H伸缩振动：3293cm^{-1}。

酰胺 I 带（$\nu_{C=O}$），1646cm^{-1}；酰胺 II 带（δ_{N-H}），1554cm^{-1}）

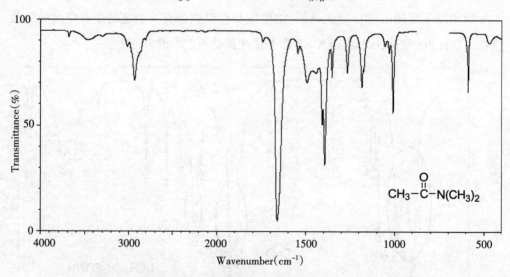

图2.53　N,N-二甲基乙酰胺的红外光谱图（CCl$_4$）（$\nu_{C=O}$：1662cm^{-1}）

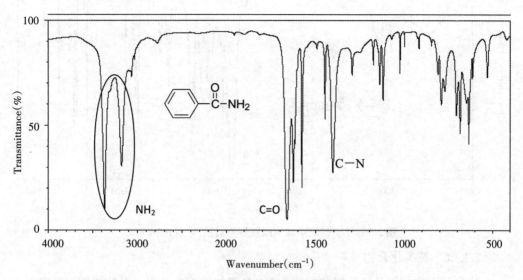

图2.54　苯甲酰胺的红外光谱图

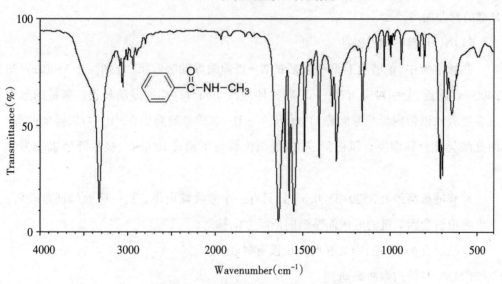

图2.55　N-甲基苯甲酰胺红外光谱图
(ν_{N-H}:3326cm^{-1};$\nu_{C=O}$:1639cm^{-1};δ_{NH}:1564cm^{-1};ν_{C-N}:1303cm^{-1})

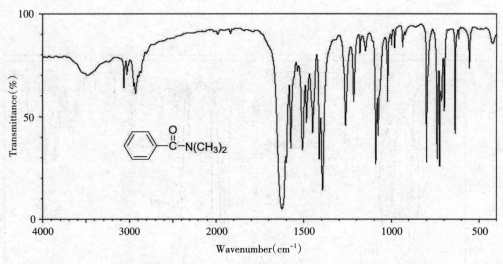

图2.56 N,N-二甲苯甲酰胺红外谱图($\nu_{C=O}$:1626cm^{-1})

2.3.3.6 胺类化合物

胺类化合物的红外特征吸收主要为N—H键的伸缩振动、C—N的伸缩振动和N—H键的弯曲振动。

(1)N—H键的伸缩振动

在稀溶液中,伯胺也有两个较弱的N—H伸缩振动吸收带,分别位于3500cm^{-1}和3400cm^{-1}附近,分别对应与N—H不对称伸缩振动和对称伸缩振动吸收。氢键的形成也会使吸收谱带向低频方向移动。但是N—H…N的氢键要比O—H…O氢键弱的多,因此胺类化合物即使有氢键形成,向低频位移也不超过100cm^{-1},吸收峰形也较为尖锐。

仲胺的稀溶液在3500~3300cm^{-1}处只有一个吸收峰出现。这一吸收峰通常较弱,其出峰位置会因氢键的形成而略微向低频方向移动。

叔胺没有N—H键,因此在此区域没有吸收峰。

(2)N—H键的弯曲振动

芳香族伯胺在1650~1550cm^{-1}有一个较强的N—H弯曲振动峰(脂肪族伯胺的峰很弱)。仲胺N—H弯曲振动很弱,没有利用价值。芳伯胺的N—H弯曲振动因为与C=C伸缩振动距离较近而常被湮没,所以没有鉴定价值。但是脂肪族仲胺的N—H面外摇摆振动吸收比较强,位于750~700cm^{-1}。

(3)N—C伸缩振动

三种脂肪族胺类化合物(伯胺、仲胺和叔胺)的N—C伸缩振动吸收位于1250~

1020cm⁻¹。伯胺的C—N伸缩振动出现在1160~1100cm⁻¹处,位于指纹区,所以容易受其他峰的干扰,不容易辨别。仲胺在1140~1110cm⁻¹出现C—N伸缩振动的强吸收峰,而叔胺在1100~1030cm⁻¹出现较强的C—N伸缩振动吸收峰。

表2.19 芳香胺C—N伸缩振动

胺	吸收范围(cm⁻¹)	强度
脂肪胺伯胺	1160~1100	指纹区,不容易识别
仲胺	1140~1110	强吸收
叔胺	1100~1030	较强吸收
芳香胺伯胺	1340~1250	较强
仲胺	1350~1280	较强
叔胺	1360~1310	较强

芳香胺N原子的p电子与芳环大π键之间的p—π共轭作用,使得C—N键有部分双键的性质,因此C—N伸缩振动频率向高频位移。在1360~1250cm⁻¹的范围内出现,吸收强度较大。表2.19列出了胺的C—N吸收振动谱带。

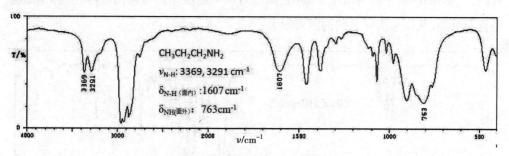

图2.57 正丙胺的红外光谱图

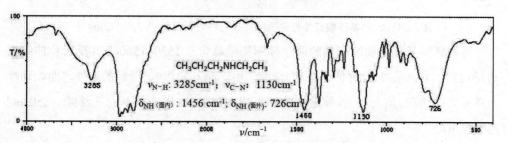

图2.58 N-乙基丙胺的红外光谱图

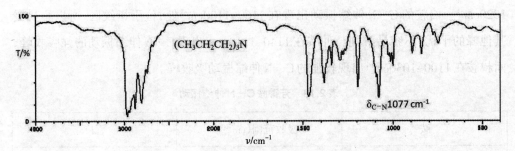

图 2.59　三丙胺的红外光谱图(ν_{C-N}:1077cm^{-1})

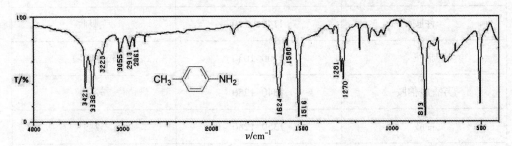

图 2.60　对甲基苯胺的红外光谱图(ν_{N-H}:3421,3338cm^{-1};δ_{NH}:1624cm^{-1};ν_{N-C}:1270cm^{-1})

2.3.3.7　硝基化合物

硝基化合物的最特征吸收峰是—NO$_2$的反对称伸缩振动和对称伸缩振动峰。脂肪族硝基化合物的这两个吸收峰位分别在1560cm^{-1}和1370cm^{-1}处(反对称伸缩振动峰较强)。如果α-碳上带有吸电子基团,则反对称伸缩振动谱带移向高频,对称伸缩振动移向低频,从而使两峰之间的距离增大。

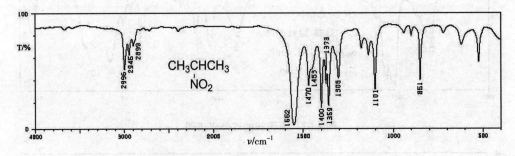

图 2.61　2-硝基丙烷红外光谱图(ν_{as},-NO$_2$:1552cm^{-1};ν_{s},-NO$_2$: 1373 cm^{-1})

芳香族硝基化合物的硝基的两个伸缩振动峰位于1530~1500cm^{-1}(反对称伸缩振动)和1370~1330cm^{-1}(对称伸缩振动)伸缩。由于硝基的影响,芳烃的面外弯曲振动峰向高频方向移动,加上C—N伸缩振动的影响,芳环的取代情况不能只看900~650cm^{-1}的吸收情况。

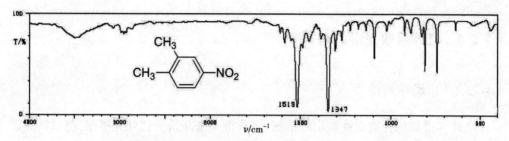

图2.62　4-硝基-1,2-二甲苯(ν_{Ar}: 1519cm^{-1}; ν_{NO_2}: 1347cm^{-1})

2.3.3.8　有机卤化物

卤代烃的C—X伸缩振动吸收比较强。脂肪族氯代烃的C—Cl键的伸缩振动出现在750~700cm^{-1}。多氯化合物的吸收更强一些。例如CCl$_4$的C—Cl吸收峰出现在797cm^{-1}处。此外还可观察到比较强的倍频吸收峰。氯代芳烃的吸收在1096~1090cm^{-1},这一区域的吸收位置取决于取代形式。

由于质量效应,C—Br的吸收峰出现在700~500cm^{-1},碘化物的C—I的伸缩振动出现在610~485cm^{-1}。在1300~1150cm^{-1}还可以观察到CH$_2$X(X=Cl、Br、I)基团中强的CH$_2$摇摆振动谱带。

氟化物的C—F键的伸缩振动出现在1400~1100cm^{-1}。单氟烷烃在1100~100cm^{-1}有强的吸收谱带,随着分子内氟原子的增多,谱带变得复杂,出现多重峰。CF$_3$和CF$_2$在1350~1120cm^{-1}出现强吸收。芳烃氟化物的吸收在1250~1100cm^{-1}。单氟代烃在1230cm^{-1}附近有一个强而窄的吸收谱带。由于F、Cl的电负性较大,对临近基团的红外吸收产生较大的影响。例如氟与C=C、C=O等直接相连时,它们的伸缩振动的频率要向高频位移。

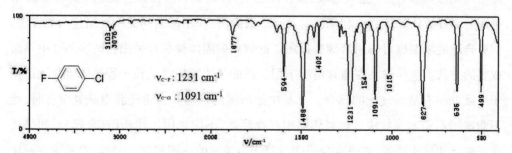

图2.63　对氯氟苯的红外光谱图

2.4 红外吸收光谱的解析

2.4.1 试样的准备

红外光谱是化合物定性鉴定的依据,要获得一张高质量红外光谱图,测试样品必须要规范准备,以符合测试要求。

(1)试样应该是单一组分的纯物质,纯度应>98%,以便与纯物质的标准光谱进行对照。不纯的样品必须经过分离提纯,否则会有明显的杂质峰出现,影响判断。

(2)试样一定要干燥,不含有游离水。水本身有红外吸收,会严重干扰样品谱,而且会侵蚀吸收池的盐窗。

(3)试样的浓度和测试厚度应选择适当,以使光谱图中的大多数吸收峰的透射比处于10%~80%。样品太薄,峰会很弱,有些峰会被基线噪声掩盖。样品太厚,峰形会变宽甚至出现平头峰。

2.4.2 制样的方法

制样方法的选择主要考虑以下两个方面的因素:一是被测样品的性质。液体试样可根据它的沸点、黏度、吸湿性、挥发性以及溶解性等诸因素选择制样方法。如沸点较低、挥发性大的液体只能用密封吸收池制样。透明性好又不吸湿、黏度适中的液体试样,可选毛细层液膜法制样。此法操作简便,是一般液体最常选用的方法。能溶于红外常用溶剂的液体样品可用溶液吸收池法制样。黏稠的液体可加热后在两块晶片中压制成薄膜,也可配成溶液,涂在晶面上,挥发成膜后再进行测试。固体试样常采用的制样方法是压片法和糊法。凡是能磨细、色泽不深的样品都可用这两种方法。如有合适的溶剂也可选用溶液制样法。低熔点的固体样品可采用在两块晶片中热熔成膜的方法。气体样品在通常情况下用常规的气体制样法。长光程气体吸收池适用于浓度低但有足够气样的场合。二是根据测试的目的。当希望获得碳氢信息时,绝不能选用石蜡油糊状法。如果样品中存在羟基,不应采用压片法(有水峰)。如果要求观察互变异构现象,或研究分子间及分子内氢键的成键程度,一般需要采用溶液法制样。某些易吸潮的固体样品可采用糊状法,并在干燥条件下制样,其作用是用石蜡油包裹样品微粒以隔离大气中的潮气,达到防止吸潮的目的。

气体、液体和固体样品都可以获得红外光谱图。气体和低沸点的液体的光谱图可以通过样品气体膨胀以后进入真空装填的吸收池来获得。气体吸收池长度从几厘米到40m不等,但是一台标准IP仪器的样品区能容纳的吸收池不超过10cm,长光程是通过光学系统的多次反射来实现的。

液体样品可以用纯液体或在溶液中测定。液体样品被压紧在两块盐片之间形成0.01nm或更薄的液膜来测定。一般需要1~10mg样品量。直接利用纯液体样品测定,会由于吸收太强而难以得到比较满意的光谱图。挥发性的液体需要在很薄的密闭式吸收池进行测定。对NaCl盐片有溶解性的样品可以在AgCl晶片中进行测定。

溶液在0.1~1mm厚的吸收池中进行分析。通常使用的吸收池需要0.1~1ml,浓度为0.05%~10%的溶液。同时将装有纯溶剂的补偿吸收池放在参比光束中,这样测得是除去溶剂的强吸收区域外的溶质的光谱图。IR实验中使用的溶剂必须是十分干燥的并且在测定的波长区域内有很好的透明度。当需要完整的光谱时,必须使用几种不同的溶剂。两种常用的溶剂是四氯化碳和二硫化碳。CCl_4在高于$1333cm^{-1}$频率是基本没有吸收,而CS_2在$1333cm^{-1}$频率以下基本没有吸收。必须避免使用会和溶质发生反应的溶剂。例如二硫化碳不能作为伯胺或仲胺的溶剂,氨基醇会与CS_2和CCl_4缓慢的发生反应。

（1）溴化钾压片法

KBr压片是目前红外测试最常用的方法。因溴化钾在中红外区域是透明的,是最好的固体稀释剂。适用于固体粉末样品的测定。一般1~2mg样品加100~200mg溴化钾,在玛瑙研钵中研成细粉。选择油压机压力通常为8000~15 000kg/cm^2,加压时间至少保持1min,得到透明锭片。由于溴化钾极易吸潮,应保存在干燥器内。潮湿的KBr否则会在$3300cm^{-1}$和$1640cm^{-1}$处出现水的吸收峰。压片时,若样品(盐酸盐)与溴化钾之间不发生离子交换反应,则采用溴化钾作为制片基质。否则,盐酸盐样品制片时必须使用氯化钾基质。

（2）卤化物晶体涂片法

将液体试样在卤化物晶片上涂上一层薄薄的液膜,就可直接在红外光谱仪上进行测定。最常用的卤化物晶片是氯化钠晶片,应用范围700~5000cm^{-1}。当需要观察350~700cm^{-1}的吸收峰时可采用溴化钾晶片法。涂片时厚度不易过大,否则会出现齐头峰。如未固化的黏稠树脂及油墨、塑料或橡胶中萃取得到的增塑剂、热固性树脂的裂解液等,都适宜用此法。晶片大都易潮解,不用时应保存在干燥器内。使用完毕用低沸点溶剂清洗后,放干燥器保存。

（3）石蜡糊法

石蜡油糊法是红外光谱中测定固体样品的一种方法。一般取样品5~10mg，在玛瑙乳钵中研细，滴加1至几滴液体石蜡研成均匀糊剂（试样粒度控制在5μm以下）。取适量夹于两个溴化钾片（每片重约150mg）之间，作为供试片；以溴化钾约300mg制成空白片作为背景补偿，录制光谱图。亦可用其他适宜的盐片夹持糊状物。此法优点是：凡能变为细的粉末试样都可用本法进行测定，对溶液法没有适当溶剂的试样更有效，与压片法比较可减少散射光强度，试样调制容易、迅速。石蜡油是一种特制的长链烷烃，具有较大黏度和较高的折射率，它的红外光谱简单，在中红外区只有4个吸收带，适用于1300~1400cm^{-1}波段的测定。不能用测含有饱和C—H键化合物，否则需扣除它们的吸收，如样品在研磨过程中发生分解则不宜使用这种方法。

（4）衰减全反射法

有些样品涂层很薄，不适宜于以上方法时，最好的测试方法就是衰减全反射法。将供试品均匀地铺展在衰减全反射棱镜的底面上，使紧密接触，依法录制反射光谱图。该法应用较广泛，使用时不需要进行复杂的分离，不破坏样品，可直接进行红外光谱分析。利用此法可对喷墨打印材料的表层背层进行分析。其他如胶带、纺织品、金属上的油漆及片状橡胶等，都可用衰减全反射法。主要使用的晶片有KRS-5、ZnSe等。粉末样品可用胶带粘在晶片表面上进行测试。

（5）溶液法

将样品溶于适宜的溶剂内，制成1%~10%浓度的溶液，置于0.1~0.5mm厚度的液体池中录制光谱图，并以相同厚度装有同一溶剂的液体池作为背景补偿。溶剂选用具有在测定波段区间无强吸收的溶剂，通常在4000~1350cm^{-1}用CCl$_4$为溶剂，在1350~600cm^{-1}用CS$_2$，它们具有对溶质的溶解度大、红外透过性好、不腐蚀窗片等特点。液体样品也可用夹片法和涂片法测定红外光谱。

（6）气体样品

气态样品可在玻璃气槽内进行测定，它的两端粘有红外透光的NaCl或KBr窗片。先将气槽抽真空，再将试样注入。

2.4.3　红外光谱的主要应用

2.4.3.1　未知结构化合物的确定

测定未知化合物的结构时，应当结合其他分析手段，如元素分析，相对分子量及熔点、沸点和折光率等物理常数。如根据元素分析结果可以求出化合物的经验式,再结合相对分子量求出化学式,由化学式得到不饱和度,从而将可能的结构范围大大缩小到几种可能的结构式。如果是已知化合物,则可以借鉴前人测得的物理常数判断结构。如果有标准红外谱图,可以直接进行比较得出结论。对于未知样品,则必须结合质谱、核磁等表征手段进一步测定。

2.4.3.2　红外定量分析

红外光谱和紫外光谱一样,可以利用郎伯-比尔定律进行定量分析,但是由于制氧技术不易标准化,红外光谱的定量分析比紫外低。

红外光谱在测定混合物中各组分含量方面有其独特的优点。由于混合物的光谱是各个组分的加和,并且有机化合物的各个吸收峰之间有很大的独立性,因此可以利用各组分官能团特征吸收测定混合物各成分的百分含量。首先利用纯样品的某个或某几个特征峰测定浓度与吸收峰强度的工作曲线,然后在同样的条件下对混合物进行测定,根据选定的特征峰吸收强度来确定某一组分的含量。

2.4.3.3　检验反应是否进行,某些基团的引入或消去

对于比较简单的化学反应,基团的引入或消去可根据红外图谱中该基团相应特征峰的存在或消失加以判定。对于复杂的化学反应,需与标准图谱比较做出判定。

2.4.3.4　化合物分子的几何构型与立体构象的研究

如化合物 2-丁烯具有顺式与反式两种构型如下,这两种化合物的红外光谱在 $1000 \sim 650 cm^{-1}$ 有显著不同,顺式 $\gamma_{=CH}$ 在 $\sim 690 cm^{-1}$ 出现强吸收峰,反式 $\gamma_{=CH}$ 在 $\sim 970 cm^{-1}$ 出现强吸收峰。

又如:1,3-环己烷二醇和1,2-环己烷二醇优势构象的确定。两化合物在红外光谱的 $3450 cm^{-1}(\nu_{OH})$ 中都有一宽而强的吸收峰,用四氯化碳稀释后,二者的谱带位置和强度都不改变,说明这两个化合物均可能形成分子内氢键,据此可以断定第一种化合物的优势构象是双直立键优势,而第二种化合物的优势构象是双平伏键优势。

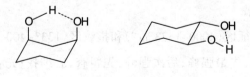

2.4.4 光谱解析的一般程序

红外光谱解析程序,没有固定的模式可循,各人根据自己的经验进行解析,但对于初学者来说可首先根据以下的程序来熟悉图谱解析的基本方法。

(1)了解样品的来源、性质及样品的沸点、熔点、折光率、旋光等物理常数以作为光谱分析的旁证。

(2)分子式。样品的分子式对光谱解析很有帮助。用分子式可以确定分子的不饱和度,估计分子中双键、环及芳环等是否存在,并可验证光谱解析结果的合理性,可获得分子结构的重要信息。

不饱和度又称缺氢指数,是指分子结构中距离达到饱和时所缺一价元素的"对数"。它反映了分子中含环和不饱和键的总数,其计算公式如下:

$$\Omega = \frac{2n_4 + 2 + n_3 - n_1}{2} \quad (2.17)$$

n_4为四价元素(C)的原子个数,n_3为三价元素(N)的原子个数,n_1为一价元素(H、X)的原子个数。二价元素O,S等不计数。

当$\Omega=0$时分子结构为链状饱和化合物,当$\Omega=1$分子结构可能含有一个双键或一个脂肪环。当分子结构中含有三键时,$\Omega \geq 2$。分子结构中含有芳环时$\Omega \geq 4$。

【例2.6】求$C_8H_7ClO_3$的不饱和度。

解:$\Omega = \dfrac{2 \times 8 + 2 - 8}{2} = 5$

说明该化合物可能含有一个苯环外加一个双键。

【例2.7】计算正丁腈(C_3H_7CN)的不饱合度。

解:$\Omega = (2 \times 4 + 2 + 1 - 7)/2 = 2$

正丁腈分子中只有一个三键,相当于二个双键,所以不饱和度为2。

【例2.8】计算苯甲酰胺(C_7H_7NO)的不饱合度。

解:$\Omega = (2 + 2 \times 7 + 1 - 7)/2 = 5$

苯环相当于己烷缺四对氢(三个双键,一个环),所以苯环用去四个不饱和单位,一个羰基用去一个不饱和单位,因此化合物的不饱和度为5。

(3)解析红外光谱

红外图谱包含特征区(4000~1333cm⁻¹)和指纹区(1333~400cm⁻¹)两大部分。可以根据"先特征,后指纹,先最强峰,后次强峰;先粗查,后细找;先否定,后肯定;一抓一组相关峰"的程序和原则进行图谱的解析。

　　"先特征,后指纹,先最强峰,后次强峰"是指先由特征区第一强峰入手,因为特征区峰疏,易于辨认。

　　"先粗查,后细找"指按上面强峰的峰位查找光谱的五大区域(表2.4)或相关图(图2.18),初步了解该峰的起源与归属,这一过程称为粗查。然后根据这种可能的起源与归属,细找按基团排列的"主要基团的红外特征吸收峰"(见附表),根据此表提供的相关峰的位置和数目与被解析的红外图谱查找核对,若找到所有相关峰,此峰的归属便可基本确定。

　　"先否定,后肯定"因为吸收峰的不存在,对否定官能团的存在比吸收峰的存在对肯定一个官能团的存在要容易得多,根据也确凿得多。因此,在解析过程中,采取先否定的办法,以便逐步缩小未知物的范围。

　　总之是先识别特征区第一强峰的起源(由何种振动所引起)及可能的归属(属于什么基团),而后找出该基团所有或主要相关峰进一步确定或佐证第一强峰的归属。同样的方法解析特征区的第二强峰及相关峰,第三强峰及相关峰等等。有必要再解析指纹区的第一强峰、第二强峰及其相关峰。无论解析特征区还是指纹区的强峰都应掌握"抓住"一个峰解析一组相关峰的方法,它们可以互为佐证,提高图谱解析的可信度,避免孤立解析造成结论的错误。简单的图谱,一般解析三、四组图谱即可解析完毕。但结果的最终确定,还需与标准图谱进行对照。初学者可能有对红外光谱中每一个峰进行解析的愿望,这是作不到的,也是没有必要的。

　　另外,注意比较相同基团或相近基团在不同结构中的红外光谱,应当说是利用红外光谱确定结构的基本出发点,这一点应当引起足够的注意。

　　在解析图谱时有时会遇到特征峰归属不清的问题,如化合物中含有若干个羰基($C=O$)、碳碳双键($C=C$)或芳环时,它们的吸收峰均出现在$1850\sim1600cm^{-1}$,此时需通过其他辅助手段来区别,如溶剂的影响,溶剂极性增加,极性的$\pi\rightarrow\pi^*(C=O)$跃迁的吸收向低频方向移动,而非极性的$\pi\rightarrow\pi^*(C=C)$跃迁的吸收不受影响。也可以利用化学手段进行一些官能团的归属及酯化、酰化、水解、还原等方法对化合物的结构进行辅助测定。

　　上述解析图谱程序只适用于较简单的光谱的解析,复杂化合物的光谱,由于各种官能团间的相互影响要与标准光谱对照。

2.4.5　光谱解析实例

【例2.9】下图是含有C、H、O的有机化合物的红外光谱图,试问:

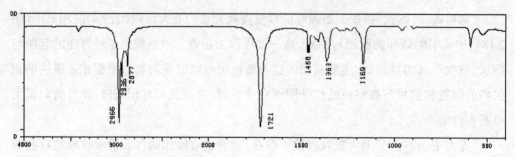

(1)该化合物是脂肪族还是芳香族?

(2)是否为醇类?

(3)是否为醛、酮、羧酸类?

(4)是否含有双键或三键?

解:(1)在3000cm^{-1}以上无n_{C-H}的伸缩振动,在1600~1450cm^{-1}无芳环的骨架振动,所以不是芳香族化合物。2960~2930cm^{-1}是脂肪族化合物。

(2)在3600~3300cm^{-1}无任何吸收,故此化合物不是醇类化合物。

(3)在1721cm^{-1}处见一强吸收,表示可能为醛、酮、羧酸类化合物。但在2830~2720cm^{-1}处没有醛基C—H的特征吸收,故可排除醛类化合物;又在3000cm^{-1}没有COOH伸缩振动的宽而强的吸收峰,故也可排除羧酸的存在。可能是酮类化合物。

(4)在1650($\nu_{C=C}$)及2200($\nu_{C≡C}$)没有明显的吸收,说明此化合物除C=O外,无叁键或双键。2966cm^{-1}、2936cm^{-1}和2877cm^{-1}是甲基和亚甲基的伸缩振动吸收谱带,1468cm^{-1}是亚甲基的CH面内弯曲振动吸收峰,1363cm^{-1}是甲基(—CH$_3$)面内弯曲振动δ_{CH}引起的吸收峰,是—CH$_3$的特征吸收峰。

综上所述该化合物应该是脂肪族的酮类。

【例2.10】某未知物分子式为C$_8$H$_{16}$,其红外谱图如下图所示,试推其结构。

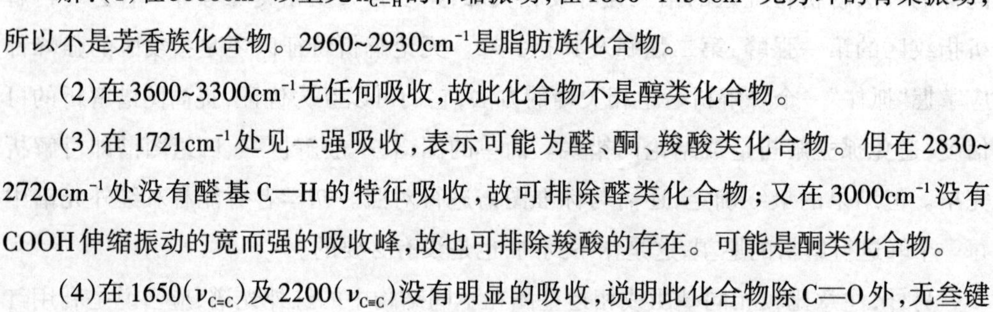

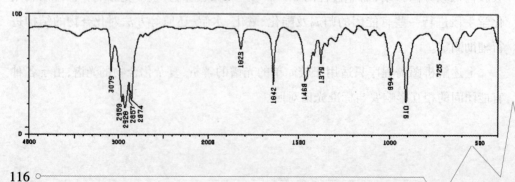

解:根据分子式可以推知该化合物不饱和度为1,可能为烯烃或环烷烃。

3079cm⁻¹处有吸收峰为烯基C—H伸缩振动峰,说明该化合物为烯烃。1642cm⁻¹的C＝C伸缩振动峰进一步确认该化合物为烯烃。

994cm⁻¹和910cm⁻¹处的C—H弯曲振动峰说明该化合物为端位烯烃,1823cm⁻¹的吸收峰为910cm⁻¹的倍频峰。

【例2.11】某无色或淡黄色有机液体,具有刺激性臭味,沸点为145.5℃,分子式为C_8H_8,其红外光谱见下图,试进行光谱解析,判断该化合物的结构。

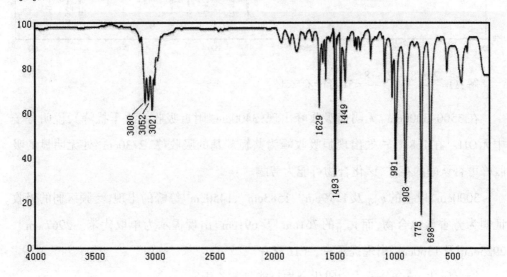

解:

1. $\Omega = \dfrac{2 \times 8 + 2 - 8}{2} = 5$(可能有苯环)。

2. 特征区的第一强峰1493 cm⁻¹。同时也出现1600cm⁻¹峰,为苯环的骨架振动吸收峰。

3. C—H伸缩振动区只出现3080、3052、及3021cm⁻¹。没有见到3000cm⁻¹以下的吸收峰,说明该化合物不含甲基、亚甲基等饱和取代基。结合该化合物不饱和度为5,推知化合物除了苯环外,还有一个C＝C双键。因此该化合物可能为苯乙烯。

4. 泛频峰2000~1667cm⁻¹的峰表现为单取代峰形。

5. 1629 cm⁻¹为烯烃C＝C伸缩振动峰,3080cm⁻¹为末端烯烃＝C—H伸缩振动吸收峰。

6. 775cm⁻¹及698 cm⁻¹为单取代苯的面外弯曲振动峰。

综上,可推知该化合物苯乙烯的红外光谱图。

【例2.12】分子式为C_8H_8O的化合物的IR光谱见下图,沸点202℃,试通过解析光谱判断其结构。

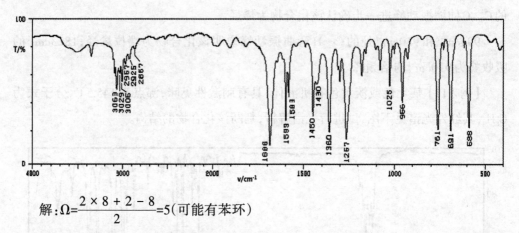

解:$\Omega=\dfrac{2\times 8+2-8}{2}=5$(可能有苯环)

在3500~3000cm^{-1}无明显吸收峰出现(3400cm^{-1}附近吸收为水干扰峰),说明分子中无OH。在1686cm^{-1}处出现强吸收峰为共轭羰基的吸收峰,2730cm^{-1}处无明显的吸收峰可否认醛的存在,该化合物可能为芳酮。

3000cm^{-1}以上的$\nu_{\Phi-H}$及1599cm^{-1}、1583cm^{-1}、1450cm^{-1}等峰的出现,泛频区弱的吸收证明为芳香族化合物,而$\nu_{\Phi-H}$的761cm^{-1}及691cm^{-1}出现提示为单取代苯。2967 cm^{-1}、2925cm^{-1}及1360cm^{-1}出现提示有—CH$_3$存在。

综上所述,结合分子式说明化合物只能是苯乙酮。

经标准图谱核对,并对照沸点等数据,证明结论与事实完全符合。

【例2.13】经元素分析可知,化合物是由C、H组成,C占85.7%,相对分子量为98.1,沸点为93.6℃。其红外吸收光谱见下图,试通过红外光谱解析,判断该化合物的结构。

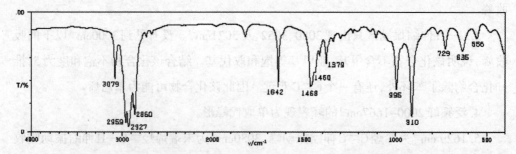

解:由化合物的分子量98.1,C占85.7%,又只有C、H组成,可推断分子式为C_7H_{14}。

不饱和度为:$\Omega = (2\times 7+2-14)/2 = 1$,可能含有一个双键或一个环。

3079 cm^{-1}出现不饱和碳氢吸收峰($\nu_{=C-H}$),1642cm^{-1}为烯烃的$\nu_{C=C}$特征吸收,可确

定是烯烃类化合物。$\gamma_{=CH}$出现在910cm⁻¹处,强峰,为同碳双取代结构,该化合物为端基烯。

此外该红外光谱图出现了甲基和亚甲基的特征吸收峰,分别为:

—CH₃:ν_{as}:2959cm⁻¹,ν_s:2874cm⁻¹;δ_s:1379cm⁻¹(未见分裂,一个甲基)。

—CH₂:ν_{as}:2927cm⁻¹,ν_s:2860cm⁻¹;δ_{as}:1468cm⁻¹。在729cm⁻¹的峰说明该化合物中有直链—$(CH_2)_n$—结构。所以化合物结构为:$CH_2=CH(CH_2)_4CH_3$。

经标准图谱核对,并对照沸点等数据,证明结论是正确的。

【例2.14】某化合物其分子式为$C_{10}H_{10}O_4$,其红外光谱图如下,推测其结构。

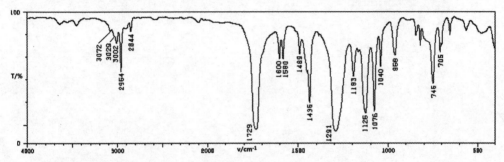

解:计算不饱和度,$\Omega = (2 \times 10 + 2 - 10) = 6$。

不饱和度为6,结构式可能含一个苯环和一个叁键或两个双键。

在C—H伸缩振动区出现3029、3002 cm⁻¹的吸收峰,可能为烯烃或苯环的ν_{C-H}吸收峰。结合谱图上出现的1600、1489cm⁻¹的一组峰,可以肯定有一个苯环结构存在。1580cm⁻¹的吸收峰为苯环与其他基团共轭后产生的。746cm⁻¹处的吸收峰为芳环的邻位二取代的面外弯曲振动γ_{C-H},表明该化合物为苯环的邻位取代,且与C=O共轭。

图谱特征区出现1729 cm⁻¹的羰基C=O伸缩振动吸收峰,说明化合物中存在羰基C=O。

3000cm⁻¹以下:2964 cm⁻¹处的吸收峰为甲基C—H反对称伸缩振动($\nu_{as}CH_3$)。表明化合物中存在甲基。2844cm⁻¹峰的出现表明该化合物含有甲氧基(—OCH₃)。1436cm⁻¹处的吸收峰为甲基的C—H的面内弯曲振动(δ_{CH3}),而且与一电负性较大的基团相连,进一步说明该甲基为甲氧基。1291 cm⁻¹、1126 cm⁻¹处的强而宽的吸收峰为C—O—C的反对称和对称伸缩振动,是酯的特征吸收峰。

综合上述可推测,未知物的结构可能为邻苯二甲酸二甲酯,再查标准光谱也完全一致。

3　核磁共振氢谱

与红外光谱和紫外光谱一样,核磁共振谱学(Nuclear Magnetic Resonance spectroscopy,NMR spectroscopy)也是一种原子吸收光谱。1945年美国斯坦福大学布洛赫(F. Block)和哈佛大学珀赛尔(E.M.Purcell)首次观测到水、石蜡中质子的核磁共振信号,并由此获得1952年诺贝尔物理学奖。经过70多年的发展,核磁共振已成为一门有完整理论体系的新学科,并在化学、医疗、矿产等领域得到广泛应用。迄今为止,先后有12位科学家因为在此领域的杰出贡献而获得诺贝尔奖。

核磁共振是指自旋磁矩不为零的一些原子核在外加磁场作用下发生能级分化。当被电磁波照射时,不同化学环境的原子核吸收能量,发生共振跃迁。这样记录发生共振跃迁时信号的位置和强度就可以得到核磁共振波谱。在化学分析中,最常见的就是核磁共振氢谱和碳谱。此外 ^{15}N 谱、^{19}F 谱和 ^{31}P 谱等也已实用化。20世纪70年代发展起来的脉冲傅里叶变换核磁共振技术进一步提高了检测灵敏度和检测效率,由此脉冲核磁共振得到迅速发展,成为物理、化学、生物、医学等领域中分析、鉴定和微观结构研究不可缺少的工具。

3.1　核磁共振的基本原理

3.1.1　原子核的磁矩

核磁共振的基础是原子核的自旋。原子核由带有正电荷的质子和中性的中子组成。当原子核自旋时,核电荷绕原子核轴旋转产生一个磁偶极。并不是所有同位素原子核的自旋都可以产生磁现象,只有那些质子数和中子数两者或者其中之一为奇数(如 ^1H、^{13}C…)时,原子核

图 3.1　质子的磁性自旋

才具有自旋角动量和磁矩。这类原子核称为磁性核。只有存在自旋运动的磁性核才能产生核磁共振。

具有自旋运动的原子核都具有一定的自旋量子数(I)，$I=1/2n$（$n=0，1，2，3\cdots，n$取整数）。自旋量子数I取值由该原子的质子数和中子数共同决定。只要一个原子核中质子数和中子数均不为偶数，该原子就具有自旋磁性，其自旋量子数(I)不为零。

（1）核质量数(A)和核电荷数(Z)均为偶数，原子核没有自旋现象，$I=0$，如$_6^{12}C$、$_8^{16}O$、$_{16}^{32}S$等。这类原子具有核电荷均匀分布的非自旋核，无自旋现象，因而无磁性。

（2）核质量数(A)为奇数，核电荷数(Z)为奇数或偶数，原子核都有自旋现象，I为半整数。如：$I=1/2$的核有：$_1^1H$，$_6^{13}C$，$_7^{15}N$，$_9^{19}F$，$_{15}^{31}P$等。

$I=3/2$的核有：$_5^{11}B$，$_{16}^{33}S$，$_{17}^{37}Cl$，$_{35}^{79}Br$，$_{19}^{39}K$，$_{29}^{63}Cu$，$_{29}^{65}Cu$等。

$I=5/2$的核有：$_8^{17}O$，$_{12}^{23}Mg$，$_{12}^{25}Mg$，$_{13}^{27}Al$，$_{25}^{55}Mn$，$_{30}^{67}Zn$等。

（3）核质量数(A)为偶数，核电荷数(Z)为奇数的原子核都有自旋现象，I为整数。如：

$_1^2H(1)$，$_3^6Li(1)$，$_7^{14}N(1)$，$_{27}^{58}Co(2)$，$_5^{10}B(3)$。

磁性核的自旋有一定的取向，这种取向可以用自旋角动量P来描述。自旋角动量的大小可用核的自旋量子数I来描述（3.1）。

$$P = \sqrt{I(I+1)} \times \frac{h}{2\pi} \qquad (3.1)$$

式中，h为普朗克常数；I为自旋量子数，$I=n/2$（$n=0，1，2\cdots$取整数）。

具有自旋角动量的核也有因自旋感应产生的核磁矩μ。两者的关系为：

$$\mu = \gamma \cdot P \qquad (3.2)$$

其中γ是核磁矩与自旋角动量P之间的比例常数，叫磁旋比（或旋磁比），是原子核的一个重要特性常数。如^1H：$\gamma=26.752$（$10^7 rad \cdot T^{-1} \cdot s^{-1}$）；$^{13}C$：$\gamma=6.728$（$10^7 rad \cdot T^{-1} \cdot s^{-1}$）；1 T=$10^4$高斯，$\gamma$值可正可负，是原子核自身的一个物理性质。

$I=1/2$的原子核在自旋过程中，核外电子云球形均匀分布于原子核外，谱线较窄，适合核磁共振检测。其他核子自旋过程中电荷在核表面分布不均匀，因而信号复杂。一些常见原子核的核磁共振性质见表3.1。

从表3.1中可以看出，组成有机化合物的基本元素如^1H、^{13}C、^{15}N、^{19}F、^{31}P等都有核磁共振信号，且自旋量子数均为1/2。这些核素都具有球形电荷分布，核磁共振的谱线窄，信号比较简单，已经广泛地应用于有机化合物的结构鉴定中。

表3.1　常见磁性原子核的核磁共振性质

核素	天然丰度/%	核磁矩 μ/β_N [a]	磁旋比/ 10^7rad/sT [b]	相对敏感度 [c]	在7.05T磁场中共振频率/ MHz
^{1}H	99.985	2.7925	26.753	1.00	300
^{13}C	1.108	0.7025	6.728	1.04×10^{-4}	75.45
^{15}N	0.37	−0.2835	−2.712	1.059×10^{-5}	30.42
^{19}F	100	2.6285	25.179	0.833	228.27
^{31}P	100	1.1315	10.840	6.63×10^{-2}	121.44
^{2}H	0.015	0.857	4.107	9.65×10^{-5}	46.05
^{14}N	99.63	0.403	1.934	1.01×10^{-3}	21.26
^{35}Cl	75.53	0.822	2.624	4.70×10^{-3}	29.40
^{17}O	0.037	1.8925	−3.628	2.91×10^{-2}	40.68

a: β_N是核磁矩单位,1 β_N=5.0504 × 10^{-27}J/T。

b: rad为弧度,s为秒,T为特斯拉。

c: 在相同核数目和相同磁场的丰度比。

核磁共振的信号与被测磁性核的天然丰度和旋磁比的立方成正比。有些核素如 ^{1}H、^{19}F 和 ^{31}P 的天然丰度均为100%,加之灵敏度也高,因此它们的核磁共振信号容易采得。有些核素如 ^{13}C 的天然丰度仅为1.1%, ^{15}N 和 ^{17}O 的丰度也很低。这些核素的核磁共振信号都很弱,必须在傅立叶变换核磁共振(FT–NMR)谱仪,经过多次反复扫描才能得到有用的信息。

3.1.2　磁性核在磁场中的自旋取向和能级

在无外加磁场的情况下,磁性原子核的自旋取向是随机的,因而产生的核磁矩相互抵消,对外不显磁性。在外加磁场中,具有自旋运动的核的自旋取向必然是量子化的,用磁量子数 m 来表示。$m=I, I-1, I-2, \cdots, (-I+1), -I$,共有 $2I+1$ 个取向。例如,对于有机化学常见的 ^{1}H、^{13}C 等核,其自旋量子数 $I=1/2$,则有 $m=+1/2$ 和 $m=-1/2$ 两种相反的取向。$m=+1/2$ 取向是顺着磁场排列(↑),代表低能级;$m=-1/2$ 表示自旋取向是反磁场的(↓),为高能级。自旋量子数 $I=1$ 的核如 ^{2}H、^{14}N 等核素,则其 $m=1, 0, -1$ 三个自旋取向,代表三个不同的能级。同理,当 $I=3/2$ 时,如 ^{33}S、^{35}Cl 等,m 值有 $+3/2, +1/2,$ $-1/2, -3/2$ 四种取向,依此类推。

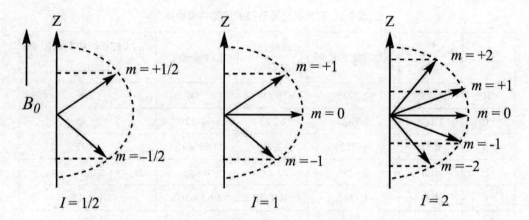

图3.2 磁性核在外加磁场中的自旋取向

在外加磁场(B_0)中,核的自选角动量(P)在z轴上的投影P_z的取值也是量子化的。

$$P_z = \frac{h}{2\pi} \cdot m \qquad (3.3)$$

与P_z相应的核磁矩在z轴的投影为μ_z。

$$\mu_z = \gamma P_z = \gamma \cdot \frac{h}{2\pi} \cdot m \qquad (3.4)$$

磁矩与磁场相互作用能为:

$$E = -\mu_z B_0 \qquad (3.5)$$

自旋量子数$I=1/2$的核有两种运动取向,同时也有两种能级状态。当自旋取向与外加磁场一致($m=+1/2$)时,核处于低能级状态,根据式(3.4)和(3.5),有:

$$E_{(+\frac{1}{2})} = -\mu_z B_0 = -\gamma \left(+\frac{1}{2}\right) \frac{h}{2\pi} \cdot B_0$$

反之,当自旋取向与外加磁场相反($m=-1/2$)时,核处于高能级,有:

$$E_{(-\frac{1}{2})} = -\mu_z B_0 = -\gamma \left(-\frac{1}{2}\right) \frac{h}{2\pi} \cdot B_0$$

根据量子力学选律,只有$\Delta m=\pm 1$的跃迁才是允许的跃迁,因此相邻量能级间的能量差为:

$$\Delta E = E_{(-\frac{1}{2})} - E_{(+\frac{1}{2})} = \gamma \cdot \frac{h}{2\pi} \cdot B_0 \qquad (3.6)$$

式(3.6)表明,磁性核在外加磁场中由低能级向高能级跃迁时需要的能量(ΔE)与外加磁场强度(B_0)及核磁矩(μ)成正比例关系。随着B_0的增大,发生跃迁时需要的能量也相应增加(图3.3)。

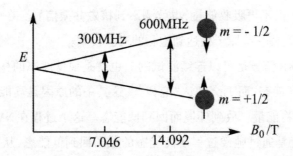

图3.3 $I=1/2$ 的核在外加磁场中的能级分布

3.1.3 饱和核驰豫

在磁场中,自旋量子数 $I=1/2$ 的 ^1H 等核在外加磁场中能级发生裂分。由于核磁共振波谱中,相邻两能级间的能极差 ΔE 非常小,这些核在两个能级几乎是平均分布的。如果核子由低能态吸收能量跃迁到高能态的速度和高能态释放能量回到低能态的速度相等,体系就不会有净能量吸收,也就观测不到核磁共振信号。实际上,在热力学温度0K时,全部的 ^1H 核都处于低能态(取顺磁场方向)。而在常温下,由于热运动,自旋核在两个能级的分布遵从 Boltzmann 分配定律,低能级的核数目比高能级的核数目稍微多一些。以 ^1H 核为例,利用 100 MHz(外加磁场强度 2.3488 T)的仪器条件下,在室温25℃,两能级上氢核数目之比为:

$$\frac{N(+\frac{1}{2})}{N(-\frac{1}{2})} = e^{\Delta E/kT} = \exp\left(\frac{6.626 \times 10^{-34} \times 100 \times 10^6}{1.38066 \times 10^{-23} \times 298} \cdot \frac{J \cdot s \cdot s^{-1}}{J \cdot K^{-1} \cdot K}\right) = 0.999984$$

即:如果低能级核有100万个,高能级就有999 984个,低能级核只比高能级核多16个左右。即在室温条件下,自旋核几乎均等的占用两个能级。对于其他磁旋比 γ 值较小的核,比值还会更小。

既然在外加磁场的作用下,有机分析中常见的 ^1H、^{13}C 等磁量子数为 $I=1/2$ 的磁性的核能级被一分为二,并平均的分布在两个能态。当被以能量为 $h\nu$ 的电磁波照射时,如果电磁波能量恰好等于样品分子的某种能级差,就会吸收能量由低能态跃迁到高能态。高能态的粒子也可以通过自发辐射放出能量再回到低能态。一般的吸收光谱由于其吸收能 ΔE 较大,高能态粒子通过自发辐射重新回到低能态以维持 Boltzmann 分布。但在核磁共振波谱中,ΔE 非常小,自发辐射的概率几乎为零。当被外加射频波照射时,低能级的核会不断吸收能量跃迁到高能态。则低能态的核会越来越少,高能态的核会越来越多。如果高能态的核不能以适当的方式释放能量回到低能态,就会很快达到"饱和"而不再吸收能量,也就测不到核磁共振信号。在核磁共振中,的确有通过施加高能量,使一些原子核达到饱和的实验技术。

实际上,NMR信号是可以连续测试的。也就是说低能态的核子可以连续吸收电磁辐射跃迁到高能态,而不会到达"饱和"。这其中的原因是高能态的核子可以通过非辐射的方式,将能量释放到环境而回到低能态。这个过程在NMR中被称为"驰豫"(relaxation)。正是通过驰豫过程使高能态的核子回到低能态,从而保持了Boltzmann分布的热平衡态,才使得核磁共振的连续检测得以实现。

驰豫过程可分为两种类型:自旋-晶格驰豫和自旋-自旋驰豫。

自旋-晶格驰豫(spin-lattice relaxation):也称为纵向驰豫,是处于高能级的核自旋体系与周围环境之间的能量交换过程。这里的周围环境对固体样品来说,就是晶格,即所谓的"格子"。对液体样品来说是周围的溶剂。自旋-晶格驰豫的结果使得高能态的核数减少,低能态的核数增加,体系总能量下降。

一个体系通过自旋-晶格驰豫过程达到自旋核在B_0场中自旋取向的Boltamann分布所需要的特征时间,可用半衰期T_1表示。T_1称为自旋-晶格驰豫时间,是表示高能态核寿命的一个量度。T_1越小,表示驰豫过程越有效。T_1越大表示体系越容易达到饱和。T_1值与核种类、样品的状态以及温度等因素有关。固体样品的振动、转动频率较小,不能有效产生纵向驰豫,可达几小时甚至更长。对于气体和液体样品,T_1一般只有$10^{-4} \sim 10^2$秒。

自旋-晶格驰豫使在B_0场中宏观上纵向(z轴方向)磁化强度由零恢复到M_0,故称为纵向驰豫。见图3.4,由(b)恢复到(e)的过程。

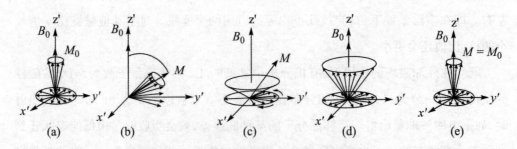

图3.4 宏观磁化矢量M_0激发后的驰豫过程

图3.4 (a)为平衡状态。(b)为给体系施加一个电磁辐射B_1,使M偏离平衡位置。之后停止B_1刺激,驰豫过程开始(c)。(d)为横向驰豫过程结束,纵向驰豫过程还在进行。(e)纵向驰豫过程完成,M恢复到平衡状态。

自旋-自旋驰豫(spin-spin relaxation):自旋-自旋驰豫也叫横向驰豫,是指一些高能态的核把能量传递给低能态的同类核,在自己回到低能态的同时使别的同类核获得能量跃迁到高能态,因此体系的总能量没变。横向驰豫时间(半衰期)用T_2表示。对于固体样品或黏稠的液体样品,核之间的位置相对固定,有利于核之间的能量传递,因此T_2约为10^{-3}秒。而非黏稠的液体,T_2约为1秒。

发生核磁共振时,自旋核受到射频场的激发,宏观磁化强度偏离z轴,从而在x-y平面上非均匀分布。通过自旋-自旋驰豫过程(自旋交换),使偏离z轴的净磁化强度M_{xy}回到原来的平衡零值态(绕原点在x-y平面均匀分布),所以自旋-自旋驰豫又叫横向驰豫。

自旋-自旋驰豫虽然与体系保持共振条件无关,但是却影响谱线的宽度。核磁谱线的宽度与核在激发状态的寿命成反比。对于固体样品,T_1很长,T_2很短,T_2起着控制和决定作用,因此谱线很宽。在非黏稠的液体样品中,T_1和T_2均比较短,所以要得到分辨率高的谱图,一般需要把固体样品配制成溶液来测试。

3.1.4　核的回旋与核磁共振

一个磁性原子核犹如一个小磁子(核磁矩 μ),当被置于外加磁场B_0中时,外加磁场必然要求它取向于磁场方向。由于核自身的旋转又不能完全保留于磁场方向。两种作用的结果,使核磁矩 μ 与外加磁场成一夹角(θ),在自旋的同时绕外加磁场的方向进行回旋,这种运动称为Larmor进动(图3.5)。这种状况与自旋的陀螺的旋转非常相似。陀螺一边绕某一点做圆周运动,一边自旋。它的旋转轴并不垂直于地面,在地心引力作用下,旋进中的陀螺并不会倾倒。

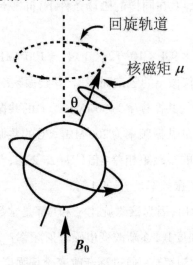

图3.5　磁性核的Larmor进动

核的进动频率或拉莫尔频率(Larmor frequency, ω)表示如下：

$$\omega = \gamma B_0/2\pi \qquad (3.7)$$

3.1.5 产生核磁共振的必要条件

在外加磁场(B_0)的影响下，核自旋体系发生能级裂分。当核从低能级到高能级跃迁时，就会吸收一定的能量。在核磁共振中，这个能量由射频波提供。对于进动中的核，当核进动频率(ω)与照射用的电磁辐射的频率($\nu_{射}$)相同时，核吸收电磁辐射能，从低能级跃迁到高能级，即发生核磁共振。所以发生核磁共振的条件是：

$$\Delta E = h\omega = h\nu_{射} = h\gamma B_0/2\pi \qquad (3.8)$$

或：$\nu_{射} = \gamma B_0/2\pi \qquad (3.9)$

ω为核进动频率；$n_{射}$为射频辐射频率

式(3.9)说明：

(1)射频频率 $n_{射}$ 与磁场强度 B_0 是成正比的。在核磁共振实验中，所用的磁场强度越高，发生核磁共振所需的射频频率也越高。例如：在9.4T的超导磁场中(B_0= 9.4T)，^{1}H发生共振频率为：$\nu_H = \gamma_H B_0/2\pi = 26.753 \times 9.4 \times 10^7/(2 \times 3.14) = 400MHz$

而在14.09T的超导磁场中(B_0=14.09T)，^{1}H发生共振频率为：

$$\nu_H = \gamma_H B_0/2\pi = 26.753 \times 14.09 \times 10^7/(2 \times 3.14) = 600MHz$$

(2)不同的原子核，磁旋比不同，产生共振的条件也不同，因此需要不同的磁场强度(B_0)和射频频率(ν)。如前讨论，^{1}H在9.4T的超导磁场中(B_0=9.4T)发生共振需要的射频频率是400 MHz，那么 ^{13}C 在同样的磁场条件下(同一台仪器)发生核磁共振需要的射频辐射频率为：

$$\nu_C = \gamma_C B_0/2\pi = 6.728 \times 9.4 \times 10^7/(2 \times 3.14) = 100.7MHz$$

所以同一台核磁波谱仪做出的氢谱和碳谱，其共振频率完全不同，同样：

在7.05T的磁场中，^{1}H的共振频率为300 MHz，^{13}C的共振频率为75.45 MHz。

在4.69T的磁场中，^{1}H的共振频率为200 MHz，^{13}C的共振频率为50.2 MHz。

^{1}H和^{13}C相比较，两者的核磁矩相差4倍(^{1}H：μ= 2.79；^{13}C：μ=0.70)，在同样的磁场条件下发生核磁共振，^{1}H共振频率是 ^{13}C的4倍。

通过式(3.9)也可以看出，因为核磁旋比 γ 和h都是常数，故实现核磁共振有两种方法：一是固定外加磁场强度B_0，逐渐改变电磁辐射频率$\nu_{射}$来检测共振信号的方法叫扫频。 二是固定电磁辐射频率$\nu_{射}$，通过逐渐改变磁场强度B_0来检测共振信号的方法叫扫场。对不同的核,因为各核的磁矩不同,所以即使置于同一强度的外加磁场中,发生共振时所需要的电磁辐射频率也不相同。当外加磁场强度 B_0 为9.4T时,^1H 发生共振需要的射频频率为 400 MHz,而 ^{13}C 共振只需要 100 MHz。同理,固定射频频率 $\nu_{射}$,不同的原子核的共振信号将在不同强度的磁场区域。因此,在某一特定磁场强度和与之对应的射频条件下,只能观察到一种核的共振信号,不同种类的核不会相互干扰。

3.2 核磁共振仪与实验方法

1953年,美国瓦里安(Varian)公司生产出第一台高分辨核磁共振仪,用于化学物质结构解析。1964年,美国Varian公司研制出世界第一台超导核磁共振仪(B=4.7 T,ν=200 MHz)。1971年,日本JEOL公司研制出世界第一台脉冲傅立叶变换核磁共振仪(B=2.35T,ν=100 MHz)。2009年瑞士布鲁克(Bruck)公司推出了 AVAVCEIII 系列核磁共振仪,频率突破1GHz。目前瑞士布鲁克公司在世界市场上占有绝大多数的市场份额,在我国70%以上的用户都是用布鲁克生产的核磁共振仪。

早期的核磁共振仪使用永磁体或电磁体提供磁场。场强为 1.41、1.87、2.20 或 2.35T,对应质子共振频率为 60、80、90 或 100 MHz(质子共振频率是描述仪器的频率)。目前,常用的高分辨核磁共振仪都使用超导磁体,工作频率一般在 200~600MHz,频率高达 1GHz 以上的核磁共振仪也已经生产出来。这种频率核磁波谱仪具有很高的分辨率,极大地简化谱图,有助于一些结构复杂的生物大分子、高分子和天然产物等物质进行结构解析。

3.2.1 连续波核磁共振仪

连续波核磁共振仪(continuous wave-NMR,CW-NMR)的主要组成部件是磁体、样品管、射频震荡器、扫描发生器、信号接收和记录系统(图3.6)

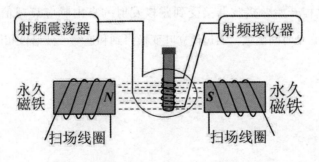

图3.6 连续波核磁共振仪原理示意图

磁体的作用是提供均匀而强的磁场,常用的磁体有永久磁铁、电磁铁和超导磁铁。样品管内装待测样品,放置于磁铁两极的狭缝中,并在气流的带动下以一定的速度旋转(50~60周/s),使样品感受均匀的磁场,以防因磁场不匀而使信号峰加宽。射频振荡器的线圈绕在样品管外,方向与外磁场垂直,用以发射固定频率的电磁波。射频波的频率要与磁场强度相匹配,一般地,射频波频率越高,仪器分辨率越好,性能也越好。射频接收器线圈也安装在探头中,其方向与前两者都垂直。接收器线圈用来感受来自样品发生核磁共振时吸收的信号。扫场线圈(也称Helmholt在线圈)是安装在磁体上,用于进行扫描操作,使样品除接受磁铁所提供的固定强度的磁场外,再加一个可变的附加磁场。在进行核磁共振测试时,若固定射频波的频率,由扫描发生器线圈连续改变磁场强度,由低场到高场进行扫描,称为扫场。若固定磁场强度,通过改变射频频率的方式进行扫描,称为扫频。在连续波核磁共振实验中,样品中不同化学环境的同类磁性核,被依次激发,产生核磁共振信号吸收,接收器和记录系统就会依次记录并放大成核磁共振谱图。仪器的积分系统自动把各个峰面积积分,绘出积分曲线。

连续波核磁共振仪具有廉价、稳定、易操作的优点,但灵敏度低,需要样品量大,只能适合于测定天然峰度较大的核,如 ^1H、^{19}F、^{31}P 谱,而无法测定天然丰度低、灵敏度低的核,如 ^{13}C、^{15}N 谱。目前已经被脉冲傅立叶变换核磁共振仪代替。

3.2.2 脉冲傅立叶变换核磁共振仪

脉冲傅立叶变换核磁波谱仪(Pulse Fourier Transform-NMR,PFT-NMR)的基本工作原理是:首先进行宽频带强脉冲射频(包括所测谱范围的全部频率),使样品中不同环境的同类核同时吸收脉冲电磁能量。脉冲时间很短,只有 10^{-5} s。脉冲发射后关闭,驰豫过程开始。接收器接受到磁核发射的自由感应衰减信号(Free Induction Decay,FID),它是时间函数。通过傅立叶变换得到和连续波波谱仪相同的频率域波谱图(图3.7)。

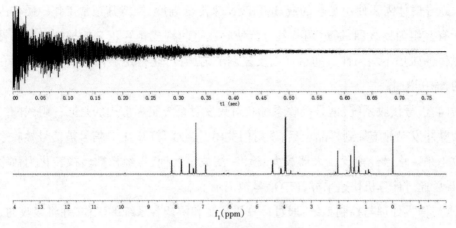

图3.7 FID信号与NMR谱图

3.2.3 脉冲傅立叶变换超导核磁共振仪

目前实验室常见的核磁共振仪都是超导核磁共振仪。它的核心部件是超导磁体,采用铌钛或铌锡合金等超导材料制备的超导线圈,用液氮和液氦冷却到4K左右,处于超导状态。磁场强度>10T。开始工作时,大电流一次性励磁后,闭合线圈,产生稳定的磁场,长年保持不变。温度升高,"失超"后,重新励磁。

超导核磁共振仪射频频率一般在200~600 MHz,甚至射频频率高达1GHz以上的精密核磁共振仪也已经实用化。

脉冲傅立叶NMR谱仪一般包括5个主要部分:射频发射系统、探头、磁场系统、信号接收系统和信号处理与控制系统。

(1)射频发射系统:射频发射系统是将一个稳定的、已知频率的石英振荡器产生的电磁波,经频率综合器精确地合成出欲观测核(如^1H、^{13}C、^{31}P等)、被辐照核(如照射^1H以消除其对观测核的偶合作用)和锁定核(如^2D、^7Li,用于稳定仪器的磁场强度)的3个通道所需频率的射频源。射频源发射的射频脉冲通过探头上的发射线圈照射到样品上。

(2)探头:探头是整个仪器的心脏,固定在磁极间隙中间。包括样品管支架、发射线圈、接收线圈等,样品管在探头中高速旋转,以消除管内的磁场不均匀性。探头分为多种,常见的探头类型有双核探头、四核探头、宽带探头、低频探头、超低温探头、微量探头、固体探头、正向探头、反相探头等。

(3)磁场系统:产生一个强、稳、匀的静磁场以便观测化学位移微小差异的共振信息。高磁场磁体(高于2.3T)需要采用超导体绕制的线圈经电激励来产生,称为超导磁体。超导磁体需要使用足够的液 He 和液 N_2 来降低温度,维持其正常工作。磁体内同时含有多组匀场线圈,通过调节其电流使它在空间构成相互正交的梯度磁场来补偿主磁体的磁场不均匀性。通过仔细反复调节匀场,可获得足够高的仪器分辨率和良好的 NMR 谱图。

(4)信号接收系统:信号接收系统和射频发射系统实际上用的是同一组线圈。当射频脉冲发射并施加到样品上后,发射门关闭,接收门打开,FID 信号被信号接收系统接收下来。信号经前置放大器放大、检波、滤波等处理,再经模数转换转化为数字信号,最后通过计算机快速采样,FID 信号被记录下来。

(5)信号处理与控制系统:通过计算机控制和协调各系统的工作,并将接收的 FID 信号进行累加和傅立叶变换处理工作。

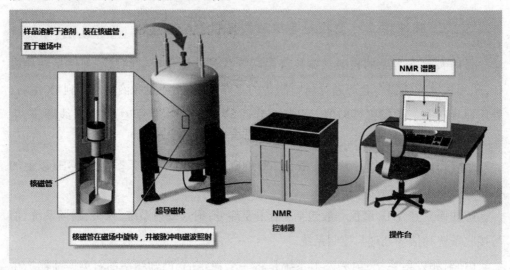

图 3.8　超导核磁共振仪

3.2.4　样品的准备

做核磁共振的样品一般都要溶解在氘代溶剂中,溶液中应不含未溶解的固体微粒、灰尘或顺磁性杂质,否则会导致谱线变宽,甚至失去应有的精细结构。

(1)溶剂:最常用的溶剂是氘代氯仿($CDCl_3$)。如果样品不溶于氘代氯仿,可以使用氘代丙酮、氘代甲醇、氘代 DMSO、重水等溶剂。氘代溶剂用量一般为 0.4~0.6ml,样品量氢谱一般 5~10mg。加量太少溶剂峰和杂质峰太明显,太多容易导致裂分不明显,降低灵敏度。碳谱一般 20~100mg。有些溶剂如氘代二甲亚砜、氘代吡啶等有较强的吸水性,样品一定要干燥,并且配制后要尽量与空气中水份保持隔绝。

解析谱图时首先要区分出溶剂峰,一些常用氘代溶剂的残存质子化学位移值见表3.2。此外样品以及氘代溶剂都含有水,因此谱图都会含有水峰。

表3.2 一些常用氘代溶剂的溶剂峰和水峰的化学位移

氘代溶剂	$\delta_{溶剂}$（ppm）	$\delta_{水}$（ppm）
$CDCl_3$	7.27	1.56
C_6D_6	7.16	0.40
CD_3COCD_3	2.05	2.84
DMF–d_7	8.03,2.92,2.75	3.0
DMSO–d_6	2.49	3.33
甲苯–d_8	7.09,7.00,6.98,2.09	0.2
甲醇–d_4	4.87,3.39	4.87
吡啶–d_5	8.74,7.58,7.22	5.0
乙腈–d_3	1.95	2.13
乙酸–d_4	11.65,2.04	11.5
三氟乙酸–d_1	11.30	11.5
D_2O	4.80	4.80(HOD)

(2)标准参考样品:测量样品的化学位移一般用标准物质作为参考,按标准参考物加入的方式可分为外标法和内标法。外标法是将标准参考物装于毛细管中,再插入样品管,与样品溶液同轴进行测量。内标法是将标准参考物直接加入样品中进行测量。内标优于外标法。对于^{1}H谱,通常采用四甲基硅(TMS)作内标,TMS化学惰性,具有12个等价质子,只有一个尖锐单峰,出现在很高场,将其化学位移定为0点,一般化合物的谱峰都在它的左边。不同核素所用的标准参考物不同。^{13}C核与^{29}Si核皆用TMS作内标,而^{31}P核用85%的磷酸,以外标法测定。也可不用标准参考样品,而直接使用溶剂峰作为参考,如氘代氯仿在^{1}HNMR中出峰位置在7.26 ppm,在^{13}C NMR出三个峰,其中心峰化学位移为77.0ppm。

(3)样品测试:核磁测试要求样品纯度达到95%以上。在彻底干燥并完全除去溶剂后,溶解样品并将样品管放入仪器进样口。要求注意安全,必须垂直放入和取出,以免样品管折断污染探头。样品需要均匀溶解在选用的氘代溶剂中,无悬浮颗粒,不能含有Fe、Cu等顺磁性粒子,否则会影响匀场效果和谱图质量。

(4)样品管内外壁一定要干净,不能有裂痕。以防样品管在探头内断裂,造成重大损失。

(5)氘代试剂的选择首先看其对样品的溶解性,其次要注意残留溶剂峰是否与样品有重叠,最后考虑价格问题。

3.2.5　NMR 的灵敏度

脉冲傅里叶变换NMR实验的灵敏度通过信(Signal)噪(Noise)比来表征:

$$S/N = NT_2\gamma(\frac{\sqrt[3]{H_0\gamma}\sqrt{n_s}}{T}) \qquad (3.10)$$

式中:S/N 为信噪比;N 为体系中自旋核的数目(与样品浓度,分子量以及天然丰度有关);T_2 为横向弛豫时间;γ 为磁旋比;n_s 为扫描次数;H_0 为外部磁场强度;T 为温度。

从式3.10可以看出,样品测试的信噪比与核子磁旋比有关。例如在同样的条件下进行测试,^1H NMR 的灵敏度为 ^{13}C NMR 的 5800 倍。另外,灵敏度也跟磁场强度的立方根成正比,所以高场强的核磁共振仪可以得到更好的测试效果。例如固定浓度的样品,在 300 MHz(7.05T)的仪器上要得到相同信噪比的谱图,扫描时间需要比 600 MHz(14.1T)仪器多1.58倍。

$$\frac{n_{300}}{n_{600}} = (\sqrt[3]{\frac{14.1}{7.05}})^2 = 1.58$$

此外,通过降低检测线圈温度(超低温探头),增加扫描次数和加大样品量(尤其对于高分子样品)的方法都可以提高仪器检测的灵敏度。

3.3　化学位移

3.3.1　屏蔽常数 σ

根据核磁共振基本公式,^1H核在磁场中发生核磁共振必然满足式(3.9),即:$\nu = \gamma B_0/2\pi$。根据式3.9,在某一特定的磁场中,不同种类的原子核有不同的磁旋比 γ,共振频率是不同的。但是对于氢原子来说,它们都具有相同的磁旋比 γ,所以有机分子中所有氢原子应该在相同频率的射频波照射下同时跃迁。如果真是这样,^1H NMR 就没有任何意义,因为无法将不同化学环境下的氢原子

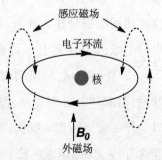

图 3.9　电子对核的磁屏蔽

予以区别。事实上,同一分子中的不同¹H核由于所处化学环境不同,其共振频率也略有不同。这是因为¹H核并不是"裸露"在外加磁场中,它外围还有电子。在外加磁场作用下,核外电子也会在垂直于外磁场的平面绕核运动,产生对抗于主磁场的感应磁场。感应磁场方向与外磁场相反,大小与外磁场成正比(图3.9)。正是因为氢原子核外电子的感应磁场,使¹H核感受到真实的磁场强度比外加磁场强度略小了一点,这种效应称为屏蔽效应。屏蔽效应的大小可以用屏蔽常数σ来表示。σ反映核外电子对核的屏蔽作用的大小,也反映了该核所处的化学环境。因此,氢核实际感受到的磁场强度为:$B_{实} = B_0(1 - \sigma)$。核磁共振的条件式为:

$$\nu = \frac{\gamma}{2\pi} H_0(1 - \sigma) \qquad (3.11)$$

上式表明,各种不同环境的核,因其周围电子云分布不同,σ不同,使它们真实感受的磁场强度不同,因而共振频率不同。以扫频方式测定时,核外电子云密度较大的质子,σ值也大,吸收峰出现在低频。相反核外电子云密度较小的质子,吸收峰出现在较高频。如果以扫场方式进行测定,则电子云密度大的质子吸收峰在较高场,电子云密度较小的质子出现在较低场。如图3.10为乙酸乙酯的¹H NMR谱,从中可以看出乙酸乙酯分子中的氢原子分为三组(—OCH₂—,CH₃CO—和—CH₃),依次从左到右出现在以共振频率为横坐标的谱图上,反映出乙酸乙酯分子中各组氢原子的不同的化学环境。

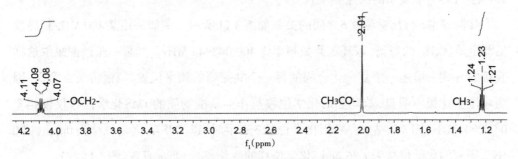

图3.10　乙酸乙酯的¹H NMR谱图(600 MHz)

从图3.10中我们也发现一个有趣的现象,将各组吸收峰的面积用自动积分仪测得的阶梯式积分曲线高度表示。积分曲线高度比,也就是各种吸收峰面积比,正好相当于各组氢核数的比。δ 4.12,2.04和1.26 ppm处各组峰积分曲线高度比为2:3:3,刚好对应于乙酸乙酯分子的OCH₂,CH₃CO和CH₃三个基团的氢原子数比。因此氢谱不仅可以反映不同化学环境下各个等价氢组的化学位移不同,而且还可以反映出各组等价氢的数目比。因此在有机化合物的结构解析中,¹H NMR谱已经成为最重要的波谱解析工具。

3.3.2 化学位移的定义及其表示方法

由图 3.9 可知,即使在同一个有机分子中,各个氢元素的化学环境并不是完全相同,因此在发生核磁共振时,其共振峰可能在不同的磁场出现。这种由于分子中各组氢原子所处化学环境不同而在不同磁场产生共振吸收的现象称为化学位移。实际上,质子的共振频率差别非常小,仅相当于使用射频波频率的百万分之几,即只能在一个很小的范围内变动。所以要准确测定其绝对值比较困难。同时,化学位移的绝对值与测试所用的磁场强度有关,例如,采用 60 MHz 谱仪测得乙基苯中 CH_2 和 CH_3 的共振吸收频率之差为 85.2 Hz,100 MHz 的仪器测得的为 142 Hz。为了克服测试上的困难和避免因采用仪器不同而引起的误差,在实际测试中,通常采用一个与仪器无关的相对值来表达化学位移。在核磁共振谱中,经常选用四甲基硅烷(Tetramethylsilan,TMS)为标准物质,并定义其化学位移为零,其他质子的化学位移是与 TMS 相比较而言。因此化学位移的表达式为:

$$\delta(\text{ppm}) = \frac{\nu_{样品} - \nu_{\text{TMS}}}{\nu_{TMS}} \times 10^6 \qquad (3.12)$$

式中,δ 为化学位移值,用 ppm(part per million,10^{-6})表示。$\nu_{样品}$ 和 ν_{TMS} 分别为样品和标准物 TMS 中质子的共振频率。

共振频率 ν 与化学位移 δ 之间的关系如图 3.11 所示。例如采用某 400 MHz 核磁仪器测定苯(C_6H_6)的氢谱,苯环氢共振频率为 400.002944 MHz。如果一张谱图采取这样直接的方式去描述一个复杂化合物的每一个共振峰的频率位置,氢谱将失去意义,因为峰位变化很不明显,苯环氢的化学位移与作为基准物质的 TMS 化学位移仅仅相差 0.002944MHz(图 3.11 左)。采用化学位移 δ 表示时,以 TMS 的化学位移为 0ppm(或 0 Hz),则苯的化学位移为 7.36 ppm,化学位移的变化显著,非常直观(图 3.11 右)。

$$\delta = \frac{400.002944 - 400}{400} \times 10^6 = 7.36(\text{ppm})$$

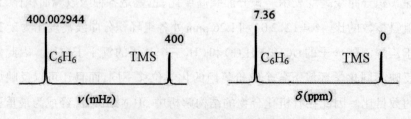

图 3.11　共振频率与化学位移

采用化学位移的另一个好处是化学位移(δ)为相对值,与测定时仪器采用的磁场强度无关,因而称为一个物性参数。如图3.12所示,虽然在400MHz和600 MHz仪器测得的CH_3Cl的共振频率不同,但其化学位移是相同的。

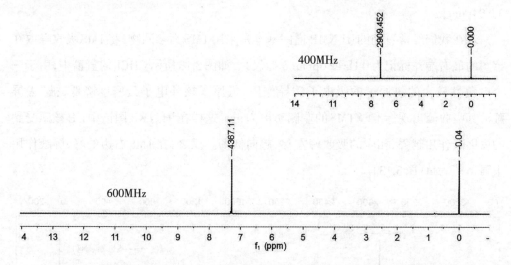

图3.12　$CHCl_3$的400MHz(上)和600MHz(下)氢谱对比:横坐标(ppm),峰位(Hz)

由图3.12可见,使用高频核磁波谱仪使化合物峰距更宽(例如$CHCl_3$与TMS的两个信号峰相比较,在400 MHz核磁仪测得谱图中两峰间距为2909 Hz,而在600 MHz仪器测得谱图上,间距4367 Hz),有利于吸收峰的辨识和物质结构的解析。

$$\delta = \frac{2909.452}{400} = \frac{4367.11}{600} = 7.27(ppm)$$

早期文献中,有用τ表示化学位移,τ与δ的关系是:

$$\delta = 10 - \tau \qquad\qquad (3.13)$$

1970年,国际纯粹与应用化学协会(IUPAC)建议,化学位移采用δ值表示。

采用TMS作为标准物质的优点是:

(1) TMS的共振信号简单,分子中12个氢原子化学环境完全一样,在^{1}H NMR谱图上只出一个峰。

(2) 与TMS相比较,绝大多数的有机物^{1}H核共振频率都低于TMS,峰位在较低场(在TMS峰的左边)。^{1}H和^{13}C都规定$\delta_{TMS}=0$,按照"左正右负"的规定,一般有机化合物各基团的δ值为正值。

(3) TMS化学性质稳定,不与其他物质反应。

(4) TMS易溶于有机溶剂,易挥发(沸点26.5℃),有利于回收样品。

但TMS极性弱,不溶于重水,因而不能用于极性样品重水溶液的测试。这种情况,可选用2,2-二甲基-2-硅杂戊烷-5-磺酸钠[DSS,$(CH_3)_3SiCH_2CH_2SO_3Na)$]、叔丁醇、丙酮等其他基准物质。高温测定时可用六甲基二硅氧烷【HMDS,$(CH_3)_3SiOSi(CH_3)_3$,δ 0.04ppm】。

现在我们经常看到的 ¹H NMR 谱图基本是采用TMS为参照物,将TMS吸收峰放在谱图的最右端并标记为0 Hz 或 0ppm(δ 标尺)。如图 3.13 所示 $CHCl_3$ 的氢谱中,由于三个电负性较大的氯原子的吸电子诱导作用,氢原子核外电子云密度降低,被"去屏蔽",其吸收峰出现标准峰TMS的左侧,δ值为正。这样在 ¹H NMR 图谱中,¹H核感受到的去屏蔽作用越强,相应的吸收峰左移,趋向低场。反之,在TMS右边的峰,屏蔽作用很强,δ值为负(图3.13)。

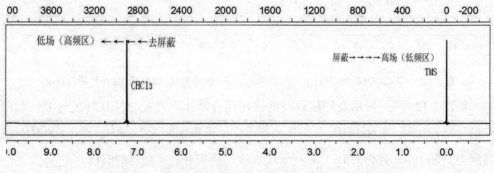

图3.13   ¹H NMR 图谱中频率、场强与屏蔽之间的关系

3.3.3   化学位移的影响因素

根据式3.11和3.12,决定一个有机基团中氢原子核化学位移δ的关键因素是它的屏蔽常数σ。而屏蔽常数与氢原子核外电子云密度直接相关。氢原子核外电子云密度主要受邻近基团的影响,使其吸收峰向左(低场)或向右(高场)移动。影响化学位移的主要因素有诱导效应、各向异性效应、范德华(van de Waals)效应、溶剂效应和氢键等。

3.3.3.1   诱导效应

当氢原子附近有吸电子基团时,吸电子诱导效应使得氢原子核外电子云密度降低,核外电子对氢原子核的屏蔽效应降低,去屏蔽效应增大。从而使得该氢原子的核磁共振信号峰左移,表现为化学位移值增大。反之,如果氢原子与推电子基团邻近,则使之周围电子云密度增加,屏蔽效应增强,化学位移值减小,吸收峰右移。表3.3列出了一些含甲基化合物中 ^1H 核的化学位移与取代基团 X 的电负性关系。随着取代基 X 的电负性增大,质子的化学位移向低场移动。TMS 中甲基与硅原子相连接,硅原子电负性小于碳原子,因此硅原子向碳原子供电子,相应地增大了氢原子外围电子云密度。因此在 TMS 等硅烷类化合物中,硅甲基中质子是高度屏蔽的,核磁共振峰在高场出现。由于碳元素的电负性大于氢,所以甲烷的化学位移值小于乙烷,相应的谱峰在高场出现。

表3.3 CH₃X中甲基的化学位移值与X电负性

CH_3X	CH_3Li	$Si(CH_3)_4$	CH_4	CH_3CH_3	SMe_2	NMe_3	CH_3Cl	$O(CH_3)_2$	CH_3F
X	Li	Si	H	C	S	N	Cl	O	F
电负性	1.0	1.8	2.1	2.5	2.5	3.0	3.1	3.5	4.0
δ/ppm	–1.32	0.0	0.23	0.86	2.02	2.12	3.05	3.39	4.06

诱导效应沿着 σ 键传递,并随着碳链的增长而减弱或消失。1-丙醇和1-氯丙烷 α—H 的化学位移都比较大,但是其 β—H 的化学位移已经接近一般烷烃甲基的化学位移。可见诱导效应主要影响 α—H 的化学位移,对 β—H 的影响程度已经大大降低。对 γ-位以后的氢几乎没有影响。

$$CH_3 \underset{\gamma}{\longrightarrow} CH_2 \underset{\beta}{\longrightarrow} CH_2 \underset{\alpha}{\longrightarrow} X$$

| 0.93 | 1.53 | 3.49 | -OH |
| 1.06 | 1.81 | 3.47 | -Cl |

常见有机官能团的电负性都大于氢原子的电负性,因此当碳原子上取代基增多时,相应氢原子的化学位移向低场显著移动。

| | CH_3Cl | CH_2Cl_2 | $CHCl_3$ |
| δ(ppm) | 3.15 | 5.33 | 7.27 |

3.3.3.2 共轭效应

当乙烯基与其他带有推电子或吸电子基团相连接时,烯碳上的质子外围电子云密度会受到影响,吸收峰位发生位移。乙酸乙烯酯中酰氧基与烯键形成 p—π 共轭体系,氧原子非键轨道上的孤对电子流向 π 键。末端亚甲基上质子周围的电子云密度增加,屏蔽作用增强。与乙烯相比较,化学位移向高场位移。而在丙烯酸甲酯中,缺电子的羰基与 C=C 双键形成 π—π 共轭体系。由于羰基缺电子,共轭体系中电子流向羰基。使末端烯氢的电子云密度下降,吸收峰向低场移动,化学位移值比乙烯大。

乙酸乙烯酯　　　　　乙烯　　　　丙烯酸甲酯

取代基对不饱和化合物的影响较为复杂,需要同时考虑诱导效应和共轭效应的影响。诱导效应主要影响基团的 α—H 的化学位移,而共轭效应则影响整个共轭体系。

δ (ppm)　$H_A = 5.59$　$H_A = 4.63$　$H_A = 6.48$　$H_A = 5.99$
　　　　　　$H_B = 5.59$　$H_B = 6.16$　$H_B = 8.05$　$H_B = 6.91$

与化合物 1 相比较,化合物 2 中 H_B 由于氧原子的吸电子诱导效应使化学位移向低场移动(6.16 ppm),而 H_A 则由于氧原子的孤对电子与双键共轭,使得 H_A 的电子云密度增大,屏蔽效应增强,化学位移向高场移动(4.63 ppm)。不饱和羰基化合物 4 由于共轭效应使得 β 位带部分正电荷,H_B 的化学位移向低场位移(6.91 ppm),α 位 H_A 也因为羰基的诱导效应也向低场位移(5.99 ppm)。

表3.4 给出了取代乙烯的分子中取代基的共轭效应对烯氢化学位移的影响。对于 O、Cl 等杂原子取代的烯烃,杂原子电负性较大,通过吸电子诱导效应使 α—H 去屏蔽,所以 α-质子的共振谱峰与乙烯相比在较低场出现。另外一方面,O、Cl 等杂原子也与 C═C 双键构成 p—π 共轭体系并使 β—H 电子云密度增加,增加了屏蔽效应。与乙烯相比较,β—C 的两个质子 H_β 与 H_γ 化学位移都在高场。

表3.4 一些取代乙烯的化学位移值

X		H	OMe	Cl	CH_2═CH_2	COMe
	H_α	5.25	6.43	6.26	6.27	6.30
δ/ppm	H_β	5.25	3.88	5.40	5.03	5.91
	H_γ	5.25	4.03	5.48	5.14	6.21

3.3.3.3 化学键的各向异性

当分子中的一些基团的电子云不是球形对称分布时,在磁场中具有磁各向异性。它对邻近的质子犹如附加了一个各向异性的磁场,使某些位置的质子处于该基团的屏蔽区,δ向高场移动。而另一些位置的质子处于该基团的去屏蔽区,δ值移向低场,这种现象叫磁各向异性。磁各向异性是通过空间关系起作用的,有方向性,其大小和方向与距离有关。磁各向异性在芳环、双键、三键等体系表现较为突出。一些单键当其不能自由旋转时,也会表现出磁各向异性作用。

(1)芳烃:芳烃的磁各向异性可以用"环流效应"解释。芳环的大 π 键电子云在外磁场 B_0 的作用下,会在芳环平面的上下产生垂直于 B_0 的环形电流,其感应磁场的方向与 B_0 相反,因此在芳环平面的上、下方出现屏蔽区而在苯环平面出现去屏蔽区(图3.14)。苯环质子处于苯环平面,即去屏蔽区,共振信号在低场区(δ=7.23 ppm)。

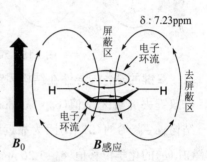

图3.14 苯的磁各向异性

一些大环共轭多烯的 π 电子环流的屏蔽和去屏蔽效应更加强烈。在 −60℃,18-轮烯外围质子被强烈的去屏蔽,化学位移在 δ=9.28 ppm。而那些环内质子则被强烈的屏蔽,这些质子的共振峰出现在很高场(δ=−2.99 ppm)。亚甲基-10-轮烯的亚甲基质子(δ=−0.50ppm)、二甲基-14-轮烯的两个甲基(δ= −4.23 ppm)的化学位移都在高场,也表明此亚甲基和甲基都是处于大共轭体系的屏蔽。1,8-对番烷部分质子的化学位移值也显示了芳环的磁各向异性。

18-轮烯   亚甲基-10-轮烯   二甲基-14-轮烯   对番烷

(2)双键:烯烃双键的 π 电子云是垂直于双键所在平面,因此在双键平面的上、下方形成屏蔽区而在双键平面形成去屏蔽区。烯烃双键质子正好处于去屏蔽区(图3.15)。例如,乙烯基氢的化学位移为 δ=5.25ppm。甲酰基氢原子除了受C═O双键的去屏蔽效应外,还受到羰基氧原子电负性引起的吸电子诱导效应的影响。两种效应叠加使甲酰基氢的化学位移δ值更是高达9~10ppm。

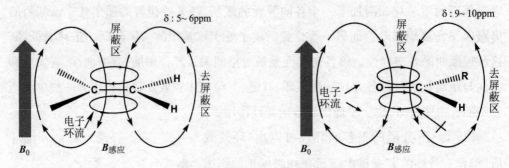

图3.15 双键的屏蔽效应(烯烃:左;醛:右)

双键的磁各向异性在结构固定的桥环烯烃中也很明显。在α–蒎烯中,CH_3(a)处于双键去屏蔽区,δ值(δ_{Ha}:1.65ppm)明显大于蒎烷(δ_{Ha}:0.99 ppm)。由于桥环的刚性结构,α–蒎烯的CH_3(b)因为靠近双键屏蔽区,其δ值(δ_{Hb}:0.84 ppm)小于同碳另一个CH_3(c)的化学位移值(δ_{Hc}:1.26 ppm),也比蒎烷的CH_3(b)小0.17 ppm。

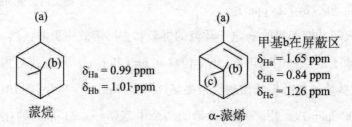

双键的磁各向异性更加明显。 化合物(1)和(3)中标记氢分别处于双键和苯环的屏蔽区,而化合物(2)和(4)中,标记氢处于双键和苯环的去屏蔽区,δ值增大。

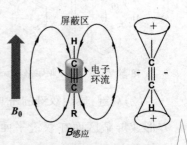

(3)三键:炔烃的C≡C键的π电子云绕C≡C键轴呈圆柱形分布。在外磁场的作用下,π电子云垂直于外加磁场做环形运动。因而感应出与外加磁场方向相反的感应磁场(图3.16)。由于炔键的≡C—H质子正好位于C≡C键轴,处于π电子环流的屏蔽区。所以与乙烯氢(δ_H=5.25ppm)相反,炔氢的化学位移在高场出现

图3.16 三键的屏蔽效应

($\delta_{\equiv CH}$=1.80ppm)。

（4）单键的磁各向异性：σ键电子也有较弱的磁各向异性效应。C—C单键的去屏蔽区是以C—C键为轴的圆锥体（图3.17）。因此当CH_4上的氢被烷基取代时，剩下的氢会感受到越来越强烈的去屏蔽作用，因此按照CH_3、CH_2和CH的顺序，其质子的化学位移值依次增加。

常温下，由于构型自由翻转，环己烷的各个质子只有一个化学位移值。但低温下（–90℃以下），环己烷的直立键氢和平伏氢会出现不同的吸收峰（平伏键质子总是在较低场出现，左移0.1~0.7ppm）。C_1上的两个质子，不论是直立键型的还是平伏键型的，对C_1—C_2和C_1—C_6轴的取向是相似的。但是平伏键型的质子H_e（δ1.60ppm）却处于C_2—C_3和C_5—C_6两个键的去屏蔽区，因此比直立键质子H_a（δ1.21ppm）有较大的化学位移值（图3.17）。

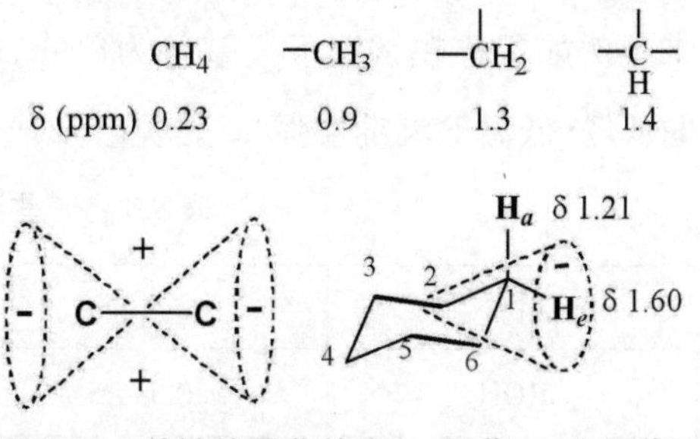

	CH_4	—CH_3	—CH_2—	$-\overset{\textstyle|}{\underset{\textstyle H}{C}}-$
δ (ppm)	0.23	0.9	1.3	1.4

图3.17 单键的屏蔽效应（+：屏蔽；–：去屏蔽）

小环化合物因为刚性的环结构，C—C单键的磁各向异性表现的更加明显。环丙烷的抗磁环流所产生的感应磁场在环平面上、下方形成屏蔽区。环上—CH_2—正好位于环上下方，受到强烈的屏蔽作用，因此在高场出峰（图3.18）。

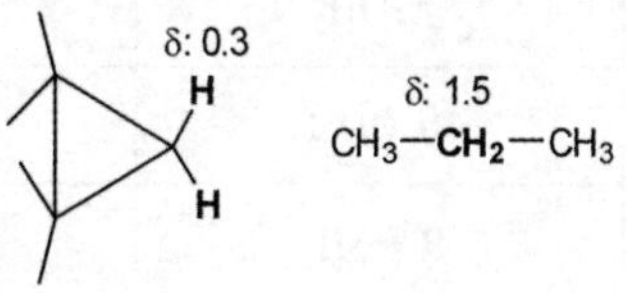

图3.18 环丙烷屏蔽效应

3.3.3.4 vander Waals效应

当两个质子空间距离很近时（原子间距小于范德华半径之和），由于受到范德华力作用，电子云会相互排斥，从而使这些质子的核外电子云密度降低，屏蔽效应减弱，谱线向低场发生位移，这种效应称为van der Waals效应。如下化合物（I）中H_b和H_a的空间距离靠近，核外电子云的排斥使H_b化学位移值比H_c大得多。在（II）中，H_b与OH靠近，由于氧原子电负性更大，所以H_b核外电子云受到更大的排斥作用，其化学位移值比（I）中更大。范德华效应与相互作用的两个原子之间的距离密切相关，当两个原

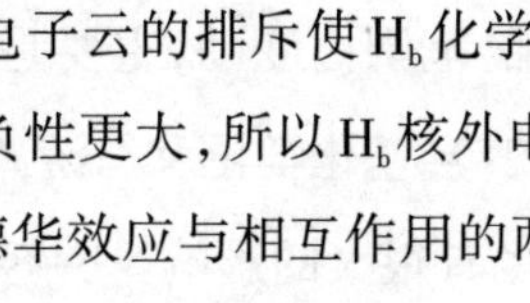

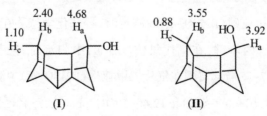

（I） 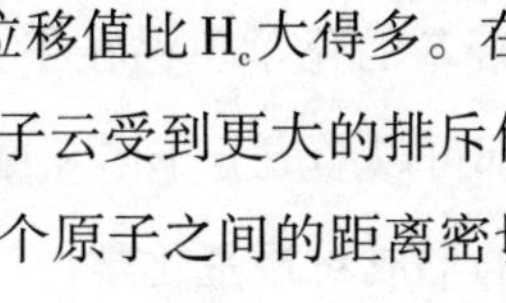　　　　　　　　（II）

子相隔0.17 nm(范德华半径之和)时,该作用对化学位移影响为0.5 ppm。距离为0.20 nm时影响约为0.2 ppm。当两原子距离大于0.25 nm可不再考虑。

3.3.3.5 氢键

在有机化合物中,常见含活泼氢的基团主要有OH、CO_2H、NH以及SH。这些活泼氢由于受相互质子交换(与溶剂或分子间的相互交换)和氢键的影响,化学位移值会在很大的范围内变动。例如羟基的吸收峰形一般比较尖锐,而且由于羟基质子的交换作用很快,在常温下看不到与邻近氢的偶合。但是在低温下这种作用就会显现出来。例如甲醇在常温下羟基氢为单峰,而在-54℃,羟基峰会裂分为四重峰,且δ值移向低场(低温下氢键加强)。常见会形成氢键的基团化学位移值列于下表3.5。

表3.5 一些活泼氢的化学位移值

化合物类型	δ / ppm	化合物	δ / ppm
ROH	0.5~5.5	RSO_3H	1.1~1.2
ArOH(缔合)	10.5~16	RNH_2, R_2NH	0.4~3.5
ArOH	4~8	$ArNH_2$, Ar_2NH	2.9~4.8
RCOOH	10~13	$RCONH_2$, $ArCONH_2$	5~6.5
R—SH	0.9~2.5	RCONHR, ArCONHR	6~8.2
Ar—SH	3~4	RCONHAr	7.8~9.4
C=CHOH(缔合)	15~19	ArCONHAr	7.8~9.4

一般认为,当有机分子中的羟基、羧基等基团形成氢键时,羟基氢原子核外电子云密度进一步降低而被去屏蔽化,使得其化学位移向低场发生较大的位移。羧酸分子一般能形成很强的分子间或分子内氢键,δ值一般比较固定。但是醇、酚等物质以及胺类化合物的羟基的化学位移在很大的范围内变动,主要是形成氢键的缘故。天然产物中很多酚都可以形成分子内氢键,其羟基化学位移与游离羟基比较差别明显。

分子内氢键的形成对羟基化学位移也有很大的影响。6-羟基黄酮不能形成分子内氢键,在氘代二甲亚砜($DMSO-d_6$)中测定时,羟基化学位移在$\delta=10.01$ppm。5-羟基黄酮可以形成分子内氢键,在氘代氯仿($CDCl_3$)中测定时,羟基化学位移出现在$\delta=12.56$ppm处。3,5,7-三羟基黄酮在氘代二甲亚砜($DMSO-d_6$)中测定,三个羟基分别出现在$\delta9.70$(3-OH)、10.93(7-OH)和12.40(5-OH)ppm处,三者区别明显。

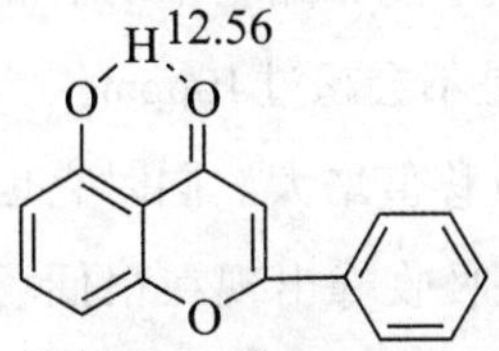

5-hydroxyflavone 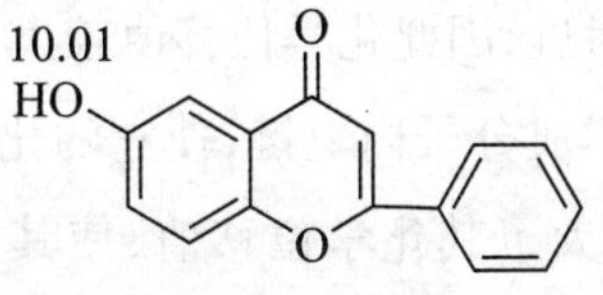   6-hydroxyflavone 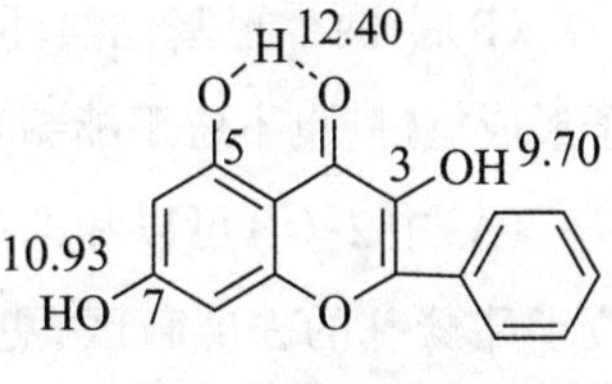   3,5,7-trihydroxyflavone

下面这个多酚化合物四个羟基均可以形成分子内氢键,其化学位移值依分子内氢键由弱到强的顺序依次增大。

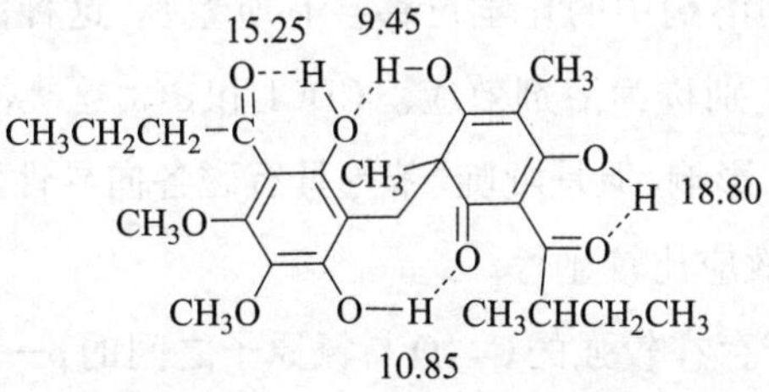

烯醇类化合物的分子内氢键也很强烈,例如乙酰丙酮的烯醇式结构中,羟基在很低场(15.4ppm)出现吸收峰就是因为形成稳定的分子内氢键。分子内氢键的特点是不因惰性溶剂的稀释改变缔合度,据此可以与分子间氢键区别。

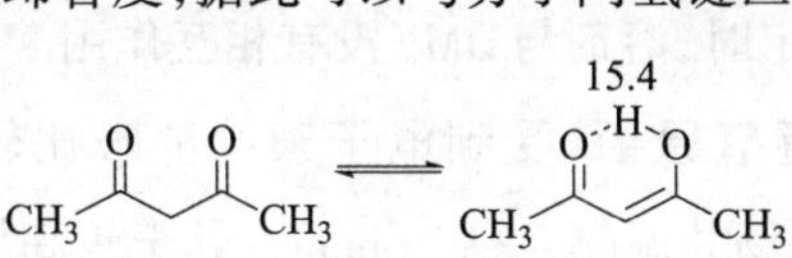

在结构比较复杂的有机化合物中,酸性氢因为氢键的影响,在^1H NMR 谱图上其化学位移变化比较大,不好识别。一个简便的识别办法是在测试完氢谱后,再向其中加几滴重水(D_2O)重新测试,由于重氢交换,原羟基的谱峰会减弱或完全消失。

$$ROH + D_2O \rightleftharpoons ROD + HOD$$

【例3.1】某双羟基苯甲酸乙酯具有如下三种可能的结构,在$CDCl_3$中测试时,两个羟基的化学位移值分别为 11.0ppm 和 5.85 ppm,该化合物可能的结构是哪一个?

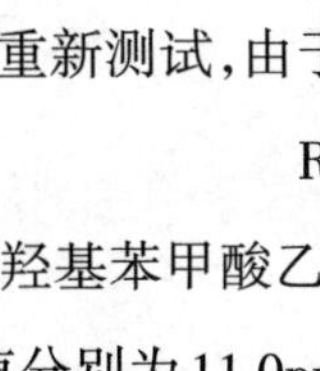

(A) 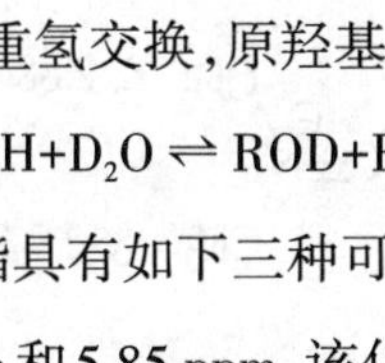   (B) 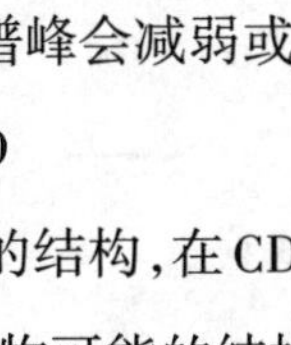   (C)

解:首先排除(C)。因为化合物(C)中两个羟基化学环境相同,只出现一组羟基吸收峰。

（B）中两个羟基化学环境不同，也可以形成分子内氢键，但不能和酯基中的氧原子形成氢键，也不位于酯羰基的附近，因此化学位移值较大，但是不会超过10ppm。

（A）中2-OH可以和酯羰基形成分子内氢键，使它的化学位移值增大。同时它也位于酯羰基的去屏蔽区，更加增大了其化学位移值，使其共振吸收峰出现在很低场（11 ppm）。4-OH不能和任何基团形成分子内氢键，因此共振峰出现在较高场（5.85 ppm）。

3.3.3.6 溶剂效应

同一化合物在不同溶剂中的化学位移会有所差别，这种由于受到溶剂分子影响而引起的化学位移的差别称为溶剂效应。$CDCl_3$和CCl_4这类溶剂一般不会对化合物的核磁共振产生很大的影响，但是吡啶、苯等具有磁各向异性溶剂或者溶剂与溶质之间可形成氢键时，溶剂效应比较显著。

酰胺类化合物由于存在较强的C=O与氮原子之间的p—π共轭而使酰胺键具有部分双键的性质，因而限制了分子围绕C—N键的旋转，使之具有顺反异构。在 ¹HNMR谱中，N,N-二甲基甲酰胺（DMF）的两个N取代的甲基似乎化学环境相同，应该具有同一个化学位移。实际上，因为这种顺反异构，两个氮甲基的化学位移并不重合。以$CDCl_3$为溶剂测定时，溶剂与DMF没有相互作用。处于羰基氧原子同一侧的甲基（α）因空间位置靠近氧原子，受到电子云的屏蔽比较大，在较高场共振（$\delta_\alpha \approx$ 2.88ppm）。β-甲基在较低场共振（δ_β=2.97 ppm）。处于较高场的α-甲基与甲酰基氢原子处于反位，与甲酰氢的偶合常数较大，明显裂为双重峰（图3.19a）。

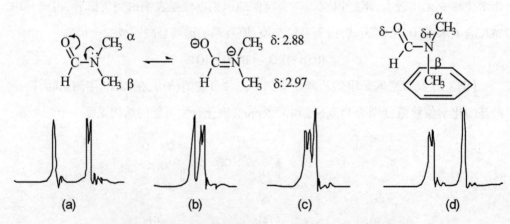

(a) $CDCl_3$溶剂　(b)和(c)$CDCl_3/C_6D_6$混合溶剂　(d) C_6D_6溶剂

图 3.19　溶剂对N,N-二甲基甲酰胺中两个甲基的影响

向DMF的CDCl₃溶液中加入苯,随着加入量的增多,α-和β-甲基的化学位移逐渐靠近并交换位置。即α-甲基的谱峰在较低场出现而β-甲基的谱峰在较高场出现。产生这种现象的原因是苯与N,N-二甲基甲酰胺形成了配合物。苯环的π电子云会与DMF正电部分接近而排斥其负电性的一端。由于苯环是磁各向异性的,它们相互作用的结果使DMF的α-甲基正好处于去屏蔽区而β-甲基处于苯环的屏蔽区。因此α-甲基的共振吸收谱峰向低场位移,而β-甲基的谱峰向高场位移,结果是两个谱峰位置互换。

羰基是极性的,富含电子的苯环更易于接近正电性的羰基碳端。由于苯环的磁各向异性,使得羰基α-位的直立键质子或烷基处于苯环的屏蔽区,相对于CDCl₃溶剂,向高场位移,δ值变小。对于处于羰基α-位平伏键的质子或基团,则几乎没有影响。例如,2,2,6-三甲基环己酮在C₆D₆中测定时,处于直立键的甲基化学位移比在CDCl₃中测定时小0.26 ppm,就是因为苯的屏蔽效应。

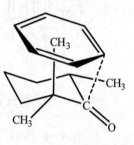

这种溶剂效应也可以应用于推定化合物的结构,例如化合物C₁₂H₂₆O₄Si₂具有如下三种异构体,在CDCl₃中测的¹H NMR谱中,三种异构体的OCH₃只在δ3.5ppm处有一个峰。当改用C₆D₆时,OCH₃在δ3.3~3.6ppm处出现了四组峰。异构体(II)和(III)因为结构对称,各自只有一个OCH₃峰,而异构体(I)中两个OCH₃化学环境不同,应该出两组峰。这表明在CDCl₃中,三个异构体的OCH₃刚好有同样的化学位移,谱峰重叠在一起,而在C₆D₆中,由于每个异构体具有不同的溶剂效应,所以可以区分开来。

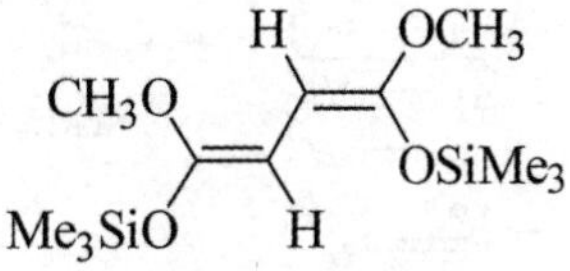

（I） 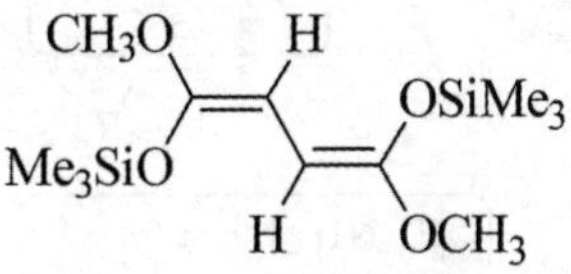　　　　　　　（II） 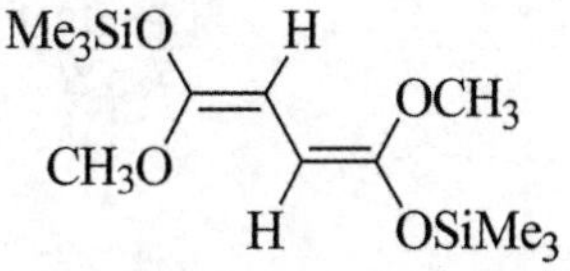　　　　　　　（III）

这种利用溶剂的磁各向异性来得到复杂分子结构信息的核磁技术对一些化学环境近似的复杂分子结构解析很有帮助。比如β-2,3,4,5-O-四苄基葡萄糖苯硫苷在CDCl₃和C₆D₆两种溶剂中的氢谱如图3.20所示。在图3.20b中,3.25ppm处的峰是从3.20a中3.6 ppm附近重叠峰中分离出来的。四个PhCH₂O的谱峰也变得清晰起来。此外,在a图(CDCl₃溶剂)中,吡喃糖环信号峰也从δ4.6~5.0ppm扩展到δ4.4~5.0ppm,各组氢信号峰完全分离,更加清晰,有助于结构解析。

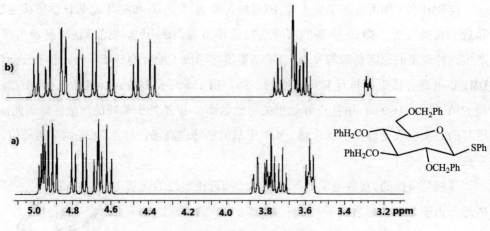

图3.20 β-2,3,4,5-O-四苄基葡萄糖苯硫苷的氢谱 （a) CDCl₃; (b) C₆D₆

3.3.4 各类氢核的化学位移

在 ¹H NMR 谱中,虽然相同的基团在不同的化合物中受其结构影响,具有不同的化学位移值,但是对于同类的基团,在相似的化学环境下,δ 值的变化幅度并不是很大,因而将它们进行归纳总结,得到一个化学位移表。各类氢核的化学位移范围可粗略归纳如图3.21。

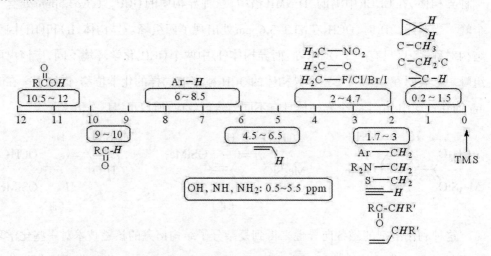

图3.21 各类氢的化学位移图

以下是各类氢化学位移的具体情况:

表 3.6 甲基(CH₃—Y)、亚甲基(C—CH₂—Y)和次甲基氢(C—CH—Y)的化学位移

δ(ppm)							
Y	CH₃	CH₂	CH	Y	CH₃	CH₂	CH
—C	0.9	1.4	1.5	—NO₂	4.3	4.3	4.6
—C—C═C	1.1	1.7		—C—NO₂	1.6	2.1	2.5
—C—O	1.2	1.5	1.8	—C═C—CO	2.0	2.4	
—C═C	1.6	1.9		—C═C(CH₃)—CO	1.8	2.4	
—Ar	2.2	2.6	2.8	—Cl	3.0	3.6	4.0
—CHO	2.2	2.4		—Br	2.7	3.4	4.1
—CO—R	2.1	2.4	2.6	—C≡C—	1.7	2.2	2.8
—CO—Ar	2.4	2.7	3.4	—C≡N	2.1	2.3	2.7
—CO—OR	2.2	2.2	2.5	—C—Cl	1.5	1.8	2.0
—CO—OAr	2.4			—C—Br	1.8	1.8	1.9
—CO—NR	2.0	2.2		—C—COR	1.3	1.6	1.8
—O—R	3.3	3.4	3.7	—C—CHO	1.1	1.7	—
—O—H		3.6	3.9	—C—COOR	1.1	1.7	1.9
—O—CO—R	3.6	4.1	5.0	—C—Ar	1.1	1.6	1.8
—O—C═C	3.8			—N—CO—R	2.9		4.1
—O—Ar	3.8	4.0	4.6	—N	2.3	2.5	2.8
				—N—Ar	3.0		

表 3.7 与不饱和键相连的化学位移

氢	δ (ppm)	氢	δ (ppm)
R—CHO	9.4~10.0	—C═CH—	4.5~6.0
Ar—CHO	9.7~10.5	—C═CH—CO	5.8~6.7
H—CO—O	8.0~8.2	—CH═C—CO	6.5~8.0
H—CO—N	8.0~8.2	—CH═C—O	4.0~5.0
—C≡CH	1.8~3.1	—C═CH—O	6.0~8.1
Ar—H	6.0~9.0	—C═CH—N	5.7~8.0
		—CH═C—N	3.7~5.0

亚甲基($X—CH_2—Y$)的δ值可用Schoolery经验式计算：

$$\delta = 0.23 + \sum \sigma \qquad (3.14)$$

式中：σ为取代基经验屏蔽常数，数值见表3.8。

例如，CH_2Cl_2：δ=0.23 + 2×2.53=5.29 ppm（实测值：5.30ppm）。

CH_2ClBr：δ=0.23 + 2.53 + 2.33=5.09 ppm（实测值：5.16 ppm）。

$PhCH_2Cl$：δ_{CH_2}=0.23 + 1.83 + 2.53=4.59 ppm（实测值：4.56 ppm）。

表3.8　Schoolery公式中各种取代基的经验屏蔽常数(R为氢或烷基)

取代基	σ/ppm	取代基	σ/ppm
—CH_3	0.47	—I	1.82
—$CR=CR_2$	1.32	—C_6H_5	1.83
—$C\equiv CR$	1.44	—Br	2.33
—NR_2	1.57	—Cl	2.53
—COOR	1.55	—OR	2.36
—$CONR_2$	1.59	—OH	2.56
—SR	1.64	—O(CO)—R	3.01
—CN	1.70	—NO_2	3.36
—CO—R	1.70	F	4.00

式3.14计算的亚甲基(CH_2)的δ值，仅考虑了CH_2两侧α-取代基的影响(其影响变化较大)而没有考虑其他位取代的影响，所以计算出的δ值与真实δ值有偏离。但对初学者快速掌握基团的化学位移有一定的帮助。

次甲基(CH)的δ值也可以利用Schoolery公式计算，但误差较大。

例如 $CHCl_3$：δ=0.23 + 3×2.53=7.82ppm（实测值：7.27ppm）。

这种计算是粗略的，目前一些计算机软件如ChemDraw、MestRenova都带有化学位移的预测功能，可以更好地对化合物基团的化学位移进行初步的预测。

3.3.4.1　烷烃质子的化学位移

烷烃的化学位移在0.7~1.7ppm。甲基大多出现在高场(0.7~1.3ppm)，亚甲基次之(1.2~1.5ppm)，次甲基在1.4~1.7ppm。长链饱和烃的CH和CH_2往往相互重叠不易区分，只有甲基处在较高场而与其他峰分离，容易辨识。图3.22为2,2,4-三甲基戊烷的 ^1H NMR谱图，其中可见甲基、亚甲基和次甲基不同的化学位移。

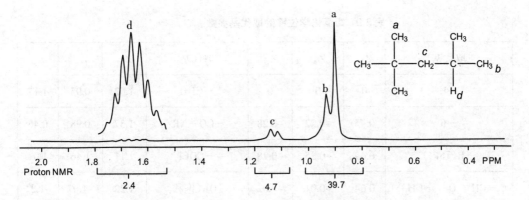

图3.22 2,2,4-三甲基戊烷的 ^{1}H NMR 谱图

3.3.4.2 不饱烃质子的化学位移

（1）烯烃

烯烃氢谱主要有两大类特征质子峰：一类是烯基氢（C═C—H），其化学位移在 4.5~6.5ppm。另一类是烯丙位氢（C═C—CH$_2$—），化学位移在 1.6~2.6ppm。图3.23为（E）-5,9-二甲基-2,8-癸二烯酸甲酯的 ^{1}H NMR 谱图，从中可见，受到酯基吸电子诱导效应和羰基的各向异性的影响，烯氢 H$_b$ 的 δ 向低场位移到 6.94 ppm。

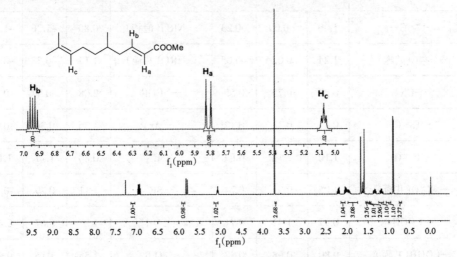

图3.23 （E）-5,9-二甲基-2,8-癸二烯酸甲酯的 ^{1}H NMR 谱图

烯氢的化学位移可用 Tobey 和 Simon 等提出的经验式来计算：

$$\delta = 5.25 + Z_{同} + Z_{顺} + Z_{反} \qquad (3.15)$$

式中，常数项5.25是乙烯的化学位移值，Z是同碳、顺式及反式取代基对烯氢化学位移的影响参数（表3.9）。

表3.9 烯氢化学位移的取代基参数 $R_{同}$C=C$R_{顺}$ $R_{反}$

取代基	$Z_{同}$	$Z_{顺}$	$Z_{反}$	取代基	$Z_{同}$	$Z_{顺}$	$Z_{反}$
—H	0	0	0	—CHO	1.02	0.95	1.17
—R	0.45	−0.22	−0.28	—CO—NR₂	1.37	0.98	0.46
—R(环内)	0.69	−0.25	−0.28	—COCl	1.11	1.46	1.01
—CH₂—O—,—CH₂I	0.64	−0.01	−0.02	—OR(饱和)	1.22	−1.07	−1.21
—CH₂—S—	0.71	−0.13	−0.22	—OR(共轭)	1.21	−0.60	−1.00
—CH₂X(X=F,Cl,Br)	0.70	0.11	−0.04	—OCOR	2.11	−0.35	−0.64
—CH₂—N=	0.58	−0.10	−0.08	—F	1.54	−0.40	−1.02
—CH₂CO	0.69	−0.08	−0.06	—Cl	1.08	−0.18	0.13
—CH₂—CN	0.69	−0.08	−0.06	—Br	1.07	0.45	0.55
—CH₂—Ar	1.05	−0.29	−0.32	—I	1.14	0.81	0.88
—C=C—	1.00	−0.09	−0.23	—NR(R饱和)	0.80	−1.26	−1.21
—C=C(共轭)	1.24	0.02	−0.05	—NR(R共轭)	1.17	−0.53	−0.99
—CN	0.27	0.75	0.55	—NCOR	2.08	−0.57	−0.72
—C≡C	0.47	0.38	0.12	—Ar	1.36	0.36	−0.07
—C=O	1.10	1.12	0.87	—SCN	0.80	1.17	1.11
—C=O(共轭)	1.06	0.91	0.74	—SR	1.11	0.29	−0.13
—COOH	0.97	1.41	0.71	—SOR	1.27	0.67	0.41
—COOH(共轭)	0.80	0.98	0.32	—SO₂R	1.55	1.16	0.93
—COOR	0.80	1.18	0.55	—CF₃	0.66	0.61	0.31
—COOR(共轭)	0.78	1.01	0.46	—CHF₂	0.66	0.32	0.21

例如:对于反式肉桂酸甲酯:

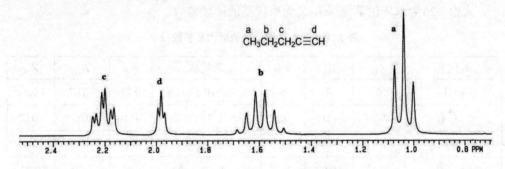

δ_{Ha}=5.25 + 1.36 + 1.18=7.79 ppm（实测值：7.72 ppm）

δ_{Hb}=5.25 + 0.80 + 0.36=6.41 ppm（实测值：7.68 ppm）

（2）炔烃

三键的各向异性屏蔽效应使得炔氢的化学位移δ值在1.6~3.4 ppm的范围内（表3.7），与烷基等类型的氢重叠。供电子取代基使炔氢向高场位移，吸电子取代基使炔氢向低场位移。

例如：   HC≡CH   HC≡C—CH₃HC≡C—Ph

      δ（ppm）   1.8   1.9   3.0

与炔基直接相连的CH_2（C≡C—CH_2—）化学位移在2.2 ppm左右，峰形会因为远程偶合而呈多重峰。图3.24为1-戊炔的^{1}H NMR谱图，从中可见炔氢（H_d）因为与3-位亚甲基（H_c）发生远程偶合而裂分为三重峰。

图3.24 1-戊炔的^{1}H NMR谱图

（3）芳香烃

由于芳环的强烈去屏蔽效应，芳基氢的化学位移在6.0~8.5 ppm出现。烯氢有时也出现在此区域内，但芳环的去屏蔽效应更强，一般出现在烯氢的更低场的位置。取代基诱导效应和共轭效应都会对芳基邻、间、对位的电子云密度产生影响，从而使其化学位移向高场或低场发生位移。例如强吸电子的硝基取代后，是硝基苯氢向低场位移，且邻、对位位移更加明显，而供电子的氨基取代使苯胺的芳基氢向高场发生位移，且邻、对位氢的位移更加显著。

受芳环去屏蔽效应的影响,苄氢(α-甲基氢)也在较低场出现,一般在2.3~2.7 ppm。如果此处有电负性较大的取代基存在(如苄基氯),则使其在更低场出现,如氯化苄的α-H化学位移在4.5ppm处。

取代苯环剩余氢的化学位移可按照以下经验式计算:

$$\delta = 7.26 + \sum Z_i \qquad (3.16)$$

式中7.26为苯环化学位移值,Z_i为取代基的屏蔽常数。

表3.10 芳氢化学位移的取代基参数(Z_i)

取代基	$Z_{邻}$	$Z_{间}$	$Z_{对}$	取代基	$Z_{邻}$	$Z_{间}$	$Z_{对}$
—H	0	0	0	—NHCOCl$_3$	0.12	−0.07	−0.28
—CH$_3$	−0.20	−0.12	−0.22	—N(CH$_3$)COCH$_3$	−0.16	0.05	−0.02
—CH$_2$CH$_3$	−0.14	−0.06	−0.17	—NH—NH$_2$	−0.60	−0.08	−0.55
—CH(CH$_3$)$_2$	−0.13	−0.08	−0.18	—N≡N—Ph	0.67	0.20	0.20
—C(CH$_3$)$_3$	0.02	−0.08	−0.21	—NO	0.58	0.31	0.37
—CH$_2$Cl	0.00	0.00	0.00	—NO$_2$	0.95	0.26	0.38
—CF$_3$	0.32	0.14	0.20	—SH	−0.08	−0.16	−0.22
—CCl$_3$	0.64	0.13	0.10	—SCH$_3$	−0.08	−0.10	−0.22
—CH$_2$OH	−0.07	−0.07	−0.07	—S—Ph	0.06	−0.09	−0.15
—CH=CH$_2$	0.06	−0.03	−0.10	—SO$_3$CH$_3$	0.06	0.26	0.33
—CH=CH—Ph	0.15	−0.01	−0.16	—SO$_2$Cl	0.76	0.35	0.33
—C≡CH	0.15	−0.02	−0.10	—CHO	0.56	0.35	0.45
—C≡C—Ph	0.19	0.02	0.00	—COCH$_3$	0.62	0.14	0.21

取代基	$Z_邻$	$Z_间$	$Z_对$	取代基	$Z_邻$	$Z_间$	$Z_对$
—Ph	0.37	0.20	0.10	—COCH$_2$CH$_3$	0.63	0.13	0.20
—F	−0.26	0.00	−0.20	—COC(CH$_3$)$_3$	0.44	0.05	0.05
—Cl	0.03	−0.02	−0.09	—COPh	0.47	0.13	0.22
—Br	0.18	−0.08	−0.04	—COOH	0.85	0.18	0.27
—I	0.39	−0.21	−0.00	—COOCH$_3$	0.71	0.11	0.21
—OH	−0.56	−0.12	−0.45	—COOCH(CH$_3$)$_2$	0.70	0.09	0.19
—OCH$_3$	−0.48	−0.09	−0.44	—COO—Ph	0.90	0.17	0.27
—OCH$_2$CH$_3$	−0.46	−0.10	−0.43	—CONH$_2$	0.61	0.10	0.17
—O—Ph	−0.29	−0.05	−0.23	—COCl	0.84	0.22	0.36
—OCO—CH$_3$	−0.25	0.03	−0.13	—COBr	0.80	0.21	0.37
—OCO—Ph	−0.09	0.09	−0.08	—C=NH—Ph	0.6	0.2	0.2
—NH$_2$	−0.75	−0.25	−0.65	—CN	0.36	0.18	0.28
—NHCH$_3$	−0.80	−0.22	−0.68	—Si(CH$_3$)$_3$	0.22	−0.02	−0.02
—N(CH$_3$)$_2$	−0.66	−0.18	−0.67	—PO(OCH$_3$)$_3$	0.48	0.16	0.24
—N$^+$(CH$_3$)$_4$I$^-$	0.69	0.36	0.31				

计算实例(括号内为实测值)

MeO—⬡—CH=CHMe
a b

查表： $Z_邻$ $Z_间$ $Z_对$
—OCH$_3$ −0.48 −0.09 −0.44
CH$_2$=CH— 0.06 −0.03 −0.10

$\delta_{Ha} = 7.26 + (−0.48 − 0.03) = 6.75\ (6.8)$
$\delta_{Hb} = 7.26 + (−0.09 + 0.06) = 7.23\ (7.3)$

稠环芳烃上氢的化学位移值与苯环近似,但由于稠环芳烃的抗磁性环流的去屏蔽效应更强,因此稠环芳烃氢原子化学位移比苯环的更加低场。

7.81 7.46 8.31 7.91 7.39 8.93 7.88 7.82 8.12 7.71

（4）杂环芳烃

杂环芳氢的化学位移不仅受杂原子的影响,还与杂原子的位置有关,并且受溶剂的影响比较大。受杂原子吸电子诱导效应的影响,α—H的化学位移在较低场出现。五元杂环芳烃为 $\frac{6}{5}$π共轭体系,环上电子云密度较大,相对于 $\frac{6}{6}$π共轭体系的六元环,氢原子的化学位移出现在较高场。例如吡咯α—H化学位移在6.68 ppm而吡啶的α—H化学位移在8.29ppm。

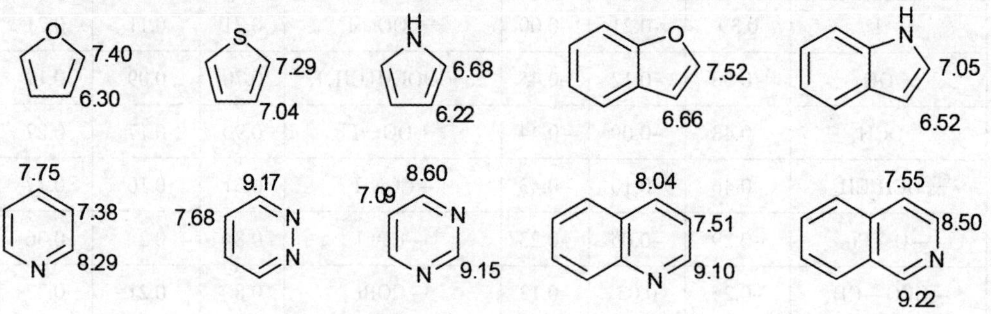

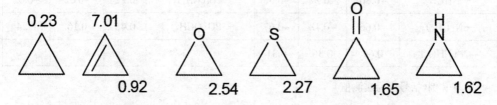

（5）环丙烷体系的化学位移

由于环丙烷体系氢处于屏蔽区,故化学位移出现在较高场。

（6）卤代烃的化学位移

卤原子电负性比较大,卤原子α-位质子会因为卤原子的吸电子诱导效应被去屏蔽,化学位移向低场移动。电负性越大的卤原子去屏蔽效应越强,所以碘化物α—H化学位移在2.0~4.0ppm,溴化物 α—H 化学位移在2.0~4.0ppm,氯化物物α—H化学位移在3.1~4.1ppm,氟化物(CH—F)化学位移在4.2~4.8ppm。 ^{19}F属于磁性核,与 ^{1}H会发生强烈的自旋偶合作用,一般 $^{2}J_{HF}$=50 Hz, $^{3}J_{HF}$=20Hz。

（7）活泼氢的化学位移

—OH、—NH—、—SH、—COOH、—SO₃H等活泼氢在溶剂中质子交换很快,并因形成氢键、溶剂化等影响,δ值变化较大（表3.5）。活泼氢的峰形有一定的特征,一般酰胺、羧酸类氢键作用很强,峰形较宽,醇、酚等峰形也较钝,而氨基、巯基的峰形较尖锐。鉴定活泼氢可以使用重水交换法。图3.25为苯甲酰胺的 ^{1}H NMR 谱图,δ 6.2ppm

处的宽矮峰为酰胺氨基的吸收峰。

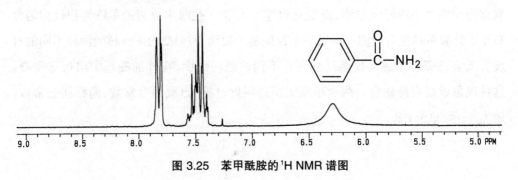

图 3.25　苯甲酰胺的 ^{1}H NMR 谱图

3.4　自旋偶合与自旋体系

3.4.1　自旋偶合与自旋-自旋裂分

在 ^{1}H NMR 谱中,共振峰往往表现为多重峰。从图 3.10 乙酸乙酯的 ^{1}H NMR 谱图可以看到,乙酰基的甲基($CH_3CO—$),在 $\delta=2.04$ppm 处以单峰形式出现,而乙氧基($—OCH_2CH_3$)中—CH_3 以三重峰的形式出现于 $\delta=1.36$ppm 处。—OCH_2 的化学位移 $\delta=4.12$ppm,为四重峰。它们两者的峰面积之比为 $2:3$,正好等于氢原子数之比。产生这种裂分的原因就是相邻氢原子核之间的相互作用,称为自旋-自旋偶合。自旋偶合不影响磁性核的化学位移,但对峰形产生重大影响。正是因为氢原子之间的自旋偶合,可以让我们知道各组氢原子核的数目与相互位置关系,使 ^{1}H NMR 成为有机化合物的结构解析的最有力的波谱工具。

自旋核的磁矩可以通过成键电子影响邻近磁性核跃迁频率。磁性核在磁场中有不同的自旋取向,产生不同的局部磁场,从而使与其偶合的另一磁性核感受到略微加强或减弱的外磁场作用,故在不同的位置产生核磁共振吸收峰。这种由于自旋-自旋偶合引起谱峰出现裂分的现象称为自旋-自旋裂分(spin-spin splitting)。

对于自旋量子数均为 $I=1/2$ 的两个相互干扰的磁性核(例如 ^{1}H 和 ^{19}F)来说,在外加磁场(B_0)中,^{19}F 有两种取向:$m=+1/2$ 和 $m=-1/2$。当 ^{19}F 核取 $m=+1/2$ 的顺磁场自旋方式时($\uparrow$),其产生的局部磁场会使 ^{1}H 感受到稍微增强的磁场强度($B>B_0$),所以 ^{1}H 核将在强度较低的外磁场条件下发生共振。相反,当 ^{19}F 取 $m=-1/2$ 的自旋方式($\downarrow$)时,因感应磁场方向与外加磁场方向相反,会使 ^{1}H 质子真实感受到的外磁场强度略低($B'<B_0$),因而 ^{1}H 质子会在较高的外磁场作用下发生共振。由于 ^{19}F 核的这两种自旋取向

的概率相等,故 HF 中 ^{1}H 核的共振吸收峰将如图 3.26 所示,呈面积(峰强度)相等(1:1)双重峰。两个小峰峰位对称,面积总和等于无 ^{19}F 干扰时未分裂的单峰面积且均匀分布于未分裂单峰左右两侧。所以一个自旋量子数均为 I=1/2 的磁性核的两种不同的自旋方式会使邻近的磁性核感受到两种不同的磁场强度,在外加磁场中出现双重峰。这种现象就是自旋偶合。两个小峰间距离叫做自旋–自旋偶合常数,简称偶合常数,用 J_{HF} 表示,单位 Hz。

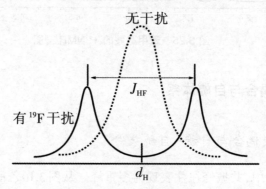

图 3.26　HF 偶合效果图

偶合常数的物理含义可进一步通过接触机理加以解释(图 3.27)。接触机理认为自旋偶合不是通过直接的空间磁性传递,而是通过核间的成键电子来间接传递偶合信息。比如在 HF 中,^{1}H 核与 ^{19}F 核之间通过成键电子对来形成化学键。核与靠近它的电子自旋取向相反时比较稳定,势能较低。当 ^{1}H 核未与 ^{19}F 核偶合时,从低能态的 (m=+1/2,↑)跃迁到高能态的 (m=−1/2,↓)吸收的射频能量 $h\nu_H$,^{19}F 核通过成键电子(用"·"表示)与 ^{1}H 核形成化学键,当 ^{19}F 核采取 m=+1/2(↑)的自旋方式时,靠近它的电子自旋为−1/2(↓),根据 Pauli 不相容原理,成键电子对的另外一个电子必然采取 +1/2(↑)的自旋模式。这时,如果 ^{1}H 核处于低能态(m=+1/2,↑),就形成了一种不配对的情况。反之,当 ^{1}H 核处于高能态(m=−1/2,↓)时,完全配对。因此势能降低,即 ^{1}H 核从低能态(m=+1/2)跃迁到高能态所需能量比 $h\nu_1$ 有所降低。设其能量为 $E_H' = h(\nu_H - J/2)$。如果 ^{19}F 核处于低能态(m=−1/2),情况刚好相反,^{1}H 核的低能态有所降低而高能态有所升高。所以 ^{1}H 核从低能态(+1/2)跃迁到高能态(−1/2)所需能量比 $h\nu_H$ 有所增加,为 $E_H'' = h(\nu_H + J/2)$,即:

^{19}F 核为 $+\dfrac{1}{2}$ 时,$E_H' = h(\nu_H - \dfrac{1}{2}J)$;

^{19}F 核为 $-\dfrac{1}{2}$ 时,$E_H'' = h(\nu_H + \dfrac{1}{2}J)$;

$$EH'' - EH' = hJ$$

上式说明,当 ^1H 核未受 ^{19}F 核偶合时,在 ν_H 处发生共振。当 ^1H 核与 ^{19}F 核偶合时,分别在 $(\nu_H - \frac{1}{2}J)$ 和 $(\nu_H + \frac{1}{2}J)$ 处出现双重峰。峰之间的距离(即偶合常数)为 J。

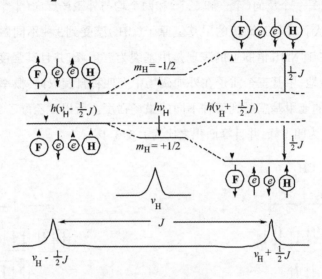

图 3.27　HF偶合机制

同理,HF 中 ^{19}F 也会受到 ^1H 核的自旋干扰(偶合)而裂分为双峰。但由于 ^1H 核和 ^{19}F 核的磁矩不同,故在相同的电磁辐射频率照射下,HF 的 ^1H NMR 谱图中,可以观察到 ^{19}F 对 ^1H 的偶合裂分,但不会出现 ^{19}F 的共振信号。同理, ^1HNMR 谱图中,我们有时可以观察到 ^{13}C 对 ^1H 的自旋干扰峰。由于 ^{13}C 天然丰度很小,仅为1.1%,因此只在主峰两侧出现微弱的"卫星峰"。此外由于磁场不均匀或样品管旋转不均匀, ^1H NMR 谱中也会出现旋转边峰(图3.28)。

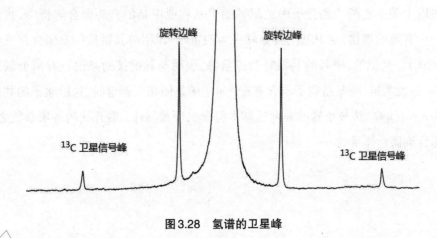

图 3.28　氢谱的卫星峰

在乙酸乙酯分子中,乙氧基的CH_2和CH_3是直接通过σ键连接的,构成自旋偶合体系。CH_2中的两个质子在外加磁场中各自有两种可能的自旋方式($m=+1/2$和$m=-1/2$),可以产生3种不同的自旋取向组合,分别为:2H均与外磁场一致(↑↑);一个与外磁场一致,另一个反向(↑↓和↓↑)和两个均与外磁场反向(↓↓),其概率为1:2:1(图3.29)。从而使与其键接的甲基氢原子(CH_3)感受到3种不同磁场强度(加强、不变、减弱),在^1H NMR谱图上的表现是甲基裂为三重峰,并且其强度(峰面积)比也为1:2:1。类似地,甲基三个质子在外加磁场中有四种自旋取向,概率为1:3:3:1,因而使与之键连的亚甲基感受到四种不同的磁场强度。所以在乙酸乙酯的^1H NMR谱图中,亚甲基裂为四重峰,并且峰面积之比为1:3:3:1。

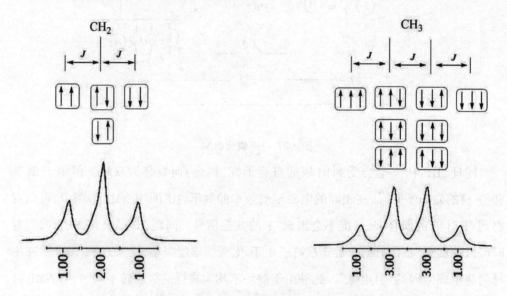

图3.29 乙氧基中CH_2和CH_3的几种自旋组合方式及裂分关系

在以上关于乙酸乙酯分子中乙氧基的甲基和亚甲基的自旋偶合解析中,我们也看到一个有趣的规律,亚甲基的共振峰裂为四重峰,说明与其键接的基团含有三个氢原子(CH_3)。类似地,甲基的共振峰为三重峰,说明与其键接的基因含有两个氢原子(CH_2)。依此类推,当某组质子与含有n个质子的基团相互偶合时,这组质子的共振峰将裂为n+1重峰,裂分小峰的强度比基本符合二项式$(a+b)^n$展开式的各项系数之比。这就是自旋偶合体系的n+1规律。

表3.11　与 n 个氢核偶合产生的峰强比和峰数

n	$(a+b)^n$ 二项展开式系数与峰强度比	峰数
0	1	单峰
1	1　1	双重峰
2	1　2　1	三重峰
3	1　3　3　1	四重峰
4	1　4　6　4　1	五重峰
5	1　5　10　10　5　1	六重峰

　　n + 1 规律只适合于相互偶合的质子的化学位移远大于偶合常数，即 $\Delta\nu \gg J$ 时的一级光谱。而且实际谱图中相互偶合的2组峰强度还会出现内侧高、外侧低的情况，称为向心规则。利用向心规则，可以找出相互偶合的关系。一级多重峰的裂分数目是由相邻的质子相互偶合的结果。这里相邻指的是偕位（同碳）或邻位（邻碳）质子，通常两到三个化学键。如表3.11所示，被单个相邻质子偶合形成双峰，强度相等。被两个相邻氢偶合形成三重峰，强度比是1:2:1。对于所有的核，被自旋量子数为 I 的磁性核偶合，裂分数为 $2nI + 1$，裂分峰强度比为二项式 $(a+b)^n$ 展开式的各项系数之比。

　　简单的一级多重峰谱的要求是：

　　1. $\Delta\nu/J$ 的比值大于8。$\Delta\nu$ 是两组发生偶合关系的多重峰的重心（对称峰形的为中心）间的距离（Hz），即化学位移差（以 Hz 为单位）。J 是偶合常数。

　　2. 被裂分的多重峰数适合于 n + 1 规则。n是相邻等价质子的数目。

　　3. 简单一级裂分谱中单个峰间的距离即偶合常数，单位 Hz。

　　4. 简单一级峰是对称的，处于中心的是最强吸收峰。复杂的一级多重峰有几个不同的偶合常数。$\Delta\nu/J$ 大于8的一级谱图裂分清晰，很好地反应了峰组间的偶合关系。随着 $\Delta\nu/J$ 的下降，偶合峰相互接近，可能产生一些与偶合无关的杂峰，影响解析。

　　图3.30所示为60 MHz、100 MHz和220 MHz仪器所做的2-甲基-2 丁醇的氢谱图。在 60 MHz 的图谱中，谱峰重叠而且变形严重，难以解析。在 100 MHz 的氢谱中，峰位已经分开，但是峰形仍然有些变形。在 220 MHz 的图谱中，峰形有轻微的变形，但是各峰组已经完全分离，易于解析。这种峰形的变化是由于不同的仪器得到的图谱，其 $\Delta\nu/J$ 不同所致。

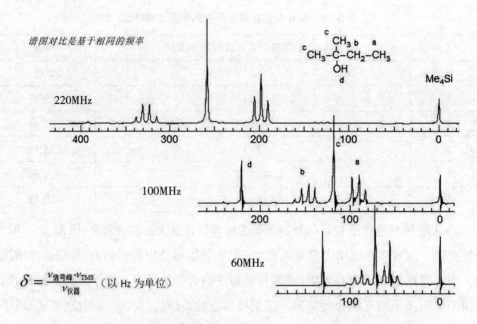

图 3.30　2-甲基-2丁醇的氢谱图 (a) 60 MHz, (b) 100 MHz, (c) 220 MHz

当某组质子有两组质子与其键接在一起时,将会有更加复杂的偶合情况发生。假如其中一组质子数为n,另一组质子数为m,则该组质子将会被这两组质子裂分为 $(n+1)(m+1)$ 重峰。如图3.31所示为某化合物中正己基部分的 ^1H NMR谱图。亚甲基a被亚甲基b偶合,裂分为3重峰,甲基f与亚甲基e偶合,裂分为3重峰。其余亚甲基b、c、d、e均与两个亚甲基偶合,裂分为多重峰。图3.31右边为放大的亚甲基b的裂分情况,可以大约看出它与旁边两个亚甲基a和c偶合,裂分为 $(2+1)×(2+1)=9$ 重峰。

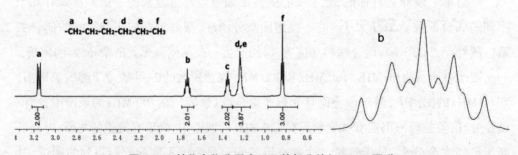

图3.31　某化合物分子中正己基部分的 ^1H NMR图谱

这两组质子虽然化学环境不同,但是与该组质子的偶合常数相同,则该组质子峰将裂分为(n+m+1)。例如 $CH_3CH_2CH_2NO_2$ 中,中间的亚甲基被与其相邻的 CH_3 和 CH_2 裂分成六重峰(图3.32)。

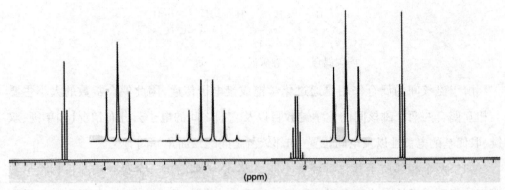

图 3.32 $CH_3CH_2CH_2CH_2NO_2$ 的 ^1H NMR 图谱

3.4.2 偶合常数

一般地,自旋偶合的共振峰裂分后,相邻两裂分峰之间的距离称为偶合常数,符号为 $^nJ_{XY}$(n:偶合原子间隔的化学键数;X,Y:偶合的原子,对于 HH 偶合,可以简略为 ^nJ),单位是 Hz。偶合常数(J)是核磁共振谱的一个重要数据,由于磁核之间的偶合作用是通过成键电子传递,因而偶合常数(J)的值主要与相互偶合的两个磁核间的化学键和影响它们之间的电子云密度有关,而与外磁场无关(图 3.33)。

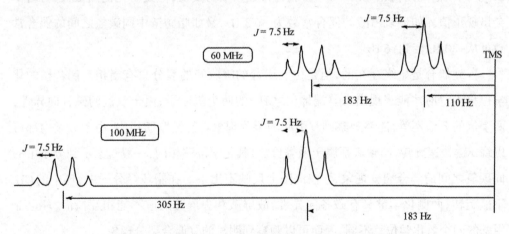

图 3.33 不同磁场强度下化学位移(δ)和偶合常数(J)的关系

相互偶合的两组质子可以根据它们之间相隔的化学键数目(多重键也只算一个化学键)数目分为同碳偶合(^2J,两个化学键)、邻碳偶合(^3J,三个化学键)和远程偶合(相隔 4 个以上化学键),并且相隔偶数键的偶合常数($^2J,^4J$)为负,相距奇数键的偶合常数($^3J,^5J$)取正值。

$$H \quad H \qquad H \qquad H \qquad H \qquad \qquad H$$
$$\underset{^2J}{C} \qquad \underset{^3J}{C-C} \qquad \underset{^4J}{C-C-C}$$
同碳偶合　　　邻碳偶合　　　远程偶合

由于磁核间的偶合作用是通过化学键成键电子传递,因此偶合常数的大小主要与相互偶合的两个磁核间的化学键数目以及它们之间的电子云分布情况【如单键、双键、取代基的电负性以及空间位置(如邻碳氢之间的二面角)等】有关。

如果两个相邻质子其化学环境不同,每个质子都给出一个吸收峰并且相距足够距离。每个质子的自旋都会影响到另一个质子的自旋,即相互偶合,使得每一个质子的谱峰都出现裂分。裂分的峰间距即偶合常数与偶合程度成正比例,而与外加磁场强度 B_0 无关。例如在 400 MHz 磁场中质子的化学位移变化范围可能超过 4000 Hz,但是质子之间的偶合常数很少超过 20 Hz。

3.4.2.1　同碳偶合

同碳偶合是指相互干扰的两个质子键连在同一碳原子上,两者之间的偶合常数叫同碳偶合(^2J 或 $J_{同}$)。同碳偶合常见于末端烯烃($=CH_2$)和脂肪族化合物亚甲基 CH_2。同碳氢之间仅相距两个 σ 键,偶合常数一般为负值,但是变化范围很大,有时也会出现正值。如环氧丙酸的偶合常数为 +6.3 Hz,又如脂肪链中同碳氢之间的偶合常数可从 −30 Hz 变到 +6 Hz。

自旋偶合是始终存在的,但是由它引起的吸收峰的裂分只有当相互偶合核的化学位移不等时才能表现出来。端烯($=CH_2$)的两个氢原子,由于双键的磁各向异性,两个氢的 δ 值不等,能够观察到 ^2J 引起的裂分现象。开链脂肪烃中,由于分子内部可以绕 σ 键快速旋转,同碳氢都属于磁等价氢,其化学位移相同,一般观察不到分子中的同碳氢之间的偶合裂分现象,^2J 在谱图上反映不出来。在脂环烃分子中,环中的 CH_2 不能旋转,两侧化学键又有磁各向异性,故屏蔽和去屏蔽效应不能相互抵消,环上亚甲基的两个氢化学位移不同,因而可以观察到明显的 ^2J 偶合裂分现象。

表 3.12　同碳氢偶合常数(^2J)

化合物	^2J(Hz)	化合物	^2J(Hz)
CH_4	− 12.4	环戊烷	−12.0~−15.0
$(CH_3)_4Si$	− 14.1	$C_6H_5CH_3$	− 14.4
CH_3OH	−10.8	CH_3CN	− 16.9
CH_3X (X=F,Cl,Br,I)	− 9.2~− 10.8	$H_2C=O$	+ 40

化合物	^2J（Hz）	化合物	^2J（Hz）
CH_2Cl_2	−7.5	$H_2C=NOH$	+ 9.95
$CH_2(CN)_2$	−20.4	$H_2C=NR$	+8~+16.5
环丙烷	−4.3	$H_2C=CHX$	−3.2~+7.4
环氧乙烷	+4.0~+6.3	$H_2C=C=CR_2$	−9.0
环丁烷	−12.0~−15.0	$H_2C=CHCO_2H$	+ 1.7

^2J 主要受以下因素影响：

（1）s-p 杂化

甲烷的 ^2J 是 −12.4 Hz，乙烯的 ^2J 是 +2.3 Hz，两者偶合常数差值在 14.7 Hz，这主要是两者不同的 s-p 杂化的因素造成。所以讨论饱和碳上的 ^2J 一般以 −12.4 Hz 为出发点，而讨论端烯烃的 ^2J 值是以 +2.3 Hz 为起点。可以看出端烯的 ^2J 值一般都很小，由于同碳偶合而引起的裂分很不明显。

（2）取代基的影响

取代基影响 ^2J 的代数值。吸电子取代基使 ^2J 往正的方向变化而供电子基团使得 ^2J 向负方向发展。如：

化合物	CH_4	CH_3Cl	CH_3F	CH_2Cl_2
^2J（Hz）	−12.4	−10.8	−10.8	−7.5

端烯类双键同碳质子间的同碳偶合常数 ^2J 一般在 +3~−3Hz 之间，邻位电负性基团的引入使 ^2J 向负值方向变化。如：

化合物	$CH_2=CH_2$	$CH_2=CHCl$	$CH_2=CHNO_2$	$CH_2=CHF$
^2J（Hz）	+2.3	− 1.4	− 2.0 Hz	− 3.2 Hz

邻位 π 键特别是三键有很强的吸电子效应，会使 ^2J 绝对值增加（向负方向变化）。如：

化合物	CH_3COCH_3	CH_3CN	$CH_2(CN)_2$
^2J（Hz）	−14.9	−16.9 Hz	− 20.4

杂原子孤电子对的超共轭效应使 ^2J 向正值方向变化。端烯的 ^2J 值一般都小于 3Hz，但是甲醛（与端烯比较，一个 $=C$ 被 O 取代）的 ^2J 值为 +42Hz，这是因为 O 原子为吸电子基团，另外 O 原子上孤对电子参与超共轭，两者共同作用使得甲醛的 ^2J 值很大。

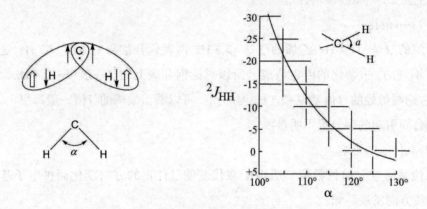

^2J(Hz)　　　-21.5　　　　　　　-22.3　　　　　　　　　　+1.5

（3）H—C—H 的键角 α

一般地，^2J 的值随键角 α 减小而增大。因为随着键角的减小，两个 C—H σ 成键轨道相互靠近，电子自旋作用增强。^2J 的大小与键角 α 之间的关系如图 3.34 所示。

图 3.34　^2J 偶合机制及其与键角 α 的关系

一般饱和烃的 ^2J 值在 -5～-20Hz，而端烯的 ^2J 值在 +3～-3Hz（不计符号，0～3Hz）。

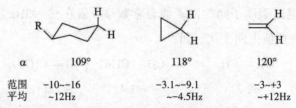

	α	109°	118°	120°
范围		-10～-16	-3.1～-9.1	-3～+3
平均		~12Hz	~-4.5Hz	~+12Hz

这种 ^2J 随键角变化的趋势在环状化合物中的表现也是非常明显。小环化合物具有较大的键角 α，随着环的增大，同碳 C—H σ 键之间的键角减小，^2J 的绝对值增大。

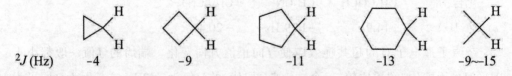

^2J(Hz)　　　-4　　　　　-9　　　　　　-11　　　　　　-13　　　　　-9～-15

等价的氢核键虽然存在自旋偶合，但是往往观察不到自旋裂分现象。

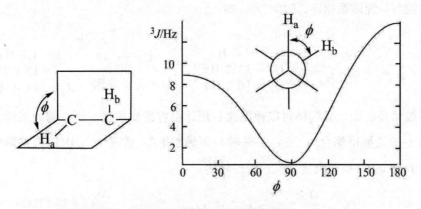

对称面
不裂分

单键自由旋转
不裂分

3.4.2.2　邻碳偶合(^3J)

在 ^{1}H NMR中,同碳氢原子之间的 δ 值经常相等,因而不产生峰的裂分。距离大于三个键的远程偶合常数又很小,所以最常见最重要的是邻碳偶合(^3J)。在一级偶合体系中,特别是现代使用高分辨率的高频波谱仪做的氢谱图中,大多数的邻碳偶合常数(^3J)都可以直接从谱图上得到。邻碳偶合通常是正值,大小在0~16 Hz。

(1)饱和型邻位偶合常数

在饱和化合物中,通过三个单键(H—C—C—H)的偶合属于饱和型邻位偶合。开链脂肪族化合物的 ^3J 由于 σ 键自由旋转而平均化,数值在7 Hz左右。^3J 与二面角 ϕ、取代基电负性和环系大小等因素有关。

① 二面角 ϕ

^3J 与二面角 ϕ 有关(图3.35),由图可见,当夹角 ϕ=80°~90°时,^3J 最小。当夹角 ϕ=0°或180°时,^3J 最大。其关系可用Karplus公式表达如下:

$$^3J = \begin{cases} J_0\cos^2\phi - 0.28 & (0° \leqslant \phi \leqslant 90°) \\ J_{180}\cos^2\phi - 0.28 & (90° \leqslant \phi \leqslant 180°) \end{cases} \tag{3.17}$$

式中:J_0 表示 ϕ=0°时的 J 值(J_0=8.5 Hz)。J_{180} 表示 ϕ=180°时的 J 值(J_{180}=11.5 Hz)。

如图所示,ϕ=90°时,$J_{邻}$ 值约为0.3 Hz;而 ϕ=0°或180°时,$J_{邻}$ 值最大且 $J_{180}>J_0$。

图3.35　^3J是二面角 ϕ 的函数

因 $J_{180}>J_0$,Karplus公式可进一步修改为:

$$^3J = A + B\cos\varphi + C\cos 2\varphi \qquad (3.18)$$

有人建议取 A= 7，B=−1，C=5。

饱和脂肪链烃的 σ 键能自由旋转，J_{ab} 是不同构象的 H_a 和 H_b 偶合的平均值，一般在 6~8 Hz。如 CH_3CH_2Cl 比较稳定的构象是交叉式构象：

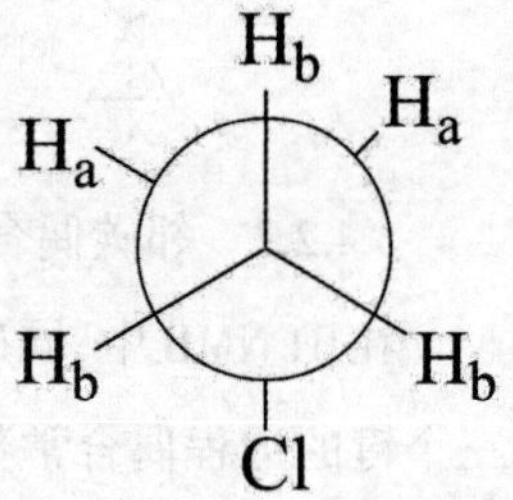

当 $\phi=60°$ 时，$^3J_{ab} \approx 2~4$ Hz；当 $\phi=180°$ 时，$^3J_{ab} \approx 11~12$ Hz；平均 $^3J_{ab} \approx 6~8$ Hz。

邻位电负性基团对 ^3J 的影响可由取代基的电负性值与氢原子电负性值二者之差 ΔX 近似计算：

$$^3J = 7.9 - n \cdot \Delta X \qquad (3.19)$$

其中，n 为取代基的数目。由式 3.19 可见，取代基的电负性越大，^3J 越小。如吡啶 $J_{2,3}$5~6Hz，$J_{3,4}$7~9Hz。

由饱和性 ^3J 可以解释下列现象：

(i) 烯烃的 $J_反 > J_顺$

顺式烯氢的二面角 $\phi=0°$，而反式邻二烯氢的二面角 $\phi=180°$。在 Karplus 公式中，$J_{180} > J_0$。一般顺式烯烃的 $^3J_{cis} = 7~12$ Hz，而反式烯烃的 $^3J_{trans} = 12~18$ Hz。双键上取代基电负性增大，^3J 减小。例如丙烯与氟乙烯的 J 值如下：

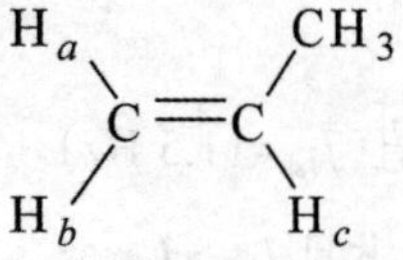

$$J_{ab} = 1.6 \text{ Hz} \qquad J_{ac} = 16.8 \text{ Hz} \qquad J_{bc} = 10 \text{ Hz}$$

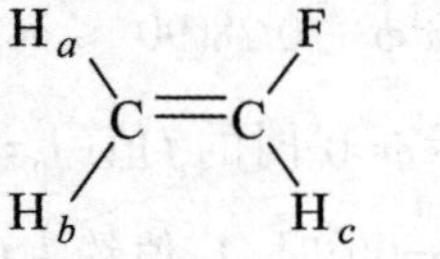

$$J_{ab} = 3.2 \text{ Hz} \qquad J_{ac} = 12.7 \text{ Hz} \qquad J_{bc} = 4.7 \text{ Hz}$$

双键与共轭体系相连，^3J 值增大。如：

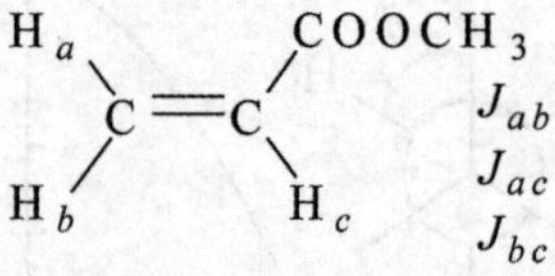

$$J_{ab} = 1.6 \text{ Hz} \qquad J_{ac} = 17.2 \text{ Hz} \qquad J_{bc} = 10.2 \text{ Hz}$$

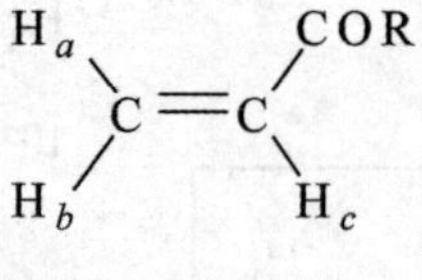

$$J_{ab} = 1.8 \text{ Hz} \qquad J_{ac} = 18.0 \text{ Hz} \qquad J_{bc} = 11.0 \text{ Hz}$$

一般烯烃的顺反异构体可以根据这一规律很容易地加以区别。例如某同学通过糠醛与2-溴乙酸甲酯合成了3-(2-呋喃)-丙烯酸甲酯，通过 ^1H NMR 谱得到烯氢的偶合常数J=16.0 Hz，从而确定为反式烯烃结构。

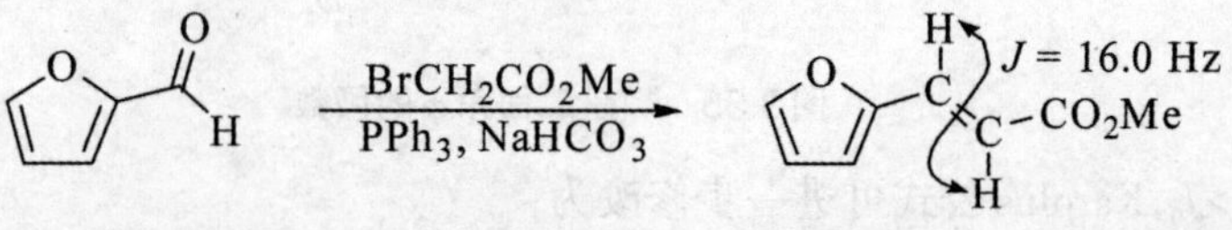

$$\xrightarrow[\text{PPh}_3,\ \text{NaHCO}_3]{\text{BrCH}_2\text{CO}_2\text{Me}} \qquad J = 16.0 \text{ Hz}$$

环烯化合物的 ^3J 与环的大小有直接关系。小环烯烃的 ^3J 随着成环原子数增加而增加,但八元环、九元环的 ^3J 增加很少,这是因为环张力越来越小。

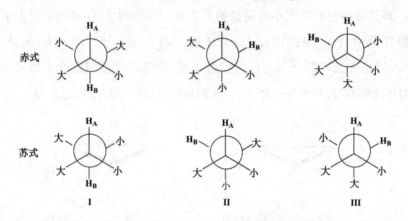

^3J (Hz)　　　0~2　　　　2~4　　　　5~7　　　　8~11　　　　7~11

(ii) 六元环中, $J_{aa} > J_{ae} \geqq J_{ee}$

在脂环烃六元环的椅式构象中,相邻的两个直立氢的二面角 $\phi \approx 180°$,故 $J_{aa} \approx J_{180}$。若其一处于直立键,另一个位于平伏键,其对应的二面角为 ϕ_{ae}。两者均位于平伏键,则对应二面角为 ϕ_{ee}。因为 $\phi_{ae} \approx \phi_{ee} \approx 60°$,故 $J_{ae} \approx J_{ee} < J_{aa}$。

(iii) 苏式和赤式的 ^3J 不同

图 3.36 分别表示了赤式和苏式的三种 Newman 投影式。

赤式

苏式

　　　　　　　Ⅰ　　　　　　　　　　Ⅱ　　　　　　　　　　Ⅲ

图 3.36　赤式和苏式的各种典型构象

无论是赤式还是苏式,在谱图上反映出来的 ^3J 都是三种构象的平均值。当 H_A 与 H_B 构成的二面角 $\phi=180°$(图 3.36 中赤式 Ⅰ 和苏式 Ⅰ 构象), ^3J 较大。当 H_A 与 H_B 构成的二面角 $\phi=60°$, ^3J 较小。在苏式 Ⅰ 中,两个较大的基团相邻,相互排斥,不是优势构象。在赤式 Ⅰ 构象中,较大的基团相互远离,为优势构象。因此赤式的 ^3J 大于苏式。这样通过测定偶合常数 ^3J 值,可以确定它们的立体结构。

乙酰杜鹃素的分子中有 3 个氢彼此接近,它们的化学位移分别为 δ 2.83、3.14 和 5.40ppm。偶合常数分别为 $^2J_{AB}=-16$ Hz、$^3J_{AX}=4.0$ Hz、$^3J_{BX}=11$ Hz。说明 AX 夹角为 60°,BX 夹角为 180°,因此 H_A 在平伏键而 H_B 和 H_X 位于直立键。

葡萄糖等单糖及其糖苷化合物,2-位氢多数位于直立键,故端基碳取 β-构型时,二面角为180°,$^3J \approx 7\sim8\mathrm{Hz}$。$\alpha$-构型时,二面角为60°,$^3J \approx 3\mathrm{Hz}$。这样根据氢谱测得的偶合常数可以判断糖苷键的构型。但在甘露糖、鼠李糖的糖苷中,因为2-位氢在平伏键,其 α 和 β 构型中二面角均为60°,故无法根据邻位偶合判断构型。

| β-D-葡萄糖 | α-D-葡萄糖 | α-D-甘露糖 | α-D-甘露糖 |

(iv) 小环烷烃的 ^3J 与环大小有明显的关系。三元环的 $^3J_{顺}(\alpha=0°)$ 总是大于 $^3J_{反}(\alpha=120°)$,如环丙烷的 $^3J_{顺}=8.97\ \mathrm{Hz}$,$^3J_{反}=5.58\ \mathrm{Hz}$。四元环的 $^3J_{顺}(10.4\ \mathrm{Hz})$ 也是大于 $^3J_{反}$ (4.9 Hz)。但是五元环的环张力已经接近于零,所以取代基对偶合常数起很大的影响。例如环戊烷的 $^3J_{顺}(7.9\ \mathrm{Hz})$ 大于 $^3J_{反}(6.3\ \mathrm{Hz})$。六元环的 $^3J_{aa} > ^3J_{ae} \geqq\ ^3J_{ee}$。

$$\alpha = 0°$$
$$^3J_{顺} = 8\sim11\ \mathrm{Hz}$$

$$\alpha = 120°$$
$$^3J_{顺} = 5\sim7\ \mathrm{Hz}$$

② 取代基的电负性

取代基电负性增加,^3J 值下降。烯氢的 ^3J 下降更快。

	^3J		$^3J_{顺}$	$^3J_{反}$
CH_3-CH_2-Li	8.9	$-Li$	19.3	23.9
$-SiR_3$	8.0	$-SiR_3$	14.6	20.4
		$-Ph$	10.7	17.3
$-CN$	7.2	$-OCH_3$	7.0	14.0
		$-Cl$	7.3	14.6
$-OCH_2CH_3$	7.0	$-F$	4.7	12.8

(2) 芳氢偶合常数(^3J)

芳基氢的偶合可分为邻、间、对3种偶合,偶合常数都为正值。邻位偶合比较强,偶合常数比较大,$^3J_邻$一般在6.0~9.5 Hz(3键)。间位(4键)偶合常数$^3J_间$在1.2~3.3Hz。对位(5键)偶合常数$^3J_对$小于0.6Hz。一般情况下,芳氢被强吸电子基团或强推电子基团取代后,芳环电子云密度发生改变,会表现出$J_邻$、$J_间$和$J_对$偶合,使芳环出现复杂的多重峰。

二取代苯和稠环芳烃的偶合常数为:

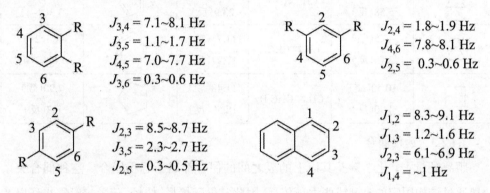

$J_{3,4} = 7.1\sim8.1$ Hz
$J_{3,5} = 1.1\sim1.7$ Hz
$J_{4,5} = 7.0\sim7.7$ Hz
$J_{3,6} = 0.3\sim0.6$ Hz

$J_{2,4} = 1.8\sim1.9$ Hz
$J_{4,6} = 7.8\sim8.1$ Hz
$J_{2,5} = 0.3\sim0.6$ Hz

$J_{2,3} = 8.5\sim8.7$ Hz
$J_{3,5} = 2.3\sim2.7$ Hz
$J_{2,5} = 0.3\sim0.5$ Hz

$J_{1,2} = 8.3\sim9.1$ Hz
$J_{1,3} = 1.2\sim1.6$ Hz
$J_{2,3} = 6.1\sim6.9$ Hz
$J_{1,4} = \sim1$ Hz

杂环芳烃的偶合常数与杂原子位置有关。

$J_{1,2} = 2\sim3$ Hz
$J_{1,3} = 2\sim3$ Hz
$J_{2,3} = 2\sim3$ Hz
$J_{2,4} = 1\sim2$ Hz
$J_{2,5} = 1.5\sim2.5$ Hz
$J_{3,3} = 3\sim4$ Hz

$J_{2,3} = 5\sim6$ Hz
$J_{3,4} = 7\sim9$ Hz
$J_{2,4} = 1\sim2$ Hz
$J_{3,5} = 1\sim2$ Hz
$J_{2,5} = 0\sim1$ Hz
$J_{2,6} = 0\sim1$ Hz

表 3.13　邻位质子的偶合常数

化合物	^3J(Hz)	化合物	^3J(Hz)	化合物	^3J(Hz)
CH_3CH_3 $CH_3CH_2C_6H_5$	8.0 7.62		3.73(顺) 8.07(反)	$CH_2{=}CHCl$	7.4(顺) 14.8(反)
CH_3CH_2CN CH_3CH_2Cl CH_3CH_2OAc	7.60 7.23 7.12		5.01(顺) 8.61(反)	C_6H_6 $C_6H_5Li(2{-}3)$ $C_6H_5CH_3$	7.54 6.73 7.64

化合物	^3J(Hz)	化合物	^3J(Hz)	化合物	^3J(Hz)
（CH$_3$CH$_2$）$_2$OCH$_3$CH$_2$Li	6.97 8.90	（环戊烯 H, n）	5.3(n=1) 8.8(n=2)	C$_6$H$_5$Cl C$_6$H$_5$OCH$_3$(2-3) C$_6$H$_5$ONO$_2$(2-3)	8.05 8.30 8.36
ClCH$_2$CH$_2$Cl Cl$_2$CHCHCl$_2$	5.90（单峰） 3.06（单峰）	CH$_2$=CH$_2$	11.5（顺） 19.0（反）	（萘）	8.28(1-2) 6.85(2-3)
△	8.97（顺） 5.58（反）	CH$_2$=CHLi	19.3（顺） 23.9（反）	（呋喃）	1.75(2-3) 3.3(3-4)
⬠	4.45（顺） 3.10（反）	CH$_2$=CHCN	11.75（顺） 17.92（反）	（吡啶 N）	4.88(2-3) 7.67(3-4)
□	10.40（顺） 4.90（反）	CH$_2$=CHC$_6$H$_5$	11.48（顺） 18.59（反）	（环戊二烯）	7.90（顺） 6.3（反）

3.4.2.3 远程偶合

距离超过4个化学键及其以上的氢之间的偶合都属于远程偶合。这种偶合关系一般通过结构固定的 π 键或张力环传递，因此常见于烯烃、炔烃、芳烃、杂环、小环以及桥环等化合物。远程偶合的偶合常数一般比较小，在0~3Hz。常见的远程偶合有以下几类：

（1）烯丙型偶合

烯丙型体系（H—C═C—H）的 ^4J 值在0~3Hz。这种远程的偶合有两种作用模式。其一是通过 σ 键的 W 型偶合（θ=0°）。另外一种是通过 π 键的 σ—π 超共轭作用。即二面角 θ 为0°或180°时，烯丙位的 C—H 键与双键的交盖最少，相互作用最弱 $^4J_\pi = 0$。当烯丙基 C—H 垂直于 C═C 平面，即二面角为90°，C—H 键与双键 π 电子云交盖最大，相互作用最强，$^4J_\pi \approx 3$ Hz。

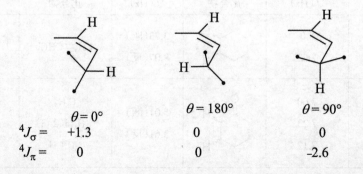

$$\theta = 0° \qquad \theta = 180° \qquad \theta = 90°$$
$$^4J_\sigma = \quad +1.3 \qquad\qquad 0 \qquad\qquad\quad 0$$
$$^4J_\pi = \quad\ \ 0 \qquad\qquad\quad\ 0 \qquad\qquad\ -2.6$$

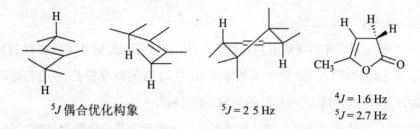

$^4J_{顺} = -1.5Hz$ $^4J = -1.4Hz$ $^4J = -0.7Hz$ $^4J_{顺} = -1.5Hz$ $^4J_{顺} = -1.0Hz$

$^4J_{反} = -0.8Hz$ $^4J_{反} = -0.7Hz$ $^4J_{反} = -0.4Hz$

(2)高烯丙型偶合

通过4根单键和1根双键的偶合称为高烯丙型偶合。偶合常数为正值,在0~4Hz。

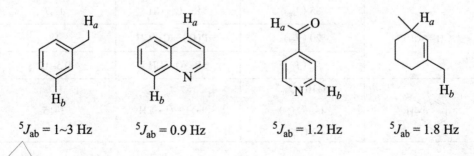

^5J 偶合优化构象 $^5J = 2 5\ Hz$ $^4J = 1.6\ Hz$

                                                                  $^5J = 2.7\ Hz$

(3)共轭的炔及联烯

对偶合作用传递能力强,虽经过多个键,仍能观察到。

$H-C\equiv C-\overset{CH_3}{\underset{\quad}{C}}$

$^4J = 3\ Hz$ $^5J = 2.5\ Hz$ $^9J = 0.4\ Hz$

$^4J = 6.6\ Hz;\ ^5J = 3.3\ Hz$ $^6J = 0.4\ Hz$

(4)折线偶合

在共轭体系中,当5个键构成一个折线时,远程偶合明显,偶合常数一般在0.4~

2Hz。

$^5J_{ab} = 1\sim3\ Hz$ $^5J_{ab} = 0.9\ Hz$ $^5J_{ab} = 1.2\ Hz$ $^5J_{ab} = 1.8\ Hz$

（5）W型偶合

在刚性环系化合物中，当4个键共处一个平面，并构成一个伸展的折线W型时，两头的氢往往发生远程偶合，偶合常数一般为1~2Hz。

$^4J_{ab}=1Hz$ $^4J_{ab}=2Hz$ $^4J_{ab}=-2Hz$ $^4J_{ab}=7Hz$ $^4J=10Hz$ $^4J=18Hz$

3.4.2.4　质子与其他核的偶合

在 ^1H NMR谱中，虽然观察不到其他磁性核的共振跃迁，但是可以观察到其他磁性核与质子之间的偶合。由于 ^{13}C 天然丰度低，它与 ^1H 的偶合很弱，只有将谱峰放大后可见到在主峰两边对称出现的微弱的 ^{13}C "卫星峰"。

^{19}F 和 ^{31}P 的天然丰度都是100%，所以在有机含磷和含氟化合物中，它们与 ^1H 之间的偶合非常明显（表3.14）。^{19}F 与 ^1H 之间的偶合常数很大（50~100Hz），随着相隔化学键数目增加而减少。^{31}P 与 ^1H 之间的偶合常数更加大（200~700Hz）。由于 ^{19}F 和 ^{31}P 的自旋量子数均为 $I=1/2$，它们与 ^1H 的偶合都符合 n + 1 规律。

表3.14　^1H—^{19}F 和 ^1H—^{31}P 的偶合常数（Hz）

化合物类型	J_{HF}	化合物类型	J_{HP}
C—CH—F	47	>P—H	180~225
HC—C—F	25.2	>P(O)—H	490~710
C—CHF$_2$	57.2	>P(S)—H	490~550
CH—CF$_2$	28.8	>P—CH	0~3.0
CH—CF$_3$	2~13	>P(O)—CH	10~15
CH—C—CF$_3$	0.5~1.0	>P(S)—CH	10~15
CH$_2$=CHF	85（$J_{同}$）	>P—C—CH	13.7
	20（$J_{顺}$）	—P(O)—C—CH	18
	52（$J_{反}$）	>P—O—CH	0.5~12
	6~10（$^3J_{HF}$） 4~8（$^4J_{HF}$） ~2（$^5J_{HF}$）	>P(O)—O—CH	3~15

图 3.37 为化合物氟代丙酮(CH_3COCH_2F)的 ^1H NMR 谱图,^{19}F 的偶合使 CH_2 和 CH_3 均裂分为等高的双重峰,偶合常数分别为 $^2J_{HF}=48Hz$ 和 $^4J_{HF}=4.3$ Hz。

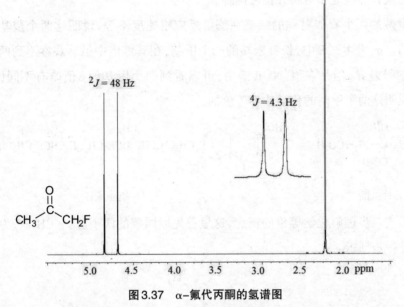

图 3.37　α-氟代丙酮的氢谱图

重氢(^2D)的自旋量子数 $I=1$,对 ^1H 的偶合符合$(2nI+1)$规律。一个 D 会将氢峰裂缝为三重峰,两个 D 会使氢峰裂分为五重峰,强度比为 $1:2:3:2:1$。氘代试剂在有机化学中应用十分广泛,除了氘代样品,核磁测试一般使用氘代试剂为溶剂。在氘代丙酮、氘代二甲亚砜、氘代乙腈等试剂中,氘代不完全的氢以 CD_2H 形式存在,D 与 ^1H 偶合,^1H 峰被偶合裂分为五重峰,偶合常数一般为 1Hz。

3.5　自旋体系

3.5.1　核的等价性

核的等价包括化学等价与磁等价。

3.5.1.1　化学等价(位移等价)

化学等价又称化学位移等价,是立体化学中的一个重要概念。若分子中存在一组核,它们的化学环境完全相同,化学位移也严格相等,这组核称为化学等价核。如丙酮中的六个氢、乙醚中的两个甲基上的六个氢、甲醇中甲基的三个氢等都属于化学等价的氢核。

化学不等价的两个原子或基团,在化学反应中表现出不同的反应速度。在光谱、波谱表征中,可能也有不同的测量结果。因而可以用波谱学来研究化学等价性。化学等价的氢有等位氢和对映异位氢两种。

柠檬酸的两个看似对称的羧基在酶解反应中速度不等,说明这两个羧基不是化学等价的。δ-维生素 E 中,长链末端的两个甲基,在其氢谱中虽然观察不到两个甲基的共振信号差异,但是在 ^{13}C NMR 谱中,可以看到两个甲基的 δ 值略有不同(两条谱线),也说明这两个甲基的化学式不等价的。

$HO_2C-CH_2-C-CH_2-CO_2H$
$\quad\quad\quad\quad | $
$\quad\quad\quad CO_2H$

柠檬酸　　　　　　　　　　　　　δ-维生素E

为了进一步理解化学等价的概念,这里首先以同碳的两个氢(—CH_2—)为例对它的概念进一步剖析。

$$\begin{array}{c} X \quad\quad H_1 \\ \diagdown C \diagup \\ \diagup \quad \diagdown \\ Y \quad\quad H_2 \end{array}$$

(1)当 X 和 Y 两个取代基完全相同时,H_1 和 H_2 的位置可以通过 C_2 轴互换,这两个氢称为"等位"(homotopic)氢。等位氢在任何溶剂中都具有相同的化学位移,例如 CH_2Cl_2。

(2)两个取代基不同(X≠Y)时,没有对称轴,但是 H_1 和 H_2 可以通过对称面而互换位置,所以 H_1 和 H_2 属于"对映异位"(enantiotopic)氢。在非手性溶剂中,对映氢是化学等价的,但在手性环境中,它们不再化学等价。典型的例子如 CH_3CH_2Br,CH_2ClF 等。

(3)当分子中 X≠Y,且没有任何不对称因素时,它们为"非对映"氢。非对映氢化学位移不同,是不等价氢,并且彼此分裂,形成多重峰。化学不等价的基团可能因为某些偶然因素而等频,即谱峰重叠。

要判断亚甲基两个氢原子是否等价,一个简单的方法是将其中一个氢原子用其他的一个基团替代,看得到的化合物是否有手性。例如丙烷 A 的亚甲基的两个氢分别被苯环取代,得到 B 和 C 其实是相同的(异丙苯)。因此判断出丙烷中亚甲基的两个氢属于化学等位关系。乙醇(D)亚甲基的两个氢被苯环置换后得到一对对映体(E 和 F),所以这两个氢属于对映异位氢。手性化合物 G 中的两个亚甲基氢分别被 Ph 置换后得到的 H 和 I 属于非对映异构体,因此 G 中的 CH_2 的氢属于非对映异位氢。

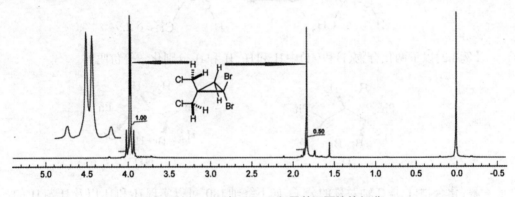

B,C 相同
两个氢等位

E,F 为对映体
两个氢对映异位

H和I 为非对映体
两个氢非对映异位

CH₂Cl 基团中的两个氢是非对映异位关系,相互偶合而裂分。环丙烷环上的 CH₂ 属于对映异位氢。以下二溴环丙烷衍生物的氢谱可以说明这种对映异位氢和非对映异位氢的区别。

图 3.38　1,1-二溴-2,2-二氯甲基环丙烷的氢谱

化学等价与否可以根据以下关系判断:

若存在因分子内的快速运动而基团位置互换,为化学等价。

常见的分子内快速运动有因单键的自由旋转、环的翻转。例如甲基上的三个氢或饱和碳原子上的三个相同基团都是化学等价的。

亚甲基的情况比较复杂。可分别讨论如下:

①固定环上的 CH₂ 两个氢(如环己烷)在常温下,存在环的快速翻转(构象改变),直立氢和平伏氢可以相互换位,因此是化学等价的,谱图上只出现一个信号。但在低温下,构象不能快速翻转,不是化学等价氢。

②与不对称碳原子相连的亚甲基上的两个氢不是化学等价的。例如分子 RCH₂—CXYZ 这样的分子,通过其 Newman 投影式,由于后面连接了互不相同的 X、Y、Z 三个取

代基,前面的两个氢原子 H_a 和 H_b 无论怎样旋转,都是化学不等价的。

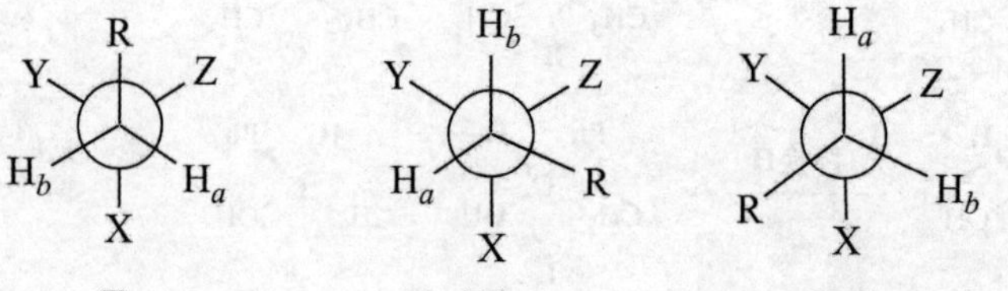

③单键不能快速旋转时,同碳上的不同基团不是化学等价的。例如DMF分子中,由于存在较强的N与C=O基团的 p—π 共轭,使得C—N单键具有双键的性质,不能自由旋转,所以N取代的两个甲基位置不能互换,受到不同的屏蔽作用,在 ^1H NMR谱图上出现两个甲基峰。

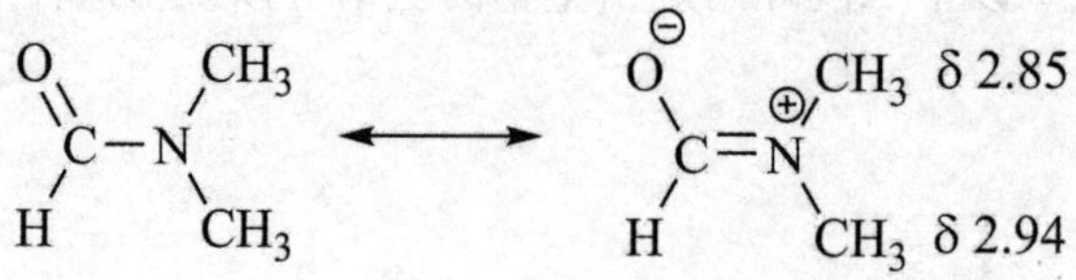

【例3.2】以下两化合物(I)和(II)中 H_a 和 H_b , H_c 和 H_d 分别化学等价吗?

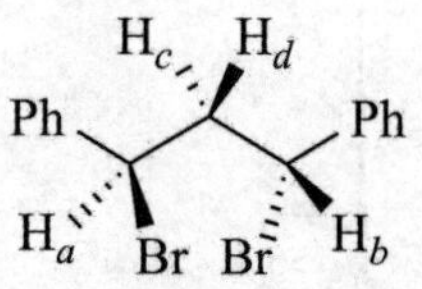

解:化合物(I)是 C_2 轴对称的分子,如下绕轴180°可以实现 H_a 和 H_b 以及 H_c 与 H_d 的位置互换,因而 H_a 和 H_b 、 H_c 和 H_d 分别化学等价。

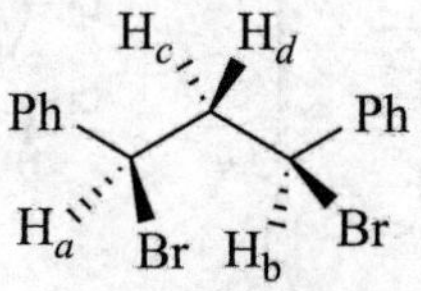

化合物(II)是平面对称的,通过 H_c 、 H_d 的平面可实现 H_a 和 H_b 的位置互换,因而 H_a 与 H_b 是对映异位的关系,在手性溶剂中是化学不等价,而在非手性溶剂中是化学等价。 H_c 和 H_d 不存在上述对称关系,所以是化学不等价质子。

【例3.3】判断以下几个分子中 CH_2 的两个质子是否化学等价?

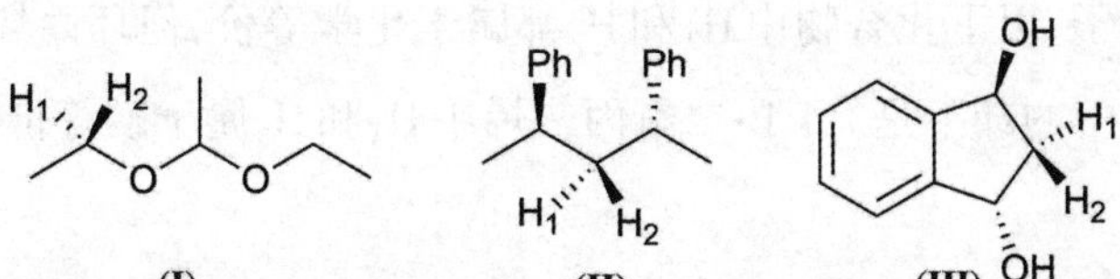

解：(I)中 CH_2 中的两个质子属于非对映异位关系,因为它们通过取代基实验得到一对非对映异构体。(II)和(III)中 H_1 和 H_2 均为对映等位关系,因为通过该处碳原子有一个 C_2 对称轴。

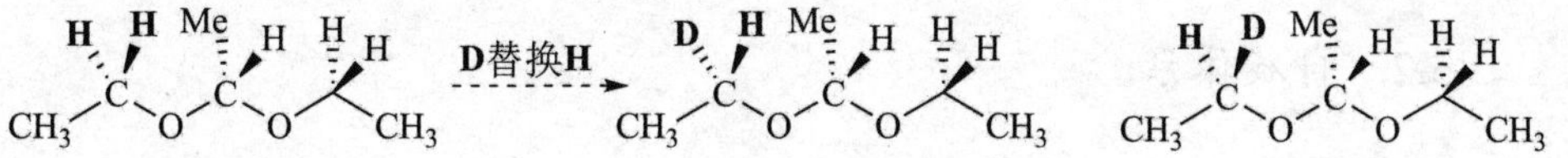

3.5.1.2 磁等价

若化合物中两个相同的原子核所处的化学环境相同(化学等价),且它们对任意另一核的偶合常数也相同(数值和符号),则两原子为磁等价。CH_2F_2 中两个氢原子和两个氟原子的任何一个偶合都是相同的,所以两个氢原子是磁等价的核。同样,两个氟原子也是磁等价核。这样化学等价又磁等价的核叫"磁全同"的核,并不是所有化学等价的核都磁等价。例如 $CH_2{=}CF_2$,两个 ^1H 核 ^{19}F 都分别是化学等价的核,但它们的偶合常数 $J_{H1F1} \neq J_{H2F1}$,$J_{H1F2} \neq J_{H2F2}$,因此两个 ^1H 核与 ^{19}F 都不是磁等价核。由于 ^1H 磁不等价,所以在 ^1H NMR 谱图上,氢谱线数目超过10条。

如下三个取代苯中,H_A 和 $H_{A'}$ 和 H_B 和 $H_{B'}$ 都是化学等价而磁不等价的。单取代苯(Ph—X)中,H_A 和 $H_{A'}$ 化学等价,而两者对与之存在偶合关系的 H_B 来说,H_A 是邻位偶合(偶合常数为 ^3J),$H_{A'}$ 与 H_B 是对位偶合(偶合常数是 ^5J)。在间位三取代苯中,H_A 与 $H_{A'}$ 即是化学等价核,也是磁等价核,因为它们对于 H_B 来说都是间位偶合,偶合常数均是 ^4J。

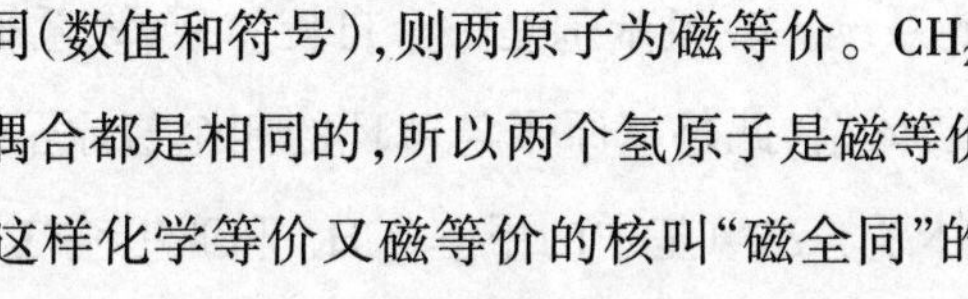

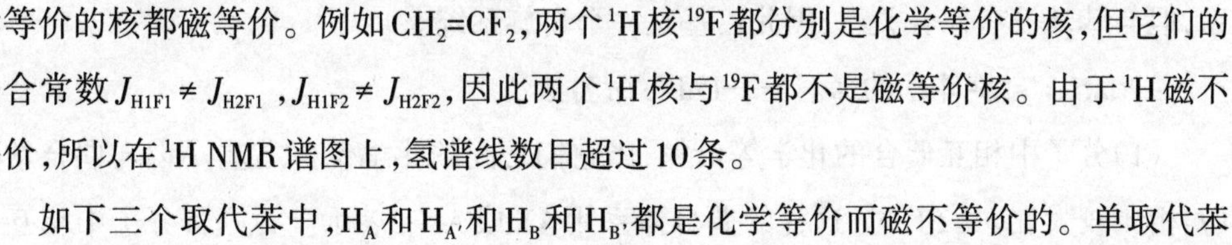

更多的例子,以下化合物中 H_A 和 H_B 都属于化学等价,但环丙烯中 H_A 和 H_B 属于磁等价而环丙烷中的却不是。1,1-二氟丙二烯中 H_A 和 H_B 属于磁等价而1,1-二氟乙烯中却不是。

3.5.2　自旋体系

一个分子中,把存在相互偶合关系的一组磁核称为一个自旋体系。一个自旋体系内,不一定所有磁性核之间都存在偶合关系,但不会与外界任何磁核发生偶合关系。也就是说,体系与体系之间是隔绝的。例如对氟苯甲酸乙酯($4-FC_6H_4CO_2CH_2CH_3$)有两个独立的自旋系统。4-氟苯基是一个自旋体系,该系统内苯环四个芳氢之间相互偶合组成一个自旋体系,此外氟原子与苯环的四个氢原子之间也有远程偶合关系,一起组成一个自旋体系。乙氧基中的甲基(CH_3)和亚甲基(CH_2)之间存在相互偶合关系,但与苯环没有偶合关系,因此乙基是一个自旋系统。

3.5.2.1　自旋体系的命名——PoPle命名法

(1)分子中相互偶合的化学等价氢,当它们之间的化学位移之差($\Delta\nu$)与偶合常数(J)相比较大($\Delta\nu \geqq 5J$)时,这样的偶合体系用AX或AMX表示。否则若分子中相互干扰的化学等价氢,当它们之间的化学位移差 $\Delta\nu$ 小于或近似于偶合常数J时,这些偶合体系被以AB、ABC、MN或XYZ表示。其中相同的核数目在其右下角用阿拉伯字母表示。例如 $Cl-CH_2-CH_2-I$ 中,两个 CH_2 基团构成 A_2B_2 系统。

(2)如果一个核组中含有多个磁等价核,则用n表示等价核数,如 A_nX_m,例如二氯甲烷 CH_2Cl_2 中的两个氢构成 A_2 系统,甲基的三个氢组成 A_3 系统。$CH_3COCH_2CH_3$ 的乙基部分甲基和亚甲基构成 A_3X_2 自旋系统。

一个自旋系统中两个核组之间的相互偶合作用的强弱可以通过它们化学位移之差表现出来。当以Hz为共同单位,若 $\Delta\nu \gg J$ 时,两组核之间的相互作用是很弱的,谱图比较简单。反之,当 $\Delta\nu \approx J$ 或 $J > \Delta\nu$ 时,两核间的相互作用是强的,谱图比较复杂。强偶合的两核组以A、B表示,弱偶合的两核组以A、X表示。一般认为 $\Delta\nu/J > 6$ 是弱偶合作用。

（3）若组内核不等价,用AA′、BB′加以区别,如对甲氧基苯甲酸甲酯中,苯环四个氢构成AA′XX′系统。

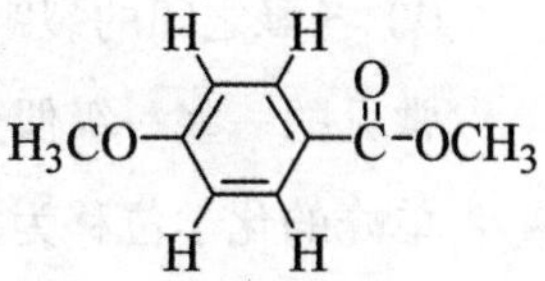

分子中相互偶合的氢组之间构成的偶合体系不仅与分子结构有关,还与测试仪器使用的磁场有关。例如在低磁场强度的仪器中测得的4-甲氧基苯甲酸酯中四个芳氢组成可能为AA′BB′偶合体系,但在使用高磁场的核磁波谱仪得到的谱图中却显示为AA′XX′偶合体系。

表3.15　一些常见化合物的自旋体系

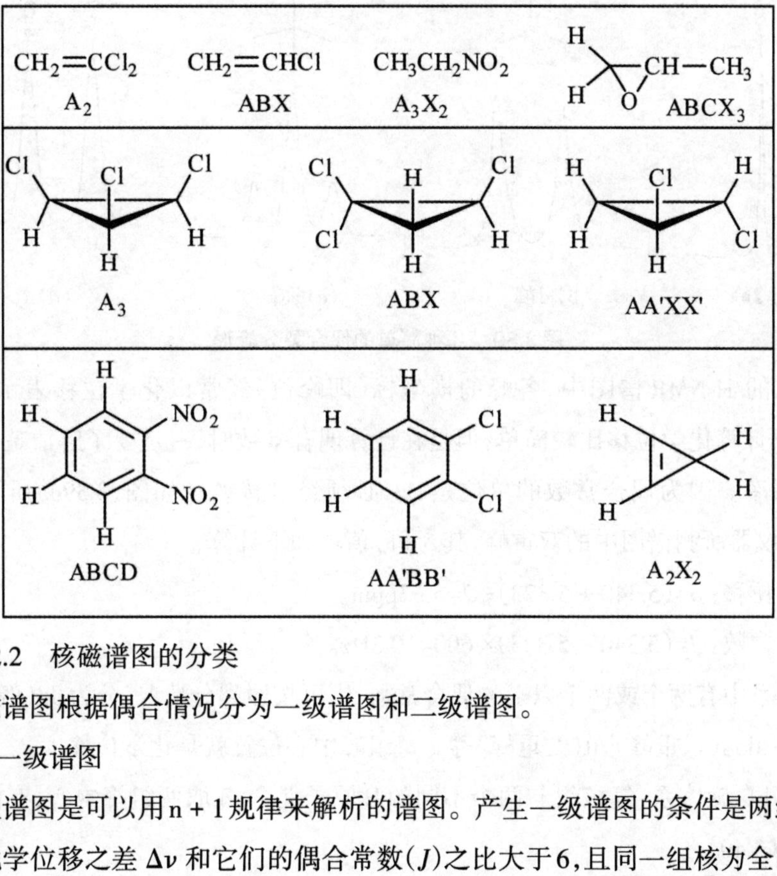

3.5.2.2　核磁谱图的分类

核磁谱图根据偶合情况分为一级谱图和二级谱图。

（1）一级谱图

一级谱图是可以用 n+1 规律来解析的谱图。产生一级谱图的条件是两组或几组质子的化学位移之差 $\Delta\nu$ 和它们的偶合常数(J)之比大于6,且同一组核为全同核。它们的峰裂分符合 n+1 规律。一级谱图中,化学位移和偶合常数可直接从谱图中读出。

一级谱图具有如下几个特点：

(i) $\Delta\nu/J \geqslant 6$。

(ii) 裂分符合 n+1 规律。对于 $I \neq 1$ 的核,则应该采用 $(2nI+1)$ 规律进行描述。

(iii) 各裂分小峰的强度比近似符合$(a+b)^n$展开式系数比。

(iv) 各组峰的中心处为该组质子的化学位移。

(v) 各峰之间的裂距相等,即为偶合常数。

常见的一些一级偶合体系的化学位移和偶合常数如下读出:

单峰的化学位移为峰顶的横坐标(ppm),偶合常数为0 Hz。双峰的化学位移为两峰的中心(不对称双峰可去重心)坐标,偶合常数(J)为两裂分峰的峰距(Hz)。三重峰的化学位移在中心峰顶的横坐标处,偶合常数为相邻两峰的距离(Hz)(图3.39)。

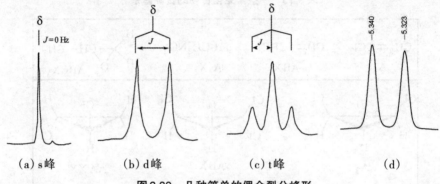

(a) s峰   (b) d峰   (c) t峰   (d)

图3.39　几种简单的偶合裂分峰形

常见的¹H NMR谱图中,各峰的横坐标(即峰位)经常以化学位移表示,单位为ppm,这样计算化学位移比较简单,但是在计算偶合常数时,一定要了解清楚仪器使用的射频频率。因为偶合常数的单位是Hz,必须经过转换。如图(3.39d)所示为一在600 MHz仪器所测谱图中的双重峰,其δ和J值可如下计算:

化学位移: $\delta=(5.340 + 5.323)\div 2=5.33$ppm。

偶合常数: $J=(5.340 - 5.323)\times 600=10.3$Hz。

若体系中有两个或两个以上的偶合常数,则可按照裂分情况,分为dd(四重峰)、dt(六重峰)、ddd(八重峰)、tt(九重峰)等。每组峰中心位置就是化学位移。

① dd自旋体系:氢核组与两个不同的H原子偶合,δ取两组峰中心,有两个不同的J值(图3.40)。

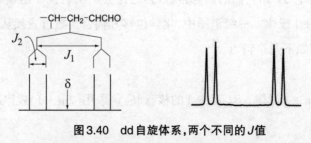

图3.40　dd自旋体系,两个不同的J值

② dt自旋体系：氢核周围有一个CH和一个CH_2与之偶合，有两个不同的J值。化学位移δ取两个三重峰中心峰的中心（图3.41）。

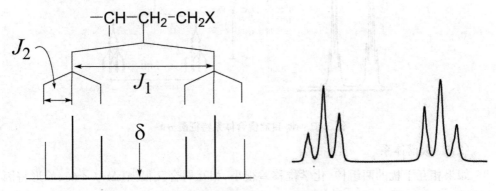

图3.41　dt自旋体系，两个不同的J值

③ tt体系：

(a)两个相同的J值：$J_{AB}=J_{BC}$。　　(b)两个不同的J值：$J_{AB} \neq J_{BC}$。

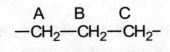

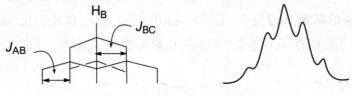

（a）$J_{AB}=J_{BC}$时 H_B 的裂分峰形

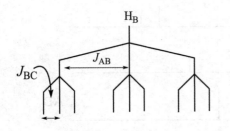

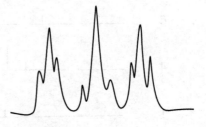

（b）$J_{AB} \neq J_{BC}$时 H_B 的裂分峰形

图3.42　tt偶合体系的峰形

④ dq体系：例如具有($-CH-CH_2-CH_3$)结构特征，即氢组与一个CH和一个甲基组成的自旋偶合体系的特征裂分峰，两个不同的J值。

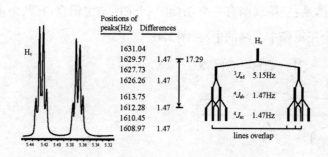

图 3.43　dq 自旋偶合体系特征裂分峰

（2）二级谱体系

如果相互干扰的两组核,化学位移差很小,相互偶合又很强($\Delta\nu/J < 6$),峰形将因为相互靠近而畸变,称为二级谱。二级谱与一级谱的区别是:

（A）:峰数目会超过 n + 1 规律所计算的数目。

（B）:化学位移和偶合常数一般不能直接从谱图读出,而需要经过计算得到。

① 二旋体系

对于二旋体系($-CH_A-CH_B-$),根据 $\Delta\nu/J$ 值的大小,可以分为 AX、AB 和 A_2 体系。如图 3.44 所示,当 H_A 和 H_B 的化学位移相距很远时($\Delta\nu/J > 10$),表现为 AX 体系,随着两氢核化学位移的靠近,$\Delta\nu/J$ 变小,谱图变成 AB 体系。当 H_A 和 H_B 的化学位移相等时,$\Delta\nu/J = 0$,谱图不出现裂分,两个氢核在同一位置共振,为 A_2 体系。

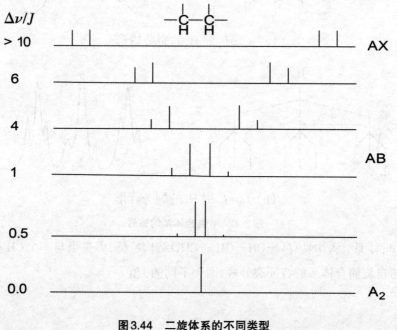

图 3.44　二旋体系的不同类型

(i) AX 系统：AX 系统 H_A 和 H_B 的化学位移相距很远（$\Delta\nu/J > 10$），为一级图谱。由四条强度相等的谱线组成，谱图符合 n + 1 规律，可用一级谱图分析（图 3.45）。每个氢裂分为 2 条谱线，化学位移在两峰中心处，偶合常数为 2 条谱线距离。如 HF、HC≡CF、$HCCl_2F$ 都属于 AX 系统。实际工作中，在高磁场强度的波谱仪做的谱图中经常可以看到典型的 AX 自旋偶合体系。

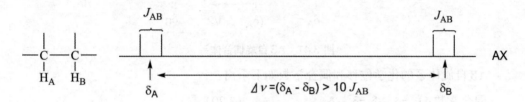

图 3.45　AX 自旋体系示意图

如图 3.46 为 500 MHz 核磁波谱仪测定的 3-对甲苯丙酸甲酯的部分氢谱图，其中两个烯氢（H_A 和 H_B）构成 AX 自旋偶合体系。H_A 的化学位移 δ_A=(7.687+7.655)/2= 7.67 ppm，H_B 的化学位移 δ_B=(6.412+6.380)/2 ≈ 6.40ppm。H_A 和 H_B 的偶合常数 J_{AB}=(7.687-7.655)×500=(6.412−6.38)×500=16.0 Hz。△ν/J =(7.67−6.40)×500 /15=39.7 >> 10。苯环相邻的两个芳基氢 H_C 和 H_D 也构成 AX 自旋体系。H_C 的化学位移 δ_C=(7.430+7.413)/2= 7.42 ppm，H_D 的化学位移 δ_D=(7.20+7.184)/2=7.19 ppm。H_C 和 H_D 之间的偶合常数 J_{CD}= (7.430−7.413)×500= (7.200−7.184)×500=8.5 Hz。△ν/J= (7.42−7.19)×500 /8.5=13.5 > 10。

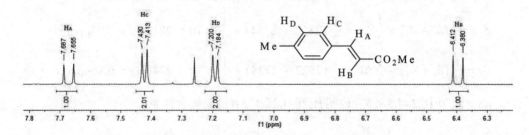

图 3.46　3-(4-甲苯基)丙酸甲酯部分氢谱图

(ii) AB 体系：AB 体系是二旋系统中最常见的一种自旋偶合体系。典型的例子如孤立 CH_2、二取代乙烯、四取代苯等。AB 体系两个氢各自裂分为两个强度不等但左右对称的吸收峰，一般外矮内高。如图 3.47 所示。偶合常数 J_{AB} 依然可以直接从谱图读出（等于每组双峰间距）。而化学位移不能取两峰的中心值，而要通过式 3.20 和 3.21 的计算求出。

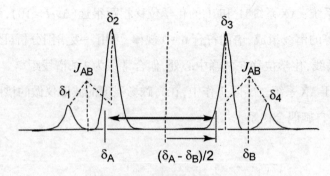

图 3.47　AB自旋偶合体系

AB自旋体系的化学位移和偶合常数如下求出：

偶合常数：$J_{AB}=\delta_1-\delta_2=\delta_3-\delta_4$ 　　　　　　　（3.20）

$$\Delta\nu = \delta_A - \delta_B = \sqrt{(\delta_1-\delta_4)(\delta_2-\delta_3)} \quad\quad (3.21)$$

$$\delta_A = \frac{1}{2}(\delta_1+\delta_4) + \frac{1}{2}\Delta\nu \quad\quad\quad (3.22)$$

$$\delta_B = \frac{1}{2}(\delta_1+\delta_4) - \frac{1}{2}\Delta\nu \quad\quad\quad (3.23)$$

所以δ_A在H_A谱峰的重心而非中心处，同样，δ_B也是在H_B谱峰的重心处。

图3.48为某二芳基乙烯氢谱中乙烯基氢部分的谱图，横坐标用Hz为单位表示。

根据式（3.20）和式（3.21），可以计算出H_E和H_F之间的偶合常数为：

$J_{EF}=2822.697-2806.509=16.2Hz$，说明该二芳基乙烯为反式烯烃。其化学位移为：

$$\Delta\nu = \sqrt{(\delta_1-\delta_4)(\delta_2-\delta_3)} = \sqrt{(2822-2734)(2806-2750)} = 70\ Hz$$

$$\delta_E = \frac{1}{2}(\delta_1+\delta_4) + \frac{1}{2}\Delta\nu = \frac{1}{2}(2822+2734) + \frac{1}{2}\times70 = 2813Hz = 7.03ppm$$

$$\delta_F = \frac{1}{2}(\delta_1+\delta_4) - \frac{1}{2}\Delta\nu = \frac{1}{2}(2822+2734) - \frac{1}{2}\times70 = 2743Hz = 6.86ppm$$

$\triangle\nu/J=70/16.2=4.3<5$。说明$H_E$和$H_F$属于AB自旋偶合体系。

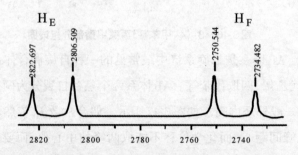

图 3.48　某二芳基乙烯中烯氢部分氢谱图（400MHz）

(iii) A_2 体系

磁等价的2个氢核,只出现一条谱线,谱峰不出现裂分。

②三旋体系

三旋体系可分为:AX_2、AMX、ABX、ABC、AB_2 和 A_3 等偶合体系。前两者(AX_2、AMX)可以用 n+1 规律来解析谱图。ABX、ABC 和 AB_2 体系属于二级谱图,偶合常数和化学位移往往要通过计算才能得到。

(i)AX_2 体系:AX_2 体系是两个等价的氢核和另一个不等价的氢核之间的偶合体系,并且氢核 A 和 X 化学位移差别很远。谱图接近一级谱图,符合 n+1 规律,共5条谱线。如 $CH_2BrCHBr_2$ 的谱图(图3.49)。

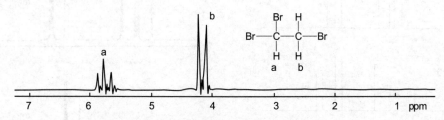

图 3.49　$CH_2BrCHBr_2$ 的氢谱图(60 MHz)

(ii) AB_2 体系:当 AX_2 体系中 A 和 X 核的距离逐渐靠近,两组核偶合变强,谱线复杂化,成为 AB_2 体系。A 核的三重峰变为四重峰,X 核的双重峰变为四重峰,整个体系中最多可以观察到9重峰。其中 1~4 条为 A 组,5~8 条为 B 组,第9条为综合峰,强度较弱,常常观察不到。谱线位置变化与 $\triangle \nu/J$ 的关系见图3.50。

AB_2 体系属于二级谱图,常见于苯环对称三取代、吡啶环对称二取代、—CH_2—CH—等体系,偶合常数和化学位移可以通过如图3.51所示关系计算得到。

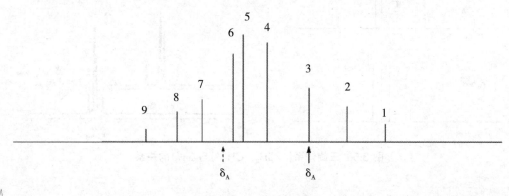

图 3.51　AB_2 体系谱峰

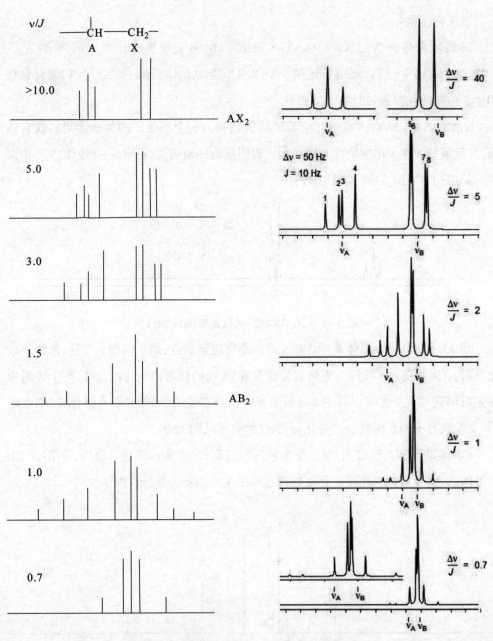

图 3.50 三旋体系(—CH₂—CH—)与△ν/J的关系

谱线间的关系为：

$$\delta_1 - \delta_2 = \delta_3 - \delta_4 = \delta_6 - \delta_7 \qquad (3.24)$$

$$\delta_1 - \delta_3 = \delta_2 - \delta_4 = \delta_5 - \delta_8 \qquad (3.25)$$

图中谱线编号是从右到左，即 $\delta_B > \delta_A$。若 $\delta_B < \delta_A$，则谱线标号需要从左到右。第5、6条谱线往往很靠近。A 和 B 核的化学位移和偶和常数的计算如下：

$$\delta_A = \delta_3$$

$$\delta_B = \frac{1}{2}(\delta5 + \delta7)$$

$$J_{AB} = \frac{1}{3}[(\delta_1 - \delta_4) + (\delta_6 - \delta_8)]$$

即：A 核的化学位移在第3条谱线处，B 核的化学位移取第5和7条谱线的中间位置。式中 $\delta_1 - \delta_4$ 表示 A 核谱线的裂分宽度，$\delta_6 - \delta_8$ 表示 B 核谱线的裂分宽度，互相偶合的核为3个，故前面除以3。

目前，300 MHz 到 800 MHz 的高磁场 NMR 波谱仪已经广泛使用，因此波谱解析越来越简单。例如使用 60 MHz 核磁共振仪测定的 2,6-二甲基吡啶的 ^{1}H NMR 谱图，其芳基氢表现为典型的 AB_2 偶合体系，但在 300 MHz 核磁共振仪所测谱图中，已经简化为 AX_2 体系了。

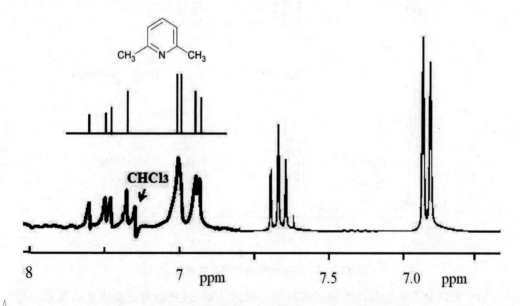

图 3.52　2,6-二甲基吡啶部分氢谱图（左:60 MHz,右 300MHz）

(ⅲ) AMX 体系：AMX 体系是最简单的三核自旋偶合体系，属于一级谱图，共有 12 条谱线。每一个氢都被其他两个核裂分为双二重峰(dd)，共振峰强度相等。3 个氢核的化学位移和 3 个偶合常数 J_{AM}、J_{AX}、J_{MX} 都可以从谱图上直接读出。双二重峰的两个不同的裂矩就是两个偶合常数。中心位置即为该氢核的化学位移 δ(图 3.53 和 3.54)。

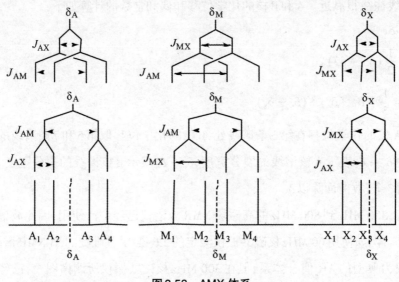

图 3.53　AMX 体系

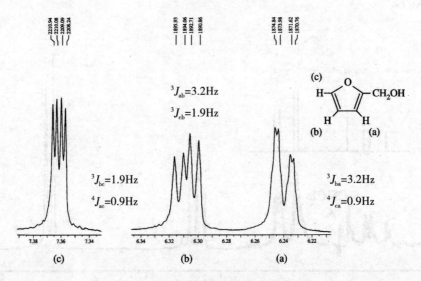

图 3.54　2-呋喃甲醇的部分氢谱图

(ⅳ) ABX 体系：ABX 体系是很常见的二级谱体系，这是因为三旋体系的其他两种 AB_2 体系要求分子有对称性而 AMX 体系要求三个核的化学位移相差明显。

在ABX体系中,A、B两核化学位移较近,偶合强烈,X核的化学位移与A、B两核均较远,偶合作用较弱。X被A、B两核裂分为四重峰可以参照图3.53所示的解析方法,得到J_{AX}和J_{BX}以及X核的化学位移。AB两核偶合形成8条谱线,是两个AB体系的组合。A、B两核的化学位移需要经过计算得到。ABX体系有可能出现两条较弱的谱线,所以最多有14条谱线,如图3.55所示。从高场向低场编号,1、3、5、7和2、4、5、8分别构成两个AB体系亚谱,其特征是:

A:四个等间距:1~3;5~7;2~4;6~8。

B:两两等高:1,7;2,8;3,5;4,6。

AB之间只有一个偶合常数J_{AB}。上述四个等距就是J_{AB}。化学位移δ_A和δ_B可以通过计算得到。对于X部分的谱图,与AMX类似,δ_X在X核四条谱线的中心。

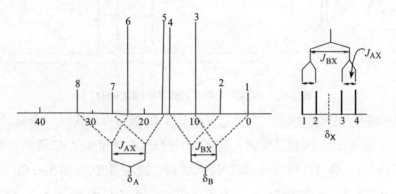

图3.55 ABX体系的AB部分和X部分解析

ABX常见于以下结构单元的质子。

使用高磁场强度的NMR仪器时,ABX体系可能被简化为AMX体系。例如3-氯苯基环氧乙烷在60 MHz谱图中,HA、HB和HC显示为ABX体系,而在300 MHz核磁共振仪测定的谱图为AMX体系(图3.56)。每个氢都被另外两个氢偶合裂分为四重峰(dd),峰线的强度差别不大(这一点很重要)。偶合常数和化学位移都可以直接从图上读出。须注意的是,三元环化合物、顺式相邻氢的偶合常数($^3J_{BC}$)大于反式偶合$^3J_{AC}$。

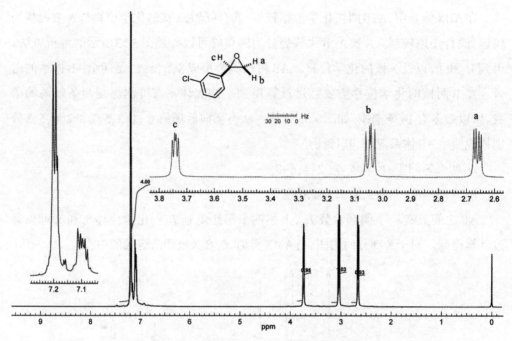

图3.56 3-氯苯基环氧乙烷氢谱（300MHz）

(V)ABC体系：ABC系统是一个比较复杂的体系,通常可以看到12条峰,最多出现15条峰。中间强度大,两侧强度弱。3个氢的共振吸收峰相互交叉,裂矩不等于偶合常数,难以归属。遇到这种情况,需要提高仪器的磁场强度,增加$\Delta\nu/J$值,使其变为ABX 或 AMX 体系,再进行解析。如图 3.57,在 60 MHz 的核磁条件下,丙烯腈的 ^{1}H NMR 谱图表现为ABC自旋偶合体系,改用300 MHz核磁仪测定,体系简化为AMX体系。

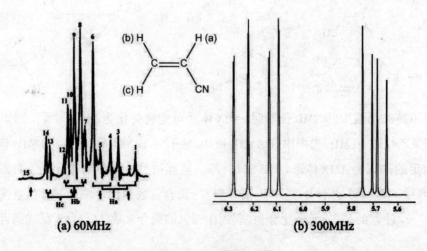

图3.57 丙烯腈的谱图

③ 四旋体系

由四个相互偶合的氢组成的体系称为四旋体系。常见的四旋体系有：AX_3、A_2X_2、A_2B_2、$AA'BB'$等。

(i) AX_3体系：AX_3体系属于一级谱图，A有四重峰(1H)，X有二重峰(3H)，裂距为偶合常数J_{AX}。例如乙醛(CH_3CHO)构成四旋体系。

(ii) A_2X_2体系：A_2X_2体系也为近似一级谱，符合 $n+1$ 规律，有六条谱线。可以按照一级谱规律读出化学位移和偶合常数。如 $CH_3O—CH_2—CH_2—Br$。偶合常数的计算式为：$J_{AB}=(\delta_1-\delta_5)/2$。

(iii) A_2B_2或$AA'BB'$体系：当A_2X_2体系中A核和X核的化学位移靠近时($\Delta\nu/J < 6$)，即构成A_2B_2体系(图3.58)。如图3.59所示，A_2B_2谱系理论上有14条谱线，左右对称各7条，分别代表A和B。A核的化学位移在A组第5条谱线处，B的化学位移在B组第5条谱线处。

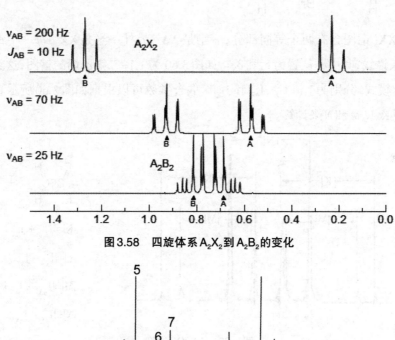

图3.58　四旋体系A_2X_2到A_2B_2的变化

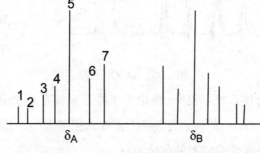

图3.59　A_2B_2自旋偶合体系图

常见的一些具有 A_2B_2/A_2X_2 自旋体系的分子有：

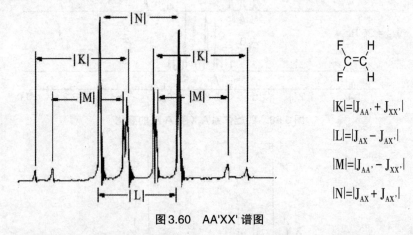

(iv) AA'XX' 和 AA'BB' 体系：AA'XX' 和 AA'BB' 谱系是很常见的偶合体系，一个 A 质子与两个化学等价但磁不等价的 B 和 B' 质子（或 X 和 X' 质子）偶合（偶合常数不等）。常见的分子有：

AA'XX' 谱图含有两个等同部分，一半是 AA'，另外一半是 XX'，每一半都包含有最多 10 条谱线，其中心位置为 δ_A 和 δ_X。如图 3.60 为 1,1-二氟乙烯的谱图，这类谱图有四种偶合模式，分别为 $J_{AA'}$、$J_{XX'}$、J_{AX} 和 $J_{AX'}$。偶合常数可以根据如图 3.60 所示直接读出的峰间距 K、L、M 和 N 来计算。

$|K| = |J_{AA'} + J_{XX'}|$

$|L| = |J_{AX} - J_{AX'}|$

$|M| = |J_{AA'} - J_{XX'}|$

$|N| = |J_{AX} + J_{AX'}|$

图 3.60　AA'XX' 谱图

AA'BB' 自旋偶合体系更加复杂，理论上该体系应该有 28 条谱线，AA' 和 BB' 各占 14 条谱线，谱图左右对称。实际上由于峰的重叠或强度太小，只能观察到少数的几个峰。典型的具有 AA'BB' 偶合体系的分子有：

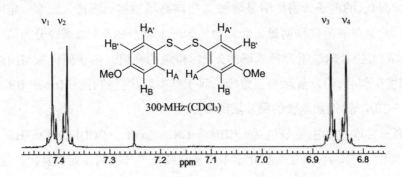

偕 AA'   邻 AA'   邻 二取代苯   对 二取代苯

AA'和BB'化学位移相差较大时,谱线较少,随着$\Delta\nu$的减小,偶合增强,谱图更加复杂化,但仍呈现对称峰形。

对位取代苯的AA'BB'体系谱线较少,主峰类似AB四重峰,每个主峰两侧又有对称的两条小峰,如图3.61所示,主峰$\nu_1-\nu_2=\nu_3-\nu_4=J_o+J_p \approx J_o$。主峰两侧小峰间距离近似等于$2J_m$。$\delta_{AA'}$的近似值可以由1、2主峰的"重心"读出,$\delta_{BB'}$的近似值可以由3、4主峰的"重心"读出。

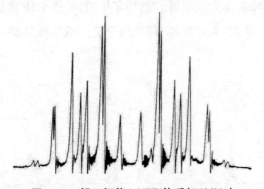

图3.61　对位二取代苯的AA'BB'偶合谱图

邻位二取代苯的AA'BB'偶合体系比较复杂,δ值只能近似估算。图3.62为邻二氯苯的^{1}H NMR谱图(90 MHz),苯环上的四个氢构成AA'BB'体谱线对称。

图3.62　邻二氯苯AA'BB'体系(90MHz)

3.6　常见一些复杂谱图解析

3.6.1　取代苯

3.6.1.1　单取代苯

芳基氢的偶合常数随取代基的变化并不大,取代基对苯环氢的影响主要表现在对邻、间和对位化学位移的变化上。根据取代基的性质,可分为三种情形讨论。

(1)一些诸如—CH₃、—CH₂—、—CH<、—CH=CHR、—C≡CR、—Cl、—Br等中等或弱致活/钝基团对苯环氢化学位移影响不大,芳氢的化学位移相近。使用高磁场的NMR谱仪测量时,谱峰可以在一定范围内拉开。乙基苯的部分氢谱如图3.63(a)所示

(2)含有孤对电子的饱和杂原子的强致活基团,由于孤对电子与苯环的p—π共轭,使邻、对位氢的电子云密度明显增加,δ值向高场位移。间位氢也有一定的位移,但是没有邻、对位氢的位移明显。因此会使苯环上剩余的5个氢谱峰分为两组,较高场的3个邻、对位氢的峰组合较低场的2个间位氢的峰组。由于间位氢与两边的邻、对位氢都发生偶合,所以显示为三重峰。属于这类取代基的有:—OH、—OR、—NH₂、—NHR、—ORR′等,例如苯胺的部分氢谱图[3.63(b)]。

(3)第三类取代基主要是包括—CHO、—CN、—COR、—COOR、—CONHR、—NO₂、—C=NH(R)、—SO₃H等,在有机化学中属于强钝化苯环的间位定位基团。这类基团与苯环形成大的π—π共轭体系,使苯环电子云密度降低,但主要降低邻、对位的电子云密度,尤其是邻位更加明显(还有吸电子诱导效应的影响)。因此苯环两个邻位氢的谱峰向低场位移明显,由于邻位氢值与间位氢有邻碳偶合(^3J),而与其他氢的偶合(^4J、^5J)较弱,所以谱峰表现为双重峰。例如苯甲醛的 ^1H NMR谱图如3.63(c)所示,邻位两个氢向低场位移最大,为双重峰,间位两个氢向低场位移最小,与邻、对位氢都有偶合,表现为dd峰。

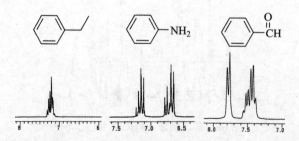

(a)乙苯部分氢谱　　(b)苯胺部分氢谱　　(c)苯甲醛部分氢谱

图3.63　单取代苯的典型谱图

3.6.1.2 对位二取代苯环

对位二取代苯属于C_2对称分子,苯环上剩余的4个氢组成$AA'BB'$自旋偶合体系,谱图左右对称,比较简单。谱峰形状与AB体系相近,呈现左右对称的四重峰。由于相互偶合的关系,中间的一对较强,两边的一对峰较弱。如果存在取代与苯环的远程偶合,则谱峰半高度加宽,高度降低。若两取代基性质相近,则两组峰峰位更加接近,偶合加强,使谱峰更加变形(中间峰加强,侧峰变得很弱,甚至消失)。

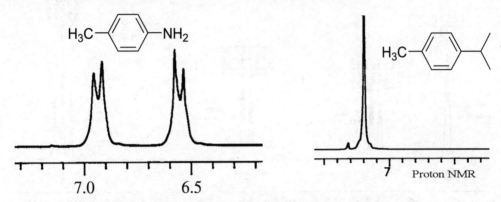

图3.64 对位二取代苯峰形:4-甲基苯胺(左)和4-甲基异丙基苯(右)

3.6.1.3 邻位二取代苯环

相似或相同基团取代的邻二取代苯形成典型的$AA'BB'$体系。谱图左右对称,但比一般的脂肪族$X—CH_2—CH_2—Y$的$AA'BB'$体系谱图复杂。性质不同的邻二取代苯形成ABCD体系,谱图最为复杂。如果两个取代基团差异较大(如分属第二、三类基团),则在频率高的NMR仪器得到的谱图,每个氢的谱线都可解析。此时苯环四个氢属于AKPX体系,每个氢首先按照^3J裂分(两侧邻碳氢偶合,粗看起来为三重峰,一侧有氢,粗看为双重峰),然后再按^4J、^5J裂分(偶合裂分依^3J、^4J、^5J递减)。图3.65为邻甲氧基肉桂酸甲酯的部分氢谱图,苯环的每个氢的化学位移和裂分情况都清晰可见。

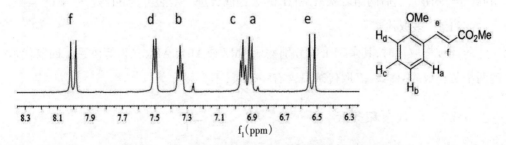

图3.65 邻羟基苯甲酸甲酯的部分氢谱图(500 MHz)

3.6.1.4　间位二取代苯

相同基团的间位二取代苯环上四个氢形成 AB_2C 自旋偶合体系。若两个基团性质不同,则形成 ABCD 体系。间位二取代苯的谱图也是相当的复杂。但是两个取代基中间的氢因为与其他芳基氢隔离,没有 ^3J 偶合,但会有 ^4J 和 ^5J 偶合,因此粗看像单峰,但是有精细结构存在。因此经常以单峰出现,比较特征。

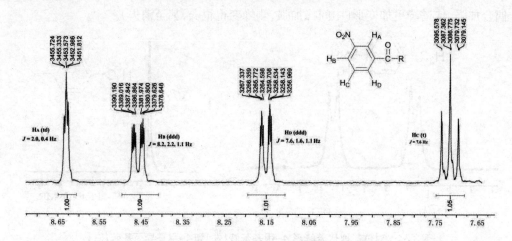

图3.66　3-硝基苯基酮的部分氢谱图(400 MHz)

图3.66为3-硝基苯甲酰化合物物在400MHz核磁测得的氢谱中芳基部分谱图。H_A 无 ^3J 偶合,且处于两个吸电子基团(—NO_2和—CO—)的中间,化学位移最大(δ=8.63ppm),偶合常数很小(只有远程偶合)。与强吸电子基团硝基相邻的 H_B 应处于次低场(δ=8.46 ppm)。它与 H_C 有 ^3J 偶合,与 H_A 和 H_D 有 ^4J 偶合,偶合常数为 8.2、2.2、1.1Hz。H_C 处于两个吸电子基团的间位,受两者影响最小,处于最高场(δ=7.71 ppm),被 H_B 和 H_D 裂分为四重峰,但是 $J_{BC}=J_{CD}$=7.6Hz,且中间两条谱线正好重叠,因此显示三重峰。此外 H_C 与 H_A 也有 ^5J 偶合存在。H_D 的偶合情况与 H_B 类似,主要被 H_C 裂分为两组峰(^3J=7.6Hz),然后两组峰被 H_A 和 H_B 的远程偶合进一步裂分为 dd 峰。

3.6.1.5　多取代苯

苯环被三取代时,其余三个氢分别构成 AMX 或 ABX、ABC、AB_2 等体系。四取代苯的两个氢构成 AB 体系,五取代苯只含有一个氢,不会裂分。

3.6.2　取代杂环芳烃

取代杂环芳烃中由于杂原子的存在,芳基氢的化学位移会被进一步拉伸。因此许多杂环芳烃谱图表现为一级谱。分析谱图时,需要注意偶合常数与杂原子的位置有关。呋喃甲醇的部分氢谱如图3.67所示。由于氧原子的吸电子诱导效应，H_c的化学位移在最低场，与H_b和H_a偶合($^4J_{ac}$=0.9 Hz)，呈四重峰。H_b与H_a和H_c均为^3J偶合，通过对比H_c的偶合常数，得知与H_b偶合常数为$^3J_{cb}$=1.9 Hz，所以与H_a的偶合常数$^3J_{ab}$=3.2 Hz。H_a主要与H_b存在$^3J_{ab}$偶合，但是也与H_c存在远程偶合($^4J_{ac}$=0.9 Hz)，所以谱峰呈现dd峰形。当然H_a也与亚甲基(CH_2)存在远程偶合，但没有出现裂分，仅使谱峰变宽。

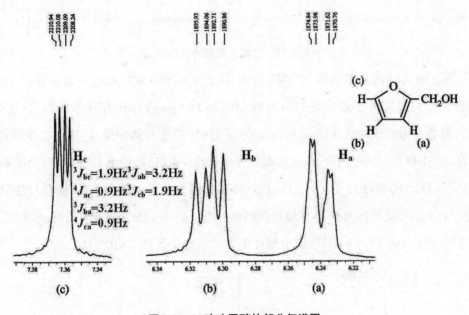

图3.67 2–呋喃甲醇的部分氢谱图

3.6.3 单取代乙烯

单取代乙烯氢谱中存在着顺式、反式和同碳氢的偶合，烯基氢与取代的烷基还有^3J或远程偶合，因此谱线比较复杂。首先讨论只存在烯氢偶合的化合物，如图3.68为乙酸乙烯酯的氢谱，出现在δ 2.1ppm的单峰是甲基的共振吸收峰。三个烯氢的化学位移和偶合常数都不一样，每个氢都被另外两个氢偶合裂分为dd四重峰。其中与氧原子相连的H_c化学位移最大，核磁共振信号在最低场出现(7.27ppm)。H_c与H_a是顺式偶合，与H_b是反式偶合，故$^3J_{ac} < ^3J_{bc}$。(烯氢的偶合常数规律是：$^3J_反 > ^3J_顺 > ^2J_同$，$^2J_同$一般很小，0~2 Hz)，因而很容易地推知次低场出现的δ=4.88ppm的dd四重峰为H_b共振峰。化学位移在4.57ppm处的峰应该归属于H_a。

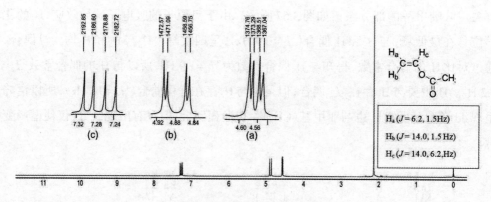

图3.68 乙酸乙烯酯的氢谱图

图3.69为烯丙基苯砜的 ^{1}H NMR 谱图，因为采用600 MHz核磁波谱仪测试，因此裂分非常明显。处于最高场的烯丙基 CH_2（$\delta=3.81$ ppm）与 H_1 存在邻碳偶合（$^3J=7.3$ Hz），被裂分为双重峰。H_1（$\delta=5.79$ ppm）除了与 CH_2 存在 ^3J 偶合外，还与 H_2 存在顺式 ^3J 偶合，与 H_3 存在反式 ^3J 偶合，因此被裂分为多重峰（ddt峰，理论上12重峰，因为谱峰重叠，实际显示10重峰）。H_3（$\delta=5.15$ ppm）与 H_1 是烯氢的反式偶合关系，偶合常数很大（$^3J_{1,3}=17.0$Hz），此外还与 H_2 存在烯氢的同碳偶合（$^3J_{2,3}=0.9$ Hz），粗看双重峰，实际是dd四重峰。H_2（$\delta=5.33$ppm）只表现出与 H_1 的邻碳偶合关系，$^3J_{1,2}=10.3$ Hz。

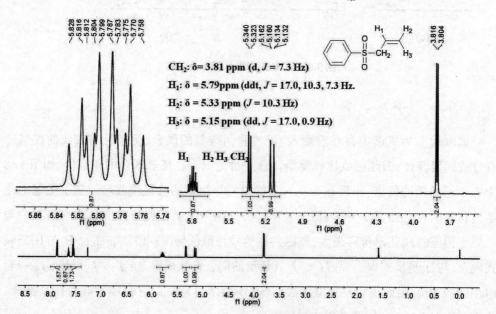

图3.69 烯丙基苯砜的氢谱图

H₁的峰形比较复杂,其放大如图3.70所示。根据分子结构以及峰形分析应该为ddt偶合体系,分别对应三个偶合常数:$^3J_{1,2}$=10.3 Hz、$^3J_{1,3}$=17.0 Hz和$^3J_{1,CH_2}$=7.3H。理论上要出现12条谱线,实际只出现10条,因为其中两条谱线重叠。

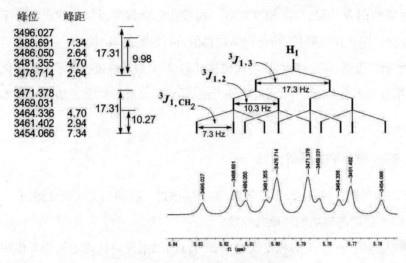

图3.70 烯丙基苯砜H₁的氢谱图

3.7 核磁共振氢谱的解析

3.7.1 解析谱图的步骤

(1)检查谱图是否规范:四甲基硅烷的信号峰应该在零点(如果不在零点,要通过核磁软件调零)。基线是否平直(不平直的时候也需要使用核磁软件进行基线矫正)。峰形是否尖锐规整(否则进行相位矫正)。

(2)识别杂质峰、溶剂峰、水峰。在使用氘代溶剂时,常会有未氘代氢的信号,一些常用氘代溶剂残留质子峰的δ值列于表3.2。确认旋转边带,可用改变样品管的旋转速度使旋转边带位置改变。

(3)根据积分曲线,算出各组信号的相对面积,再参考氢原子数目来确定各组峰所代表的质子数目。也可以首先根据甲基信号峰或孤立的亚甲基或次甲基信号峰来确定各组峰代表质子数。目前使用的核磁软件都带有自动积分功能,使用非常方便。

(4)确定各峰的化学位移、偶合常数及峰形。根据它们与化学结构之间的关系,推出可能的结构单元。首先解析一些特征性强的峰,特别是单峰如CH_3O、CH_3N、CH_3C(O)—、$CH_3C≡C$等。低场信号峰也有很明显的特征性,如羧酸羟基氢一般在δ>10ppm

区域,醛氢的核磁共振区域在9~10ppm,芳基氢的共振范围一般在7~8ppm。谱图上的这些信息对化合物结构确定具有很强的指导性。

(5)识别谱图中一级裂分谱,读出化学位移和偶合常数。偶合常数一定是两组等价质子之间的偶合,因此肯定相互对应。通过偶合常数可以帮助找出在分子中键连基团的连接次序和含氢数目,结合化学位移值,可以推知其结构。

(6)解析二级谱。必要时可以使用位移试剂、双共振等核磁技术手段以简化谱图。

(7)结合元素分析,红外光谱、紫外光谱、质谱、^{13}C谱等检测方法进一步推导物质结构。

3.7.2 辅助谱图解析方法

鉴于二级谱图比较复杂,不易解析,有必要通过一些辅助方法简化谱图。

3.7.2.1 使用高磁场的核磁共振仪

氢谱中基团发生干扰的程度取决于$\Delta v/J$,J的数据反映核磁矩间相互作用能量的大小,是分子固有属性,与使用的仪器无关。化学位移是以ppm为单位的相对值,不随仪器的频率而改变,但是以Hz为单位的却与仪器的频率成正比。当加大仪器的磁场强度时,Δv增大。例如,某两峰的化学位移之差$\Delta\delta$为0.10ppm时,在90MHz的仪器测得的谱图上,间距为$\Delta v=0.1\times90=9$Hz;而在600 MHz的仪器测得的谱图上,两峰的间距为$\Delta v=0.1\times600=60$Hz;若偶合常数为8Hz,用90 MHz仪器时,$\Delta v/J=9/8=1.1$,得到二级谱图。使用600MHz仪器时,$\Delta v/J=60/8=7.5$,所得谱图近似一级谱图,因此谱图大为简化。

3.7.2.2 介质效应

溶剂的磁化率、溶剂分子的磁各向异性以及溶剂与溶质分子之间的范德华力都使样品的核磁共振谱受到影响。即使同一样品,使用不同的溶剂,测得的化学位移也是不同的。由于溶剂效应的存在和影响,在报道或核对已知化合物的氢谱信息时,一定要注意使用溶剂。苯、吡啶等芳烃溶剂有比较强的磁各向异性,在样品溶液中加入少量此类溶剂,会与样品分子的不同部位产生不同的屏蔽作用。在氢谱测定中,如果某样品在$CDCl_3$的溶剂体系中峰位重叠,难以辨析时,滴加少量的氘代苯(C_6H_6)往往可以使重叠的峰位分开。例如平喘酮在$CDCl_3$中测定时,异丙基的甲基峰和环上的甲基峰相互重叠,峰形不易看出[图3.7(1a)]。改用氘代苯为溶剂,两种甲基明显分开[图3.7(1b)]。环上甲基a处于苯的屏蔽区而向高场位移,异丙基的甲基出现四重峰是由两组二重峰所组成的。甲基 b 处于羰基屏蔽区,位于较高场,而甲基 c 则远离羰基屏蔽区,相对在较低场。

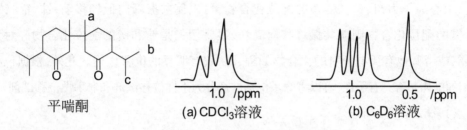

图 3.71 平喘酮甲基的溶剂效应

3.7.2.3 重氢交换

当谱图中羟基、氨基和巯基等活泼氢谱峰难以指认时,最常使用的辅助测试手段是重氢交换。在做完样品后,往其中滴加一两滴重水,活泼氢被氘取代,再次测定时,相应活泼氢峰位会被极大的削弱甚至完全消失。活泼氢交换速率的顺序是:—OH > —NH > —SH。

醇、酚、羧酸、胺等因为形成分子内或分子间氢键,活泼氢化学位移在较大的范围内变动,而且峰形也有不同,因此相互难以区别。羟基由于氢交换比较快,显示尖锐的单峰,氨基有时为单峰,但更常见的是较钝的峰形(氢交换较慢,并且存在四极矩 ^{14}N 与 ^{1}H 核的相互作用结果)。

重氢氧化钠可以用少量金属钠和重水原位产生。重氢氧化钠 NaOD 可以把羰基 α-交换掉。在 ^{1}H NMR 谱中,α-峰组会消失,便于解析其化学位移,但同时也增加了 β-氢谱线的个数(重氢 D 的自旋量子数 I=1)。

$$D_2O \quad + \quad Na \quad \longrightarrow \quad NaOD + D_2$$

$$RCH_2\!-\!\overset{\overset{\displaystyle O}{\|}}{C}\!-\!R' + NaOD \quad \Longleftrightarrow \quad RCD_2\!-\!\overset{\overset{\displaystyle O}{\|}}{C}\!-\!R' + NaOH$$

$$NaOH + D_2O \quad \Longleftrightarrow \quad NaOD \quad + \quad HOD$$

3.7.2.4 位移试剂

在氢谱鉴定化合物结构时,经常遇到某些质子所处的化学环境相似,化学位移很接近以致共振峰重叠难以辨识。通过加入一种试剂,如镧系元素中铕和镨的有机配合物,与待测物形成络合物,改变氢原子核外围电子云密度,从而使之化学位移也发生一定的变化,使原来重叠的共振吸收峰分开,令谱图较易辨认或者简单化。这种能够改变质子化学位移的试剂为位移试剂,位移试剂在吸收峰归属及立体结构测定等方面也有很多应用。目前常用的位移试剂大多是顺磁性镧系稀土元素的配位化合物。中心原子为铕、铒、铥、镱的配位化合物,可以使共振峰向低场移动,铈、镨、钕、钐、铽的配位化合物则使共振峰移向高场,最常用的是铕和镨的配位化合物。对含氮、氧或者其他有孤电子对的化合物如醇、酯、胺有明显的位移作用。此外,根据位移试剂的配体是否具有手性,可以将镧系位移试剂分为手性位移试剂和非手性位移试剂。

(1)镧系位移试剂

常用的位移试剂是镧系元素中的铕(Eu)或镨(Pr)的 β-二羰基络合物,如 $Eu(DPM)_3$、$Pr(DPM)_3$ 和 $Eu(FOD)_3$,其相应的结构式如图 3.72 所示。通常顺磁性的金属络合物使邻近的氢核向低场位移而抗磁性的金属络合物使邻近的氢核向高场位移。Eu 试剂使氢核的 δ 向低场移动,Pu 试剂使氢核的 δ 向高场移动。铕试剂使用更常见一些,它能使质子化学位移向低场位移是因为铕与样品分子中的孤对电子形成络合物。金属离子未配对电子具有顺磁矩,通过空间作用影响分子中各个有磁矩的原子核的核磁共振。因此位移试剂对样品分子中含孤对电子的基团(形成络合物的作用点)附近的氢核影响最大。含孤对电子的基团与位移试剂作用的强弱顺序为:

$$-NH_2> -OH > -C=O > -O- > -CN$$

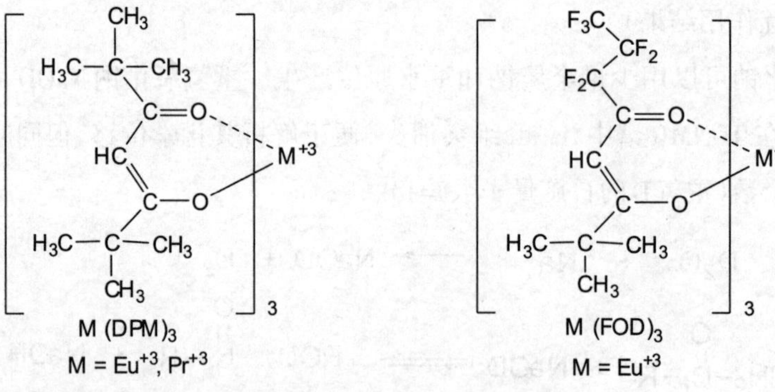

图 3.72　常用位移试剂的结构

位移试剂的浓度是影响化学位移变化大小的主要因素之一。浓度越大,影响越明显。当位移试剂浓度达到某一值后,化学位移不再改变。所以在使用位移试剂的氢谱中需要注明样品和使用位移试剂的量。

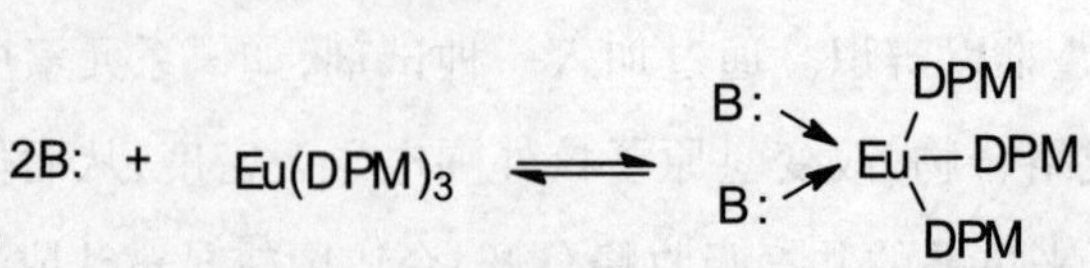

例如正己醇4个CH₂的δ值差别不大,谱线相互重叠(图3.73)。在样品中加入6.5%的Eu(fod)₃后,谱峰向低场位移,络合位点越近的基团位移越大,从而使四个CH₂谱线相互拉开成四组峰,亚甲基与邻近基团的偶合常数也可以清楚的显现出来(图3.73上)所示。而加入Pr(fod)₃后,谱峰向高场位移(图3.73下)。

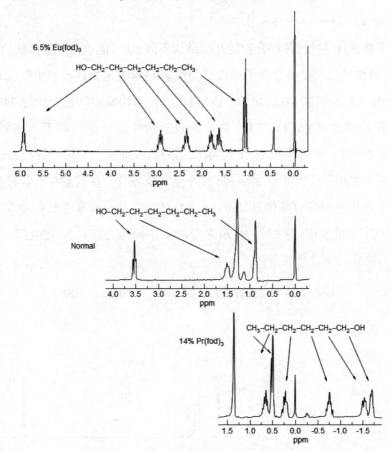

图 3.73 位移试剂对正己醇的氢谱的影响

Eu(DPM)₃是最先被报道并商品化的位移试剂,其优点是Eu(DPM)₃的谱峰在$\delta=-2\sim-1$ppm,对谱图无干扰。缺点是溶解性小(最好的溶剂是CCl₄,其次是苯和CDCl₃)。当浓度较大时,样品谱线加宽明显。Eu(FOD)₃比Eu(DPM)₃溶解性好,对碱性物质(如醚、酯)有较强作用,位移作用大,谱线加宽不明显,因此得以广泛应用。

位移试剂容易潮解,必须保存在装有五氧化二磷的真空干燥器中。此外,位移试剂遇酸分解,不可用于酸和酚等样品中。

(2)手性镧系位移试剂

在非手性条件下,对映异构体的氢核是化学等价的,因此核磁共振氢谱不能区别光学异构体。使用手性位移试剂与对映异构体结合,将对映异构体转变为非对应异构体,从而区分对映异构体。若样品分子以 S 表示,S(+)和 S(-)分别代表样品 S 的两种旋光异构体,则手性位移试剂[L(-)]与两者作用形成一对非对映异构体络合物。

$$S(+) \; + \; L(-) \rightleftharpoons S(+)L(-)$$

$$S(-) \; + \; L(-) \rightleftharpoons S(-)L(-)$$

由于这对非对映异构体络合物的几何结构不同,就可能引起某些氢核的 δ 值的不同变化,因而在氢谱中显示化学不等价。外消旋 1-苯基乙胺在没有手性位移试剂的条件下,手性中心次甲基 CH 为化学等位氢,化学位移相同,其氢谱如图3.74(a)所示。当加入手性位移试剂 Eu(TFC)₃ 后,两个对映异构体的化学位移不再相同(图3.74(b))。其中手性中心次甲基(CH)出现两组四重峰,峰面积1:1,表示此时外消旋 1-苯基乙胺的两个异构体手性中心次甲基 CH 峰位完全分开。这就意味着这种技术可以用来测定手性化合物的对映体过量值(ee 值)。例如,某合成苯乙胺在加入手性位移试剂 Eu(TFC)₃后的氢谱(图3.74c)显示含有80% L-型苯乙胺和20%D 型苯乙胺,从而计算出其对映异构体过量值为:

$$ee\% = \frac{R-S}{R+S} \times 100\% = \frac{80-20}{80+20} \times 100\% = 60\%$$

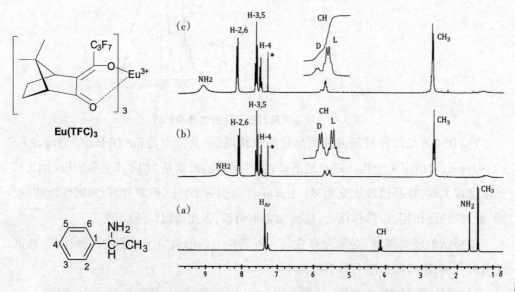

图3.74 (a)1-苯乙胺的氢谱(250MHz)。(b)外消旋体加入手性位移试剂 Eu(TFC)₃。

(c)加入手性位移试剂 Eu(TFC)₃后的苯乙胺(80%L 型+20% D 型)的氢谱

3.7.2.5 双照射

在现代核磁共振仪中,除了恒定磁场B_0和激发射频场B_1外,还可以将一些射频场B_2、B_3以与B_0垂直的方向加到样品上,完成多重共振实验。如使^1H、^{13}C和^{15}N核同时发生共振的三重异核共振实验。

双照射又称双共振(double resonance),就是在恒定磁场B_0和激发射频场B_1外,再加一个电磁波B_2来照射相互偶合的另一核,即同时使用两个不同的磁场频率作用于体系,使相互偶合的两个原子核同时发生共振。采用双照射技术可以确定多重峰组的化学位移和相互发生干扰的核与核之间的偶合关系,找出重叠信号或隐藏信号的位置。

双照射的符号用$A\{X\}$表示,把被加测的A核写在大括号之间,被照射的X核写在大括号内。如$^{13}C\{^1H\}$就是指把射频场B_2加在^1H核上,观察^{13}C信号。

(1)自旋去偶(spin decoupling)

以AX体系为例,对于发生自旋偶合的AX体系,H_A因为H_X的两种不同的自旋取向引起谱线裂分成为双重峰。当H_A被一射频ν_1照射而共振时,用另一射频ν_2照射H_X,使H_X也发生共振,且使得H_X在两个自旋状态($\uparrow$和$\downarrow$)数目相等且快速往返速率远超过弛豫速率,H_X对H_A影响将消失(即自旋饱和现象),从而破坏了发生偶合的条件,这就是自旋去偶操作(图3.75)。

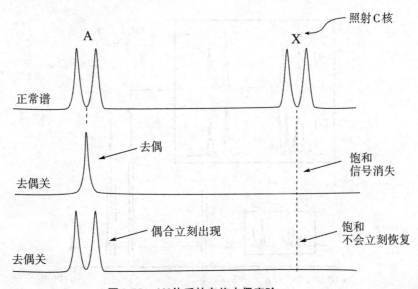

图3.75 AX体系的自旋去偶实验

自旋去偶实验是复杂自旋体系简化谱图的重要实验手段。通过自旋去偶,可以简化谱图,发现隐藏峰,有助于确定质子化学位移和偶合常数。

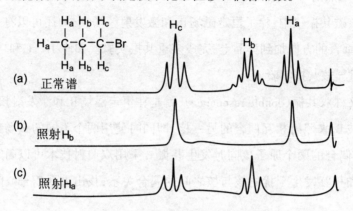

图3.76　1-溴丙烷的双照射去偶实验

如图3.76所示,(a)为1-溴丙烷的正常氢谱,其中H_b因为和H_a、H_c均发生邻碳偶合,谱峰比较复杂。当用双照射去耦法测定时,如果首先选用合适频率的电磁波照射H_b使其饱和以去掉H_b对H_a和H_c的偶合。H_b共振吸收消失,H_a、H_c与H_b偶合产生的多重峰消失,都变为单峰。当选择照射H_a时以去掉其对H_b的偶合时,H_a共振吸收峰消失,体系中只有H_b与H_c相互偶合,各自以三重峰出现。

反式-2-丁烯酸乙酯的氢谱如图3.77所示,H_A和H_B都是dq自旋偶合体系,每组会出最多8重峰。选择对δ=1.8ppm的甲基进行双照射时,两组峰都变成比较简单的d峰,这是因为去掉了甲基的偶合作用,使H_A与H_B变成AB体系。

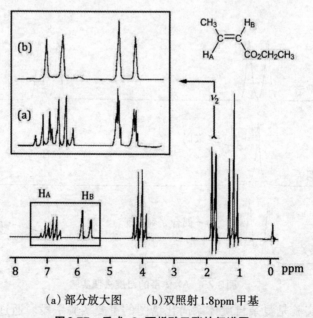

（a）部分放大图　　（b）双照射1.8ppm甲基

图3.77　反式-2-丁烯酸乙酯的氢谱图

甘露糖三乙酸酯的氢谱图如图3.78所示。其中(a)为一般氢谱,难以解析。在该化合物中,除去三个乙酰基,吡喃糖环含有7个氢相互偶合,在δ=3.5~5.5ppm出现7重峰与之对应。从化合物的结构分析,H_1位于最低场,δ=5.4 ppm,H_6与$H_{6'}$位于最高场,不仅相互发生同碳偶合(^2J偶合),还与H_5存在邻碳偶合(^3J偶合)偶合,因此谱峰裂为两组各四重峰(δ=3.85、4.22ppm)。

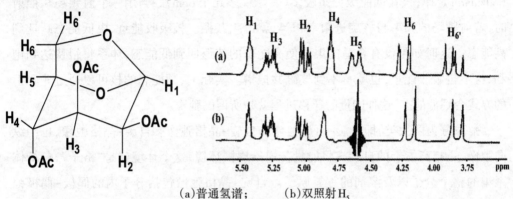

(a)普通氢谱;   (b)双照射H_5

图3.78   三乙酰甘露糖的部分氢谱

若用 ν_2 照射 δ=4.6ppm 的多重峰,使其达到饱和(见图 3.78(b))时,δ=3.85、4.22ppm处的两组四重峰简化为两组双重峰。表明照射的为H_5,去掉了H_5对H_6和$H_{6'}$的偶合。此外,δ=4.8 ppm的三重峰变为双峰,说明该质子与H_5相邻,应该是H_4。

另外对比两图还可以发现,在照射H_5时,H_1和H_3的峰形略有变化,裂分更加清晰。这是因为H_5和H_1、H_3都存在W型远程偶合,但J值较小(1ppm左右),当照射H_5时,远程偶合消失,H_3和H_1仅存在邻碳偶合,峰形变得简单。

δ=5.0ppm的四重峰几乎不变,表明该氢核不与H_5偶合,而其他两个H偶合。从结构上分析应该是H_2。H_2与H_2和H_3存在邻位偶合且J值不等。H_3与H_2和H_1也存在邻位偶合,与H_5、H_1存在W形远程偶合(J ≈ 1Hz),产生复杂多重峰。

(2)核Overhause效应(NOE)

1953年,Overhause研究金属钠的液氨(顺磁)溶液时发现,当用一个高频场使电子自旋发生共振并饱和时,^{23}Na核自旋能级粒子数的平衡分布被破坏,核自旋有关能级上粒子数差额增加很多,共振信号大为增强。1965年,Overhause又发现在核磁共振中,当对某一核进行双照射并使之达到饱和,与其有偶合关系的另一核的共振信号强度也发生变化(增强或减弱),这就是核overhause效应。

NOE是核磁双共振的一种,NOE产生的机制是磁性核之间的偶极–偶极作用(dipole coupling),它与两核距离的六次方之倒数($1/r^6$)成正比。NOE的产生与核的弛豫过程有密切的关系。当一种自旋量子数 $I=1/2$ 的核(如 ^1H、^{13}C 等)被置于磁场中时,产生拉莫尔进动,旋进的频率 ν 与磁场强度 B_0 成正比($\nu = \frac{1}{2\pi}\gamma B_0$),$\gamma$ 为磁旋比。根据Boltzmann定律,核在低能级分布较多(实际仅多几个ppm)。当用一个射频场 B_1 照射时,若射频场的频率与核旋进频率相等,就产生共振。核吸收能量,由低能态跃迁到高能态。这时如果没有合适的渠道使高能态的核返回到低能态,体系将很快达到饱和,将不再吸收能量,也就得不到核磁共振谱。实际上,高能态的核可以通过非辐射的方式会到低能态,这种能量的迁移过程就是所谓的弛豫。

弛豫分为两大类,即自旋–自旋弛豫和自旋–晶格弛豫。自旋–晶格弛豫,也叫纵向弛豫,是指高能态的自旋核将能量传递给周围环境,这个环境就是"格子",包括体系中的整个分子以及溶剂的重氢原子。自旋–晶格弛豫包括分子内的偶极–偶极弛豫,分子间的偶极–偶极弛豫和自旋–旋转弛豫。与NOE相关的就是分子内的偶极–偶极弛豫。比如某分子中 H_A 和 H_B 的空间距离很近,通过分子内的偶极–偶极弛豫相互作用,如果照射 H_A 并使之饱和,H_A 就不能再接受能量,H_B 就不能再通过与 H_A 的自旋弛豫把能量传递给 H_A,只能通过其他弛豫机制慢慢回到低能态。在核磁谱图上的表现就是峰面积的变化,这就是NOE现象的根源。所以NOE可以定义为:当某一自旋核的NMR吸收饱和时,另一自旋核的NMR吸收强度积分值发生变化。NOE积分值改变的大小以弛豫过程所需时间长段成反比。从理论上讲,各种核的谱线强度变化值有一个最大极限,对于 ^1H NMR,最大理论增益值为50%。这里,要观察自旋核之间的NOE并非一定要相互偶合,只要在空间距离相近,并足以使它们相互发生偶极–偶极偶合,产生弛豫作用,就可以产生NOE效应。

一般常见的NOE效应都会导致峰强度的增加,但是在某种几何分布的自旋可能会导致间接的负NOE(强度减弱)。异香草醛的甲氧基氢原子与 H_C 空间距离接近,当照射a谱线(OCH_3)使其饱和时,再做另一谱图(上图),可以发现c谱线的积分强度增加了19%,说明—OCH_3 和邻位芳氢C发生了NOE(图3.79)。

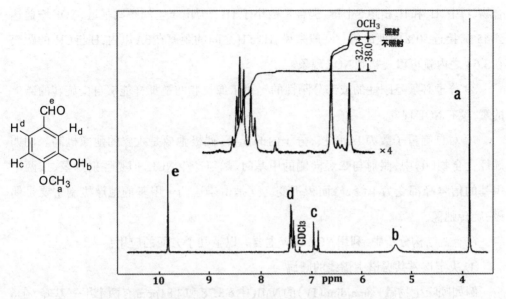

图3.79 异香草醛的常规NMR谱图(下)和NOE NMR谱(上)

NOE在立体化学中有重要的应用价值,Anet和Bourn等用双共振法研究半笼状化合物(I)的偶合常数时发现照射H_A时,H_B的峰面积增加了45%。照射H_B时,H_A的峰面积也增加了45%。如果H_A和OAc位置互换,则没有NOE现象,从而首次发现了分子内质子之间的NOE效应。在烯烃化合物(II)中,烯氢为七重峰,如果用第二射频场照射分子中任何一个甲基,烯氢的信号均变为四重峰,证明烯氢与两个甲基均偶合。但比较烯氢峰面积会发现,当照射烯氢同侧甲基时,烯氢峰面积比照射前增加了17%。而当照射烯氢异侧甲基时,烯氢峰面积几乎没变,说明两者空间位置远离。同样N,N-二甲基甲酰胺(III)的C—N单键因为共轭效应不能自由旋转,当照射甲酰氢同侧的甲基时,甲酰氢的峰面积增加了18%,有明显的NOE效应。

产生分子内NOE需要满足以下三个条件:

① 核之间的空间距离必须相当近,而不管核之间间隔几个键或是否偶合。偶极-偶极相互作用与核间距的六次方成反比,据此可以决定分子内核之间的距离。如化

合物(I)中,H_A和H_B相距5个键,偶合常数小于1Hz,但由于空间距离很近,NOE增益达到45%,接近50%的理论值。一般来说,H与H之间的距离在3Å以内,H与CH_3的距离在3.6Å之内就可以观察到NOE现象。

② 分子必须是刚性的或部分刚性的。对于像长脂肪链那样能够自由旋转的碳上的氢,没有NOE现象。

③ 对自旋量子数为1/2的核,分子内的偶极-偶极弛豫是主要的弛豫机制。例如烯烃化合物(II)中,照射与烯烃同侧的甲基时,烯氢产生NOE,但是照射烯氢时,两个甲基的信号峰都变为单峰,峰面积不变。这是由于这两个甲基的弛豫机制主要是偶极-旋转弛豫。

在有机结构分析中,利用NOE效应主要有以下几个方面的应用:

① 决定核磁共振谱中谱线的归属

例如吲哚生物碱isomajdine(IV)的NMR中δ 3.78和3.81ppm有两个甲氧基峰,在δ 6.47和6.86ppm有一组AB型四重峰,$J=8.0$ Hz,为两个芳基氢。当使δ 3.78ppm的甲氧基饱和时,δ 6.47ppm的双峰面积增加27%而δ 6.86ppm的双峰无影响。当照射δ 3.81 ppm的甲氧基时,N—H的面积增加15%。显然δ 3.81 ppm的信号峰代表12位甲氧基,δ 3.78、6.47、6.86ppm的峰分别代表OCH_3-11、H-10、H-9的信号峰,从而方便地解析出各氢归属。

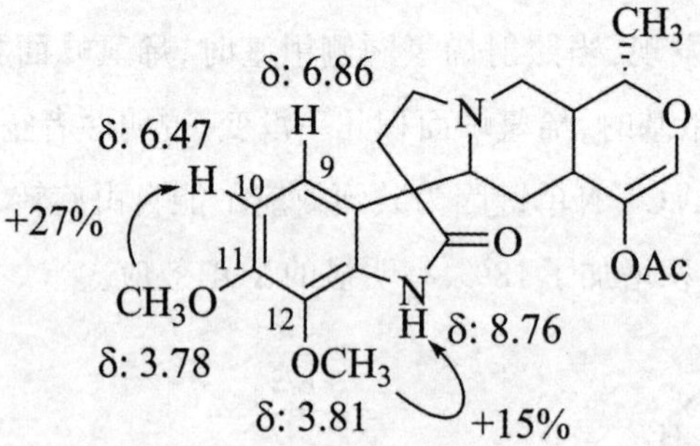

isomajdine (IV)

② 确定分子中取代基的位置

五味子酯为华中五味子中降低肝炎患者的谷-丙转氨酶的有效成分。某五味子酯甲的可能结构根据各种理化数据分析为以下Va和Vb两种结构之一,两者区别在于苯并-1,3-二氧戊环的位置不同。当用另一个射频波照射各个甲基时,芳基质子H_a和H_b中只有H_a产生NOE增益19%,H_b信号无变化。表明五味子酯的H_a与甲氧基相邻。为了进一步证明,作者将五味子酯转化为二乙氧基衍生物(Vc),并测其NOE。当照射乙氧基的一OCH$_2$一时,H$_b$产生NOE增益11%,表明乙氧基与H$_b$相邻。所以五味子甲的次甲二氧基的位置如Va所示。

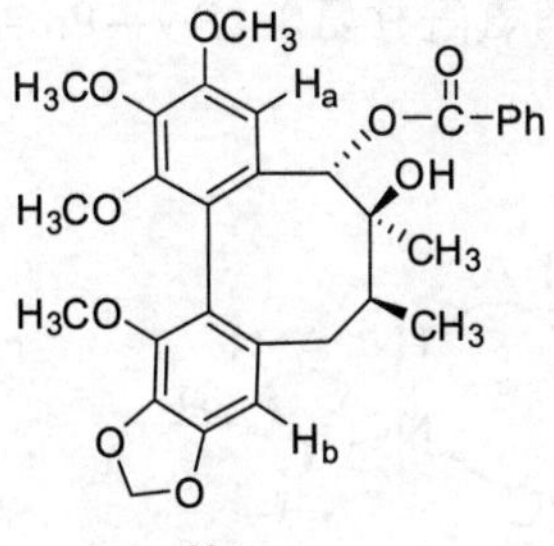

(Va) 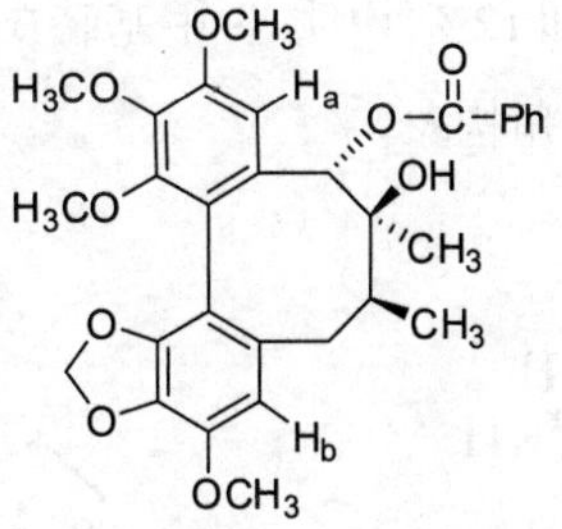   **(Vb)** 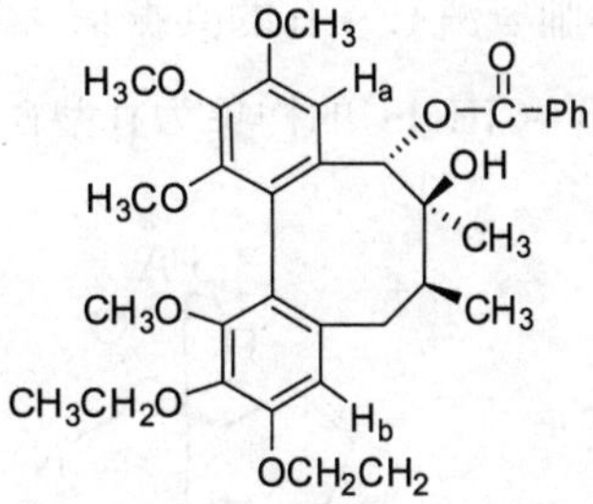   **(Vc)**

③ 确定构型

Lespedeol A(VI)是从Lespedza homoloba分离出来的一个异黄酮,根据各种数据分析得知其可能结构为VIa和VIb(区别在于烯烃双键的顺式或反式)。通过VI的三甲基衍生物VIc的NOE实验发现当照射侧链δ 2.12 ppm处的亚甲基时,δ 5.67ppm的烯氢(H$_a$)面积增加了约12%。而照射δ 1.91 ppm的甲基信号时对烯氢没影响,说明δ 5.67 ppm的烯氢与甲基成反式,所以Lespedeol A 的结构应如VIa所示。

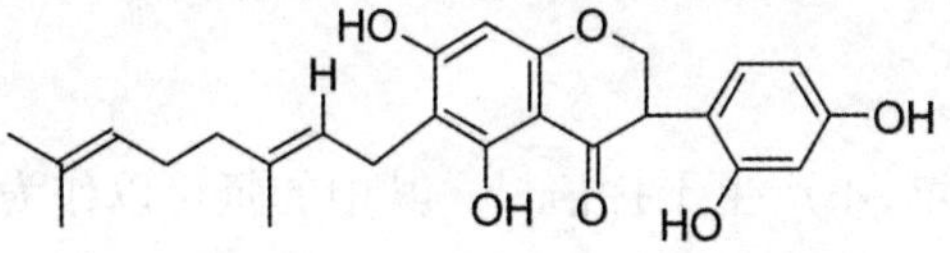

(VIa) 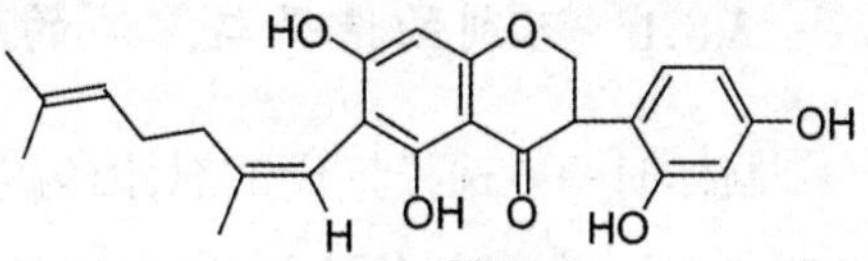   **(VIb)**

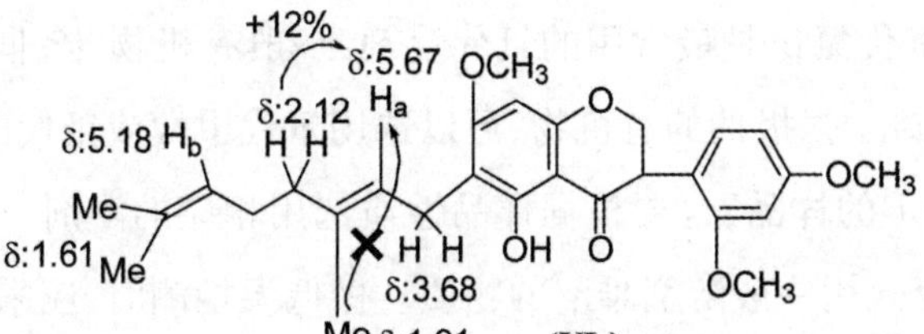

(VIc)

应用NOE时应该注意,只有吸收强度大于10%时,才能肯定两个氢空间位置邻近。另外即使观察不到NOE效应,也不能完全否定两个空间距离邻近,可能还存在其他的干扰而掩蔽NOE效应。

④ 构象的确定

链状多肽,例如N-甲基特戊酰脯氨酰甘氨酸(Piv—Pro—Gly—NHMe)具有I型和II型两种β-转角构象。两种构象中脯氨酰胺基团构象不同,I型β-转角构象中脯氨酰胺采取顺式构象而II型β-转角中脯氨酰胺采取反式链,伸展方向完全相反。由于甘氨酰N—H指向不同,甘氨酰N—H与脯氨酰的C_α—H的距离也不相同【II型的距离(2.1Å)比I型(3.5Å)要短的多】,因此II型可能有NOE效应。所以照射甘氨酰N—H使得脯氨酰C_α—H的共振信号增加12%,说明N-甲基特戊酰脯氨酰甘氨酸(Piv—Pro—Gly—NHMe)的构象为II型β-转角构象。

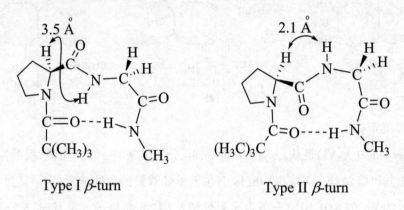

Type I β-turn   Type II β-turn

3.8 核磁共振氢谱的解析实例

3.8.1 溶剂的选择与溶液的配制

制样时一般选择氘代试剂,因为它不含氢,不产生干扰信号。其中的氘可以作为核磁仪锁场(使用氘代溶剂的"内锁"锁场方式作图,谱图分辨率优于不采用氘代溶剂的"外锁"锁场方式)。氘代氯仿是最常用的氘代溶剂,一般有机物,除非极性很强都可以很好的溶解其中。对于强极性的有机物,可以选用氘代甲醇或氘代丙酮,甚至重水做溶剂。对于一些特定的样品,也要根据样品性质选用相应的溶剂。氘代苯可用于芳烃物质,氘代二甲亚砜用一般溶剂难溶的物质。做低温检测时,应采用凝固点低的溶剂,如氘代甲醇。有机金属试剂可选用氘代THF。

3.8.2 出谱图

(1)做谱图时应考虑有足够的谱宽,特别是样品中含有羧基、硅烷等基团时。

(2)谱线重叠时,可尝试加入少量的各向异性溶剂使谱线展开。

(3)做积分曲线得出各含氢基团的比例。

(4)对于复杂的谱图,可以适当考虑双照射(特别是自旋去耦),简化谱图。

(5)用重水交换来证实活泼氢的存在。

3.8.3　解析氢谱的一般程序

对于通过有机合成得到的样品,其氢谱解析相对比较简单。因为合成样品的前体的结构是已知的,合成通常是将两个前体通过一个化学键连起来,因此首先观察两个前体的特征峰(如甲氧基、芳环、烯氢等)是否都存在,然后再确定各峰面积的比例是否与样品分子式中各相应基团的氢原子数之比一致(如果为两者混合物,峰面积之比可能与样品分子式各相应基团氢原子数之比不一致)。对于来源未知的样品或天然产物分离等方法得到的样品分子,氢谱解析则要麻烦得多,一般要依以下方法进行解析。

(1)尽可能的获取样品的基本物性参数,包括来源、熔点、沸点、元素分析值、红外光谱,紫外光谱、质谱等表征结果,以尽可能的获取分子式和可能含有的基团等信息。

(2)拿到谱图后首先观察谱图基线是否平整,内标峰是否归零? 溶剂峰值是否存在偏离? 是否含有大量的杂质峰和溶剂、油脂等污染峰存在? 如果谱图不干净,必须纯化样品重新作谱。

(3)根据分子式计算不饱和度,并以此推测化合物可能含有哪些不饱和基团。

(4)首先解析一些比较特征的强峰,单峰。例如,下列基因都是比较熟悉的单峰。

	—OCH₃	—NCH₃	Ar—CH₃	—C(=O)—CH₃	—C≡C—CH₃	C—CH₃
δ/ppm	3.0~3.8	2.1~3.0	2.2~2.5	2.1~2.6	1.6~1.9	0.8~0.95

(5)解析低场氢。低场氢特征性好,一般不存在相互干扰。

	—CH(=O)	—COH(=O)	—SO₃H	=CH—OH
δ/ppm	9.4~10	9.0~11.5	11~12	15~16

(6)重水交换确定是否含有羟基、氨基等活泼氢。

(7)解析一级谱。一级谱符合 n+1 规律,并可直接读出化学位移和偶合常数。根据各峰组的偶合常数以及相互偶合峰的向心规则,找出偶合关系。

图 3.80 为 4-氟-4'-甲基二苯砜部分氢谱图。在低场的区域,两个苯环各自含有两组等价氢,相互偶合,均构成 AA'BB'CC' 的复杂自旋偶合体系。咋一看分子结构,磺酰基不论诱导效应还是共轭效应,均为强吸电子基团,因此低场出现的 a、b 峰组均为与磺酰基相邻的两个苯环氢。在较高场的两个峰组中,很容易地认为,甲基为供电子基团,而氟原子为强吸电子基团,甲苯环上氢的化学位移要比氟代苯环氢化学位移值

要小。所以很自然的认为δ7.16ppm的H_d峰组属于甲苯环的氢而δ7.31ppm的H_c峰组属于氟代苯环的氢。现将各峰依次从低场到高场用a、b、c、d编号，依次读出各组峰的化学位移和偶合常数如下：

H_a：δ=7.95（ddd，J=9.0、4.9、3.0 Hz，1H）； H_b：δ=7.95（dt，J=8.4、2.0 Hz，1H）；

H_c：δ=7.31（dm，J=8.4 Hz，1H）； H_d：δ=7.16（dd，J=9.0、8.4、3.0 Hz，1H）

根据偶合常数，可以看出，H_a与H_d相偶合，H_b与H_c相偶合。再分析两个苯环氢的可能偶合因素为：氟代苯环中，^{19}F的自旋量子数I=1/2，所以氟苯环上氢主要存在$^3J_{HH}$、$^3J_{HF}$、$^4J_{HF}$的偶合，因此峰形为dd、ddd峰形。甲苯环上的氢除了$^3J_{HH}$偶合外，还存在与甲基的远程偶合，因而会出现复杂的多重峰（m峰）。因此峰组b和c属于甲苯环上的氢，而a和d属于氟苯环上的氢。

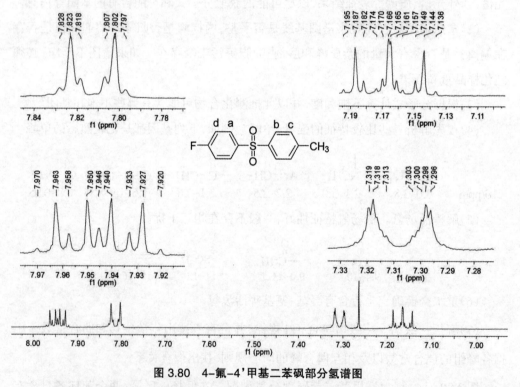

图 3.80　4-氟-4'甲基二苯砜部分氢谱图

（8）解析二级谱。根据前述方法对二级谱进行解析，如果解析困难，可以通过位移试剂或重新在高场核磁谱仪做谱。

（9）利用一些软件预测氢谱辅助解析。现在开发的ChemDraw等化学制图软件以及MestReNova等核磁软件都带有氢谱的碳谱预测功能，因此对于初学者有很好的帮助。但是这些软件只是基于经验和初步的计算，并不能完全正确的预测峰位和偶合常数,很多时候预测的结果和实际谱图有很大的出入,所以软件预测只能借鉴而不能作为指标分析氢谱。

3.8.4 氢谱解析实例

【例3.4】某化合物分子式为$C_6H_{10}O$根据氢谱推断其结构。

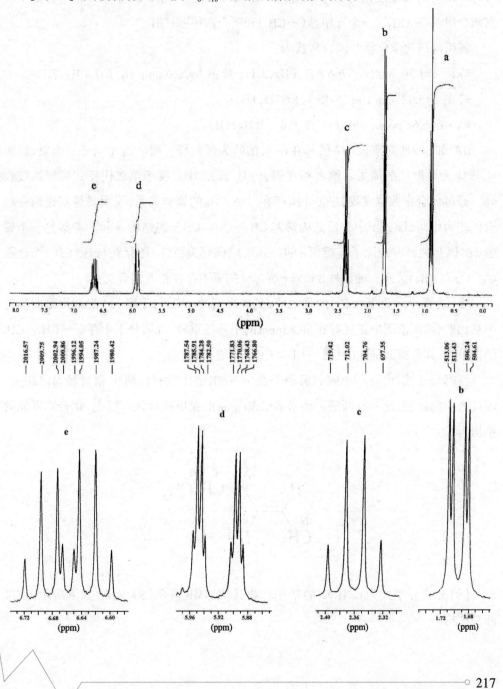

解:根据分子式计算该化合物不饱和度是:

$$\Omega = (2 \times 6 + 2 - 10)/2 = 2$$

推测化合物可能含有一个三键或两个双键(考虑其中含有C=O)或一个双键加一个环。

根据谱图分析:从最低场到高场,有5组峰,分别以a~e标记。根据积分曲线高度可计算出各组峰高度比为:a:b:c:d: e=3:3:2:1:1,正好等于10个氢。说明分子中含有两个甲基($-CH_3$)、一个亚甲基($-CH_2$)和两个次甲基(CH)。

各组峰的化学位移和偶合常数为:

峰b:δ=1.70ppm (dd,J=6.8、1.6 Hz,3H); 峰c:δ=2.36 ppm (q,J=7.4 Hz,2H)

峰d:δ=5.92 ppm (dq,J=15.7、1.6 Hz,1H);

峰e:δ=6.66 ppm (ddd,J=15.7、6.8、2.0 Hz,1H)。

d峰和e峰所对应氢的δ值都在6~7,推断为烯氢峰。两者均相当于一个氢,说明H_d与H_e为单取代的烯氢。两者相互偶合,且^3J=15.7Hz,属于单取代反式烯氢的吸收峰。通过偶合常数也发现H_e也与H_b存在^3J=6.8 Hz的偶合关系,说明烯烃双键的一端取代基为甲基,即分子中含反式丙烯基$CH_3-CH=CH-$的结构单元。考察另一个烯氢d的偶合关系发现除了与烯氢e的反式烯烃偶合关系外,还存在与$H_b(CH_3)$的远程偶合(^4J=1.6Hz)关系。烯氢峰b和c所对应的氢不存在相互偶合关系。

峰c为两个等价氢(CH_2)的吸收峰,呈现典型的q峰形,根据n+1规则推测应该与甲基相偶合,而谱图中正好存在δ0.85ppm的甲基三重峰,说明分子中存在$-CH_2-CH_3$结构单元,并与前面推断的$CH_3-CH=CH-$不直接相连。

根据分子式,尚有一个碳和氧原子在^1H NMR谱中没有任何^1H信号峰与之相关,因此推断为羰基,这一推断进一步被δ=2.36 ppm的亚甲基确认。综上,化合物可能的结构为:

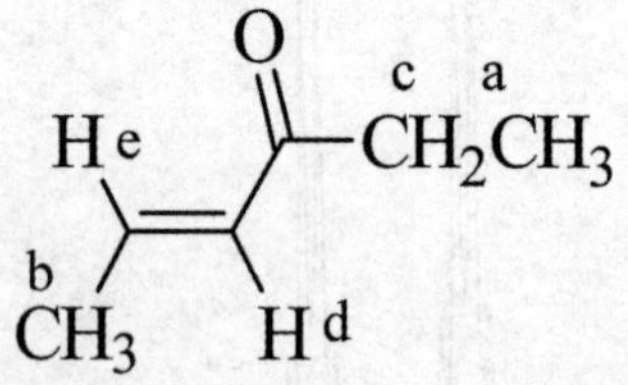

$$
\begin{array}{c}
\overset{\displaystyle O}{\underset{\displaystyle \|}{}} \\
H_e\quad C-\overset{c}{CH_2}\overset{a}{CH_3} \\
\diagdown\ \diagup \\
C=C \\
\diagup\quad \diagdown \\
\underset{b}{CH_3}\quad H^d
\end{array}
$$

【例3.5】分子式为$C_{11}H_{12}O_3$的某化合物其^1H NMR谱图(500MHz)如下所示,试推断其结构。

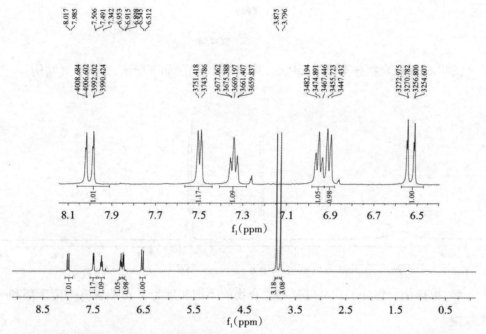

解:根据分子式可知其不饱和度为:

$$\Omega = (2 \times 11 + 2 - 12)/2 = 6$$

可能其中含有一个苯环(不饱和度为4)和两个双键。

氢谱给出在δ=3.80和3.88ppm处有两个积分面积均为3的单峰,考虑为两个甲氧基(—OCH$_3$)。

在δ6.5~8.0ppm出现六组峰,可能为芳氢和烯氢的共振吸收峰,各峰(依次标注为a,b,c...f)氢的化学位移和偶合常数分别为:

δ_{Hf}=6.55ppm(dd,J=16.2、2.2Hz,1H);δ_{He}=6.91 ppm(d,J=8.3Hz,1H);

δ_{Hd}=6.95ppm(t,J=7.3Hz,1H);δ_c=7.34 ppm(td,J=7.8、1.7Hz,1H);

δ_{Hb}=7.50ppm(t,J=7.6 Hz,1H);δ_{Ha}=8.00ppm(dd,J=16.2、2.1 Hz,1H);

对比以上各氢的化学位移和偶合常数可知,H$_a$与H$_f$相互偶合且偶合常数为16.2Hz,符合反式单取代烯氢的氢谱特征。此外在苯环共振吸收区出现四组相互偶合的峰(没有单峰存在,且偶合常数均在8.0左右,符合芳基氢之间的^3J偶合的特征),说明苯环为二取代,并且排除1,4-二取代(对称结构)及1,3-二取代(有孤立芳氢存在)的可能性,所以该化合物为邻二取代苯,且含有一反式烯烃的结构单元。

确定以上结构单元后,对比化合物分子式还有一个C原子和一个O原子没有相应的氢信号峰与之对应,考虑存在C═O结构片段。所以化合物的可能结构为:

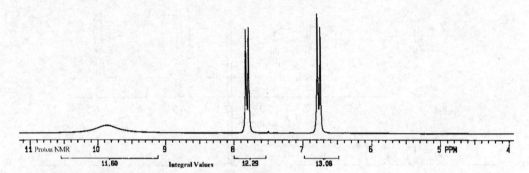

【例3.6】某化合物分子式为$C_7H_6O_3$，其 ^1H NMR谱图如下所示，试推断其结构。

解：根据化合物分子式可以算出化合物的不饱和度为5，可能含有一个苯环和一个双键。

该化合物氢谱非常简单，只有三组峰，在$\delta9\sim11$ppm有一宽矮的活性氢吸收峰出现，符合羧酸氢（—CO_2H）吸收峰。三组吸收峰面积比为1:1:1，根据化合物含有6个氢，每组应该为两个氢。所以该化合物可能还存在一个羟基（—OH）。由于羟基与羧酸氢之间的快速氢交换，所以羟基氢和羧基氢只出现一组吸收峰。

在$\delta6.5\sim8.0$ppm只有两组互相偶合的双峰存在，符合对位二取代苯的特征，故该化合物可能为4-羟基苯甲酸。

【例3.7】某化合物分子式为$C_{10}H_{10}O_3$，其 ^1H NMR谱图（400MHz）如下所示，试推断其结构。

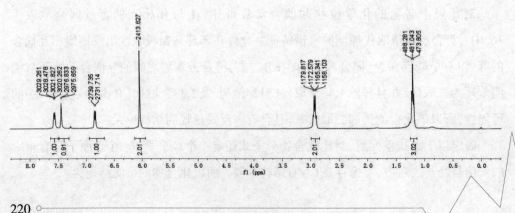

解:根据分子式,可推知该化合物的不饱和度为6,考虑含有一个苯环,一个三键或两个双键,或一个双键加一个环。

该化合物氢谱数据归纳如下:δ (ppm): 7.56 (dd, J=7.8、1.2 Hz, 1H), 7.44 (d, J=1.2 Hz, 1H), 6.84 (d, J=8.0 Hz, 1H), 6.03 (s, 2H), 2.92 (dd, J=14.5、7.2 Hz, 2H), 1.20 (t, J=7.2 Hz, 3H)。

根据氢谱数据,在高场部分,δ2.92 ppm处的四重峰与δ1.20ppm处三重峰呈现相互偶合关系,表明分子中含有—CH_2CH_3片段。其中亚甲基(CH_2)的δ值大于2小于3,故排除与氧原子相连的可能性,符合与酰基或苯环直接相连的特征。又因为苯环氢没有出现与CH_2发生远程偶合的现象,所以乙基苯是不可能存在的。

为2个化学等价氢的峰,此处一般为烯氢共振区,但是烯氢会有相互偶合,不可能为单峰(除非对称烯烃),故排除烯烃存在的可能性。炔烃也不可能在这一区域出峰,考虑该化合物含有3个O,故为可能为—O—CH_2—O—的结构单元(—OCH_2的化学位移在3.5~4ppm)。

δ6.5~8.0ppm为苯环氢的共振区,此区域中出现3组峰,其中δ7.44ppm处为一偶合常数仅为1.2ppm的双峰,为典型的$^4J_{HH}$偶合峰,说明该芳基氢邻位均被取代。此外δ7.56ppm和δ6.84ppm的两个芳氢相互呈邻碳偶合(^3J偶合)关系,说明该苯环是1,3,4-三取代苯。

综上所述,该化合物含有以下结构片段:

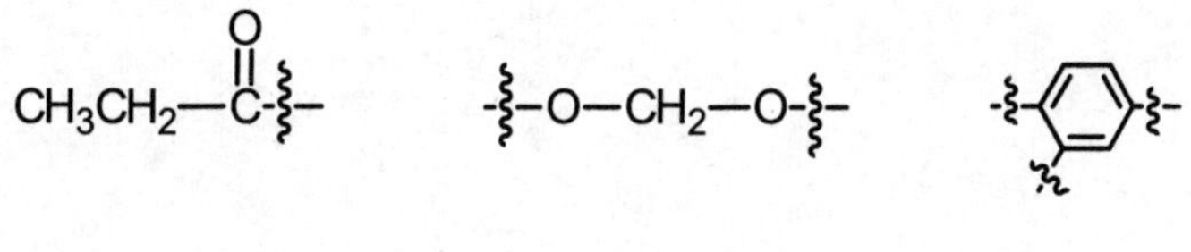

因此可能结构是:

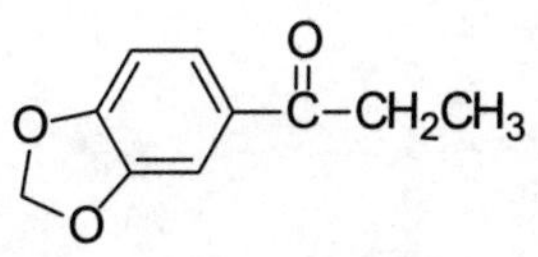

4　核磁共振碳谱

4.1　概述

　　碳元素形成了有机化合物的"骨架"，因此如果可以掌握有机化合物的"骨架"信息，无疑将使我们更加清楚地掌握分子的结构特征。不幸的是自然界中丰度高达98.98%的是没有磁效应的^{12}C，而具有自旋效应的^{13}C同位素仅占1.1%（^{13}C的自旋量子数 I=1/2）。此外，^{13}C的磁旋比为^{1}H的1/4，核磁共振的灵敏度与磁旋比的立方成正比，所以^{13}C NMR与^{1}H NMR的灵敏度之比为：$(\frac{1}{4})^3 \times \frac{1}{100} = \frac{1}{5700}$。这样，碳谱测定不仅需要高灵敏度的核磁共振仪器，而且耗时长，所测的有机样品量也增加。因此，有机化合物鉴定时应先测定有机物样品的氢谱，再测定碳谱，一个有机物同时测定了氢谱和碳谱，一般就可以推断其结构。核磁共振碳谱测定的基准物质和氢谱一样仍为四甲基硅烷（TMS），但此时基准原子是TMS分子中的^{13}C。

　　核磁共振碳谱主要有以下特点：

　　（1）碳谱的分辨率高。除了活泼氢，^{1}H NMR的化学位移δ值集中于0~10ppm，而^{13}C NMR谱中δ值范围在0~300ppm。此外^{13}C自身的自旋–自旋偶合裂分实际不存在，^{13}C与^{1}H之间有自旋偶合，但可以通过质子去偶操作消除，这样在碳谱中，每种等价的碳只有一个信号峰与之对应，谱峰都是尖锐的谱线而没有峰裂分，因此碳谱的分辨能力很高，结构比较复杂的天然产物和有机分子的精细结构信息都可以从碳谱上反应出来。如图4.1是一个从珍珠花（Lyonia ovalifolia）分离得到的三萜烯类化合物，其氢谱（500 MHz）中各峰复杂而重叠，难以分辨（上图），但其碳谱中每个碳都能得到清晰的反应（下图）。

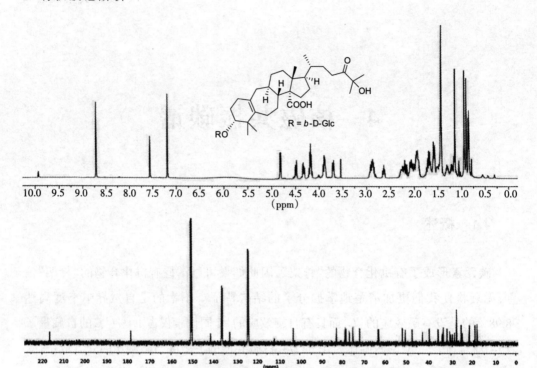

图4.1 三萜烯化合物的氢谱(500 MHz)和碳谱(125 MHz)

（2）¹³C NMR可以给出每个碳的结构信息，并且通过DEPT谱等核磁共振辅助技术可以确定碳原子的级数。季碳、—C≡C—、—CN、\C═O、\C═C═C⟨、—N═C═O 和—N═C═S等不与氢原子相连的官能团在氢谱中没有信号峰，而在核磁共振碳谱中，均有各自的信号峰可以直接进行解析。

（3）碳原子弛豫时间长，能被准确测定，可以应用于对碳原子的指认。但碳谱也具有一些不足，例如灵敏度只有氢谱的1/5700，因此碳谱测定要求样品量大。氢谱一般只需要几个到十几个毫克的样品，碳谱一般需要几十毫克。测定一个氢谱只需要几分钟即可，而碳谱一般需要几十分钟到几个小时的累加时间才能得到信噪比比较好的谱图。此外，氢谱中吸收峰面积与氢原子数目成比例，但碳谱只能给出峰位（化学位移）而不能给出碳原子数的信息，即谱线的强弱与碳原子数不成比例。

4.2 ¹³C NMR谱中的去偶技术

¹³C核与其他磁性核（例如¹H、¹⁹F、³¹P等）之间的相互作用很小。在氢谱中，每一个氢信号峰两边都有很小的¹³C卫星峰（$^1J_{CH}$=120~150 Hz，约为中心峰强的0.5%，可用于

测定C—H偶合常数以及等价氢之间的H—H偶合常数）。C—C偶合通常难以观察到，这是由于^{13}C的丰度很低，因此两个^{13}C相邻的概率很低，通常仅以"卫星峰"的形式出现（约为主峰强度的0.5%）。考虑到有机化合物中有碳氢是直接键链的而且^{1}H的丰度几乎为100%，因此在碳谱中C—H偶合是很强。仅以乙氧基为例，每个甲基碳（O—CH$_2$—CH$_3$）会因为C—H偶合而裂分为很大的四重峰（$^1J_{CH}$=120~150 Hz），而每一个小的裂分峰又会进一步被邻位的CH$_2$偶合裂分为三重峰（$^3J_{CH}$ =2~10 Hz）。这样一个简单的甲基会因为C—H偶合而裂分为12重峰，更不用说其他结构复杂的有机分子，其碳谱会因为强烈的C—H偶合而谱峰交叠，难以解析。

4.2.1　质子宽带去偶

为了获得简明的碳谱，需要在测定碳谱时消除^{1}H和对^{13}C的干扰，即去偶操作。^{13}C NMR谱的去耦技术有质子宽带去偶、偏共振去偶、门控去偶和反门控去偶等多种方法。最常见的是质子宽带去偶操作。质子宽带去偶也是一种核磁双共振技术，以^{13}C{^{1}H}表示。其方法是在用射频场（B$_1$）照射^{13}C核使其跃迁的同时，附加另外一个射频场（B$_2$，又称去偶场），使其覆盖所有的质子且用强功率以达到饱和，从而消除质子对^{13}C的偶合作用，得到所有等价碳均以单峰出现的^{13}C NMR谱图，这样的谱称为质子宽带去偶谱，也就是我们平常看到的碳谱。

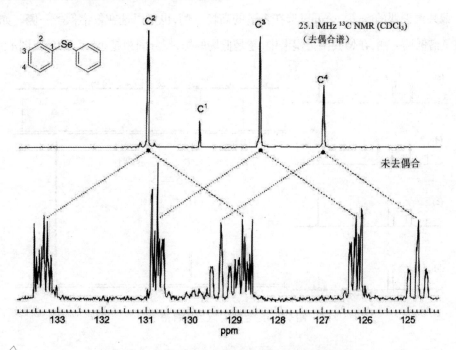

图4.2　二苯基硒的未去偶碳谱（下）和去偶碳谱（上）

如图4.2可以看出一个结构简单、左右对称的二苯基硒的未去偶碳谱的峰信号是很复杂的。通过去偶操作，可以得到仅有四条谱线的简单谱图，每一条谱线与化合物的每一种等价碳原子相对应。

质子去偶谱不仅使碳谱大大简化，而且由于多重偶合峰合并为单峰，大大增强了信号峰的强度，也增强了检测灵敏度（这种增强也包含NOE效应）。

4.2.2 质子偏共振去偶谱（Off Resonance Decoupling Spectrum，OFR）

质子宽带去偶虽然大大提高了^{13}C NMR的灵敏度，简化了谱图，但同时也失去一些很有用的信息，例如无法区别化合物中的伯、仲、叔、季等不同类型的碳原子。为了保留碳原子的结构信息，同时减小碳氢偶合的影响，于是开发了偏共振技术。

偏共振去偶不是直接照射氢核，而是采用一个偏离氢核共振中心频率0.5~1000Hz的功率较弱的质子去偶射频场辐射样品，使与^{13}C直接相连的^{1}H部分去偶，消弱^{1}J偶合（使其减小），同时消除$^{2}J_{CH}$~$^{4}J_{CH}$的弱偶合。在^{13}C谱图上的表现就是谱峰保留了与碳直接相连的质子偶合信息，裂分峰数符合n + 1规则，裂分的峰距也被减小（偶合常数从$^{1}J_{CH}$减小为表观偶合常数$J_{r(CH)}$）。^{13}C信号将分别表现为 q（—CH$_3$）、t（$>$CH$_2$）、d（—CH）和 s（$>$C$<$）。据此，可以判断碳的类型。

偏共振去偶的频率（ν_2）可以选在氢谱的高场一侧，也可以选在氢谱低场一侧。如果选在氢谱低场一侧，在偏共振去偶谱中，越是低场的峰，裂分间距越小，反之亦然（图4.3）。

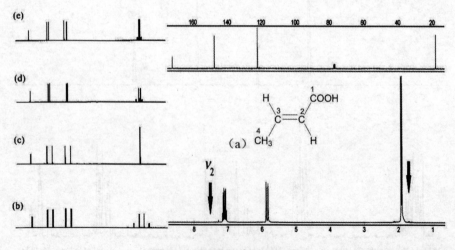

图4.3 巴豆酸的^{13}C NMR谱

（a）^{1}H 谱（下）及全去偶 ^{13}C 谱（上）；（b）不去偶的 ^{13}C 谱；（c）质子（甲基）选择性去偶谱；（d）质子偏共振去偶谱（频率选择在氢谱低场一侧δ≈8ppm）；（e）质子偏共振去偶谱（频率选择在氢谱高场一侧δ≈1ppm）。

4.2.3　质子选择性去偶谱（Proton Selective Decoupling Spectrum）

质子选择性去偶是偏共振的特例，当准确知道某个化合物的 ^{1}H NMR 谱中各个谱峰的归属时，就可以采取选择性的去偶碳谱，对某一特定的官能团信号进行照射，使该官能团的 ^{13}C 核信号成为单峰，从而确定该官能团碳谱谱线的归属。例如要确定巴豆酸中甲基碳的谱峰位置，可以照射甲基氢，此时被照射的甲基 ^{13}C 信号从四重峰变为单峰，且峰强度明显增强（图 4.3c），其他的 ^{13}C 信号峰几乎没变。

4.2.4　门控去偶谱

质子全去偶失去了所有的碳氢偶合信息，偏共振去偶虽然保留了碳氢的部分偶合信息，在谱图中只能测得表观偶合常数 J_r。为了得到真正的偶合常数，必须得到不去偶的 ^{13}C NMR 谱。然而测不去偶的 ^{13}C NMR 谱很费时间，为此，可采用特殊的脉冲技术，即门控去偶法（Gate Decoupling）。

在脉冲傅立叶变换核磁共振谱仪中有发射门（用以控制射频脉冲的发射时间）和接收门（用以控制接受器的工作时间）。门控去耦是指用发射门及接受门来控制去耦的实验方法。反转门控去耦是用加长脉冲间隔，增加延迟时间，尽可能抑制 NOE，使谱线强度能够代表碳数的多少的方法，由此方法测得的碳谱称为反门控去耦谱，亦称为定量碳谱。

测得的谱图中，即保留了 ^{13}C 与 ^{1}H 的偶合信息，得到真正的偶合常数。门控去偶的实验方法是：在射频场 B_1 脉冲发射前，先加上去偶脉冲 B_2，此时自旋体系被去偶，同时产生 NOE 效应。之后关闭 B_2 脉冲，开启 B_1 射频脉冲，进行 FID 接收。由于 B_2 场的关闭，自旋核间的偶合信息马上恢复。因为脉冲的发射时间仅为微秒级，而 NOE 衰减和T1 均为秒数量级，因此接收到的信号既有偶合信息，又有 NOE 增强效应。同样的脉冲间隔和扫描次数，门控去谱比未去偶碳谱强度增加近乎一倍。如图 4.4 所示。

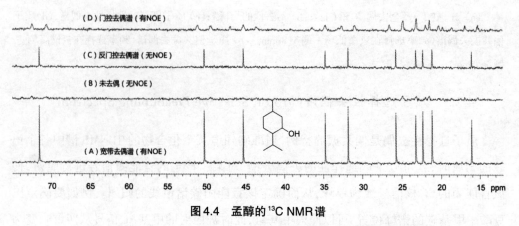

图4.4 孟醇的 ^{13}C NMR 谱

(A)宽带去偶的 ^{13}C 谱;(B)未去偶的 ^{13}C 谱;(C)反门控去偶谱;(D)门控去偶谱。

如果不想看到碳谱的 NOE 效应,只得到能够显示碳原子数目正常比例的去偶谱,可采用一种叫反门控去偶的实验技术,得到不含 NOE 增强的去偶碳谱(图4.4C)。

4.3 ^{13}C 的化学位移的影响因素

4.3.1 屏蔽常数

^{13}C 的化学位移 δ 是 ^{13}C NMR 的主要参数,由基团碳原子所处的化学环境决定。^{13}C 的共振频率和化学位移由下式计算:

$$\nu_C = \frac{\gamma_C}{2\pi} B_0 (1 - \sigma) \qquad (4.1)$$

$$\delta_C = \frac{\nu_C - \nu_0}{\nu_0} \times 10^6 \qquad (4.2)$$

式中 σ 为碳核的屏蔽常数,ν_0 为标准样品 TMS 的 ^{13}C 共振频率,γ_C 为 ^{13}C 的磁旋比,B_0 为外加磁场强度。

所以不同环境的碳,受到的屏蔽效应不同,屏蔽常数 σ 也不同,δ 值也就不同。σ 值越大,碳核受到的屏蔽作用也就越强,化学位移 δ 值越小,越向高场位移。σ 值主要受 3 个因素的影响,分别是抗磁性屏蔽(diamagnetic, σ_d),顺磁性屏蔽(paramagnetic σ_p)和邻近基团的各向异性屏蔽(neighboring group anisotropy,σ_a)。即:

$$\sigma = \sigma_d + \sigma_p + \sigma_a + \sigma_s \qquad (4.3)$$

σ_d 主要反映原子核外围电子云引起的化学位移向高场移动的效应,即抗磁屏蔽效应,对氢核的化学位移起主导作用,与电子云密度和杂化形态有关。

σ_p：p电子（杂原子等）在由外磁场分化的基态与激发态轨道间往返运动引起邻近 ^{13}C 核的化学位移 δ 向低场大范围的移动（去屏蔽效应）。这种影响主导了碳谱化学位移变化范围，如羰基碳原子的共振峰在低场（160~220ppm）出现，相反，饱和烷烃中的碳原子，其电子云密度较高，激发能也较大，所以在高场出现。所有比 ^1H 重的核，其化学位移均由 σ_p 主导（^6Li 和 ^7Li 是例外）。

σ_p 和 σ_d 对电子云密度的反应是一致的，所以讨论碳谱时氢谱中的一些原则可以拿来套用。然而在定性讨论化学位移的影响因素时，必须考虑两个因素，它们对 σ_p 和 σ_d 的影响截然不同，那就是 $1/\Delta E$ 和轨道的对称性。一般地，$\sigma_p \propto 1/\Delta E$，例如苯环具有较大的共轭体系，其最低空轨道和最高占有轨道之间能差也相对较小，因此 σ_p 较大，即去屏蔽效应较强，其 ^{13}C 共振峰位于低场。甲烷的 σ 轨道和 σ^* 反键轨道能级差（ΔE）较大，σ_p 较小，所以其 ^{13}C 核共振峰在高场出现（$\delta=-2.1$ ppm）。

电子从基态到激发态跃迁过程中，最低空轨道与最高填充轨道之间的能差对物质的光谱具有重要的作用，能级较低的对称性允许的跃迁会引起极大的顺磁位移（高频/低场）。如图苯基锂孤对电子具有 σ_p 所需要的轨道对称性，使C-1的化学位移向低场移动71.2ppm，而甲基锂不符合这一要求，所以其 δ 值向高场发生位移（图4.5）。

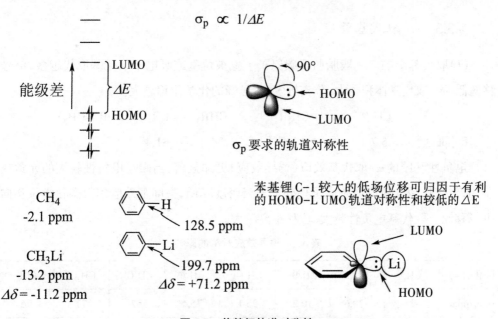

图4.5　苯基锂轨道对称性

4.3.2　碳杂化方式

绝大多数 ^{13}C 的化学位移在 0~220ppm。根据碳原子的杂化状态碳谱可粗略地如图划分，sp^3 杂化的碳在最低频(0~70ppm)，接着是 sp 杂化碳原子(70~100ppm)，之后就是 sp^2 杂化的碳原子(100~220ppm)。这一区间可再划分为两个区域，非羰基 sp^2 杂化碳(100~150ppm)和羰基 sp^2 杂化碳(160~220ppm)。值得一提的是在碳谱中，烯烃等 sp^2 杂化碳原子的化学位移与芳环碳原子的化学位移位于同一区域，不可区分。

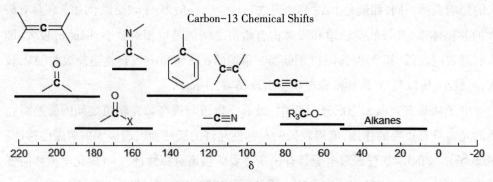

图 4.6　不同杂化碳原子的 δ_C 简图

4.3.3　α-取代基效应

(1)取代基影响。一般脂肪烃碳原子上氢被烷基或吸电子取代基取代越多，信号移向低场。取代基体积越大，分支越多，信号峰的化学位移越大。

	CH$_3$R	CH$_2$R	CHR$_3$	CR$_4$	(R$=$CH$_3$)
δ(ppm)	5.7	15.4	24.3	31.4	

电负性基团的 α-取代基效应(诱导效应)更加显著，当碳与电负性较大的元素或基团键接时，诱导效应使碳原子核外电子云密度降低，去屏蔽效应使得碳化学位移向低场移动。取代基电负性越大，位移距离越大。

表 4.1　诱导效应对 δ_C 的影响

化合物	CH$_4$	CH$_3$I	CH$_3$Br	CH$_3$Cl	CH$_3$F	CH$_2$Cl$_2$	CH$_3$Cl	CCl$_4$
δ$_C$/ppm	−2.6	−20.6	10.2	25.1	75.4	52	77	96

取代基的诱导效应可沿碳链延伸，α 碳原子上的位移较明显，β 碳原子上的有一定位移，γ 位以后则不明显。

表 4.2 卤代正己烷的化学位移变化 Δδ(ppm)

$$\overset{a}{X}-\overset{}{CH_2}-\overset{b}{CH_2}-\overset{g}{CH_2}-\overset{d}{CH_2}-\overset{e}{CH_2}-CH_3$$

X		$\alpha-CH_2$	$\beta-CH_2$	$\gamma-CH_2$	$\delta-CH_2$	$\varepsilon-CH_2$	CH_3
H	δ	13.7	22.8	31.9	31.9	22.8	13.7
I	Δδ	–7.2	10.9	–1.5	–0.9	0.0	0.0
Br	Δδ	19.7	10.2	–3.8	–0.7	0.0	0.0
Cl	Δδ	31.0	10.0	–5.1	–0.5	0.0	0.0
F	Δδ	70.1	7.8	–6.8	0.0	0.0	0.0

（2）双键的α-效应。在氢谱中由于双键的各向异性，烯丙位氢原子化学位移向低场移动较大，碳谱中这种取代效应很弱。乙烯基以及反式双键可以引起烯丙位碳原子较小的低场位移，而顺式双键会使烯丙位碳原子的δ_C向高场位移（γ-效应）。

（3）重原子效应。从表 4.2 可以看出，碳原子被 F、Cl 和 Br 等电负性较大的取代基键接后使其δ_C向低场位移。但碘原子取代烷烃α-C 的δ_C却是向高场发生位移。这是因为重原子取代基的抗磁屏蔽较强，且抗屏蔽强度与重原子的个数有关。如碘原子越多，化学位移越小。CH_3I 与 CH_4 的化学位移分别为 –24.0ppm 和 –2.1ppm。CCl_4 的$\delta_C=96$ppm，而 CBr_4 和 CCl_4 的δ_C分别为–29.4ppm 和–292.4ppm。

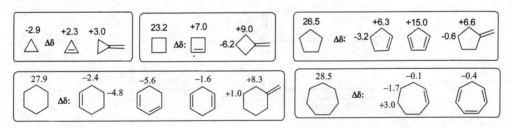

（4）环烯烃的α-效应。环烯烃的双键邻位（烯丙位）碳原子的δ_C变化较大，但却不是很规律。

（5）羰基使邻位碳的核磁共振峰向高频（低场）位移。

$\Delta\delta$ 16.3   +28.9   26.5 $\Delta\delta$ +11.7   27.9 $\Delta\delta$ +14.1

（6）三键的 α-效应。碳原子带有三键（—C≡C—和—C≡N）取代基时，化学位移向低场位移较大。例如乙腈（CH_3CN，$\delta_{CH3}=0.3ppm$）和丙炔（$CH_3C≡CH$，$\delta_{CH3}=-1.9ppm$）的 α-碳原子的化学位移与丙烯（$CH_3CH=CH_2$）α-碳原子的化学位移（δ_{CH3}：18.7 ppm）对比十分明显。三键 α-碳原子的化学位移相比烯丙基碳处于更高场的主要原因是三键电子的抗磁环流的屏蔽效应。通过正辛烷与1-辛炔和4-辛炔化学位移的比较可以看出三键对 α-碳原子化学位移的影响（高场位移）十分明显。

H	δ	$\Delta\delta$		δ		δ	$\Delta\delta$
	68.7			13.6		12.7	-0.9
	84.2			22.7		21.4	-0.7
	18.6	**-10.8**		**32.1**		**19.2**	**-12.9**
	29.0	-0.4		29.4		79.0	
	28.9	-0.5		29.4		79.0	
	31.8	-0.3		32.1		19.2	-12.9
	22.9	-0.2		22.7		21.4	-0.9
	13.7	+0.1		13.6		12.7	-0.7

图4.7是正庚烷、(E)-2-庚烯和2-庚炔的 ^{13}C NMR对比图，可见炔键邻位碳（C_1和 C_4）的核磁共振峰都向高场有明显的位移。

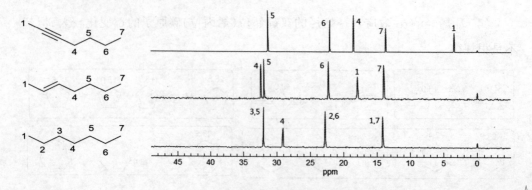

图4.7   正庚烷，2-庚烯和2-庚炔的 ^{13}C NMR对比

4.3.4　γ-效应

γ-效应就是当碳原子旁边的第二个碳上的氢原子被X取代(*C—C—C—H →
*C—C—C—X)后引起的化学位移向高场移动的效应。几乎所有的X取代都有γ-效
应。从表4.2可以看出,电负性基团取代烷烃使α-和β-位的δ_C向低场位移,却使γ-位
的δ_C向高场发生位移。这种影响就是γ-邻位交叉效应或γ-旁位效应(γ-gauche ef-
fect)。该效应在链烃或六元环状化合物中普遍存在。

γ-旁位效应可以用空间效应来解释,对于自由旋转的脂肪链,从Newman投影式
可以看到,当取代基X处于邻位交叉构象时(I和III),X基团会挤压γ-位氢原子,使该
C—H键电子移向碳原子,γ-碳电子云密度增强,故δ_C值移向高场。

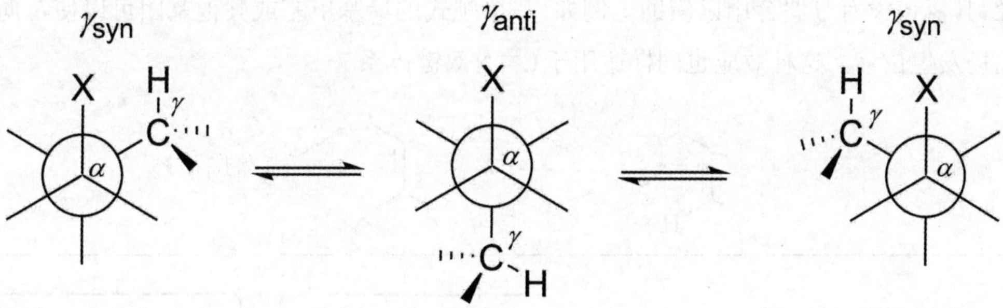

I   II   III

构象确定的六元环化合物,γ-旁位效应更加明显。取代基取直立键构象时,γ-位
的碳原子的δ_C值向高场位移约5.0ppm。如1,4-二甲基环己烷的两种异构体中,由于
顺式异构体的一个甲基处于直立键,与γ-位氢原子空间距离很近,产生γ-效应,该碳
化学位移向高场位移。顺式1,2-二甲基环戊烷的甲基碳化学位移比反式1,2-二甲基
环戊烷的也小。

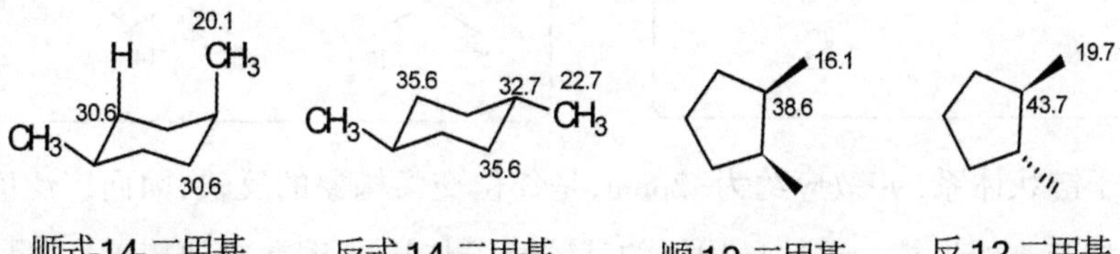

顺式-1,4-二甲基 反式-1,4-二甲基 顺-1,2-二甲基 反-1,2-二甲基
环己烷   环己烷   环戊烷   环戊烷

更多的例子有：

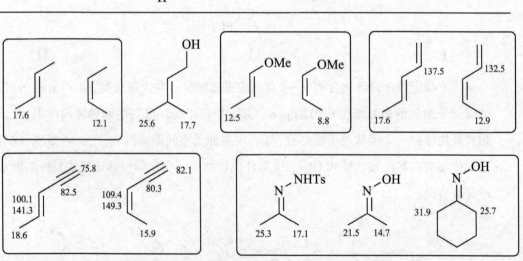

γ-效应在立体化学中有很重要的应用价值，除了前面所提的在区分环烷烃顺反异构体的应用外，γ-效应也可应用于顺反式烯烃的指定。特别是对一些三取代的烯烃，其氢谱没有 ^3J 偶合用以借助。例如，一个顺式的烯基甲基或其他基团可以使 δ_C 向高场发生位移。这种效应也同样适用于 C=N 双键体系

对于链状体系，γ-效应约为 -2ppm，是邻位交叉构象的反映，因而广泛应用于立体构型的指定。如果某一立体异构体的某碳原子与其γ-碳在空间接近，而另一个不是，则前者的化学位移会向高场移动。

syn

TBSO ... SPh
30.02, 19.85
$\Delta\delta = 10.17$

30.13, 19.68
$\Delta\delta = 10.45$

anti

POMO ... SnBu₃
24.48, 24.44
$\Delta\delta = 0.04$

OH
24.50, 24.26
$\Delta\delta = 0.24$

4.3.5 共轭效应

共轭效应引起电子云在整个共轭体系不均匀的分布,致使不同位置的碳向高场或低场发生移动。例如反式丁烯醛的 β—C 化学位移较 α—C 处于更低场就是因为双键与羰基共轭,使 β—C 带有部分正电荷。丁烯醛羰基碳的化学位移(δ:191 ppm)也较乙醛(δ:201ppm)更高场。

$$CH_2=CH_2 \quad 123.3$$
$$CH_3 \quad 152 \quad 133 \quad 191 \quad H \quad O$$
$$CH_3CH \quad O \quad 201$$

脂肪族羰基(C=O)的 δ_C 位于很低场($\sim$200ppm),例如丙酮在 $CDCl_3$ 中的 δ_C 位为 207ppm,而乙酰苯的羰基与苯环共轭,苯环供电子的共轭效应使得羰基碳的化学位移向高场(195.7ppm),邻位取代可以降低甚至完全破坏这种共轭效应。例如2,6-二取代乙酰苯羰基碳化学位移与脂肪酮的几乎没有差别。

CH_3CH_3 O 206.4   O 195.7 CH_3 O 196.7 Ph CH_3 O 199.0 CH_3 CH_3 O 205.5 CH_3 CH_3

共轭效应对苯环不同位置碳原子化学位移的影响不同。带强吸电子取代基的苯环,吸电子诱导效应(主要影响邻位)和吸电子的共轭效应(主要影响邻对位)降低苯环电子云密度, ^{13}C 的共振吸收峰向低场位移。这种诱导效应对间位碳的化学位移影响甚小,一个原因是间位属于共轭受阻部位,诱导效应因距离较远而影响很小。

128.4

NO_2
123.5   148.3
129.4
134.7

CN
132.1   112.4
129.2
132.8

O=C—H
130.3   129.4
128.5
133.8

O=C—OH
128.3   127.2
128.6
133.0

　　有机化学中属于强供电子的基团如 OH、$N(CH_3)_2$ 和 SCH_3 通过共轭效应增大了邻对位碳原子的电子云密度,对此处碳原子具有屏蔽效应,使这些位置碳原子化学位移向高场位移。由于这些原子电负性大于碳原子,所以也通过吸电子诱导效应使 C_1 位 δ_C 向低场发生位移。

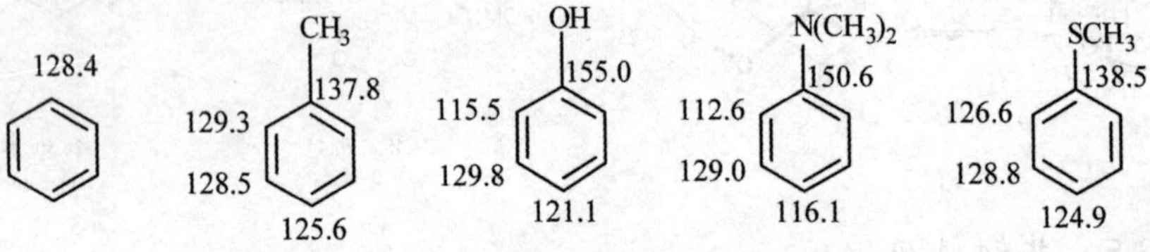

128.4

CH₃ 137.8 / 129.3 / 128.5 / 125.6

OH 155.0 / 115.5 / 129.8 / 121.1

N(CH₃)₂ 150.6 / 112.6 / 129.0 / 116.1

SCH₃ 138.5 / 126.6 / 128.8 / 124.9

4.3.6　分子内氢键的影响

　　氢键缔合的碳核与不呈氢键缔合时比较,其电子屏蔽作用减小,吸收峰将移向低场,δ_C 值增大。

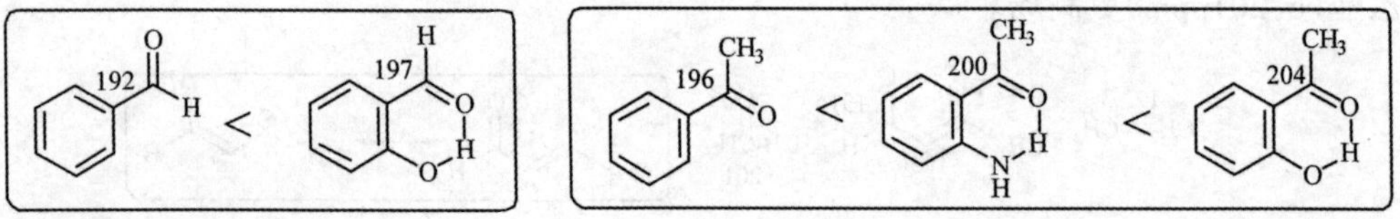

192 < 197

196 < 200 < 204

4.3.7　三元环效应

　　环丙烷、环丁烷、环氧乙烷、氮杂环丙烷等三元环的 δ_C 一般倾向于在高场,环丁烷和四元杂环没有类似的性质。

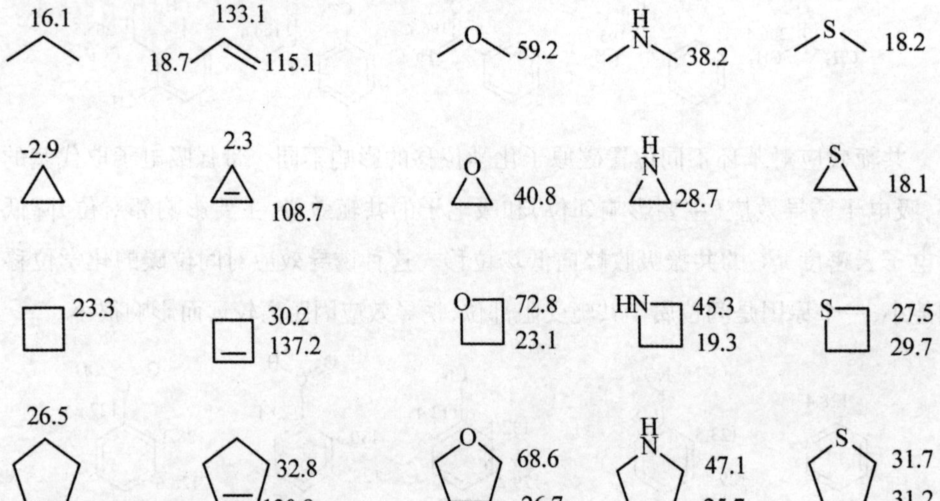

16.1 / 18.7

133.1 / 115.1

O 59.2

H—N 38.2

S 18.2

-2.9

2.3 / 108.7

O 40.8

H—N 28.7

S 18.1

23.3

30.2 / 137.2

O 72.8 / 23.1

HN 45.3 / 19.3

S 27.5 / 29.7

26.5

32.8 / 130.8

O 68.6 / 26.7

H—N 47.1 / 25.7

S 31.7 / 31.2

此外,碳化学位移还会受溶剂、温度等外部因素的影响。溶剂对碳谱的影响比对氢谱的影响大。例如苯胺在不同溶剂体系中化学位移有十几个ppm的偏移(表4.3)。一般温度升高,样品溶液粘度减小,样品的溶解度增加,而且谱线宽度减小。

表4.3 溶剂对苯胺化学位移(δ_C)的影响

溶剂	C_1	C_2, C_6	C_3, C_5	C_4
CCl_4	146.5	115.3	129.5	118.8
$(CD_3)_2CO$	148.6	114.7	129.5	117.0
$(CD_3)_2SO$	149.2	114.2	129.0	116.5
CD_3COOD	134.0	122.5	129.9	127.4

邻近基团的磁各向异性(σ_a)在氢谱中扮演很重要的角色,但对 [13]C 化学位移影响不大。此外溶剂效应(σ_s)也会有一些影响。

一些常见的官能团母体的化学位移见图4.8,多取代一般会向高频(低场)位移(表4.4)。

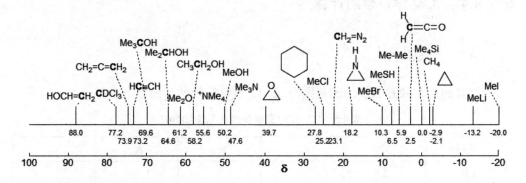

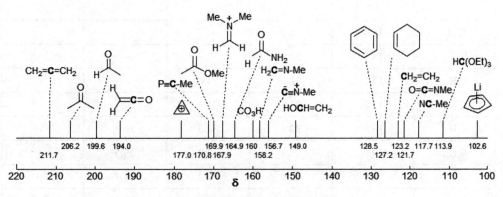

图4.8 常见基团的 [13]C 位移图

表 4.4 ^{13}C 的化学位移变化范围

基团	δ_C(ppm)	基团	δ_C(ppm)
R—CH$_3$	8~30	CH$_3$—O	40~60
R$_2$CH$_2$	15~55	CH$_2$—O	40~70
R$_3$CH	20~60	CH—O	60~75
C—I	0~40	C—O	70~80
C—Br	25~65	C≡C	65~90
C—Cl	35~80	C=C	100~150
CH$_3$—N	20~45	C≡N	100~140
CH$_2$—N	40~60	Ar	110~175
CH—N	50~70	酸、酯、酰胺	150~185
C—N	65~75	醛、酮	185~220
CH$_3$—S	10~20	环丙烷	−5~5

4.4 ^{13}C 化学位移的计算

4.4.1   烷烃的 δ_C

烷烃的 δ_C 在−2.6~60ppm 的范围内，C_1~C_{10} 直链烷烃的 δ_C 值见下表。

表 4.5   C1~C10 直链烷烃的 δ_C 值(ppm)

烷烃	δ_{C1}	δ_{C2}	δ_{C3}	δ_{C4}	δ_{C5}
CH$_4$	−2.6				
C$_2$H$_6$	5.7				
C$_3$H$_8$	15.4	15.9			
C$_4$H$_{10}$	13.1	24.9			
C$_5$H$_{12}$	13.7	22.6	34.6		
C$_6$H$_{14}$	13.7	22.8	31.9		
C$_7$H$_{16}$	13.8	22.8	32.2	29.3	
C$_8$H$_{18}$	13.9	22.9	32.2	29.5	
C$_9$H$_{20}$	13.9	22.9	32.2	29.7	30
C$_{10}$H$_{22}$	14.0	22.8	32.3	29.8	30.1

经过对链状烷烃 ^{13}C 化学位移的分析,D. M. Grant 和 E. G. Paul 提出了链状烷烃 ^{13}C 化学位移的经验计算式。

$$\delta_{Ci} = -2.6 + 9.1n_\alpha + 9.4n_\beta - 2.5n_\gamma + 0.3n_\delta + S \qquad (4.4)$$

式中,−2.6为甲烷的 δ_C 值。δ_{Ci} 为第 i 个原子的化学位移。9.1、9.4、−2.5、0.3分别为该碳原子 α−,β−,γ−,和 δ− 的位移参数。n_α 为与该原子直接相连的碳原子数目,n_β、n_γ 为与该原子相邻碳原子(相隔一个,两个⋯)直接相连的碳数目。S为取代基参数,直链烷烃不计(表4.6)

表4.6 计算支链烷烃 δC 的取代基参数 S(ppm)

分子构型	矫正参数(S)
1°(3°)与叔碳相连的甲基	−1.10
1°(4°)与季碳相连的甲基	−3.53
2°(3°)与叔碳相连的仲碳	−2.50
2°(4°)与季碳相连的仲碳	−7.5
3°(2°)与仲碳相连的叔碳	−3.7
3°(3°)与叔碳相连的叔碳	−9.5
4°(1°)与甲基相连的季碳	−1.5
4°(2°)与仲碳相连的季碳	−8.35

*其他为零,如3°(1°)与甲基相连的叔碳,S=0。

例如2,2−二甲基丁烷的化学位移的计算值与实测值的比较:

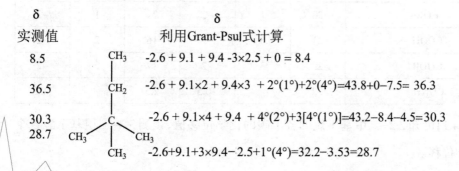

δ 实测值	δ 利用Grant-Psul式计算
8.5	CH₃ -2.6 + 9.1 + 9.4 -3×2.5 + 0 = 8.4
36.5	CH₂ -2.6 + 9.1×2 + 9.4×3 + 2°(1°)+2°(4°)=43.8+0−7.5= 36.3
30.3	C -2.6 + 9.1×4 + 9.4 + 4°(2°)+3[4°(1°)]=43.2−8.4−4.5=30.3
28.7	CH₃ CH₃ CH₃ -2.6+9.1+3×9.4−2.5+1°(4°)=32.2−3.53=28.7

对于含有取代基的烷烃，取代基X对临近位置的 ^{13}C 化学位移的影响见表4.8，表中数据表明X对α碳化学位移影响最大，位移值与取代基电负性等因素有关。取代烷基 δ_C 首先利用式4.4计算，或者取结构近似的烷烃为模板，查到其各个碳的 δ_C，然后再用表4.7中相应的取代参数修正。

表4.7 取代烷烃取代基的位移参数 A_i(ppm)

取代基	$X-\overset{\alpha}{C}-\overset{\beta}{C}-\overset{\gamma}{C}$			$\overset{\gamma}{C}-\overset{\beta}{C}-\underset{X}{\overset{\alpha}{C}}-\overset{\beta}{C}-\overset{\gamma}{C}$		
X	α	β	γ	α	β	γ
CH₃	9	10	−2	6	8	−2
F	68	9	−4	63	6	−4
Cl	31	11	−4	32	10	−4
Br	20	11	−3	25	10	−3
I	−6	11	−1	4	12	−1
OH	48	10	−5	41	8	−5
OR	58	8	−4	51	5	−4
OAc	51	6	−3	45	5	−3
NH₂	29	11	−5	24	10	−5
NR₂	42	6	−3			
CN	4	3	−3	1	3	−3
NO₂	63	4		57	4	
CH=CH	20	6	−0.5			−0.5
Ph	2.3	9	−2	17	7	−2
C≡CH	4.5	5.5	−3.5			−3.5
COR	30	1	−2	24	1	−2
COOH	21	3	−2	16	2	−2
COOR	20	3	−2	17	2	−2
CONH₂	22	3	−0.5	2.5		−0.5

【例4.1】已知2,2-二甲基丁烷的各个碳的化学位移值，预测3,3-二甲基丁醇各个碳的化学位移。

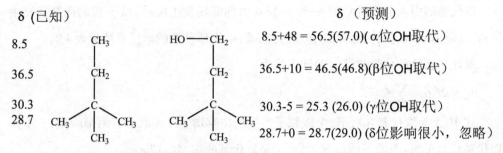

δ（已知）	δ（预测）
8.5	8.5+48 = 56.5(57.0)（α位OH取代）
36.5	36.5+10 = 46.5(46.8)（β位OH取代）
30.3	30.3-5 = 25.3 (26.0)（γ位OH取代）
28.7	28.7+0 = 28.7(29.0)（δ位影响很小，忽略）

【例4.2】计算4-氯-1-丁醇各碳的δ_C值。

解析：$\underset{1}{Cl}—\underset{}{CH_2}—\underset{2}{CH_2}—\underset{3}{CH_2}—\underset{4}{CH_2}—OH$

	2	3	4	
丙烷	13.4	25.0	25.0	13.4
取代基C1的Cl	31	11	-4	0
取代基C4的OH	0	-5	8	48
δ_C值（计算）：	44.4	31	29	61.4
δ_C值（实测）：	44.8	29.1	29.5	61.8

4.4.2 环烷烃的δ_C值

环烷烃除环丙烷的δ_C在高场(-2.8ppm)外，其他的都在26ppm左右。杂环烃由于受杂原子电负性的影响，δ_C值向低场位移。一些环烷烃和杂环烷烃的δ_C值列于表4.8。

表4.8 环烷烃和杂环烷烃的δ_C值

化合物	δ_C	化合物	$\delta_{C\alpha}$	$\delta_{C\beta}$
环丙烷	-2.8	环氧乙烷	39.5	
环丁烷	22.1	环硫乙烷	18.7	
环戊烷	25.3	氮杂环丙烷	18.2	
环己烷	26.6	氧杂环丁烷	72.6	22.7
环庚烷	28.2	氧杂环戊烷	68.4	26.5
环辛烷	26.6	1,4-二氧六环	66.5	

取代基的引入会使环烃的 α-和 β-位 δ_c 值向低场发生位移,而 γ-位的向高场发生位移。环己烷的 δ_c 值为 26.6ppm,以此为基础,取代环己烷的取代参数见表4.9。

取代环己烷的化学位移经验计算式为:

$$\delta_{Ci} = 26.6 + \sum A_i \qquad (4.5)$$

式中:A_i 为取代基R对第i个碳原子产生的位移增量。A_i 取值有两个因素,一个是取代基相对于第i个原子的位置,另一个是取代基的键型(a或e)。

表4.9　环己烷的取代经验参数 A_i(ppm)值

取代基	C_α		C_β		C_γ		C_δ	
	a	e	a	e	a	e	a	e
CH$_3$	1.4	6.0	5.4	9.0	−6.4	0	0	−0.2
OH	39	43	5	8	−7	−3	−1	−2
OCH$_3$	47	52	2	4	−7	−3	−1	−2
OAc	42	46	3	5	−6	−2	0	−2
F	61	64	3	6	−7	−3	−2	−3
Cl	33	33	7	11	−6	0	−1	−2
Br	28	25	8	12	−6	1	−1	−1
I	11	3	9	13	−4	3	−1	−2
CN	0	1	−1	3	−5	−2	−1	−2

4.4.3　烯烃的 δ_c 值

(1)烯烃的 δ_c 取值在 100~150ppm,与芳基碳的 δ_c 处于在同一区间。

(2)取代烯烃,一般有 $\delta_{>C=} > \delta_{-C=} > \delta_{=CH2}$。末端烯烃(=CH$_2$)的 δ_c 值比取代烯烃的 δ_c 值小 10~40ppm。端碳 $\delta_c \approx 110$ppm,邻碳取代基增多,δ_c 增大。

（3）双键对其临近碳原子化学位移影响比较小，一般仅使 α-碳的 δ_C 向低场位移 4~5ppm，对其他碳的影响甚微，可以忽略不计。

（4）顺、反烯烃的烯碳化学位移很接近，一般只相差1ppm。但顺发烯烃双键 α-碳 的 δ_C 有明显不同，顺式烯烃的烯丙位碳核磁共振峰在较高场。如（E）-1,3-戊二烯烯 丙位甲基碳化学位移为17.6ppm，而（Z）-1,3-戊二烯的烯丙位甲基碳化学位移为 12.9ppm。在其他一些体系都有类似的现象。这是由于烯烃双键的 γ-效应的结果。 在共轭二烯体系中，中间两个碳的化学位移值总是大于两侧碳的，而在共轭烯炔体系 中，由于三键的电子环流影响，中间烯碳的 δ_C 值反而小。

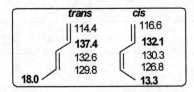 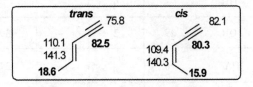

双键取代对两个双键碳原子化学位移的影响是不同的。取代基也对 sp^2 碳原子有 明显的 β-效应，使其 β-位碳原子的 δ_C 向低场发生位移。

（5）累积烯烃的中间 sp 杂化碳的 ^{13}C 化学位移值在很低场（~200ppm），而两端 sp^2 杂化碳原子的 δ_C 在移向较高场。这是由于相同碳上两个定域 π 键引起顺磁屏蔽增加 的结果。乙烯酮分子中亚甲基碳由于氧原子的共轭效应带有部分负电荷，化学位移 明显移向高场（25ppm）。

取代烯烃的 δ_C 值可按照 Roberts 公式近似计算：

$$\delta_{Ci} = 123.3 + \sum Z_1 + \sum Z_2 + \sum S \qquad (4.6)$$

式中，123.3 为乙烯碳的化学位移值，Z_1 和 Z_2 分别为双键碳两边的取代基常数（表 4.10），S 表示取代基的立体作用修正项。对于所讨论的烯碳的化学位移，同侧取代基 标注为 α、β、γ，异侧标注为 α′、β′ 和 γ′。

表4.10　取代烯烃 δ_c 的计算参数和修正项

$$—CH_2CH_2CH_2—CH \overset{X}{=\!\!=\!\!=} C—CH_2CH_2CH_2—$$
$$\underset{\gamma'\ \ \beta'\ \ \alpha'}{} \qquad \underset{\alpha\ \ \beta\ \ \gamma}{}$$

取代基	α	β	γ	α	β	γ	修正值(S)	
C	10.6	7.2	−1.5	−7.9	−1.8	1.5		
C(CH$_3$)$_3$	25	—	—	−14	—	—	αα'(trans)	0
Ph	12	—	—	−11	—	—	(cis)	−1.1
OH	—	6	—	—	−1	—	αα	−4.8
OR	29	2	—	−39	−1	—	α'α'	2.5
OAc	18	—	—	−27	—	—	ββ'	2.3
COR	15	—	—	6	—	—		
CHO	13	—	—	13	—	—		
COOH	4	—	—	9	—	—		
COOR	6	—	—	7	—	—		
Cl	3	−1	—	−6	2	—		
Br	−8	—	—	−1	2	—		
I	−38	—	—	7	—	—		
CN	−16	—	—	15	—	—		

【例4.3】计算下列化合物烯键碳的 δ_c(ppm)：

$$H_3CO\underset{H}{\overset{1}{\underset{|}{C}}}\!\!=\!\!\underset{H}{\overset{2}{\underset{|}{C}}}CH_2CH_3$$

解： δ_{C1} = 123.3 + $A(\alpha)$ + $A(\alpha')$ + $S(\alpha,\alpha')$(顺式)

　　　= 123.3 + 29 − 7.9 − 1.1 = 143.3ppm(142.8ppm)

　　δ_{C2} = 123.3 + 10.6 − 39 − 1.1 = 93.8ppm(93.2ppm)

【例4.4】计算$(CH_3)_2CH\overset{2}{C}H = \overset{1}{C}HCOOH$的$\delta_C$值。

解：$\delta_{C1} = 123.3 + 4 + (-7.9) + (-1.8) \times 2 + (-1.1) = 114.7(116.4)$

$\delta_{C2} = 123.3 + 10.6 + 7.2 \times 2 + 9 + (-1.1) + 2.3 = 158.3(158.5)$

4.4.4 炔烃的δ_C值

炔基碳为sp杂化，其δ_C=60~90ppm。其中端位炔碳($\equiv$CH)的δ_C仅在67~70ppm的很窄的范围内变动。链内炔基碳的δ_C在较低场(74~85ppm)，两者相差约15ppm，有极性基团取代时，两者差值会更大。

$$\overset{85.0\ 67.0}{C_2H_5-C\equiv CH} \qquad \overset{85.7\ 70.0}{C_4H_9-C\equiv CH} \qquad \overset{78.1\ 74.9}{C_3H_7-C\equiv C-CH_3} \qquad \overset{79.5\ 81.4}{C_3H_7-C\equiv C-C_2H_5}$$

$$\overset{83.3\ 77.3}{Ph-C\equiv CH} \qquad \overset{83.3\ 92.0}{Ph-C\equiv C-C_2H_5} \qquad \overset{87.5\ 94.0}{(H_3C)_3Si-C\equiv CH} \qquad \overset{90\ 26.5}{C_2H_5O-C\equiv CH}$$

对于如下炔烃，炔碳δ_C的经验计算式为：

$$\overset{\gamma'}{-C}-\overset{\beta'}{C}-\overset{\alpha'}{C}-C\equiv C_i-\overset{\alpha}{C}-\overset{\beta}{C}-\overset{\gamma}{C}-$$

$$\delta C_i = 71.9 + \sum A_i \qquad\qquad (4.7)$$

烷基取代基的取代参数(A_i)为：

α	β	γ	δ	α'	β'	γ'	δ'
6.9	4.8	−0.1	0.5	−5.7	2.3	1.3	0.6

腈类物质由于受N原子电负性影响，$-CN$碳较$\equiv C$的δ值移向低场(110~126ppm)。

$$\overset{1.3\ \ 116.7}{CH_3CN} \qquad \overset{10.3\ 0.5\ 120.7}{CH_3CH_2CN} \qquad \overset{137.5\qquad 107.8\quad 117.1}{CH_2 = CH_2 - CN} \qquad \overset{115.9}{Ph-\overset{}{C}\equiv N}$$

4.4.5 芳烃

苯的δ_C值为128ppm，取代苯的δ_C值根据取代基性质不同在100~150ppm内变动。取代基主要影响与其直接相连的碳化学位移，对其他位置影响相对较小。不同取代基对C_1以及邻、间、对位碳的影响不尽相同。大多数取代基使C_1的化学位移向低场移动。

取代基电负性越大，C_1化学位移向低场移动距离也越大。

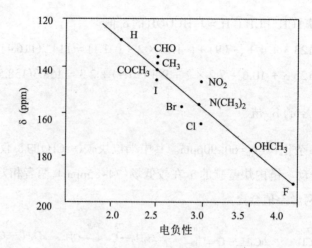

图4.9 取代基R的电负性与苯环被取代碳原子的δ之间关系

（图中的δ值是校正了磁各向异性之后的数值）

烷基取代基分支越多,也使δ_{C1}明显向低场位移。

取代基团	H	CH_3	CH_2CH_3	$CH(CH_3)_2$	$C(CH_3)_3$
相对苯的位移(ppm)	0	+9.3	+15.6	+20.2	+22.4

取代基团与苯环之间的共振效应对苯环不同位置的化学位移影响也很明显。通常供电子的取代基使得邻、对位碳原子的共振移向高场,而吸电子取代基的共振效应使得邻对位碳原子的共振信号峰移向低场。

芳烃的δ_C影响因素很多,也比较复杂。例如硝基苯邻位碳的δ_C值甚至小于苯,其中原因可能是硝基的电场使得邻位 C—H 键电子云移向碳原子,从而使该碳原子的共振信号峰移向高场。

苯环取代基的取代参数见表4.11,经验计算式为:

$$\delta_C = 128.5 + \sum A_i \qquad (4.8)$$

表4.11 取代苯的取代基位移参数 A_i(ppm)

取代基	C_1	α	β	γ
—CH$_3$	9.2	0.7	–0.1	–2.9
—CH$_2$CH$_3$	15.6	–0.5	0	–2.7
—C(CH$_3$)$_3$	22.4	–3.1	–0.2	–2.9
—CH=CH$_2$	8.9	–2.3	–0.1	–0.8
—Ph	13.1	–1.1	0.4	–1.1
—C≡CH	–6.2	3.6	–0.4	–0.3
—C≡N	–15.7	3.6	0.7	4.3
—CHO	8.4	1.2	0.5	5.7
—COCH$_3$	8.9	0.1	–0.1	4.4
—COPh	9.3	1.6	–0.3	3.7
—COOH	2.1	1.6	–0.1	5.2
—CO$_2$CH$_3$	1.3	–0.5	–0.5	3.5
—COCl	4.7	2.7	0.3	6.6
—OH	26.9	–12.8	1.4	–7.4
—OCH$_3$	31.4	–14.4	1.0	–7.8
—OPh	27.6	–11.2	–0.3	–6.9
—OCOCH$_3$	22.4	–7.1	0.4	–3.2
—CONH$_2$	5.4	–0.3	–0.9	5.0
—NH$_2$	18.2	–13.4	0.8	–10.0
—NO$_2$	19.9	–4.9	0.9	6.1
—SH	2.1	0.7	0.3	–3.2
—SCH$_3$	10.0	–1.9	0.2	–3.5
—F	34.8	–13.0	1.6	–4.4
—Cl	6.3	0.4	1.4	–1.9
—Br	–5.8	3.2	1.6	–4.4
—I	–34.1	8.9	1.6	–1.1

【例4.5】计算对甲基苯甲醚的δ_C值(ppm,括号内为实测值)

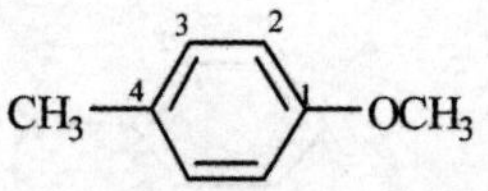

$$CH_3 \overset{4}{-} \overset{3}{\diagdown} \overset{2}{\diagup} - OCH_3$$

解析：$\delta_{C_1} = 128.5 + 31.4 + (-2.9) = 157.0(157.6)$

$\delta_{C_2} = 128.5 + (-14.4) + (-0.1) = 114.0(113.8)$

$\delta_{C_3} = 128.5 + 1.0 + 0.7 = 130.2(129.9)$

$\delta_{C_4} = 128.5 + (-7.8) + 9.2 = 129.9(129.9)$

稠环芳烃及杂环芳烃的δ_C值也在同一范围。

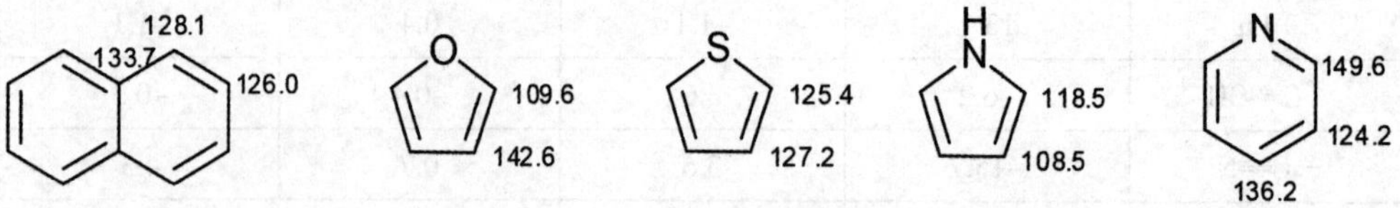

4.4.6 羰基化合物

羰基在氢谱中没有信号峰,在碳谱中羰基吸收峰很特征。羰基碳的核磁共振信号峰一般都在很低场出现(160~220ppm),这主要是由于以下所示的共振效应以及羰基O原子的电负性作用。

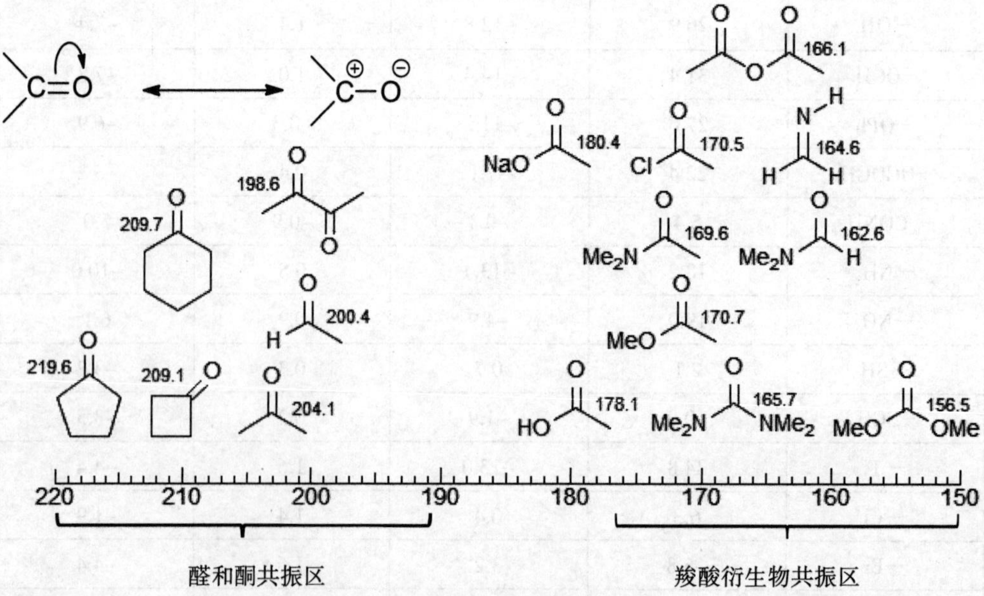

图4.10 羰基碳核磁共振区范围

羰基碳共振区又可以大约分为两个小区:醛和酮共振区(190~220ppm)以及羧酸衍生物共振区(150~175ppm)。羰基碳原子当不与氢相连(醛),在宽带去偶谱中没有NOE效应,核磁共振吸收峰很弱,在谱图中很好辨认。

羰基碳的化学位移对结构变化很敏感,醛羰基碳的化学位移值在190~205ppm,当醛羰基氢被碳原子取代,由于烷基的诱导效应,使酮羰基的δ_C值向低场位移大约5ppm。当有不饱和基团或芳环与羰基共轭,由于给电子的共轭效应,羰基碳的δ_C值会向高场发生位移。

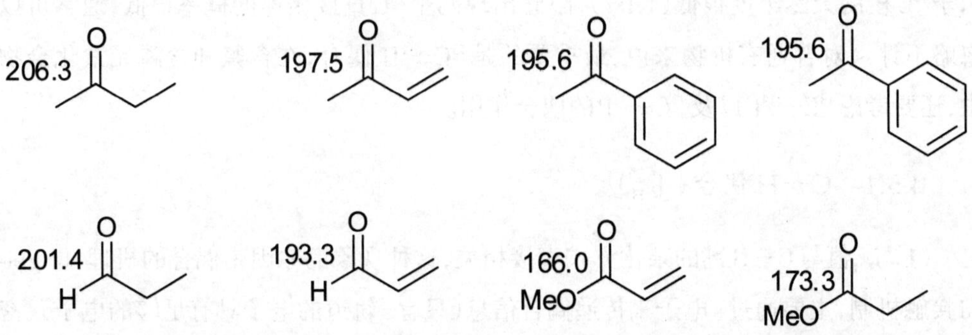

邻位取代会破坏苯环与羰基的共轭关系,从而使化学位移向高场移动。如位阻效应较大的2,6-二甲基苯乙酮羰基碳的化学位移值与脂肪酮相同。

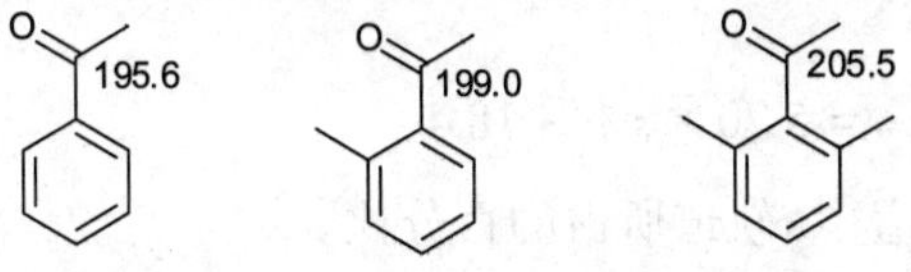

羧酸、酯、酰胺、酰氯和酸酐等羧酸衍生物的羰基与具有孤对电子的杂原子直接相连,羰基碳的电子云密度由于p—π共轭效应而增加,因此羰基碳的δ_C值在160~185ppm。

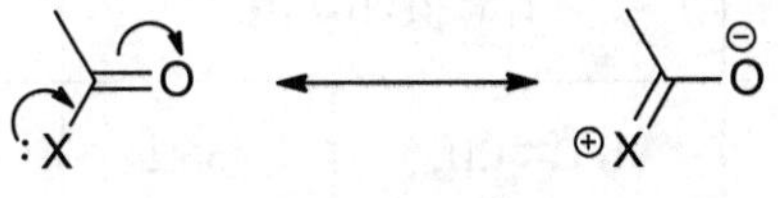

(X = N, O, 卤素)

例如:　$CH_3\overset{177}{C}OOH$ 　$CH_3\overset{171.3}{C}O_2CH_3$ 　$CH_3\overset{172.7}{C}ONH_2$ 　$CH_3\overset{170}{C}OCl$

$Ph\overset{173}{C}OOH$ 　$Ph\overset{167}{C}O_2CH_3$ 　$Ph\overset{171}{C}ONH_2$ 　$Ph\overset{168}{C}OCl$

环酮类羰基化合物羰基碳化学位移与环数有关,小环移向高场。

4.5　^{13}C NMR 的自旋偶合

^{13}C NMR 的自旋偶合有 ^{13}C—^{1}H、^{13}C—^{13}C 和 ^{13}C—X(X=D、^{19}F、^{31}P 等)。其中 ^{13}C—^{13}C 由于 ^{13}C 核的天然丰度很低(1.1%),因此出现两个 ^{13}C 直接相连的概率很低,通常可以忽略不计。对普通有机物来说,最重要的是 ^{13}C—^{1}H 偶合,在含氟和含磷元素化合物中,还要考虑 ^{13}C—^{19}F 以及 ^{13}C—^{31}P 的偶合作用。

4.5.1　C—H 偶合($^{1}J_{CH}$)

(1)$^{1}J_{CH}$ 值与 C—H 键的杂化方式直接相关,这种现象的原因是偶合的机理,即 Feimi 接触机制,主要通过 s 电子来传递偶合信息(只有 s 轨道的电子具有足够的电子云密度以影响原子核),简单烷烃的 $^{1}J_{CH}$ 可以粗略的用以下公式来估算,但是这一公式不太适合于一些含有电负性取代基的烃类物质(这些物质其偶合常数随 s 轨道成分增大而增大)。

$$^{1}J_{CH} = 5 \times s\% \text{ 或 } ^{1}J_{CH} = 5.70 \times s\% - 18.4$$

式中,s% 为杂化轨道中 s 轨道所占的百分比。

表 4.12　$^{1}J_{CH}$ 与碳原子杂化方式之间的关系

sp³ (25% s)		sp² (33% s)		sp (50% s)	
计算值:125 Hz		计算值:167 Hz		计算值:250 Hz	
H—CH₃	125.0	H₂C=CH₂	156.2	H—C≡C—H	249
H—CH₂CH₃	124.9	H₂C=C=CH₂	168.2	H—C≡C—Ph	248
H—H(CH₃)₂	119.4	Ph—H	159	H—C≡C—F	278
H—C(CH₃)₃	114.2		182	H—C≡C—NPh₂	259
H—CH₂NH₂	133.0			H—C≡C—CHO	247

(2)电负性的影响:吸电子取代基增加 $^1J_{CH}$,取代基电负性越大,数目越多,$^1J_{CH}$ 越大。

H—CH₃ 125.0 Hz

H—CH₂Cl 150.0Hz   H—CH₂F 149.1Hz   H—CH₂SiMe₃ 118Hz

H—CH₂MgBr 107.7Hz   H—CHCl₂ 178.0Hz H—CHF₂ 184.5Hz

H—CH(SiMe₃)₂ 107Hz   H—CH₂Li 98Hz   H—CCl₃ 209.0Hz

H—CF₃ 239.1Hz   H—C(SiMe₃)₃ 100.4Hz

(3)环状化合物:刚性张力环通常都会展现较大的 C—H 偶合常数,这与在这些刚性环中 C—H 键的 s 轨道成分较高(环内 C—C 键具有较高的 p 轨道成分)有关。$^1J_{CH}$ 随环张力增大而增大。环丙烷的 $^1J_{CH}$= 161Hz,更接近于 sp² 杂化的烯烃的 $^1J_{CH}$ 值(环己烷:$^1J_{CH}$=127Hz,环己烯:$^1J_{CH}$=158 Hz),说明环丙烷的 sp³ 杂化 C 与烯烃 sp² 杂化 C 的杂化状态比较接近。

表4.13 环张力对 $^1J_{CH}$ 的影响

化合物	杂化轨道	$^1J_{CH}$(Hz)	化合物	杂化轨道	$^1J_{CH}$(Hz)
	sp³	127		sp²	158
	sp³	131		sp²	162
	sp³	136		sp²	169
	sp³	153.8		sp²	177
	sp³	161		sp²	228
	sp³	180		sp²	255

通过两个或三个化学键的C—H远程偶合通常比较小,可以为正值,也可能是负值。跟氢谱中的H—H偶合类似,影响J_{H-H}的一些因素也同样影响J_{C-H}。

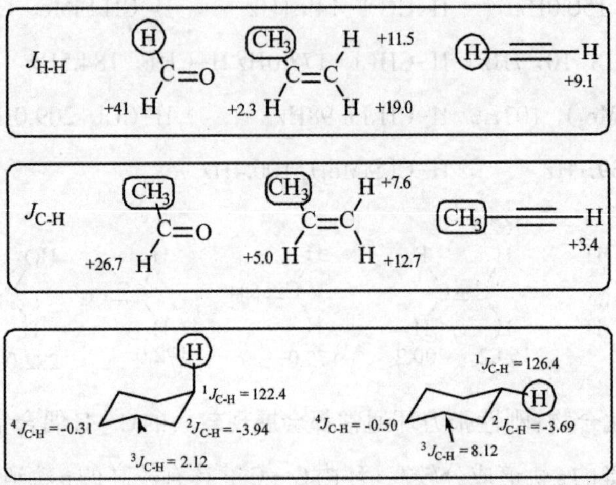

顺式烯烃和反式烯烃的偶合常数$^3J_{H-H}$有着明显的不同,可以被用于指定烯烃的构型。三取代烯烃缺乏可用的$^3J_{H-H}$,因此无法判断烯烃的顺反异构。这时可以借助于$^3J_{C-H}$。要应用这项技术,必须首先认识到指定的碳会和周围多个氢原子发生偶合,因此要有区别不同氢原子偶合的手段,比如J值的大小,或二维核磁共振技术以及去偶技术。

$^3J_{trans} = 7\sim15\ Hz \qquad ^3J_{cis} = 5\sim9\ Hz$

由于顺反烯烃的$^3J_{C-H}$有时会重叠,因此最好同时测定两者以对比不同。

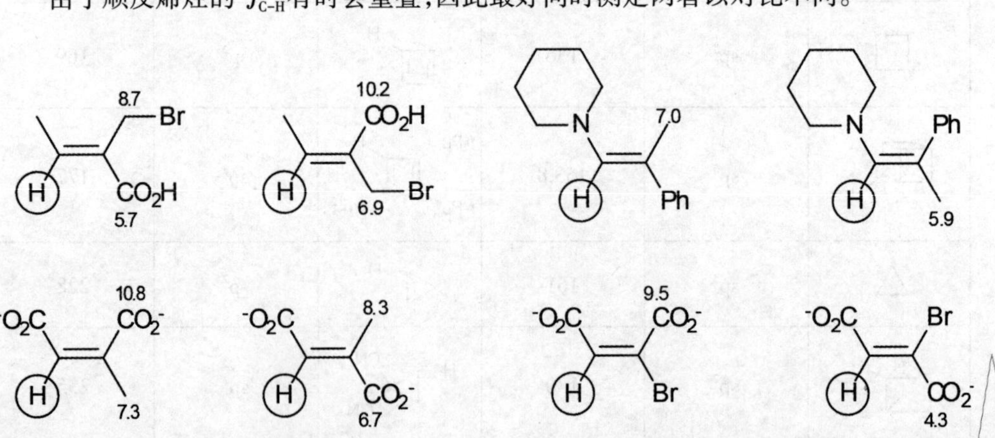

远程C—H偶合对判断苯环取代具有一定的影响。例如苯的 ^1H 和 ^{13}C 偶合常数：$^1J_{C-H}$ 为157.5Hz，$^2J_{C-H}$ 为1.0 Hz，$^3J_{C-H}$ 为7.4Hz，$^4J_{C-H}$ 为1.1 Hz，可见苯环碳与间位质子偶合常数比邻位大。

4.5.2　^{13}C 与杂原子之间的偶合

常见的 ^{13}C NMR谱图为宽带去偶谱，这类谱图中只去除了 ^1H 与 ^{13}C 之间的偶合，如果分子中还含有一些别的磁性核如 ^{19}F、^{31}P 等，宽带去偶谱中就包含 ^{19}F、^{31}P 等磁性核与 ^{13}C 之间的偶合信息，使谱线增多。了解这些核与碳的偶合情况，对分子结构的解析很有帮助。

（1）氘（D）与 ^{13}C 的偶合

核磁测试中一般都使用氘代试剂，由于氘的自旋量子数 $I=1$，使这些氘代溶剂的碳信号峰发生裂分为 $2n + 1$ 峰。$^1J_{C-D}$ 值一般在 18~34Hz，取值随取代基电负性增大而增大。如氘代氯仿 $CDCl_3$ 的 δ_C=77ppm，$^1J_{C-D}$=31.5Hz；CD_3OD 的 δ_C=47.05 ppm，$^1J_{C-D}$=22.0Hz；CD_3COCD_3 中 CD_3 的 δ_C=28ppm，$^1J_{C-D}$=19.5 Hz；C_6D_6 的 δ_C=126.9 ppm，$^1J_{C-D}$=25.5Hz。

（2）^{13}C—^{19}F 的偶合常数

^{19}F 的自旋量子数也是1/2，因此与 ^{13}C 的偶合符合 $n + 1$ 规律。^{13}C—^{19}F 的偶合常数值很大，并且是负值，$^1J_{C-F}$=−150~360Hz，$^2J_{C-F}$=20~60 Hz，$^3J_{C-F}$=4~20 Hz，$^4J_{C-F}$=0~5 Hz。

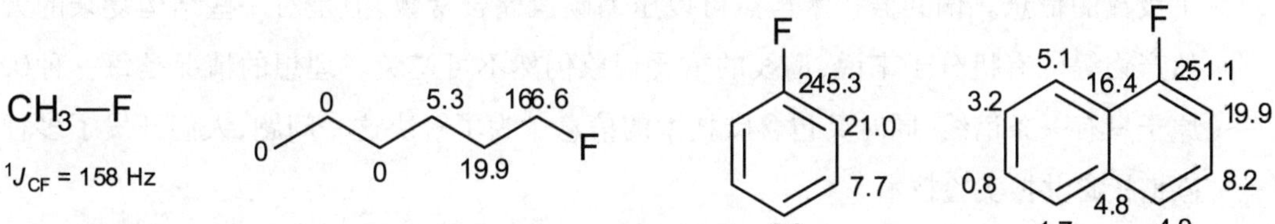

（E）-3-(4-三氟甲苯基)丙烯酸甲酯的 ^{13}C NMR（126 MHz）谱图如图4.11所示，CF_3 的 δ_C=123.5 ppm，$^1J_{C-F}$=268.7Hz。与 CF_3 相连的 C_1 也因为与 CF_3 之间的 $^2J_{C-F}$ 偶合作用而裂分为四重峰，δ_C=131.4 ppm处，$^2J_{C-F}$=32.5 Hz。位于 CF_3 间位的 C_2（δ_C=125.8 ppm）同样裂分为四重峰（$^3J_{C-F}$=3.8 Hz）。

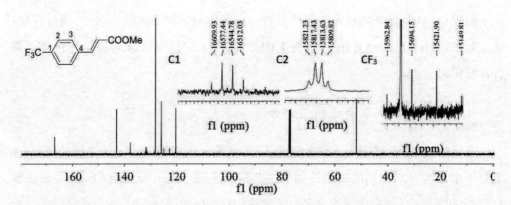

图 4.11 （E）-3-(4-三氟甲苯基)丙烯酸甲酯的13C NMR(126 MHz)谱图

（3）^{31}P与^{13}C的偶合

^{31}P与^{13}C的偶合一般在-14~150Hz,并且磷的价态不同,偶合值也不同。5价磷的$^1J_{C-P}$为50~180 Hz,$^2J_{C-P}$、$^3J_{C-P}$在5~15Hz;3价P的$^1J_{C-P}$=20~50Hz,$^2J_{C-P}$、$^3J_{C-P}$在3~20 Hz。^{31}P的自旋量子数 I=1/2,所以与^{13}C的偶合裂分符合 n + 1 规律。例如:

	$(CH_3O)_2P(O)CH_3$	$O=PPh_3$	PPh_3	CH_3PH_2	$P(CH_3)_3$
$^1J_{C-P}$(Hz):	144	105	12.4	9.3	-13.6

4.6 测定碳原子级数的几种方法

常见的宽带去偶碳谱中去掉了碳氢偶合信息以简化碳谱,但同时也使碳谱失去了级数的信息。偏共振技术虽然可以压缩碳氢偶合常数,但是对一些结构复杂的天然产物等的有机分子来说,谱线的重叠现象仍然不可避免。理想的情况是每一种碳原子只有一条谱线,同时又包含碳技术的信息。为了解决这一问题,人们开发了多种碳谱核磁共振实验技术。

4.6.1 DEPT(Distortionless Enhanced Polarization Transfer)技术

DEPT谱的中文译名是"无畸变极化转移增强谱"。通过极化转移(PT)将与碳原子直接键连的^{1}H(灵敏核)的极化信息转移到^{13}C(非灵敏核),从而增强了^{13}C的信号强度,提高^{13}C的观测灵敏度(比碳谱灵敏好几倍)。DEPT的显著特征是将^{1}H的第二个90°脉冲改为可变的θ脉冲作用,降低了J值对三种碳(CH,CH_2,CH_3)的多重谱线的影响,使其信号强度仅与θ脉冲有关。只要分别设置θ脉冲为45°、90°和135°,做三个实验,得到三张谱图,就可以区别CH、CH₂和CH₃。

DEPT-45°谱　季碳不出峰,其余的CH,CH₂和CH₃都出正峰。

DEPT-90°谱　只有CH出峰,其余的碳都不出峰。

DEPT-135°谱　CH和CH₃出正峰,CH₂出负峰。季碳不出峰。

图4.12为3-甲基-4-羟基-2-丁酮的普通碳谱(全去偶谱)和各种DEPT谱的对比图。从中可以看出,¹³C NMR图谱中的季碳和溶剂谱线在DEPT中不再出现。DEPT-45°中,除了季碳不出峰,其余碳都出正峰,不能区别碳的级数,因此应用较少。DEPT-135°谱图中,CH₂为正峰,CH和CH₃均为正峰,相互不能区别,但这一不足可以由DEPT-90°弥补(只有CH出正峰)。因此,通过对照¹³C NMR和DEPT-135°以及DEPT-90°谱,可以确定各个碳的级数。

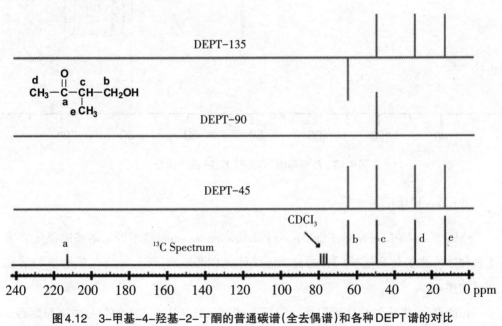

图4.12　3-甲基-4-羟基-2-丁酮的普通碳谱(全去偶谱)和各种DEPT谱的对比

4.6.2　APT法

APT(Attached Proton Test),又叫回旋波技术(Spin-Echo-Technique),是通过¹³C和与¹H核之间的标量偶合作用,对质子宽带去偶的¹³C信号进行调制而实现的。特点是季碳和CH₂出正峰,CH和CH₃出负峰。图4.13所示为胆固醇的APT谱图。

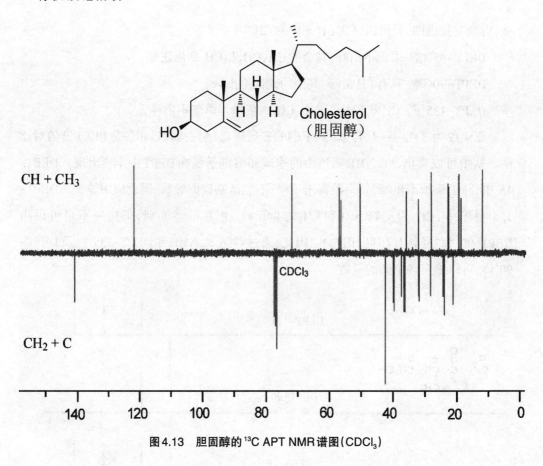

CH + CH₃

CH + CH₃ ... CDCl₃ ... CH₂ + C

图4.13 胆固醇的 ¹³C APT NMR谱图(CDCl₃)

4.6.3 INEPT

INEPT(Insensitive Nuclei Enhanced Polarization transfer)技术即低敏核的极化转移增强技术。也是将高敏核(^1H)的自旋极化传递到低敏核(^{13}C),从而使低敏核的信号强度增强4倍。

在研究 ^{13}C 磁化矢量在延迟期间的行为,发现CH、CH₂和CH₃的信号强度与延迟 Δ有一定关系。当Δ= 1/8J时,CH、CH₂和CH₃的峰均为正峰;当Δ= 1/4J时,仅出现CH的正峰;Δ= 3/8J时,CH和CH₃均为正峰,CH₂为负峰。因此在实验室只要设置不同的 Δ值,就可以得到区分不同级数碳的INEPT谱图。由于该实验中的极化转移是由相互偶合的C—H键完成,季碳不含氢,没有极化转移,在INEPT谱中不出峰。图4.14为β-紫罗兰酮的 ^{13}C 去偶谱和它的INEPT谱图。

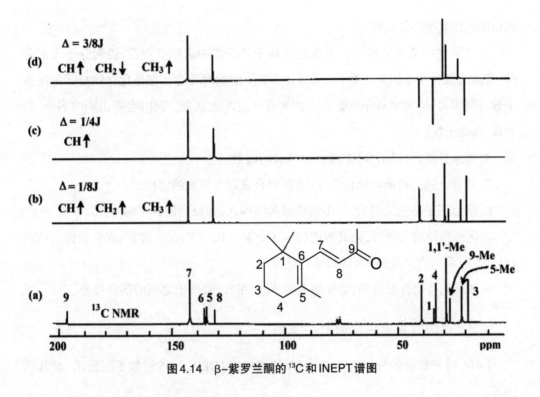

图4.14 β-紫罗兰酮的 ^{13}C 和 INEPT 谱图

4.7 ^{13}C NMR 谱图的解析

4.7.1 核磁共振碳谱解析的一般程序

想要将一个复杂化合物的 ^{13}C NMR 谱图中的每一个吸收信号峰得到指定是一件比较耗时且困难的过程。实际上,除了要确定分子的立体化学、同位素标定以及构象分析,大多数情况都没必要去将每一个共振峰与分子结构一一对应起来,掌握以下技巧将有助于理解碳谱的信息。

1. 根据质谱元素分析等的数据或其他方面的数据求出分子式,由此计算化合物的不饱和度。

2. 根据化学位移确定官能团。首先要掌握的是 ^{13}C 信号峰的分组。分组可以根据杂化方式(sp^3、sp^2、sp)以及官能团和元素的电负性将碳谱分组。例如羰基碳的共振信号峰在 160~220ppm,芳基碳和烯基碳在 100~150ppm。O、N、F、Cl、Br 等电负性较大的元素可以使与之相连的碳吸收峰发生较大的低场位移,重元素如碘的存在又会使与之相连的碳发生高场位移。

3. 宽带去偶谱的分析。若谱线数目等于分子式中碳原子数目,说明分子无对称性;若谱线数目小于碳原子数目,说明分子有一定的对称性。如果化合物分子中碳原子数目较多时,应考虑到不同碳原子的δ_c有可能偶然重合。同时也要识别溶剂峰、杂质峰,排除干扰。

4. 如果必要,可以结合DEPT谱确定碳的级数。

5. 结合上述几项推出结构单元,进而组合成若干可能的结构式。

6. 排除不正确的结构式,找出最合理的结构式,并且验证其正确性。

7. 化合物结构复杂时,需其他谱(MS、1HNMR、IR、UV)配合解析,或合成模拟物进行分析,或采用^{13}C NMR的某些特殊实验方法。

8. 如果化合物含氟或磷,要仔细查找$^{13}C—^{19}F$和$^{13}C—^{31}P$之间的偶合裂分。

4.7.2 核磁共振碳谱的解析实例

【例4.6】未知物的分子式为$C_5H_{12}O$,^{13}C NMR和DEPT-135谱如下图所示,求其结构式。

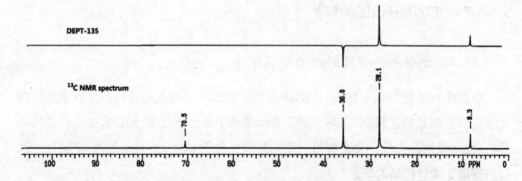

解:由分子式可知该化合物为饱和脂肪族化合物(不饱和度$\Omega = 0$)。该化合物含有氧原子,可以考虑为醇或醚。

根据^{13}C NMR谱图和DEPT-135谱图可知:最低场$\delta70.5$ppm处有一季碳,而且化学位移值比较大,表示氧原子与该季碳直接相连。次低场$\delta36.0$ppm处有一CH_2存在(DEPT-135谱呈现负峰)。查图4.8可知,烷基C—O碳的δ_c值>50ppm,因而推定该亚甲基不与氧原子相键接,从而确定该化合物为一叔醇结构。此外在$\delta28.1$和$\delta8.3$ppm处有CH_3或CH结构存在。根据分子式,已经确定一个季碳、一个OH、一个CH_2,剩余

三个C和9个H没有确定,碳氢比正好为1:3,从而确定为三个甲基。因此可能的结构为:

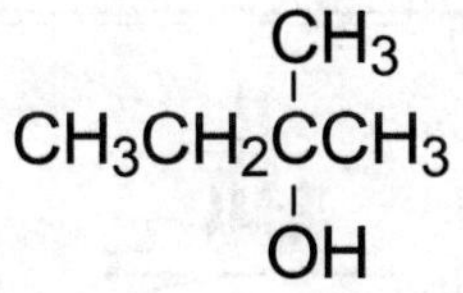

$$CH_3CH_2\overset{\overset{\displaystyle CH_3}{|}}{\underset{\underset{\displaystyle OH}{|}}{C}}CH_3$$

【例4.7】一化合物分子式为$C_9H_{10}O$,^1H NMR 和 ^{13}C NMR如图所示,求其结构式。

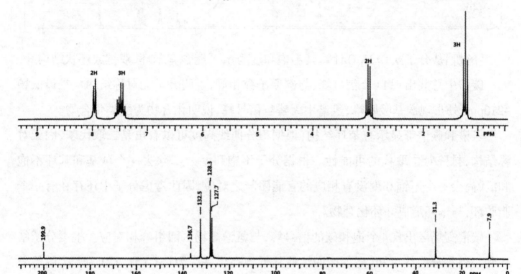

解:根据其分子式可知该化合物的不饱和度为5,考虑其中含有一个苯环(4个不饱和度)和一个双键或一个环。

根据^1H NMR谱图可知,δ7.4~8.0之间有5个氢,考虑为单取代苯,此外在δ3.0和δ1.2ppm左右分别出现了一组峰面积为3H的三重峰和一组峰面积为2H的四重峰,推测为—CH_2CH_3结构片段。^{13}C NMR谱图中在δ199.9ppm处有一弱吸收峰,表明该化合物含有羰基(C=O)。由于在氢谱中没有观察到醛氢的存在,故可知该化合物只可能为酮。所以该化合物的可能结构为:

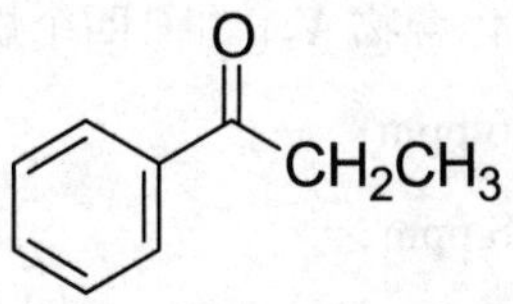

【例4.8】某未知化合物分子式为$C_{11}H_{12}O$,根据氢谱和碳谱试推其结构。

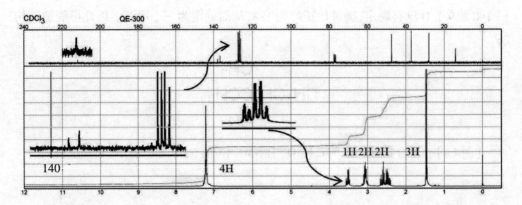

【解析】从分子式 $C_{11}H_{12}O$ 计算其不饱和度为6，可能含有苯环、双键或环状结构。

碳谱中总共出现11个信号峰，与碳原子数相等，说明分子无对称结构。在最低场 ~210ppm 处出现羰基吸收峰，氢谱中无醛氢信号峰，说明化合物为酮类化合物。

氢谱和碳谱都显示有苯环结构，根据积分曲线高度可以看出是二取代苯，因无对称结构，排除对位取代的可能性。根据分子不饱和度为6，除去一个羰基和苯环不饱和度，尚余一个不饱和度没有相应的官能团与之对应，因此考虑分子中还存在有一个脂肪环，与苯环形成并环化合物。

碳谱高场区出现4个饱和碳的信号峰，与氢谱高场区四组峰相对应。根据分子结构和氢谱积分曲线可知，高场区四组峰从低到高场一次为 CH、CH_2、CH_2 和 CH_3 的信号峰。其中甲基峰裂分为双重峰，所以推知甲基并不与 CH_2 键接，而是与 CH 相键接。

根据氢谱中 CH 以及两个 CH_2 均裂分为多重峰的事实也可推知它们依次相键接在一起而不是被羰基隔开。因此推知分子结构为：

A   B   C

根据 ChemDraw 软件预测化合物 A，B 和 C 四个烷基的 δ_C 值：

A：δ_C=42.6，31.4，28.3，15.6 ppm；

B：δ_C=36.5，32.2，29.6，20.8 ppm；

C：δ_C=38.3，35.0，30.6，21.6 ppm

A 最符合，所以可能结构为 A。

5 质 谱

质谱(Mass Spectrum)是在高真空系统中采用高速电子或粒子来撞击气态分子或原子,将其电离后加速导入质量分析器中,然后按质荷比(m/z)分离后测定样品的分子离子及其碎片离子的质量,以确定样品相对分子质量及其分子结构的一种分析方法。从20世纪60年代起,质谱就广泛应用于有机化合物的结构检测中。质谱与核磁共振、红外光谱和紫外光谱被共同认为是有机化合物鉴定的四大工具,合称"四大谱"。质谱的主要特点是:

(1)灵敏度高。质谱通常只需要几微克甚至更少就可以得到结果,检出极限为10^{-14}g。

(2)质谱是唯一可以确定分子量的方法,高精度质谱仪甚至可以给出可能的分子式,因此质谱对推定有机物的结构至关重要。

5.1 质谱的基本概念

5.1.1 质谱仪

质谱仪主要由进样系统、离子源、质量分析器、检测器、真空系统、加速电场、计算机控制系统几个部分组成。

【真空系统】维持系统的高真空是为了避免离子与残余气体分子之间的碰撞造成损失。质谱仪对真空系统要求很高。离子源的压力一般在$10^{-5} \sim 10^{-4}$Pa,质量分析器的压力在$10^{-6} \sim 10^{-5}$Pa。

【进样系统】在高真空条件下,微量纯样品($< 10 \mu g$)被进样推杆送入离子源,被样品杆上的特殊装置加热气化后进入离子化室。混合样品可利用色质联用仪的气相色谱仪或液相色谱仪分离成单组分,逐个通过特殊的联机接口进入离子源,依次进行各

组分的质谱测定。低沸点的样品可经储气器直接进入离子源。

【离子源】离子源是样品分子电离为离子的部件,是质谱仪的核心部件。电离方式不同,得到的质谱图也不同。为了使生成的离子顺利穿越质量分析器,在离子源的出口有一个加速电压。常用的离子源有以下几种:

电子流轰击(Electron Impact Ionization,EI):EI源是最早开发,也是最成熟的离子化方法。在外电场作用下,用铼或钨丝产生的电子束(常用70 eV)去轰击汽化的样品分子,使样品分子获得能量,电离电位较低的价电子或非键电子(如N、O等的孤电子对)丢失一个电子,电离成带正电荷的分子离子。

$$M \xrightarrow{e^-} M^{\cdot+} + 2e^-$$

有机分子的电离电位一般为7~15 eV,70eV的电子束的轰击常常使分子在离子化的同时还增大了分子内能,因此分子离子会进一步裂解为不同碎片,产生不同质荷比的分子碎片离子。一般认为,电子碰撞分子的形式不同,转移给分子的内能是不同的。当电子从分子侧边飞过,仅仅发生"软碰撞",传递给分子的内能较少,产生的分子离子比较稳定,不易碎裂。当电子和分子发生正面碰撞时,传递给分子的能量较多,不仅使分子离子化,还可能使分子碎裂,产生碎片离子。所以当一束高能电子束与分子碰撞时,部分样品分子与电子发生软碰撞,产生内能较低的分子离子,可能不再碎裂或碎裂程度较低。内能高的分子离子碎裂程度也较高,得到不同结构的多种碎片离子。碎片离子含有重要的分子结构信息,因此对分子结构的解析有重要的应用价值。总的结果是在得到的质谱图中,既有分子离子峰,又有一些碎片离子峰。当然,某些化合物用EI电离时,分子离子峰强度较弱,甚至不出现分子离子峰。

分子离子化产生正离子的同时,也可能产生部分负离子。分子离子在进一步裂解为碎片正离子时,也会产生自由基碎片和中性小分子。只有正离子才可以被电场推出离子源并飞入分析器,负离子、自由基和中性小分子则被真空系统抽出体系。

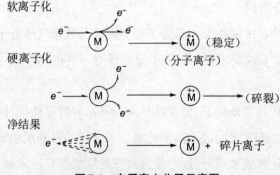

图5.1 电子轰击分子示意图

图 5.2 为环己烷的质谱图,横坐标为质荷比 m/z,纵坐标为相对离子丰度。丰度最高的离子峰被称作基峰(base peak),高度定为 100%。其他诸峰相对于基峰的高度为其对应离子的相对强度。由质谱仪直接记录下来的图是一个个尖锐的峰,为了简化谱图,一般采用棒状图。从图 5.2 中可以看到除了 m/z=84 的分子离子峰外,还可以看到 m/z 为 27,41,56 和 69 等丰度不等碎片离子峰,其中 m/z=56 的离子峰为基峰(相对丰度为 100% 的峰)。

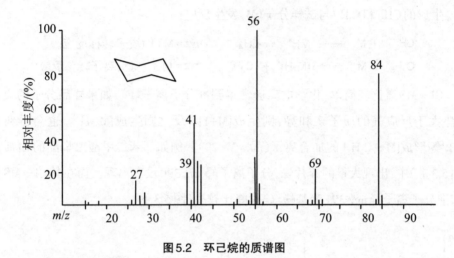

图 5.2　环己烷的质谱图

EI 源的优点是:

(1) EI 源最大的好处是质谱重复性好,已有几十万张 EI 源标准谱图便于比对。

(2) 可以提供丰富的碎片离子信息,有利于推断化合物结构。

但当样品分子较大,不易汽化或为热敏性物质而稳定性不好时,EI 源产生的分子离子峰强度很低,甚至没有分子离子峰。为了解决这一问题,开发了一些"软"离子化方法。

化学电离(Chemical Ionization,CI):该方法是利用分子-离子间的相互反应使样品分子电离。工作时需要向离子室引入一定压力(约 10^2 Pa)的反应气(如甲烷、丙烷、异丁烷和氨气等)。反应气在高能电子束的作用下发生电离生成初级离子,如 CH_4^+、CH_5^+、CH_3^+、$C_2H_5^+$ 等。初级离子与样品分子发生碰撞,通过质子交换使样品分子电离,生成 $[M+H]^+$、$[M-H]^+$ 等准分子离子,或通过亲电加成产生 $[M+29]^+$ 与 $C_2H_5^+$ 离子等。CI 电离过程中传递的额外能量比较小,一般小于 5eV,所以产生的碎片峰也比较少。现以甲烷作为反应气,说明化学电离的离子化过程。反应气受电子轰击,电离成离子:

$$CH_4 \xrightarrow{-e^-} \overset{\cdot+}{CH_4} + 2e^-$$

$$\overset{\cdot+}{CH_4} \longrightarrow \overset{+}{CH_3} + H\cdot$$

$\overset{+}{CH_4}$和CH_3很快与周围大量的CH_4分子反应：

$$\overset{\cdot+}{CH_4} + CH_4 \longrightarrow \overset{+}{CH_5} + \overset{\cdot}{CH_3}$$

$$\overset{+}{CH_3} + CH_4 \longrightarrow C_2H_5^+ + H_2$$

生成的CH_5^+和$C_2H_5^+$与试样分子(M)发生反应：

$$CH_5^+ + M \longrightarrow MH^+ + CH_4 \qquad m/z = M+1 \text{ (质子转移反应)}$$

$$C_2H_5^+ + M \longrightarrow [M-H]^+ + C_2H_6 \qquad m/z = M-1 \text{ (氢负离子转移反应)}$$

CI—MS谱比较简单,化学电离通常得到准分子离子峰。如果样品分子的质子亲和势大于反应气的质子亲和势,则生成$[M+1]^+$,反之则生成$[M-1]^+$。也会得到M与$C_2H_5^+$等形成$[M-C_2H_5]^+$的加合离子($m/z=M+29$)。例如邻苯二甲酸二辛酯的EI质谱图(图5.3上)中,出现大量的碎片峰,分子离子峰m/z 390没有出现。而在其CI—MS谱图中,准分子离子峰m/z 391为基峰,碎片峰比较少(图5.3下)。

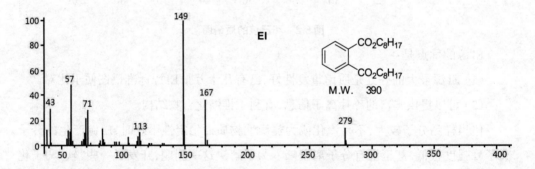

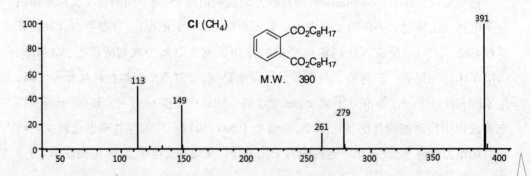

图5.3　邻苯二甲酸二辛酯的EI(上)和CI(下)谱图的比较(CI使用甲烷)

因此,采用CI源的质谱图碎片离子少,准分子离子峰(M±1)相对丰度大,图谱比较简单。

快原子轰击(fast atom bombardment,FAB):快原子轰击是20世纪80年代发展起来的离子化方法,它以电子轰击气压约为100Pa的惰性气体(氩或氙),产生的惰性气体离子经聚焦和加速后使之具有较高的动能,在原子枪内进行电荷交换反应。

$$Ar^+(高动能)+Ar(热运动) \rightarrow Ar(高动能)+ Ar^+(热运动)$$

低能量的Ar^+被电场偏转引出,获得高动能的中性Ar或Xe原子流轰击溶解于低蒸汽压液体(如甘油、间硝基苄醇、二乙醇胺)中的样品分子,使之离子化汽化。

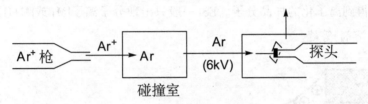

图5.4 FAB离子源原理示意图

使用基质目的是保护样品分子免受过多辐射损害。样品用基质调节后黏附于靶物上,当快原子轰击样品分子时,快原子的动能使一些样品蒸发和离解。基质的作用除了把样品固定在金属靶针外,还为样品质子化提供氢质子。常用的基质有甘油、硫代甘油、3-硝基苄醇和三乙醇胺、聚乙二醇等具有低蒸汽压、化学惰性、良好的溶解性能和一定流动性的物质。所以FAB质谱图中会出现基质分子产生的峰及基质分子与样品分子结合峰。

在FAB—MS中,样品分子通常以质子化的$[M+H]^+$准分子离子形式出现,同时还会出现加和离子峰,如$[M+H+G]^+$、$[M+H+2G]^+$、$[M+H-H_2O]^+$、$[M+G+H-H_2O]^+$等(G为基质分子)。此外,基质峰$[G+H]^+$、$[2G+H]^+$等也会出现在低质量端。如果体系中有Na^+、K^+,谱图中也会出现$[M+Na]^+$和$[M+K]^+$峰。

FAB是目前广泛使用的软电离技术,适用于难汽化、极性强、热稳定性差的大分子的分析,广泛应用于生物大分子、酸性染料、络合物以及热不稳定的难挥发有机化合物的分析。用FAB分析糖类样品时,常用NaCl水溶液以便获得$(M+Na)^+$准分子离子。

大气压电离(atmospheric pressure ionization,API):大气压电离是应用于高效液相色谱HPLC和质普及联机的电离方式。它包括电喷雾(electrospray ionization,ESI)和大气压化学电离(atmospheric pressure Chemical ionization,APCI)

电喷雾电离(Electron Spray Ionization, ESI)：电喷雾离子源是在大气压或接近大气压的条件下工作的。主要应用于高效液相色谱(HPLC)和质谱联机时的一种电离方法。样品溶液从一根带有上千伏电压的不锈钢针管中喷出。当样品溶液从雾化器套管的毛细管端流出瞬间受到管端几千伏的高电压和雾化器吹出的雾化气带(常用氮气)的作用，喷成无数带电荷的细微液滴。液滴在直管中运动，并在一定的真空条件下，使其中溶剂快速蒸发，被抽走使液滴迅速变小。带电的微小液滴其表面电荷密度不断增加，当电荷之间的排斥力足以克服液滴的表面张力时，液滴破裂，分解为更加微小的带电液滴。溶剂继续挥发，液滴再分解为更小的微小液滴。这样不断地重复分解，最终得到离子化的样品分子。ESI一般只出现分子离子[M]⁺或[M+H]⁺、[M+Na]⁺、[M+S]⁺(S为溶剂)等峰。

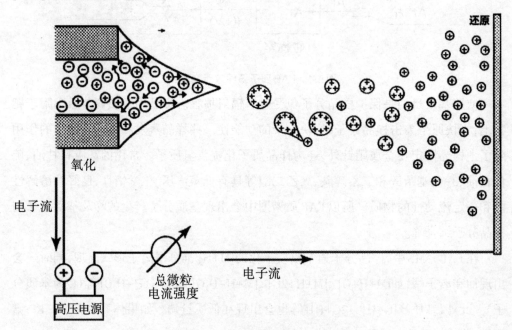

图5.5　电喷雾离子源工作原理

ESI源产生的离子可能带有单电荷或多电荷。通常小分子得到单电荷的准分子离子峰；生物分子则得到多电荷离子簇峰。由于多电荷离子的存在，使分析检测的质量范围提高几十倍。电喷雾电离是很软的电离方法。通常没有碎片离子峰，只有样品分子和准分子离子峰，适合多肽、蛋白质、核酸多糖、络合物以及多聚物的分析。如图为分子量为10 000的样品分子的ESI质谱示意图，图中出现多电荷离子峰。

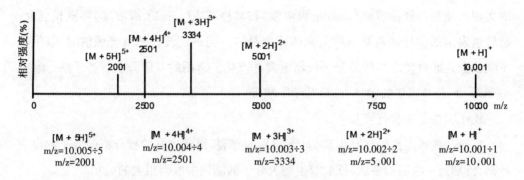

图5.6　ESI谱图特点

大气压化学电离(atmospheric pressure chemical ionization,APCI):是由ESI源派生出来的一种软电离方式。液滴先汽化,随后空气中某些中性分子(H_2O、N_2、O_2等)及溶剂分子被电晕放电产生离子,这些离子再与样品分子发生离子-分子反应,产生分子离子。其工作原理如图所示。

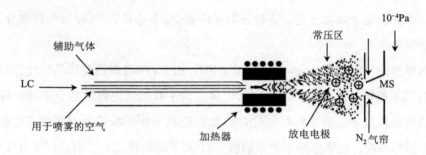

图 5.7　大气压化学电离的原理示意图

含有样品的溶液从液相色谱(LC)或具有雾化气套管的毛细管流出,被氮气流雾化,喷射入加热的常压环境中(100~120℃),经过加热器加热汽化,从喷口射出。在喷嘴附近,放置一针状电晕放电电极,通过其高压放电,使大量的溶剂分子和一些小分子电离,这些离子与样品分子进行气态离子-分子反应,形成准分子离子。因此,在APCI中,样品分子的电离实际上主要是通过化学电离的途径实现的,产生的大多是单电荷离子,所分析的化合物的相对分子质量通常小于1000。通过对电压的调节,可以得到不同断裂程度的质谱。APCI源常用于食品中残留农药的定性和定量分析,药物在生物体内的代谢过程等动力学研究领域。

基值辅助激光解析电离(Matric—assisted laser desorption—Ionization,MALDI):对于热敏感的样品,如果对它们快速加热,可以避免其热分解,利用这一原理,利用脉冲式激光在极短的时间间隔期间(纳秒数量级),激光可以对样品提供高能量。MALDI

的实现方法是将样品溶液(μmol/L级浓度)和某种基质(mmol/L级浓度)溶液相混合,然后蒸发溶剂使样品与基质称为晶体或准晶体。当一定波长的激光照射时,基值分子吸收激光能量使之与样品分子仪器电离并汽化。常用的基质分子有芥子酸、烟酸、α-氰基-4-羟基肉桂酸、2,5-二羟基苯甲酸等。

MALDI法的主要优点是:

1. 使一些难电离的样品电离,且无明显的碎裂,得到完整的被分析的分子的电离产物,特别是一些诸如多肽、核酸等生物大分子的测试中取得很大的成功。

2. 由于使用脉冲激光,特别适合于飞行时间质谱计向匹配。

由MALDI得到的质谱图中,碎片峰少。除了分子离子峰,谱图中还会出现准分子离子峰以及样品分子聚集的多电荷离子。

场致电离(Field Ionization,FI):通过一根加有很高正电压(~10 eV)的,经过特殊处理的表面长满微针的细金属线(也叫场致发射器,Field Emitter)使与其接触的气态样品分子失去电子而离子化。这种正离子内能小,不易碎裂,可以得到较强分子离子峰的质谱图。

场解吸附(Field Desorption Ionization,FD):EI、CI和FI都需要样品气化,因此不易挥发的或不稳定样品不适合这些方法电离。为了获取这类物质的分子离子峰,可以采用场解吸附技术。首先将样品(溶液)加在FI技术中的场致发射器表面的微针上,然后微热样品使之在强电场下电离解吸。FD离子源的优点是特别适合于难气化的和热不稳定的样品,如有机酸、多肽、甾体、生物碱等样品的鉴定和结构解析。

表5.1　不同电离方式的特点及其适宜的化合物类型

电离方法	适应化合物	阳离子	阴离子	HR—MS	GC—MS	质量范围	特点
EI—MS	小分子,低极性,低挥发度	√	×	√	√	1~1000u	硬电离,重现性好,结构信息多
CI—MS	小分子,中低极性,易挥发	√	√	√	√	60~1200u	软电离,提供[M+1]+
ESI—MS	蛋白质,多肽,非挥发性	√	√	√	×	100~50 000u	软电离,多电荷离子
FAB—MS	糖类化合物,有机金属化合物,蛋白质,非挥发性化合物	√	√	√	×	300~6000u	软电离,比ESI和MALDI—MS硬

电离方法	适应化合物	阳离子	阴离子	HR—MS	GC—MS	质量范围	特点
MALDI—MS	多肽,蛋白质,核酸	√	√	√	×	~500 000u	软电离,适合于高分子化合物

【质量分析器】质量分析器是把不同荷质比的离子分开,是质谱仪的核心部分。在离子源中生成的离子经过加速电压加速后在质量分析器中按照其荷质比的大小进行分离并加以聚焦。

(1)单聚焦质量分析器:图5.8所示为常用的偏转扇形分析器示意图。在离子源a产生的离子被加于b板上的可变电位差所加速,经由狭缝S_1进入磁极间隙,受磁场H的作用而作弧形运动。各种离子运动的弯曲半径与离子的质量有关。即磁场把质量不同的离子按m/z值的大小顺序分成不同的离子束,这就是磁场引起的质量色散作用。同时磁场还能对能量、质量相同而进入磁场时方向不同的离子进行聚焦。

磁场对离子束只能实现质量色散和方向的聚焦作用,不能对不同能量的离子实现聚焦,这种仪器叫做单聚焦仪器。

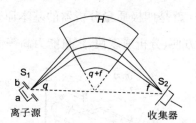

图5.8　扇形偏转分析器

(2)双聚焦质量分析器:双聚焦质谱仪是指分析器能够同时实现方向聚焦和能量聚焦,因此双聚焦的分辨率更高。双聚焦质量分析器由两部分组成:一部分是电分析器,提供能量聚焦;另一部风是磁分析器,提供方向聚焦,如图所示。

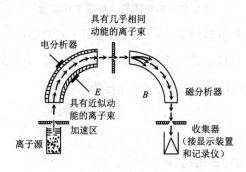

图5.9　双聚焦质量分析仪示意图

离子源产生的离子经加速进入一对弯曲的电极板,电极板被加以直流电位E,静电场迫使离子偏转,偏转程度R为:

$$R = \frac{2V}{E}$$

式中,R为离子运动轨道半径(近似于电极板曲率半径),V为加速电压。

对于一定的电分析器,R、V均为定值,因此只有符合上式的具有一定动能的离子才能通过电分析器而进入下一个磁分析器。这样各种离子将因本身m/e和运动速度的不同而实现第一次分离。之后再用与单聚焦仪器一样的方法,通过电磁铁使离子在磁场中第二次分离,解决了单聚焦仪器所不能解决的速度聚焦问题。

（3）四极质量分析器(Quadrupolar Mass Analyzer):四极质量分析器由四根平行的棒状金属电极组成(如图5.10),其中两对电极分别施加直流电压和交流射频电压。当不同质荷比的离子通过四极杆时,在一定的电压下,只有符合一种m/z离子做"稳定振动",可以从四极杆的一端到达另一端而不碰到电极,从而被检测。其余离子都做"不稳定振动"并触碰到电极上湮灭。这样,通过改变直流和射频电压而保持其比率不变,就可以做质量扫描。这就是四极质量分析器的基本原理。四极质量分析器具有结构紧凑、价格低廉、维护方便、分析速度快、定量能力高等优点。

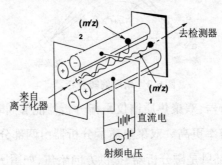

图5.10　四极质量分析器工作原理

（4）飞行时间质量分析器(Time-of-Flight Analyzer,TOF):飞行时间质量分析器既不用电场也不用磁场,其核心是一个离子漂移管。离子源中的离子流被引入漂移管,离子在加速电压V的作用下得到动能。其速度为:

$$v = \sqrt{\frac{2z_e V}{m}}$$

其中z_e为电荷,V为加速电压,m为质量。

然后离子进入长度为L的漂移管到达检测器,离子的飞行需要的时间:

$$t = \frac{L}{v} = L\sqrt{\frac{m}{2z_eV}}$$

从上式可以看出,离子在漂移管中飞行的时间与离子质荷比的平方根成正比,对于能量相同的离子,质荷比越大,达到检测器所需的时间越长,根据这一原则,可以把不同质荷比的离子因其飞行速度不同而分离,依次按顺序到达检测器。漂移管的长度L越长,分辨率越高。在通常情况下,离子的飞行时间为微秒数量级。

飞行时间质量分析具有大的质量分析范围和较高的质量分辨率,尤其适合蛋白质等生物大分子的分析。

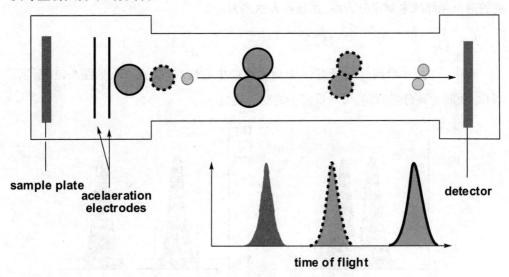

图5.11 飞行时间质量分析器工作原理

【检测器和数据处理系统】经过质量分析器分离后出来的离子流只有$10^{-10} \sim 10^{-9}$A。离子检测器的作用就是将这些强度非常小的离子流接受并放大,然后送到显示单元、记录和计算机数据处理系统,得到所要的数据和谱图。

5.1.2 质谱仪的主要指标

【质量范围】质量范围是质谱仪所能检测的离子的质荷比范围,也就是离子的质量范围。

【分辨率】分辨率(Resonance,R)是质谱仪性能的一个重要指标,它表示仪器对质荷比相近的两个质谱峰的分辨能力。仪器的分辨率通常表示为:

$$R = \frac{M}{\Delta M} \tag{5.1}$$

式中 M 为可分辨的两个峰的平均质量，ΔM 为可分辨的两个峰的质量差。

国际上规定，分辨率 R 为强度相等的两个相邻峰，当它们峰谷的高度差为峰高 10% 时，可以认定两峰正好分开，如图 5.12a 所示。

例如 CO 和 N_2 的分子量都是 28，但其精确分子离子质量并不相同，CO^+ 为 27.9949 而 N_2^+ 为 28.0061。如果想将两者完全分开，则质谱仪的分辨率至少为：

$$R = \frac{M}{\Delta M} = \frac{27.9949}{28.0061 - 27.9949} = 2500$$

实际测定时，难以找到正好两峰重叠 10% 且峰高相等的两个峰，可用相距一定距离的两个相邻峰来测定分辨率，其基本表达式为：

$$R = \frac{M}{\Delta M} \cdot \frac{b}{a} \qquad (5.2)$$

式中，a 为 5% 峰高处的缝宽，b 为相邻两峰中心线之间的距离，如图 5.12b 所示。当 $R \geq 10^4$ 时为高分辨质谱，可测量离子的精确质量。

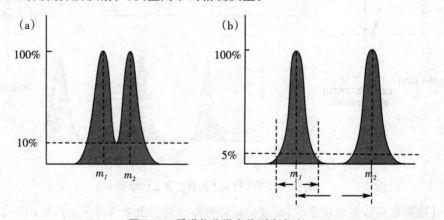

图 5.12　质谱仪分辨率的测定方法

根据分辨率的高低，质谱仪分为低分辨率（R<1000）和高分辨率（R>10 000）两类。分辨率在 1000 以下的质谱仪可测得相对分子质量的整数值，分辨率在 10 000 以上的高分辨率质谱仪可以测得离子质量能精确到小数点后四位，因而可以给出分子式。例如 CO、N_2、CH_2N 和 C_2H_4 这四种物质用低分辨质谱仪测得相同的质荷比 28，而用高分辨质谱仪测得的精确质量数分别为（amu）：

CO: 27.9949；N_2: 28.0062；CH_2N: 28.0187；C_2H_4: 28.0313

因此高分辨质谱仪可以区别质量近似物质之间的细微差别，在新化合物结构鉴定中高分辨质谱已经逐渐代替元素分析用以鉴定其分子组成。

【灵敏度】灵敏度表示仪器出峰的强度与所用样品量之间的关系，在一定的分辨率下,产生一定信噪比所需的样品量。如 $3\mu g$ 样品所得到的信噪比 S/N> 50:1。

5.2　离子的主要类型

在离子源尤其是能量较高的电子轰击离子源中,同一种分子可以产生多种不同 m/z 的离子,因而在质谱图中显示出不止一种离子峰。在质谱中常见的离子主要有:分子离子、同位素离子、碎片离子、亚稳离子、多电荷离子和复合离子等。以 A、B、C、D 代表四种不同的原子,组成 ABCD 的化合物在离子源中可能发生以下离子化和裂解过程:

$$ABCD + e^- \longrightarrow ABCD^{+\cdot} + 2e^-$$

离解为分子离子

$$ABCD^{+\cdot} \longrightarrow A^+ + BCD\cdot$$
$$\longrightarrow A\cdot + BCD^+ \longrightarrow BC + D$$
$$\longrightarrow B + A^+$$
$$\longrightarrow CD\cdot + AB^+ \longrightarrow A + B^+$$
$$\longrightarrow D + C^+$$
$$\longrightarrow AB\cdot + CD^+ \longrightarrow C + D^+$$

离解为碎片离子

$$ABCD^{+\cdot} \longrightarrow ADBC^{+\cdot} \longrightarrow BC + AD^+$$
$$\longrightarrow AD + BC^+$$

重排后裂解

$$ABCD^{+\cdot} + ABCD \longrightarrow (ABCD)^{2+} \longrightarrow BCD\cdot + ABCDA^+$$ 离子分子反应

5.2.1　分子离子与相对分子质量

【分子离子峰】样品分子失去一个价电子形成的自由基正离子称为分子离子(或母离子,molecular ion,M^+)。其质荷比 m/z 就是其相对分子量,在质谱中对应的峰为分子离子峰。几乎所有的有机分子都可以产生分子离子峰,因此可以利用分子离子峰确定分子相对质量。

$$M \xrightarrow{\quad e \quad} M^{\cdot +} + 2e$$

例如　　　　　$$CH_3OH \xrightarrow{\quad e \quad} CH_3\overset{+\cdot}{O}H + 2e$$

质谱通过分子离子来确定被测样品的相对分子质量和元素组成。尽管分子离子易于生成(所需能量仅为 10eV),但是在 EI 源的质谱图中,由于多数分子离子在电子束的轰击下会裂解为碎片离子,从而使得分子离子峰相对强度降低,有时甚至不出现分子离子峰。如果出现找不到分子离子峰的情况,最好换用 FAB 或 CI 等软电离方法来获得分子离子峰。

【分子离子的识别】有机分子的电子数都是偶数,所以单电荷的分子离子是一个自由基离子,电子数为奇数。

分子离子峰应具备以下条件:

(1)分子离子是质谱图中最高质荷比的奇电子离子(同位素离子和准分子离子峰除外)。样品分子失去一个电子形成的分子离子必然是一个自由基离子,即奇电子离子($OE^{+\cdot}$)。分子离子再失去一个自由基生成外层电子完全成对的偶电子离子(EE^+)的碎片。

分子离子峰并不一定是质谱图中质量最大的离子峰。一些准分子离子峰如质子化的分子离子峰$(M+H)^+$,钠化的分子离子峰 $(M+23)^+$、缔合的分子离子峰 $(M+R)^+$以及同位素离子峰的质量都比分子离子大。

(2)分子离子峰合理地丢失中性碎片(小分子或自由基)而产生重要的碎片离子。一个比较简单的判断分子离子峰的准则是最高质量离子与邻近离子之间的质量差是否合理。如$M^{+\cdot}$丢失一个H产生M-1峰,丢失一个甲基产生M-15,丢失一个H_2O产生M-18,失去C_2H_4出现M-28……因此每一个碎片峰的产生都有其合理的碎裂机理。例如M-1峰很常见,但是M-2峰出现比较少(失去H_2),而M-3峰的出现则很罕见(由醇类产生)。所以在EI源质谱中,出现M-3~M-14或M-21~M-24范围的碎片峰意味着杂质的存在。在这种情况下,最高质量峰就不是拟定的分子离子峰。

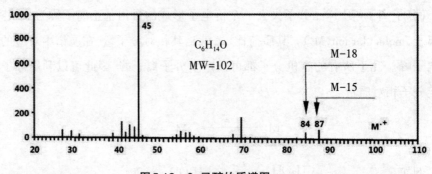

图5.13 2-己醇的质谱图

对于电子轰击源质谱,当降低电子轰击电压时,分子离子峰应该增强,否则就不是分子离子峰。

(3)分子离子的质量数满足氮规则。有机化合物通常含有C、H、O、N、S、P和卤素等元素,其相对分子量符合氮规则。即:当分子中不含氮原子或含有偶数个氮原子时,其分子量应该为偶数;当分子中含奇数个氮原子时,分子量应该为奇数。

氮规则的成因是氮原子独特的成键特点。组成有机分子的大多数元素如果其主要同位素的原子量为偶数,形成化合物时价键数也是偶数。比如 ^{12}C、^{16}O 以及 ^{32}S 等都是质量数为偶数的核素,在形成有机分子时化合价分别是 4 价和 2 价。而原子量为奇数的一些核素如 ^{1}H、^{35}Cl、^{19}F 等其化合价为奇数。只有 ^{14}N 元素很独特,其原子量为偶数而化合价为奇数。运用氮规则可以很简便的判断出分子离子峰是否合理。例如 4-硝基甲苯含有一个氮原子,分子离子峰必然为奇数。如果谱图最右端上出现偶数质量峰,则必然为它的准分子离子峰,如 (M^+-1)、$(M^+ + Na)$ 等,否则为不合理峰。

$$O_2N-\text{⬡}-CH_3 \quad m/z \ 136 \ (M^+-1); \ 137 \ (M^+); \ 160 \ (M^+ + Na)$$

除以上三条原则外,还应该注意,某些化合物会形成质子化离子峰 $(M+H)^+$(醚、酯、胺等)、去质子化离子峰 $(M-H)^+$(芳醛、醇等)及缔合离子峰 $(M+R)^+$,如 $(M+NH_3)^+$。出现这样的情况,应该进行必要的校正。对于可能出现的多电荷离子,也应该注意。在确定有机化合物的相对分子质量时,要根据化合物的具体情况加以辨别。

表5.2 易从分子中脱去的常见中性碎片的质量数和结构

碎片	质量数	碎片	质量数
$\cdot H$	1	$CH_2=CHOH, CO_2$	44
H_2	2	$CH_3CH_2O\cdot$	45
$\cdot CH_3$	15	$CH_3CH_2OH, NO_2,$ $(H_2O + CH_2=CH_2)$	46
$\cdot OH, NH_3$	17		
H_2O	18	$CH_3S\cdot$	47
$\cdot F$	19	CH_3SH	48
HF	20	$\cdot CH_2Cl$	49
$CH\equiv CH, \cdot C\equiv N$	26	$CH_2=CH-CH=CH_2$	54
$CH_2=CH\cdot, HC\equiv N$	27	$\cdot CH=CHCH_2CH_3$	55
$CH_2=CH_2\cdot, CO$	28	$CH_2=CHCH_2CH_3$	56
$CH_3CH_2\cdot, CHO$	29	$\cdot C_4H_9$	57
NH_2CH_2, CH_2O, NO	30	$CH_3OC=O, CH_3CONH_2$	69

碎片	质量数	碎片	质量数
$\cdot OCH_3$, $\cdot CH_2OH$, CH_3NH_2	31	C_3H_7OH	60
CH_3OH, $H_2O+C_2H_4$	32	$CH_3CH_2S\cdot$	61
$HS\cdot$, $\{\cdot CH_3+H_2O\}$, $\cdot CH_2F$	33	$\{H_2S+CH_2=CH_2\}$	62
H_2S	34	CH_3CH_2Cl	64
$Cl\cdot$	35	$CH_2=C(CH_3)-CH=CH_2$	68
HCl	36	$\cdot C_5H_{11}$, C_3H_7CO	71
$CH_3C\equiv CH$	40	$CH_3CH_2OC=O_1\cdot$, $C_4H_9O\cdot$	73
$CH_2=CHCH_3$, $CH_2=C=O$	41	C_4H_9OH, $C_2H_5CO_2H$	74
$C_3H_7\cdot$, $CH_3CO\cdot$, $CH_2=CH-O\cdot$	43	$C_3H_7S\cdot$, C_4H_8F	75

【分子离子峰的强度】有机化合物分子离子峰的强度与其结构的稳定性和离子化需要的总能量有关。一些熔点较低,容易升华的化合物都能表现出较强的分子离子峰。相反,分子中含有多个羟基、氨基和多个支链的化合物,分子离子峰一般较弱甚至观察不到。一般地,有机分子离子峰的强度依以下次序递减:芳香族化合物 > 共轭烯烃 > 脂环化合物 > 硫醚 > 短直链烷烃 > 硫醇。以下化合物的分子离子峰通常可以辨别出来,按分子离子稳定性次序排列为:脂肪酮 > 胺 > 酯 > 醚 > 羧酸≈醛≈酰胺≈卤化物。脂肪醇、亚硝酸酯、硝基化合物、腈和高支链化合物的分子离子峰往往不能辨别。烯烃分子离子峰的相对强度也比相应的烷烃高,并且烯烃对称性越好,分子离子峰越强。由于有机化合物往往是含有多个官能团,因此实际情况比较复杂,需要根据情况选用合适的离子源来测定。

当分子离子峰比较弱或不出现时,可以根据不同的情况改变实验条件予以验证。

（1）降低轰击电子的能量,例如将常用的70eV改为15eV以降低分子离子峰的内能,减少其继续裂解的概率,使分子离子峰的相对强度增加。

（2）改用CI、FD、FAB或ESI等软电离方法得到分子离子峰。

（3）制备衍生物。将极性高、蒸汽压低、热不稳定的样品转化为挥发度较高的衍生物后比较容易得到衍生物的分子离子峰,从而反推出原化合物的结构。通常羟基、氨基等可以通过乙酰氯、乙酸酐等转化为相应的酯。将羟基用三甲基氯硅烷转化为硅醚也是很常用的衍生方法。

5.2.2　碎片离子

在离子源中,一些具有较高能量的分子离子会通过进一步碎裂或重排释放能量,碎裂后产生离子称为碎片离子(fragment ion)。在各种 m/z 的碎片离子峰中,强度最大的质谱峰称为基峰,它对应于最稳定的碎片离子。在有机化合物中,C—H 键往往比 C—C 键稳定,所以烷烃的断裂一般发生在 C—C 键之间,并且较容易发生在支链上。形成正离子的稳定性顺序是叔碳>仲碳>伯碳。下面的碎片是 2,2-二甲基丁烷在高能离子源中可能的断裂形式,其可以形成较为稳定的 m/z=71 和 m/z=57 的叔碳碎片离子。

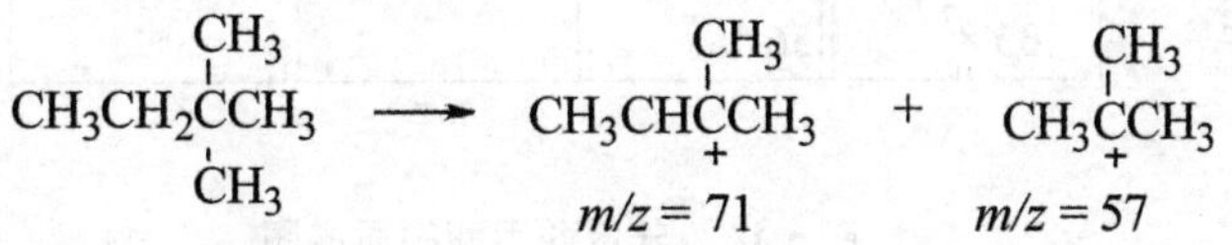

$$CH_3CH_2\overset{\displaystyle CH_3}{\underset{\displaystyle CH_3}{C}}CH_3 \longrightarrow CH_3\overset{\displaystyle CH_3}{\underset{+}{CH}}CH_3 + CH_3\overset{\displaystyle CH_3}{\underset{+}{C}}CH_3$$
$$m/z = 71 \qquad m/z = 57$$

5.2.3　亚稳离子

一个离子 m_1^+ 裂解为 m_2^+ 一般是在电离室进行的,但如果裂解发生在离开加速电场,进入质量分析器之前,因为碰撞等原因发生能量交换,生成的碎片离子的能量要小于正常的 m_2^+,因此在小于 m_2^+ 的位置被检测到 m*。这种峰被称为亚稳离子(metastable ion)峰,用 m* 表示,它的表观质量 m* 与 m_1、m_2 符合以下关系:

$$m^* = \frac{m_2^{\ 2}}{m_1} \qquad (5.3)$$

式中,m_1 为母离子质量,m_2 为子离子质量。

质谱中的离子峰都是很尖锐的,但有时会出现一些相对强度很弱但较宽的峰(可能跨越 2~5 个 amu),它们的质荷比通常不是整数,这种峰就是亚稳离子峰。亚稳离子峰由于其具有离子峰宽(约 2~5 个质量单位)、相对强度低、m/z 不为整数等特点,很容易从质谱图中观察。通过亚稳离子峰可以获得有关裂解信息,通过对 m* 峰观察和测量,可找到相关母离子的质量 m_1 与子离子的质量 m_2 从而确定裂解途径。如图 5.14,亚稳离子 m*=56.6 由 m/z 105 的苯甲酰自由基正离子裂解为苯自由基(m/z 77)产生。同样 m*=33.8 亚稳离子由 m/z 77 离子裂解为 m/z 51 的离子产生。

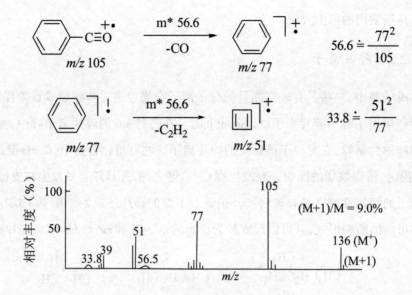

图5.14　苯甲酸甲酯的质谱图

由于亚稳离子是离子在飞行过程中发生单离子反应产生的,根据亚稳离子可以找到若干个母子离子对。通过母子离子对可以研究质谱的反应机理、推导离子结构和离子连接顺序。例如:从苯乙酮质谱图中可以观察到m/z 120的分子离子峰,m/z 105的基峰以及m/z 77的碎片峰。其中m/z 77的碎片离子由两种生成途径。

根据质谱图中出现m/z 56.47的亚稳离子有:$56.47 \approx \dfrac{77^2}{105}$,从而确定$m/z$ 77的苯基碎片峰是经由苯甲酰正离子而产生。

5.2.4　重排离子

分子离子裂解为碎片离子时,有一些碎片离子并非通过简单的键断裂而形成的,而是通过原子或基团的重排后再裂解而形成的重排离子(rearrangement ion)。例如,芳香族化合物的裂解,可以先失去取代基,再形成稳定的且具有代表性的m/z=91的"卓鎓"离子:

$$X \overset{\bigcirc}{\underset{}{}}\!-\!CH_2\!-\!R \longrightarrow X \overset{\bigcirc}{\underset{}{}}\!\overset{+}{C}H_2 \longrightarrow \bigoplus \quad (m/z = 91)$$

5.2.5 同位素离子

质谱中,元素的同位素必然产生同位素离子峰。由质谱的同位素离子峰的丰度值可以推测出样品的元素组成及其结构信息。

表5.3 常见同位素的精确质量及其丰度表(低质量的同位素丰度记为100%)

元素	原子量	同位素	同位素丰度(%)	质量
H	1.00797	^{1}H	100	1.007825
		D(^{2}H)	0.015	2.014102
C	12.0111	^{12}C	100	12.000000
		^{13}C	1.11	13.003355
N	14.0067	^{14}N	100	14.003074
		^{15}N	0.37	16.000109
O	15.9944	^{16}O	100	15.994915
		^{17}O	0.04	16.999131
		^{18}O	0.20	17.999159
F	18.9984	^{19}F	100	18.998403
S	32.0640	^{32}S	100	31.972072
		^{33}S	0.79	32.971459
		^{34}S	4.43	33.967868
P	30.9738	^{31}P	100	30.973764
Si	28.0855	^{28}Si	100	27.976925
		^{29}Si	5.06	28.976496
		^{30}Si	3.36	29.973772
Cl	35.4527	^{35}Cl	100	34.968853
		^{37}Cl	31.99	36.965903
Br	79.9094	^{79}Br	100	78.918336
		^{81}Br	97.28	80.916290
I	126.9045	^{127}I	100	126.90477

氯和溴的同位素 ^{35}Cl 和 ^{37}Cl、^{79}Br 和 ^{81}Br 天然丰度较大,含这两种元素的同位素离

子峰有明显的特征。如图5.15为3-氯-2-甲基丙烯的质谱图,其中 *m/z* 90为分子离子峰,*m/z* 92为 ^{37}Cl产生的同位素离子峰,其丰度约为 *m/z* 90的1/3,正好与两者的天然丰度比一致。

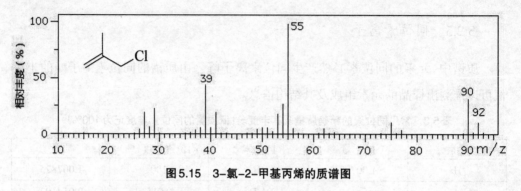

图5.15 3-氯-2-甲基丙烯的质谱图

5.2.6 多电荷离子

带有两个或两个以上电荷的离子在质谱图上出现m/z峰。其m/z值为相同结构单电荷离子的1/n(n为所带电荷数)。有机金属化合物和具有π电子系统的芳香族化合物或高度共轭的化合物较易出现多电荷离子的化合物。

5.2.7 奇电子离子与偶电子离子

带有单电子的离子为奇电子离子(odd-electron ion),正电荷用"+·"表示。无未配对电子的离子为偶电子离子(evev-electron ion),正电荷用"+"表示。如:

奇电子离子和偶电子离子可以用氮规则判断:

(1)由C、H、O、N组成的离子,含有偶数个(或不含)氮原子时:m(质量数)为偶数,必含有奇数个电子;m为奇数时,必含有偶数个电子。如:

m/z 58 m/z 172 m/z 109

(2)由C、H、O、N组成的离子,含有奇数个氮原子时:m(质量数)为偶数,必含有偶数个电子;m为奇数时,必含有奇数个电子。如:

$$\overset{\overset{\displaystyle O}{\parallel}}{CH_3C}-\overset{+}{N}(CH)_2 \quad m/z\ 87$$

5.3 分子式的确定

分子式是表示有机化合物结构的化学式。为了确定物质的结构,首先需要确定其元素组成,即分子式。推测化合物的分子式主要采用高分辨质谱,结构简单的化合物可以采用低分辨质谱。

5.3.1 高分辨质谱法

自然界中很多元素都含同位素,即质子数相同而中子数不同的核素,常见元素的同位素相对丰度列于表5.3。原子量是一种元素所有天然同位素依其丰度加权的平均质量。在自然界中,丰度最大的同位素质量数最小,高分辨质谱观察到的分子离子质量是组成分子各种元素丰度最大的同位素精确质量的加和。由于每一种元素同位素的精确质量是已知的,因此高分辨质谱可以通过分析分子离子的精确质量(有一定的测定误差)给出合理的分子式选项。

1963 年,贝农(Beynon)等把 C、H、O、N 原子按可能的结合进行了排列组合,并对这些可能的分子式算出了 $\dfrac{M+1}{M} \times 100$、$\dfrac{M+2}{M} \times 100$ 的数值,编制成表,称为贝农表。利用贝农表,和所测得的同位素离子峰强度,也可以确定试样的分子式。

【例5.1】用高分辨质谱测得某纯有机化合物样品的分子离子质量数为150.1045,该化合物的红外光谱出现强羰基吸收峰(1730 cm^{-1})。试确定该有机物的分子式。

解:假设高分辨质谱的测定误差是±0.006,所以所测分子离子质量的波动范围是150.0985~150.1105。查阅Beynon表,质量数为150,小数部分在 0.0985~0.1105 范围内的分子式有4个:

表5.4 计算机模拟可能的结构式

测得质量	分子式	计算值	No.
150.1045	$C_3H_{12}N_5O_2$	150.099093	1
	$C_5H_{14}N_2O_3$	150.100435	2
	$C_8H_{12}N_3$	150.103117	3
	$C_{10}H_{14}O$	150.104459	4

由于分子离子的质量数为偶数,根据氮规则,合理的分子式应该不含氮原子或含有偶数个氮原子,因此分子式中氮原子数为奇数的第1和第3式可以直接排除。根据红外光谱,该化合物应该为羰基化合物,不饱和度为1,而第2式不饱和度为0,应该排除,所以该化合物可能的分子式为第4式,即$C_{10}H_{14}O$。

通过高分辨质谱给出的精确分子量和碎片离子的质量可以很方便地计算化合物的分子式和碎片离子的元素组成,因此高分辨质谱现在已经逐步取代元素分析成为最广泛应用的确定分子式的分析表征技术。

5.3.2 低分辨质谱——同位素丰度法

质谱中分子离子是指由天然丰度最高的同位素组合的离子。相应地,如果离子组成中含有其他同位素离子,在质谱图上出现一些 M+1、M+2、M+3 的峰,由这些同位素形成的离子峰称为同位素离子峰。同位素峰的相对强度与分子中所含元素的原子数目及各元素的天然同位素丰度有关。在一般有机分子鉴定时,可以通过同位素峰统计分布来确定其元素组成。理论上同位素峰强度相对于分子离子峰应该等于同位素离子的丰度乘以该元素的数目。例如乙烷(CH_3CH_3)分子离子 m/z 30 处伴有一个 m/z 31 的同位素峰。该峰的强度为分子离子峰强度的 2.2%。这是因为 ^1H 的天然丰度几乎为100%,因此该同位素峰的产生仅由 ^{13}C 贡献的结果,乙烷中有两个碳原子,^{13}C 的天然丰度为1.1%,所以 m/z 31 的同位素峰的相对强度为 1.1% × 2=2.2%。这里相对强度是指以分子离子峰(m/z 30)为100% 计算的结果。在 EI 质谱图中,分子离子峰并不一定是基峰,因此计算时需要经过丰度换算。

有机化合物主要由 C、H、O、N、S 等元素组成,对于一个分子式为 $C_xH_yO_zN_uS_v$ 的有机分子,其同位素峰相对强度可以由下式计算:

$$\frac{M+1}{M} \times 100 = 1.1x + 0.37u + 0.8v \qquad (5.4)$$

$$\frac{M+2}{M} \times 100 = \frac{1.1x}{200} + 0.2u + 4.4v \qquad (5.5)$$

对于 M+1 峰,^2D(天然丰度0.015%)和 ^{17}O(天然丰度0.04%)的贡献可以忽略不计。扣除 ^{15}N(丰度为0.37%)和 ^{33}S(丰度为0.76%)对 M+1 的贡献后,就可以计算出 ^{13}C 对 M+1 的贡献,从而估算出碳原子数。对 M+2 峰,^{34}S(丰度为4.22%)贡献明显,此外还有 ^{13}C 和 ^{18}O(天然丰度为0.20%)的影响,其中 ^{13}C 的贡献近似为 $(1.1x)^2/200$,扣除 S 和 ^{13}C 对 M+2 的贡献,可以估算出分子中氧原子数。由于杂质或其他因素的影响,上述计算结果可能会有较大的偏差。

同位素峰最明显的影响来自硫、氯和溴元素,当化合物含有S、Cl和Br等元素时,其(M+2)峰强度将明显增大,有时还可以观察到(M+4)和(M+6)峰,这是因为这些元素的同位素相差两个质量单位而且重同位素的天然丰度也较大。

例如 ^{35}Cl 与 ^{37}Cl 两同位素丰度比接近于3:1,CH_3CH_2Cl 分子量为64,其质谱中 m/z 66 的(M+2)峰强度与分子离子峰强度之比必然接近1/3。

^{79}Br 和 ^{81}Br 的同位素丰度比为1:1,CH_3CH_2Br 分子量为108,其 m/z 110 的(M+2)峰与 m/z 108峰M强度相等。

因此当分子中含有多个氯或溴元素时,各种同位素相对丰度比可以用二项式 $(a+b)^2$ 的展开式系数来近似计算。如果氯和溴同时存在,按 $(a+b)^m \cdot (c+d)^n$ 的展开式的系数推算。m、n为分子中氯和溴原子数,a和b分别为 ^{35}Cl 与 ^{37}Cl 两同位素的天然丰度(可近似处理为a=3,b=1),c和d分别为 ^{79}Br 与 ^{81}Br 两同位素的天然丰度(近似处理为c=d=1)。例如 CH_2Cl_2 中含有2个氯原子,则二项式 $(3+1)^2$ 的展开式的系数为9:6:1,即 CH_2Cl_2 同位素峰的相对丰度比近似为 M:(M+2):(M+4)=9:6:1。如果某分子含有两个氯原子,两个溴原子,则同位素相对丰度比为 $(3+1)^2 \times (1+1)^2$=M:(M+2):(M+4)=(9:6:1)×(1:2:1)= 9:24:22:8:1,即 M:M+2:M+4:M+6:M+8=9:24:22:8:1。

图5.16 为含有1~4个氯原子的同位素质谱图,当含有四个氯原子时,M+2峰已经明显大于M峰。

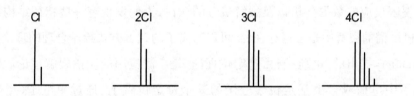

图5.16 不同氯原子对同位素峰的贡献

同样方法可以算出不同溴原子的同位素峰。图5.17为含有1~4溴原子的同位素质谱示意图。

图5.17 不同溴原子对同位素峰的贡献

【例5.2】某化合物分子离子 m/z 119,相对丰度为75%,M+1的丰度为6.06%,M+2

的丰度为0.38%。试推算分子式。

解：以分子离子峰为100%，推算出：

M+1峰的相对丰度为：$\frac{6.06}{75} \times 100 = 8.08$；

M+2峰的相对强度为：$\frac{0.38}{75} \times 100 = 0.51$

因为分子离子 *m/z* 为奇数(119)，故分子中应该含有奇数个氮原子。如果含有一个氮原子，则从M+1的丰度中减去 ^{15}N 的贡献值：8.08-0.38=7.70，可以算出分子中最多含有7个碳原子。从M+2丰度中扣除 ^{13}C 的贡献：$0.51-(1.1 \times 7)^2/200=0.51-0.27=0.24$，可知分子中含有最少一个氧原子。从分子量中减去7个C原子、1个O原子和1个N原子，还剩余5个质量单位，应该为氢原子数。所以分子式可能为：C_7H_5NO。

因此通过同位素丰度法，利用低分辨率质谱可以推出未知物的分子式。但是这种方法已经被高分辨质谱所代替。因为分子离子往往可以捕获一个质子产生M+1峰，在这种情况下，用同位素丰度法估算出的碳原子数显然偏差较大。

5.4 有机质谱中的裂解反应

有机质谱中的裂解反应是指分子离子或碎片离子进一步发生裂解反应生成质荷比更小的碎片离子的反应。实际上，有机质谱的裂解反应是极其复杂的，但是通过对其质谱裂解反应的数据分析以及裂解机理的探讨，人们发现有一些特征结构裂解方式在有机质谱的裂解中是普遍存在的，可以对离子的裂解方式给予合理的理论解释。

McLaffery提出的"电荷-自由基定位理论"是广泛应用的质谱裂解理论。他认为分子离子中电荷或自由基定位于分子的某个特定位置上，通过单电子(用半箭头"⤻"表示)或双电子(用全箭头"⤻"表示)转移引发裂解反应。单电子转移引发的裂解反应为均裂反应，双电子转移引发的裂解为异裂反应。

质谱系统中的压强很低，因此认为分子间发生碰撞的概率几乎为零，所以在质谱中的裂解反应都是单分子裂解反应。

5.4.1 电离能与离子化

有机分子中哪些基团易于丢失电子形成分子离子？一般来说，如果分子中含有O、S、N等带有孤电子对的杂原子时，容易失去电子从而形成分子离子。

$$RCH_2\overset{\cdot\cdot}{\underset{}{Cl}}\overset{+}{} \qquad RCH_2\overset{+\cdot}{\underset{}{O}}H \qquad RCH_2\overset{+\cdot}{\underset{}{N}}H_2 \qquad RCH=\overset{+\cdot}{\underset{}{O}}$$

如 N,N-二甲氨基丙酮含有 N 和 O 两个杂原子,自由基正离子可能位于 N 原子上,也可能位于 O 原子上。

$$(CH_3)_2NCH_2COCH_3 \longrightarrow \begin{array}{l} (CH_3)_2\overset{+\cdot}{N}CH_2COCH_3 \\ \\ (CH_3)_2NCH_2\overset{+\cdot}{C}OCH_3 \end{array}$$

式中 N 原子或 O 原子上的"·+"表示孤对电子失去一个电子生成的分子离子。当分子中无杂原子而有双键时,双键 π 键裂解而失去一个电子得到分子离子,电荷在双键碳上。

$$\overset{}{\underset{}{C}}=\overset{}{\underset{}{C}} \quad\overset{-e^-}{\longrightarrow}\quad \overset{\cdot}{\underset{}{C}}-\overset{+}{\underset{}{C}}$$

失去 σ 电子会导致 σ 键的断裂,这样形成的分子离子可以表示为:

$$R_1CH_2-CH_2R_2 \rightarrow R_1CH_2^+ + \cdot CH_2R_2 \text{ 或 } R_1CH_2 \cdot + R_2CH_2^+$$

当难以判断分子离子的电荷位置时,可简单如下式表示:

$$CH_3CH_2CH_2CH_3 \quad\overset{-e^-}{\longrightarrow}\quad \left[CH_3CH_2CH_2CH_3\right]^{+\cdot}$$

气态样品分子失去电子成为离子所需要的最小能量就是电离能。因此质谱分析中电离能的大小最能反应样品分子离子化的难易程度。以下给出的几个样品分子其电离能数值可以看出含有杂原子 N、S 的化合物电离能较小,也就意味着这些含有未成键的孤对电子(n 电子)的原子容易失去电子而离子化。当这些杂原子失去一个 n 电子后成为电荷和游离基的中心。

(a) CH_3COOH
   (10.4eV)

(b) $NH_2CH_2CH_3$
   (8.9 eV)

(c) $CH_3SCH_2CH_2CH_3$
   (8.7eV)

(d) NH_2CH_2COOH
   (9.2 eV)

(e) $CH_3SCH_2CH_2CH(NH_2)COOH$
   (8.6 eV)

化合物(d)的质谱图显示 m/z 30 的碎片离子为基峰(丰度 100%),可以理解为化合物(d)离子化反应发生在 N 原子上。形成的分子自由基离子在自由基的诱导下,发生 C—C 键的断裂生成稳定性较好的 $^+NH_2=CH_2$ 的碎片离子。化合物(e)质谱图中基峰为 m/z 61 的碎片离子,说明离子化发生在 S 原子上并在游离基的诱导下发生相邻 C—C

键断裂生成 $CH_3 - S^+ = CH_2$ 的碎片离子。可见离子的裂解是在电荷或游离基中心的诱导下发生的,要从分子结构式去判断质谱中的碎片离子结构及其裂解机理,首先要知道分子中各官能团电离能的高低顺序,进而判断电荷、游离基中心的位置,然后根据电荷或游离基中心诱导下的裂解规律去判断离子可能的裂解历程。

一般而言,电离能有以下基本规律:

σ电子 > 孤立π电子 > O-n电子 > 共轭π电子 > (S,N)n电子

所以分子中如果有 n 电子,它的电离能最低,因此离子化首先发生在 n 电子处,得到的自由基离子电荷必然位于携带 n 电子的杂原子处。如果分子中没有 n 电子而有 π 电子,这时 π 键电子必然首先失去而使分子离子化。如果分子中即没有 n 电子,又没有 π 电子,则只能失去 σ 电子。对离子化位点的清晰认识是之后所讨论的裂解反应基础,因为离子化的位点就是化学键断裂的位点,也就是分子中发生裂解反应的位点。

烯丙胺被电离后,N原子失去 n 电子形成自由基离子,通过两种不同的断键方式生成 m/z 30 及 m/z 56 的离子,丰度分别为82%和100%。而 π 电子被电离后形成的自由基中心裂解产生的烯丙基离子,其丰度仅为8%。说明 n 电子电离能比 π 电子电离能低,更容易发生电离。

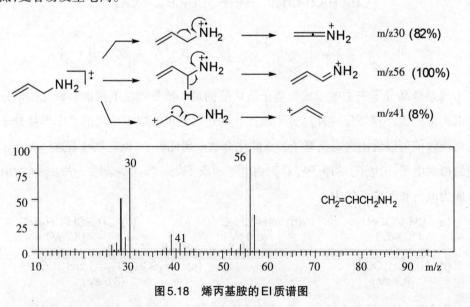

图5.18 烯丙基胺的EI质谱图

5.4.2 简单开裂

5.4.2.1 简单开裂的类型

分子离子化学键的断裂一般发生在电荷或自由基所在的原子处,产物是一个自

由基和一个正离子(偶电子离子)。简单开裂主要有以下三种形式:

【σ-断裂】分子中σ键在电子轰击下失去一个电子,得到自由基离子,随后发生σ键开裂,生成碎片离子和中性的游离基。

$$R_3C-CR'_3 \xrightarrow{-e^-} R_3C\cdot CR'_3 \xrightarrow{\sigma} R_3C\cdot + \overset{+}{C}R'_3$$

σ-断裂是烷烃分子主要的裂解方式,当分子中含有杂原子和双键等其他官能团时,σ断裂为次要的裂解方式。烷烃分子取代程度越高,其σ键越容易断裂。这种断裂趋势可以从生成的碳正离子的稳定性得到解释。取代越多的碳正离子稳定越高。

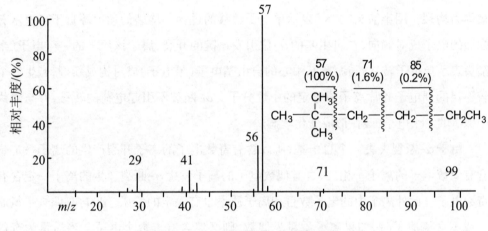

图5.19 2,2-二甲基己烷的EI质谱图

例如2,2-二甲基己烷分子中,由于2-位取代度最高,最容易在此处发生σ-键的断裂,得到m/z 57的碎片离子,丰度达到100%(图5.19)。而C_3-C_4,C_4-C_5,和C_5-C_6发生σ断裂的可能性较低,m/z 71和m/z 85离子的丰度很低,分别只有1.6%和0.2%。$[M-CH_3]^+$离子(m/z 99)的丰度为14%,这种离子峰也是因为取代较高的C_2失去甲基而形成。值得一提的是m/z 57、m/z 71、m/z 85等离子还会发生二次碎裂生成更小的离子,因此这些离子的丰度值只反映了烷烃发生σ断裂的趋势而不能反应σ断裂反应的概率。

【α-断裂】游离基单电子具有强烈的形成电子对的倾向,因而特别容易在游离基位置诱导的σ键断裂反应。可分为以下几种类型。

(1)游离基中心定域于饱和杂原子的α-断裂

分子离子化时,电子的丢失优先发生于电离电位(I)最低的部位。有机化合物中,电离电位(I)从小到大的顺序为:非键n电子(O、N、S等杂原子的未成对电子)<共轭

π 电子 < 非共轭 π 电子 <σ 电子。同周期元素从左至右,I 依次增大,如:N < O < F;同族元素从上往下,I 依次减小,如:I < Br < Cl。

α-断裂主要是醇、醚、硫醇、胺类化合物其 C—Y 基团的邻位化学键的均裂反应。通式为:

$$R\overset{\curvearrowleft}{-}CR_2\overset{\curvearrowright}{-}\overset{+\cdot}{Y}-R' \xrightarrow{\alpha} R_2C=\overset{+}{Y}-R' + \cdot R$$

$$\dot{C}H_2\overset{\curvearrowleft}{-}CH_2\overset{\curvearrowright}{-}R\overset{+}{-}Y \xrightarrow{\alpha} CH_2=\overset{+}{C} + \overset{+\cdot}{Y}R$$

α-断裂和 σ-断裂中构成 σ 键的两个电子被原成键原子平分,故这类裂解反应也被称为均裂。用半箭头"⌒"表示单电子转移的过程。均裂的动力源自于自由基有强烈的电子成对倾向,在自由基的 α-位引发 σ 键的开裂,属于该原子的一个电子(半箭头表示单电子转移)与游离基中心的自由基电子(单电子)成对构成新键,产生一个较稳定的偶电子碎片离子或稳定的中性分子。α-断裂不引起电荷的转移,并与碎片中保留的一个电子配对,形成新化学键。

由于 α-断裂失去一个自由基,所以含有奇数电子的离子开裂产生的离子一定是含有偶数电子的离子。相反,含有偶数电子的离子发生 α-断裂产生的离子一定含有奇数电子。此外离子中的电子数目和离子质量也有一定的关系。当含有偶数个氮原子或不含氮原子时,如果离子质量为偶数,则必然含有奇数个电子。当质量为奇数时,必然偶数个电子。反之,若分子中含有奇数个氮原子时,如离子质量数为偶数,必然有偶数个电子;质量数为奇数,必然含有奇数个电子。

这种杂原子自由基引发的 α-断裂在饱和胺类和脂肪族羧酸等化合物的质谱中非常常见,例如 N-甲基丁胺发生 α-断裂得到的 $CH_2=\overset{+}{N}H—CH_3$($m/z$ 44)的丰度为 100%,而其他裂解方式产生的碎片离子丰度都很低。在甲基正丁醚的分子离子中,甲基的给电子作用使定域于氧原子上的游离基更为活泼,因此发生 α-断裂反应,产生 m/z 45 的离子为基峰。

$$C_3H_7\overset{\curvearrowleft}{-}CH_2\overset{\curvearrowright}{-}\overset{+\cdot}{N}H—CH_3 \xrightarrow{\alpha} CH_2=\overset{+}{N}H—CH_3 + \dot{C}_3H_7$$
$$m/z\ 44\ (100\%)$$

$$\overset{\curvearrowleft}{\diagup\!\!\diagdown\!\!\diagup}\overset{+\cdot}{O}—CH_3 \xrightarrow{\alpha} CH_2=\overset{+}{O}—CH_3 + \dot{C}_3H_7$$
$$m/z\ 45\ (100\%)$$

（2）游离基中心定位于不饱和杂原子

由于杂原子上 p 电荷可以与 C⁺ 共轭，所以这类化合物很容易发生 α-断裂。

$$R \diagdown C \overset{+\cdot}{=} Y \xrightarrow{\alpha} R'-C\equiv\overset{+}{Y} + R\cdot$$
$$R' \diagup$$

式中：Y 为 O、N、S 等杂原子。

例如：

$$CH_3 \overset{\overset{\cdot\cdot}{C}O}{\underset{}{C}}-CH_3 \xrightarrow{\alpha} H_3\dot{C} + \overset{\overset{O^+}{\|\|}}{C}-CH_3$$
$$m/z\ 58 \qquad\qquad m/z\ 43\ (100\%)$$

$$CH_3-H_2C \overset{\overset{\cdot\cdot}{O}}{\underset{}{C}}-OCH_3 \xrightarrow{\alpha} CH_3-CH_2-\overset{\overset{O^+}{\|\|}}{C} + \dot{O}CH_3$$
$$m/z\ 58 \qquad\qquad m/z\ 57\ (84\%)$$

（3）烯丙基断裂

烯丙基中 π 键电子电离能较低，电离后生成游离基，诱导双键 α-位 σ 键发生断裂，得到偶电子的烯丙基离子。烯丙基离子的稳定性使得这类断裂成为含有双键的化合物分子离子最主要的断裂方式之一。例如烯丙基丙基醚的质谱图中，烯丙基离子（m/z 41）的丰度达到 100%。

$$R-CH_2-CH=CH_2 \xrightarrow{-e^-} R-CH_2-CH\overset{+\cdot}{\cdots}CH \xrightarrow[-R\cdot]{a} CH_2=CH-\overset{-}{C}H_2$$
$$m/z\ 41\ (100\%)$$

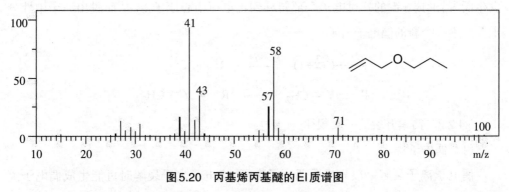

图 5.20　丙基烯丙基醚的 EI 质谱图

【i-断裂】i-断裂是电荷诱导的 σ-键断裂，属于化学键的异裂反应。σ 键开裂时，两个成键 σ 电子都转移到其中一个原子上。异裂多为正电荷的诱导作用引起，故称为诱导裂解，以"i"表示。i-断裂可发生于奇电子离子（OE⁺·），更多的发生于偶电子离子（EE⁺）。异裂用全箭头"⤻"表示两个电子转移的过程，主要有以下两种方式：

在奇电子离子(OE⁺·)中,与正电荷中心相连的键的一对电子全部被正电荷所吸引而使σ键断裂,电荷发生转移,得到正离子和中性的游离基。由于是一对电子发生转移,所以用整箭头"⌒"表示。

奇电子离子由于存在游离基和电荷两种诱导中心,因此存在 i-断裂和 α-断裂之间的竞争。卤代烃的 i-断裂最为常见,醚、硫醚等化合物除了 α-断裂外,也可以发生 i-断裂,正电荷一般留在烷基上。硫醚还可以发生 σ-断裂,将正电荷留在硫原子上。由于氮的电负性较弱,胺类化合物不发生 i-断裂,一般只发生 α-断裂。

$$R \overset{\frown}{-} \overset{+\cdot}{Cl} \xrightarrow{i} R^+ + \cdot Cl \qquad R \overset{\frown}{-} \overset{+\cdot}{S} - R' \xrightarrow{i} R^+ + \cdot SR'$$

$$R \overset{\frown}{-} \overset{+\cdot}{O} - R' \xrightarrow{i} R^+ + \cdot OR' \qquad R - \overset{+\cdot}{S} - R' \xrightarrow{\sigma} RS^+ + \cdot R'$$

羰基化合物的裂解主要为自由基引发的 α-断裂,由正电荷诱导的 i-断裂概率很小。

$$CH_3 \overset{\overset{\displaystyle +\cdot}{\overset{\displaystyle \overset{..}{C} O}{\underset{\|}{}}}{\underset{\frown}{C}} - CH_3 \xrightarrow{\alpha} H_3C - C \overset{+}{\equiv} O + \cdot CH_3$$
$$m/z\ 58 \qquad\qquad m/z\ 43\ (100\%)$$

$$CH_3 - \overset{\overset{\displaystyle \overset{..}{O}}{\|}}{C} \overset{\frown}{} CH_3 \xrightarrow{i} H_3C^+ + H_3C - C \overset{\displaystyle \cdot}{\equiv} O$$
$$m/z\ 58 \qquad\qquad m/z\ 15\ (23\%)$$

EE⁺型:偶电子离子只有电荷中心,在正电荷的诱导下,正电荷中心原子处的σ键发生断裂,形成σ键的一对电子全部转移到正电荷中心原子上,从而脱出一个中性分子并产生一个新的偶电子离子。

$$R \overset{\frown}{-} C \equiv \overset{-}{O} \xrightarrow{i} R^+ + CO$$

$$R \overset{\frown}{-} \overset{-}{Y} = CH_2 \xrightarrow{i} R^+ + Y = CH_2$$

5.4.2.2 简单开裂的一般规律

(1) 偶电子规律

偶电子离子裂解一般只生成偶电子离子;奇电子离子裂解时可能生成偶电子离子和自由基,也可能生成奇电子离子和中性分子。带奇数个电子(Odd electron OE⁺·)的离子就是自由基离子,带偶数个电子(Even Electron,EE⁺·)的是正离子,一般为次级裂解的产物。

①奇电子离子裂解得到偶电子离子和自由基

$$\underset{CH_3}{CH_3CH-CH_2CH_3} \xrightarrow{-e^-} \underset{CH_3}{CH_3\dot{C}H \cdot^+ CH_2CH_3} \longrightarrow CH_3\overset{+}{C}HCH_3 + \dot{C}H_2CH_3$$

$$m/z \ 43 \ (100\%)$$

$$或者 \longrightarrow CH_3\dot{C}HCH_3 + \overset{+}{C}H_2CH_3$$

$$m/z \ 29 \ (60\%)$$

电荷保留在哪个碎片上由形成碎片离子的稳定性决定。例如2-丙基正离子比乙基正离子稳定,所以2-丙基正离子碎片峰为基峰。

②奇电子的分子离子(自由基离子)裂解生成一个新的奇电子的自由基离子碎片和一个中性分子。

$$\underset{m/z \ 46}{H_2C-CH_2} \longrightarrow CH_2=CH_2 + H\overset{+\cdot}{O}H \qquad 电荷保留$$

$$m/z \ 18$$

$$ H_2C=\overset{+\cdot}{C}H_2 + HOH \qquad 电荷转移$$

$$m/z \ 28$$

不含氮原子或含有偶数个氮原子的离子,如带有奇数个电子(如上所示含有自由基的离子),其质量为偶数。如带有偶数个电子,其质量数为奇数。反之,含有奇数个氮原子的离子,如果带有奇数个电子,其质量数为奇数;带有偶数个电子,其质量数也为偶数。掌握离子中电子数目和离子质量之间的关系,对判断碎片离子的来源及其开裂方式很有帮助。

③偶数电子的离子进一步裂解,生成带有偶数电子的离子和中性碎片,如:

$$CH_3\overset{\frown}{-}CH_2\overset{+}{-}CH_2 \longrightarrow CH_3^+ + CH_2=CH_2 \qquad (电荷转移)$$

$$CH_3\overset{\frown}{-}CH_2\overset{+}{-}CH_2 \dashrightarrow \dot{C}H_3 + \dot{C}H_2\overset{+}{-}CH_2 \qquad (较小可能性)$$

上述反应中,偶电子离子发生均裂生成奇电子离子和自由基离子的可能性极低,所以在推断离子分解的途径时,首先根据偶电子离子裂解的规律判断离子是偶电子离子还是奇电子离子以及离子分裂是否合理。此外离子裂解还应该遵循氮规则。

(2) 碎片离子的稳定性

有机化合物的裂解,产生碎片离子越稳定,其相对强度也越大。常见离子的稳定性次序为:

$$Ph\overset{+}{C}H_2 > H_2C=CH\text{-}\overset{+}{C}H_2 > (CH_3)_3\overset{+}{C} > (CH_3)_2\overset{+}{C}H$$

例如2-己烯的EI质谱图中,因为生成稳定的烯丙基正离子,m/z 55的峰为基峰。

$$CH_3CH=CH-CH_2-C_2H_5 \xrightarrow{-e} CH_3CH\overset{+\cdot}{-}CH\overgroup{-CH_2}-C_2H_5 \xrightarrow{\cdot C_2H_5} CH_3\overset{+}{C}H-\underset{H}{C}=CH_2$$

$$m/z\ 55\ (100\%)$$

类似地,烷基苯中稳定的苄基正离子(m/z 91)峰经常表现为基峰。

$$m/z\ 91\ (100\%)$$

乙酰基离子(*m/z* 43)往往具有很高的丰度。4-戊烯-2-酮(**a**)的分子离子失去烯丙基得到 *m/z* 43 的碎片离子丰度为 100%。而失去甲基得到 m/z 69 的碎片离子丰度仅为 2.4%。3-戊烯-2-酮(**b**)分子离子失去并袭击得到 *m/z* 43 的碎片离子丰度为 54%,而失去甲基得到 m/z 69 的碎片离子丰度为 100%。这是因为失去甲基得到更稳定的具有共轭结构的碎片离子。

(**a**) $m/z\ 69\ (2.4\%)$ $CH_3-C(=O)-CH_2-CH=CH_2$ $m/z\ 43\ (100\%)$

(**b**) $m/z\ 69\ (100\%)$ $CH_3-C(=O)-CH=CH-CH_3$ $m/z\ 43\ (54\%)$

(3) 优先失去最大的烷基

酮、醇、胺、醚等分子离子以同一种方式(如 α−断裂)发生裂解反应时,失去较大的基团而产生的离子丰度较大。例如 3-甲基-3庚醇发生以下 α−断裂反应中,失去丁基而产生的 *m/z* 73 的峰丰度最大(基峰),失去乙基而产生的 *m/z* 101 的峰丰度为 33%,失去甲基得到的 *m/z* 115 的峰丰度仅为 11%。

$$C_2H_5-\underset{CH_3}{\overset{CH_3}{C}}-OH + \cdot C_4H_9$$
$$m/z\ 73\ (100\%)$$

$$HO-\underset{CH_3}{\overset{CH_3}{C}}-C_4H_9 + \cdot C_2H_5$$
$$m/z\ 101\ (33\%)$$

$$C_2H_5-\underset{OH}{\overset{+}{C}}-C_4H_9 + \cdot CH_3$$
$$m/z\ 115\ (11\%)$$

（4）Stevenson 规则

奇电子离子（OE$^{+\cdot}$）的单键断裂将产生一个正离子和一个自由基。自由基留在具有较高电离电位（Ionization Potential，IP）的碎片上，正电荷留在具有较低电离电位（IP）的碎片上，这就是 Stevenson 规则。Stevenson 规则对于预测奇电子离子的裂解具有一定的指导意义。例如2-烷基酮分子离子裂解可产生乙酰基正离子和烷基正离子两种途径。

$$CH_3\overset{+}{\overset{\displaystyle O}{\underset{\displaystyle \|}{C}}}-R \quad \longrightarrow \quad CH_3CO^+ + \dot{R}$$

$$或 \quad \longrightarrow \quad CH_3CO\cdot + \overset{+}{R}$$

CH$_3$CO—的氧原子含有 n 电子，其电离电位较低（IP 为 7.90eV），而当 R 为乙基时，—C$_2$H$_5$ 的 IP 是 8.30eV，所以 CH$_3$CO$^+$ 强度为 100%，而 C$_2$H$_5^+$ 的强度仅为 25%。R 为 n-C$_4$H$_9$（IP 8.64 eV）时，n-C$_4$H$_9^+$ 强度为 10%。若 R 为 s-C$_4$H$_9$（IP 7.93 eV）时，s-C$_4$H$_9^+$ 的强度是 40%。当 R 为 t-C$_4$H$_9$（IP 7.42eV）时，t-C$_4$H$_9$ 的强度为 100%，而 CH$_3$CO$^+$ 的强度仅为 35%。

5.4.3　重排开裂

某些离子碎片的产生不是由化学键的简单断裂而产生，而是因为断裂中分子内发生重排反应生成。重排时有两个键发生断裂，最常见的重排反应是氢重排裂解反应，即离子在裂解时伴随有氢原子的转移，同时丢失中性分子。在重排反应中脱去一个中性碎片（它含有偶数个电子）时，由于中性离子的电子是成对的，因此含奇数个电子的离子失去中性碎片时所产生的离子一定含有奇数个电子，而含偶数个电子的离子所产生的离子一定含有偶数个电子。即在失去中性碎片前后，两个离子质量的奇偶数是不发生变化的。但含氮化合物断裂偶数键时，若氮原子数的奇偶性不同，则质量数的奇偶性也要发生变化。

质谱中，对化合物结构鉴定有重要意义的重排主要发生在一些具有特定官能团结构的化合物中，如 McLafferty 重排、双氢重排等。

5.4.3.1　麦氏重排（McLafferty rearrangement）

麦氏重排的特征是 γ-H 通过六元环过渡态向不饱和基团迁移紧接着发生 β-裂解反应，以"γH"表示 γ-H 重排。

通式：

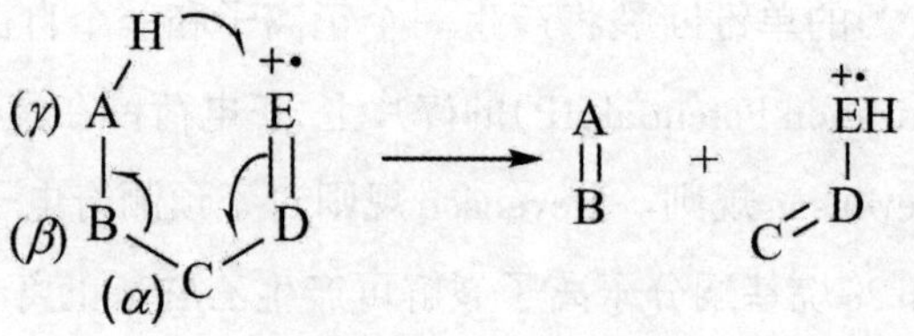

醛、酮、羧酸、酯、酰胺、烯烃、腈、亚胺和芳烃等 γ-位含有氢的化合物都会发生这种重排反应。在不饱和基团的 β-位发生 α-断裂，消去中性分子，并伴随 γ-H 转移，产生奇电子离子。在质谱图中出现较强的 McLafferty 重排峰。例如 2-戊酮的 m/z 58 的碎片峰就是它发生 McLafferty 重排产生的。薄荷酮的 McLafferty 重排产生的碎片离子 m/z 112 就是基峰。

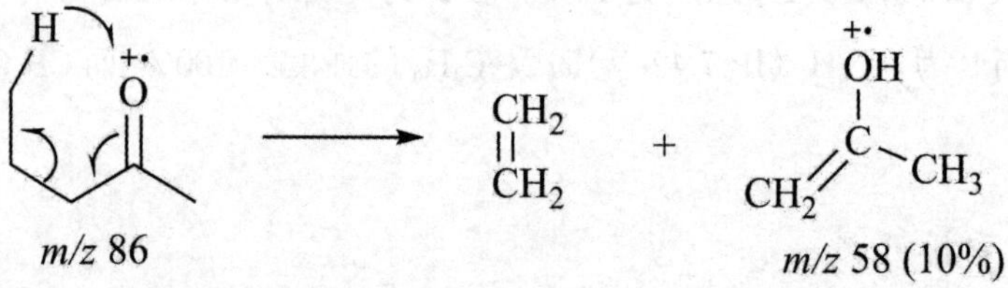

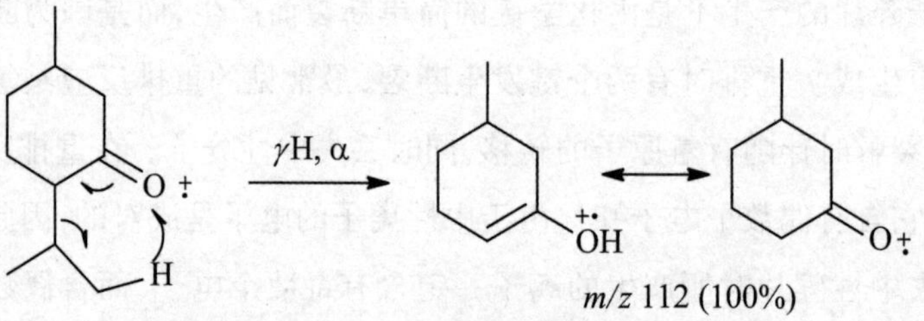

m/z 86

m/z 58 (10%)

γH, α

m/z 112 (100%)

烷基苯的 McLafferty 重排产生 m/z 92 的重排碎片离子。

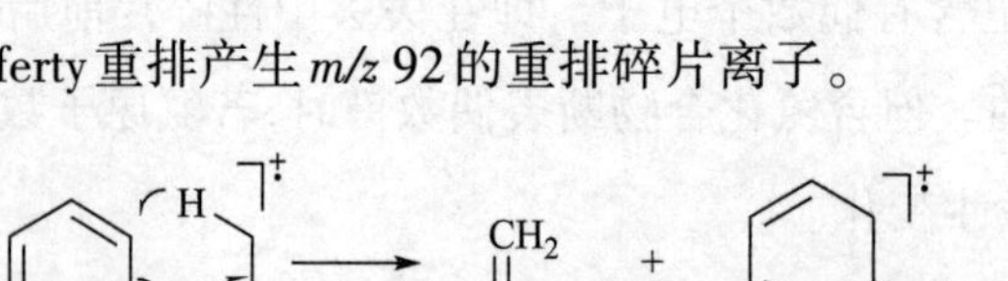

m/z 120

m/z 92

烯烃的 McLafferty 重排可产生 m/z 42 的重排离子。

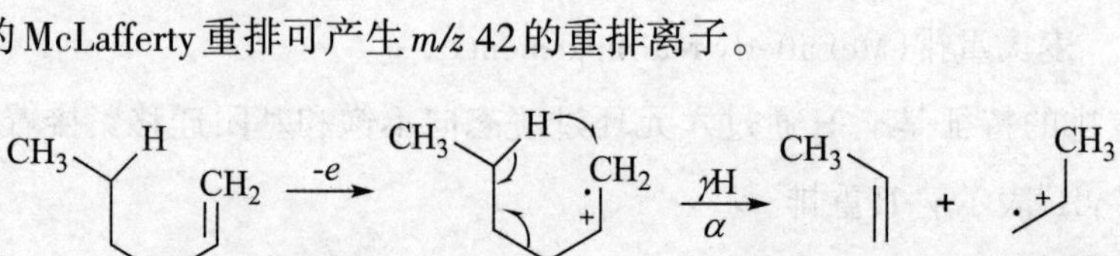

$-e$

γH
α

m/z 42

环氧化合物的McLafferty重排：

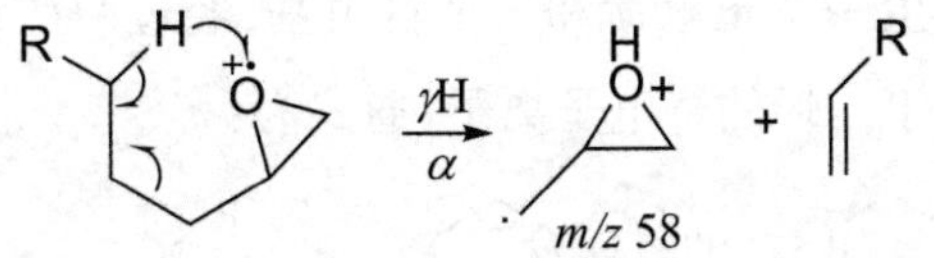

简单开裂或重排开裂后的碎片离子仍具有麦氏重排的条件，可以进行麦氏重排。

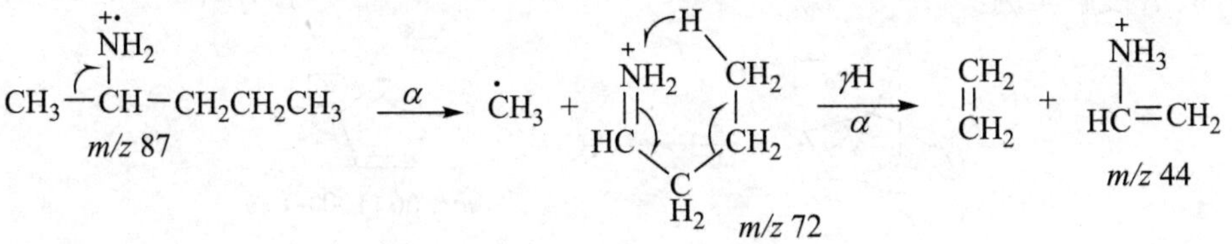

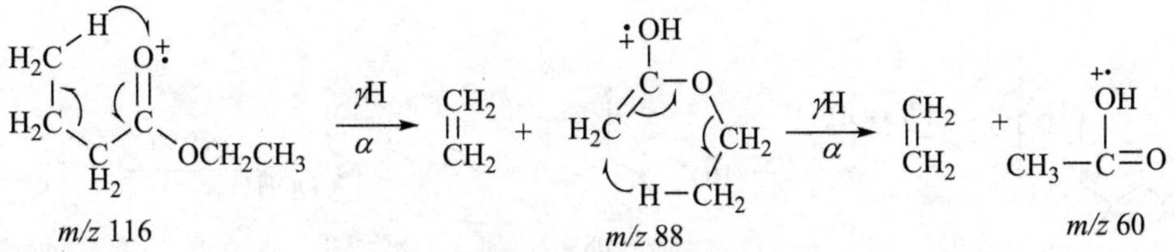

一些常见官能团经McLafferty重排所生成的重排离子如表5.5所示。

表5.5 常见的麦氏重排离子(最低质量数)

化合物类型	最小重排离子	m/z	化合物类型	最小重排离子	m/z
烯烃	$CH_2=CH-CH_3$	42	甲酸酯	$H-C(=O)-OH$	46
醛	$H_3C-C(OH)=H$	44	甲酯	$H_3C-C(OH)=OCH_3$	74
酮	$H_3C-C(OH)=CH_3$	58	腈	$H_2C=C=NH$	41
羧酸	$H_3C-C(OH)=OH$	60	硝基化合物	$H_2C=N(=O)-OH$	61

麦氏重排受位阻和电子的影响，如烷基苯间位有推电子基团时，就不能发生。当邻位有基团使氢迁移受阻时，重排也难于进行。

5.4.3.2 逆狄尔斯–阿尔德开裂(retro Diels Alder fragmentation，RDA裂解)

Diels-Alder反应是共轭二烯烃与含有被吸电子原子团活化的烯烃或炔烃发生环加成反应，产物为取代的环己烯。在质谱中，环己烯衍生物可发生经过含不饱和键的六元环空间裂解而产生共轭双烯正离子。从表面上看，这个开裂过程刚好是Diels-Alder环加成反应的逆向过程，故称为逆Diels-Alder裂解。这类开裂在脂环化合物、生物碱、萜类、甾体和黄酮类化合物的质谱中能够经常见到。该开裂过程是以双键π电子失去一个电子后，产生一个正电荷和一个自由基，经过两次α-断裂，丢失一个中性的C_2H_4，产生一个1,3-丁二烯的奇电子离子，通式为：

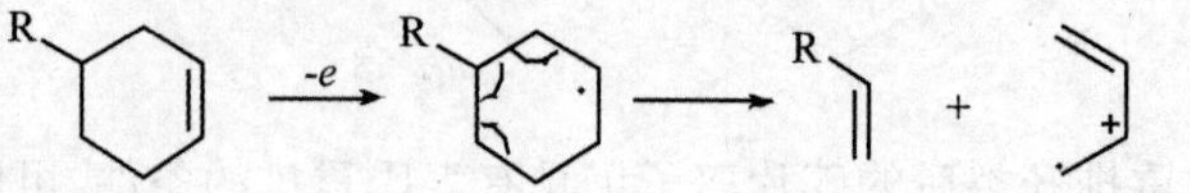
R
-e
R
R
+

RDA裂解实例：

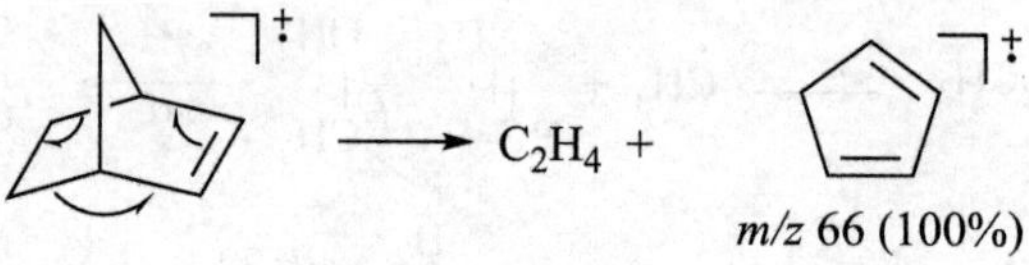
C2H4 +
m/z 66 (100%)

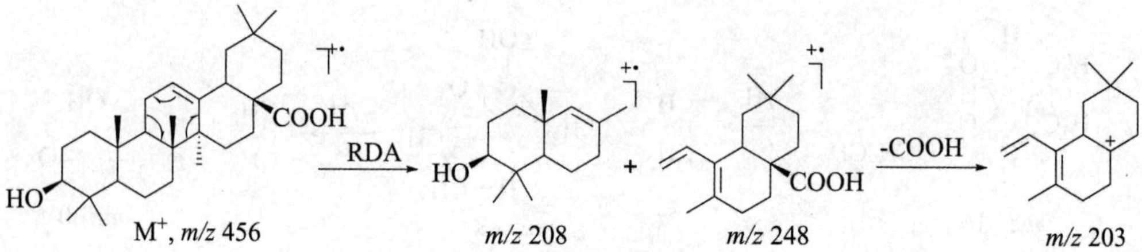
COOH
HO
M+, m/z 456
RDA
HO
m/z 208
+
COOH
m/z 248
-COOH
m/z 203

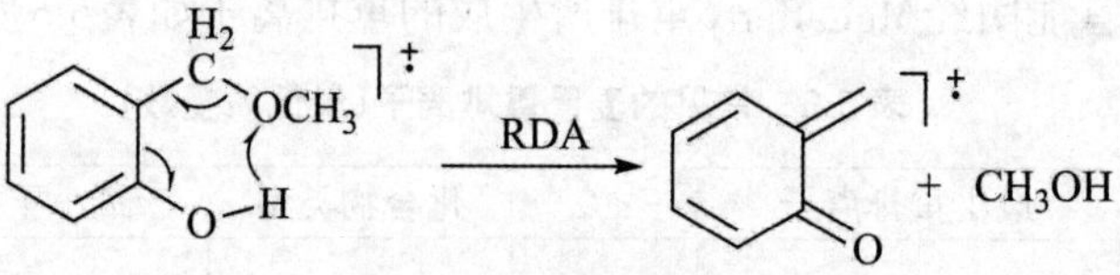
H2
C
OCH3
O
H
RDA
O
+ CH3OH

逆Diels−Alder反应裂解后，正电荷一般留在二烯的碎片上，但是如果环己烯带有取代基时，裂解后得到的单烯烃片段中含有能与单烯烃共轭的取代基时，正电荷可能留在单烯碎片上。例如4-苯基环己烯的质谱中，基峰*m/z* 104就是正电荷留在苯乙烯的碎片上，而二烯碎片*m/z* 54的丰度很小。

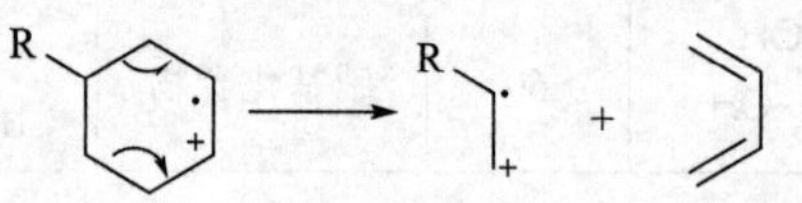
R
R
+

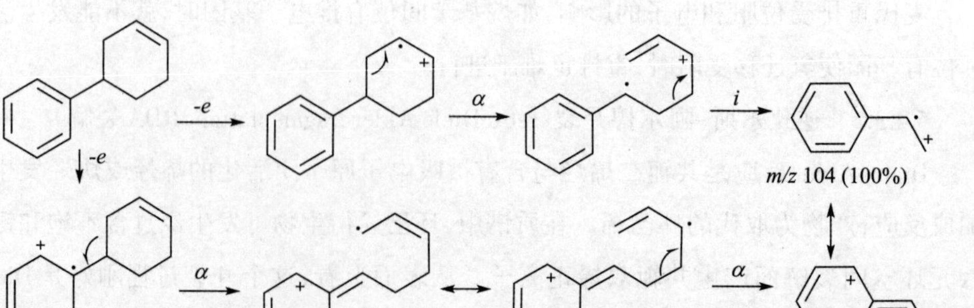
-e
α
i
m/z 104 (100%)
-e
α
α

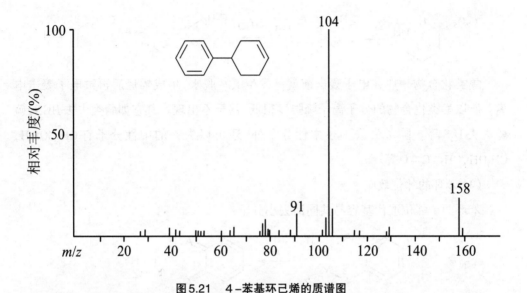

图5.21　4-苯基环己烯的质谱图

5.4.3.3　含杂原子的氢重排反应

（1）卤代烃的脱HX（X＝Cl,Br）反应

氯化物主要通过五元环过渡态（C-3位氢原子）发生氢重排（约72%），少量是通过六元环过渡态（C-4位氢原子）发生氢重排。溴化物可以通过四、五、六元环过渡态发生氢重排裂解，以四元环过渡态为主。

（2）醚和硫醚也可以经四元环发生氢重排裂解反应：

（3）醇类的脱水重排

氘同位素标记实验表明，链状醇（碳数≥4），90%失水是通过1,4消除反应（通过六元环氢转移）进行的。例如正丁醇以上的伯醇在失水的同时失去乙烯。

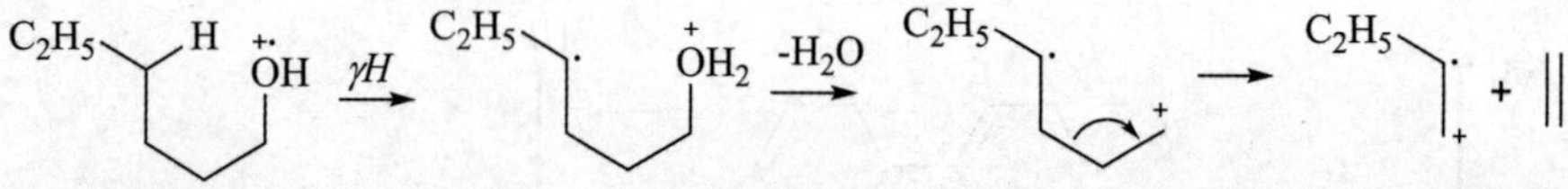

醇类化合物一般在电子轰击前就已发生1,2-脱水,生成烯烃后再被电子轰击电离。所以醇类化合物的分子离子峰强度很低,甚至不出现。其它如腈类失去HCN,硫醇失去H_2S等。除了失去上述中性分子外,还可以失去的中性分子有CH_3COOH,CH_3OH,$CH=C=O$等。

(4) 苯环的邻位效应

苯环两个邻位取代基容易共同消去小分子:

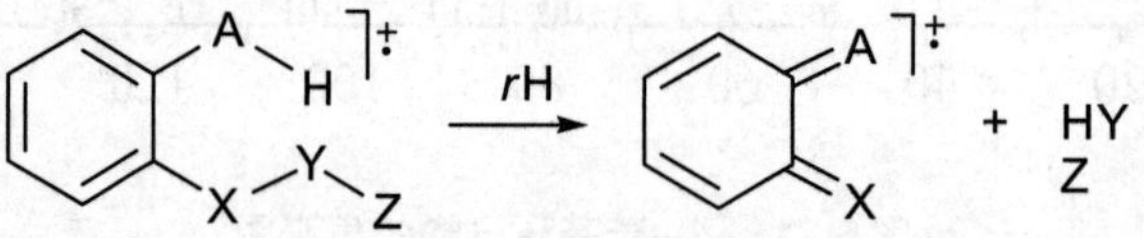

例如:

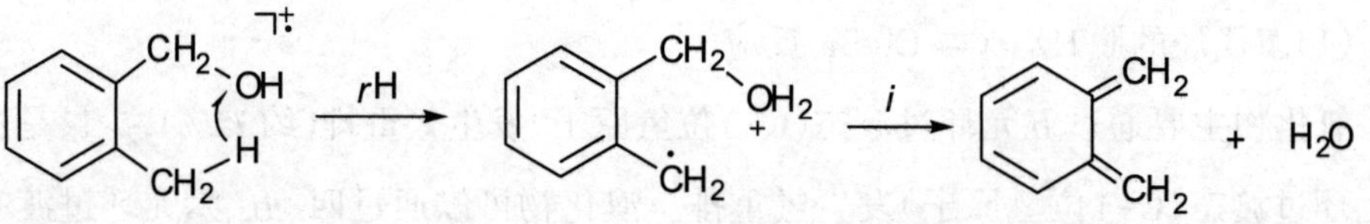

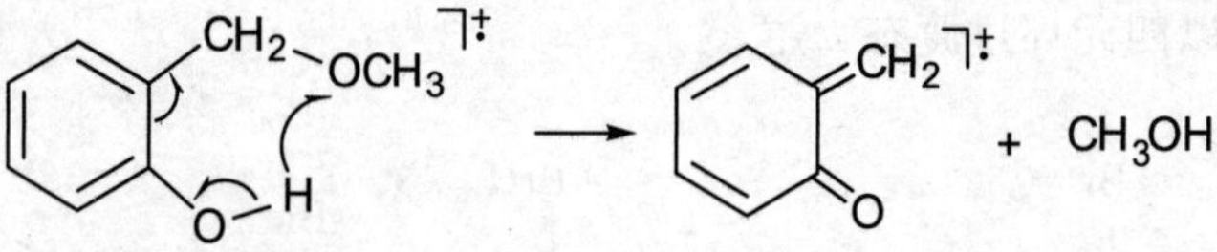

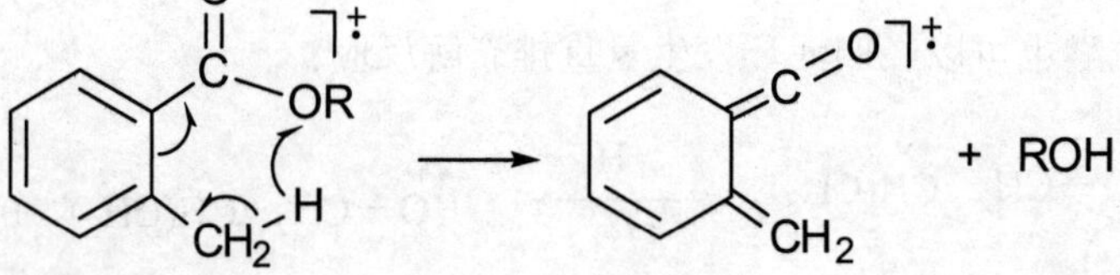

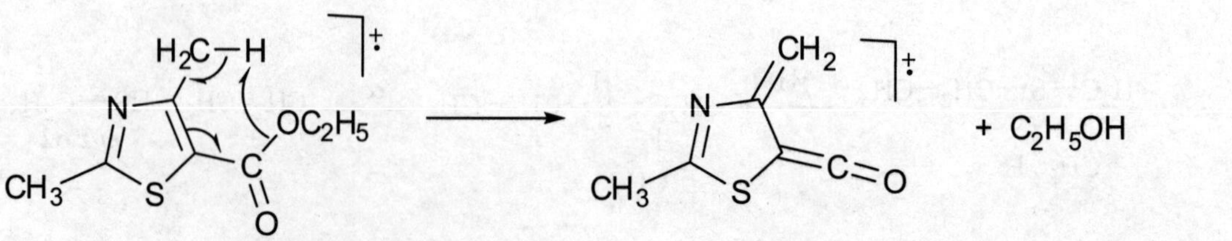

顺式双键也有类似的"邻位效应",例如:

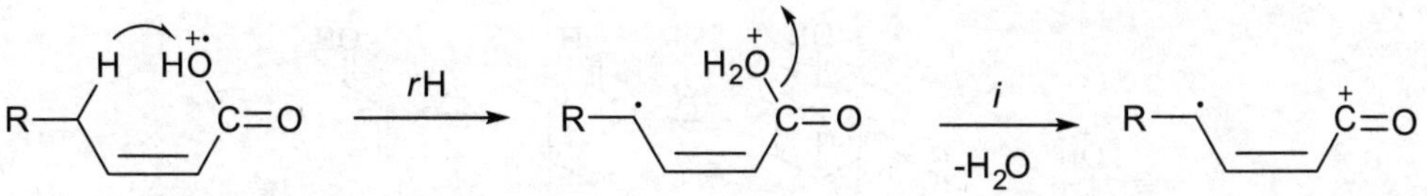

5.4.3.4　消去重排(elimination rearrangement)

消去重排常用"re"表示。离子在随着基团迁移的同时消除小分子或自由基碎片，如 CO、CO_2、HCN、CH_3CN 等，称为消去重排。

(1)甲基迁移

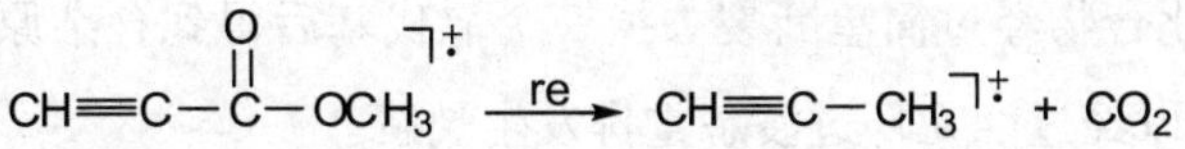

(2)芳基迁移

酚类及带有羟羰基的芳香族化合物(醌类)易通过重排开裂而脱去 CO。

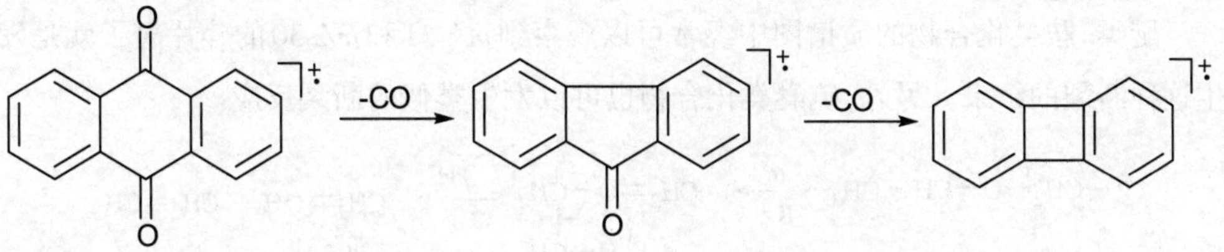

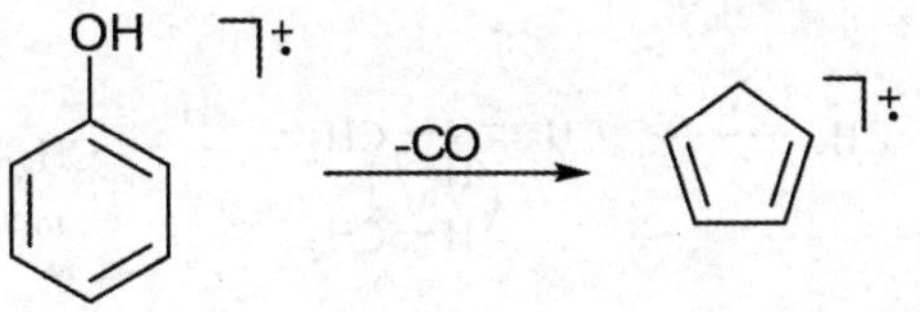

(3)环醚类化合物易通过开裂脱去醛

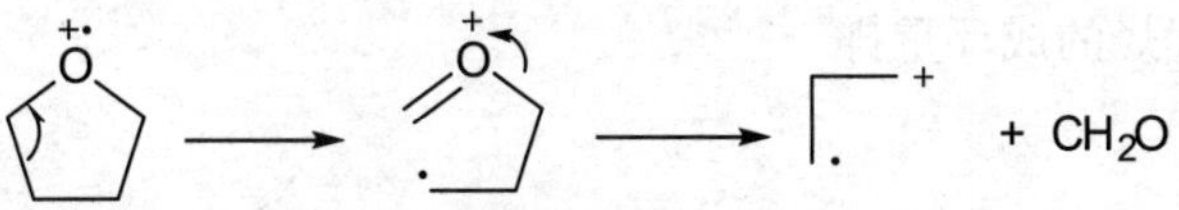

(4)饱和环状烃类易通过重排开裂而脱去烯烃

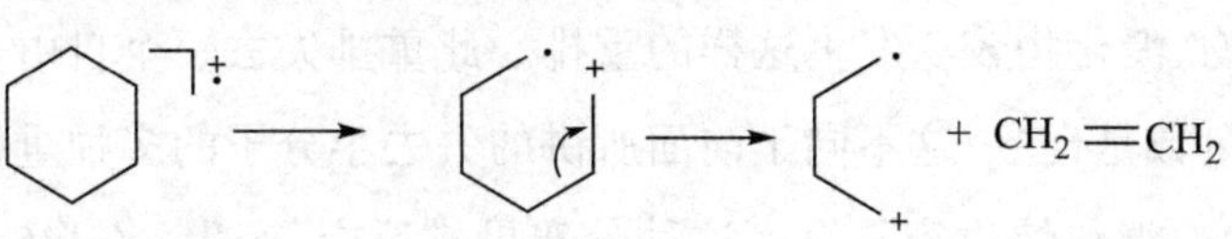

例如2-甲基环己醇可发生如下重排：

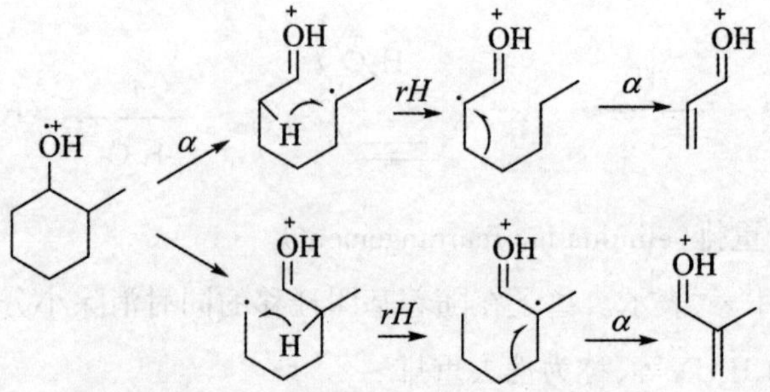

（5）偶电子离子的氢转移重排

含杂原子的化合物经过简单断裂去掉一个取代基后得到含杂原子的偶电子离子 EE$^+$，其中 β—H 可以经过四元环过渡态重排发生裂解。

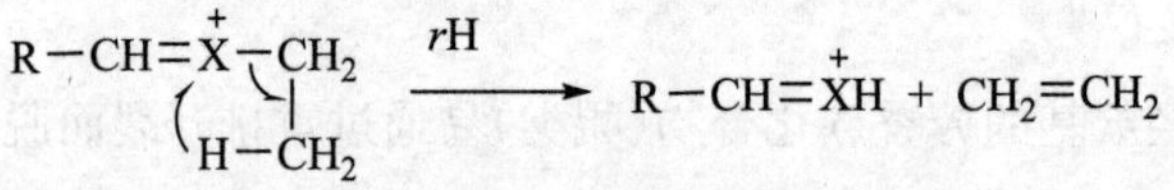

醚类、胺类化合物的质谱图中经常可以观察到 m/z 31 和 m/z 30 的碎片离子就是发生这种断裂的结果。另外，硫醚类化合物也可以发生类似的断裂反应。

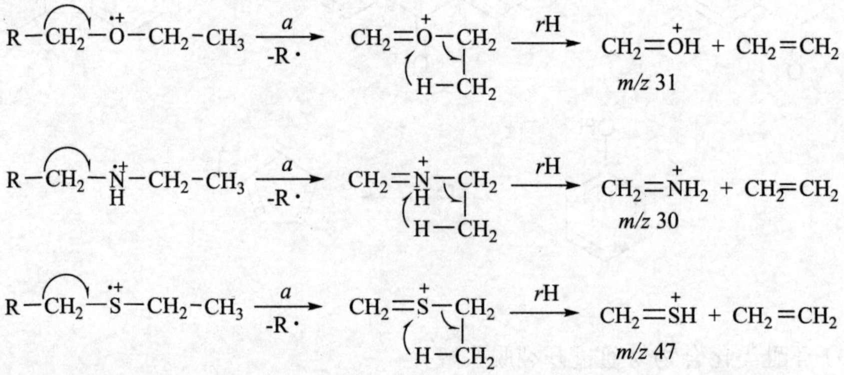

（6）链状卤代烃的成环重排

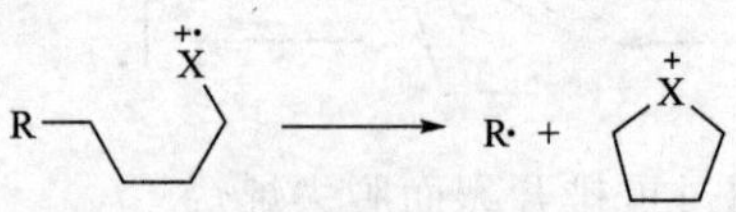

链状氯化物、溴化物较易发生这样的重排。此重排失去一个自由基片段，产生的重排正离子质量数是奇数，这不同于前面所讲的失去小分子的多种重排（产生偶质量数的重排离子）。溴代烷也容易发生这种骨架重排反应，产生 m/z 135 和 m/z 149 的环状碎片离子。此外，长链胺和腈类化合物也可产生这种环状的离子。

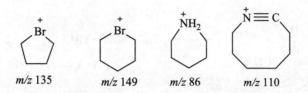

m/z 135 m/z 149 m/z 86 m/z 110

(7) 脂环化合物(环醇、卤代环烷烃、环酮或环烷基胺等)需经过两次开裂才能掉下碎片。复杂的开裂一般在断裂前发生氢转移反应,一般是 $\gamma-H$ 或附近的氢转移。

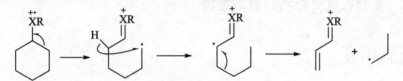

环己醇通过以上反应得到 m/z 57 的 碎片离子峰(基峰)。在环己基醚、胺、硫醚和酮类化合物质谱图中也经常出现这种碎裂产生的如下结构的特征离子峰。

环己基醚   环己基胺   环己基硫醚   环己基酮

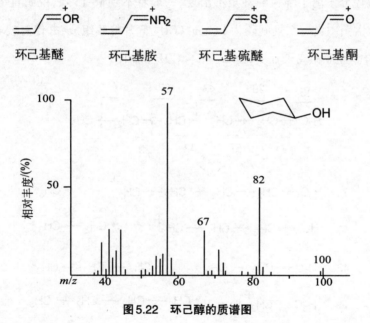

图5.22　环己醇的质谱图

(8) 两个氢原子的重排

在质谱图中,有时会出现比简单开裂多两个原子质量单位的离子峰,这是由于有两个氢原子转移到该基团。这种重排在乙酯以上的羧酸酯比较容易发生,形成 m/z (61+14n)的偶电子离子。

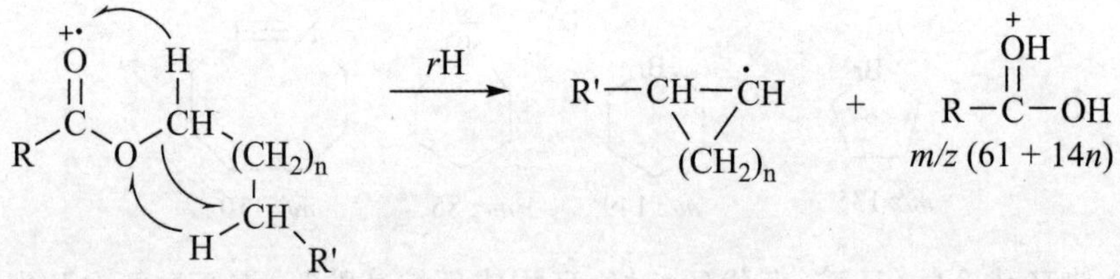

5.5 各类有机化合物的典型质谱

5.5.1 烷烃

5.5.1.1 直链烷烃

直链烷烃的分子结构简单,裂解方式专一,谱图具有明显的特征。

长链烷烃分子离子峰较弱甚至不出现,一般看不到 M-15 峰,说明直链烷烃不易失去甲基。谱图中由一系列间隔为 14 amu (CH_2)碎片峰簇组成,并伴有较弱的 C_nH_{2n-1} 和 C_nH_{2n} 峰群。经亚稳离子证实,C_nH_{2n-1} 来自 C_nH_{2n+1} 脱 H_2。

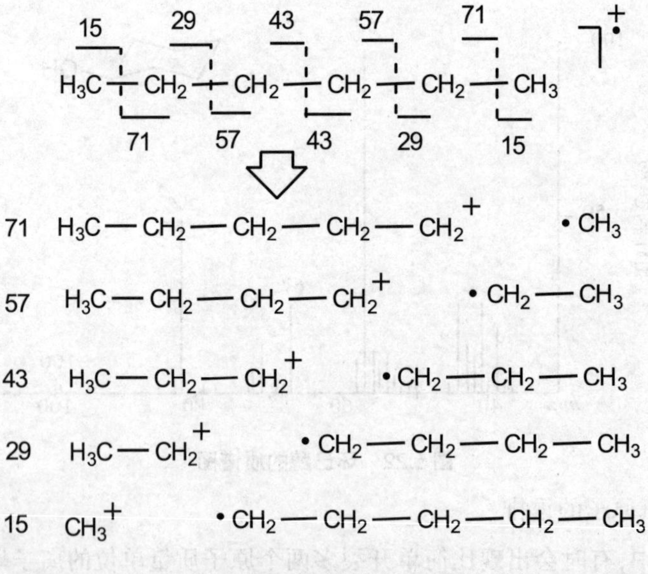

m/z 43 碎片峰($C_3H_7^+$)碎片离子峰是长链烷烃质谱的基峰,以此为中心,各主要碎片峰强度随 m/z 的增加或减小而降低。长链烷烃中由于各个 C—C 键断裂的概率相同,断裂后碎片离子可进一步断裂,最后得到较小的离子(如 $C_3H_7^+$ 或 $C_4H_9^+$)的数目最多,因此这些离子丰度最高。如图 5.23 为正癸烷的质谱图,显示 m/z 43 碎片峰为基峰。

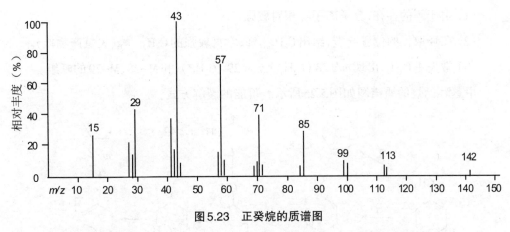

图5.23　正癸烷的质谱图

支链烷烃的分子离子峰更弱,支链点处是最容易发生裂解反应的位置,优先失去大基团。正电荷留在多取代的碳原子上,产生C_nH_{2n+1}离子。另外在碳链分支处发生C—C键断裂的同时还可能发生氢重排反应,产生较强的C_nH_{2n}重排离子,有时其强度超过相应的C_nH_{2n+1}离子。5-甲基十五烷的质谱图如图5.24所示,与正构烷烃的质谱图相比较可见m/z 85、169和211峰的强度较大,它们分子离子分别在支链处断裂,分别失去癸基、丁基和甲基生成的3°碳正离子。其中m/z 85峰增大尤为明显,说明分子断裂优先丢失最大的烃基。此外,图中还产生了较强的C_nH_{2n}离子峰。比如经四元环氢重排产生的m/z 168的奇电子离子峰。

$$C_3H_7-CH_2-\underset{\underset{CH_3}{|}}{CH}-CH_2-C_9H_{19} \xrightarrow{-e} C_3H_7-CH_2-{}^{+\cdot}\underset{\underset{CH_3}{|}}{CH}-CH-C_9H_{19}$$

$$\xrightarrow{rH} H_3C-\overset{+}{CH}-\overset{\cdot}{CH}-C_9H_{19}$$
$$m/z\ 168$$

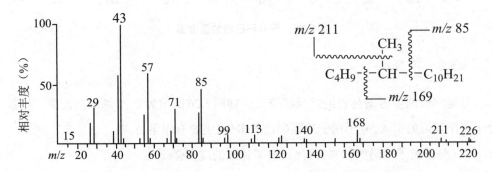

图5.24　5-甲基十五烷质谱图

5.5.1.2　环烷烃

环烷烃的质谱具有以下的特点:

（1）由于环的存在，分子离子峰相对较强。

（2）在环取代的位置断裂，给出 C_nH_{2n-1} 峰，常见较强的 C_nH_{2n-2} 峰（失氢产物峰）。

（3）常失去 C_2H_4，出现 $m/z\ 28$（$C_2H_4^+$）、$m/z\ 29$（$C_2H_5^+$）、和 M-28、M-29 的峰组。

甲基环己烷的质谱图如图 5.25 所示。可能的裂解方式：

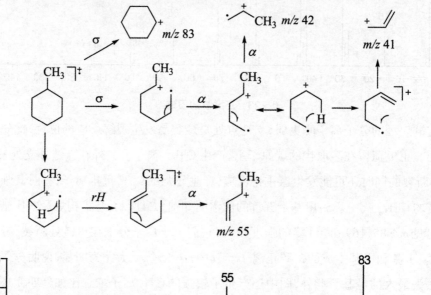

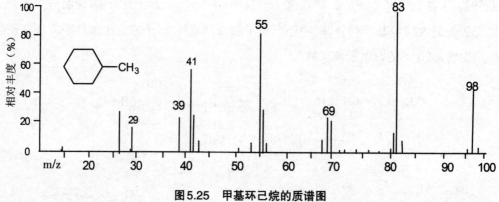

图 5.25　甲基环己烷的质谱图

5.5.2　烯烃

直链单烯的质谱图与直链烷烃的类似。如图 5.26 所示为 1-丁烯的质谱图。烯烃分子由于双键的引入，分子离子的断裂比较多变，主要有以下特点：

（1）分子离子峰仍然较弱，但比相应碳骨架的烷烃强。

（2）β-键断裂是最主要的断裂方式（末端烯），谱图中出现一系列的峰簇，其中每个峰簇中最高峰为 C_nH_{2n-1}，即 $m/z\ 41$、55、69、83 等离子峰比较明显，其中 $m/z\ 41$ 峰（CH_2
$=CH-CH_2^+$）往往为基峰。

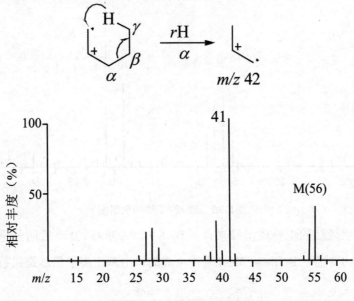

（3）有γ-氢的烯烃可以发生麦氏重排，产生 C_nH_{2n} 的离子峰。

图5.26 1-丁烯的质谱图

1-十六烯的质谱图如下所示，基峰 $m/z\ 41$ 和 $m/z\ 42$ 的裂解过程如下：

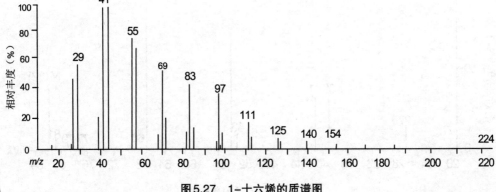

图5.27 1-十六烯的质谱图

烯烃异构体的谱图十分相似,这是由于双键在电离过程中会发生位置异构。

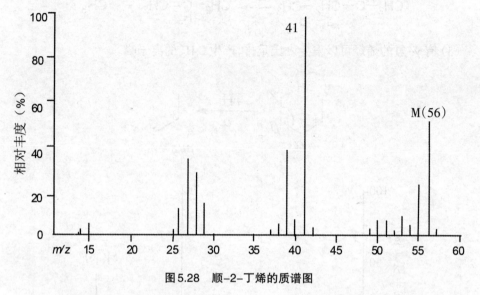

图5.28　顺-2-丁烯的质谱图

(4) 环状烯烃的主要质谱峰来自逆 Diels-Alder 重排,开环后的氢重排、失去 CH_3 以及支链的开裂等。逆 Diels-Alder 重排生成的自由基正离子仍然是偶数质量单位。

若开环后发生氢重排,则失去甲基自由基:

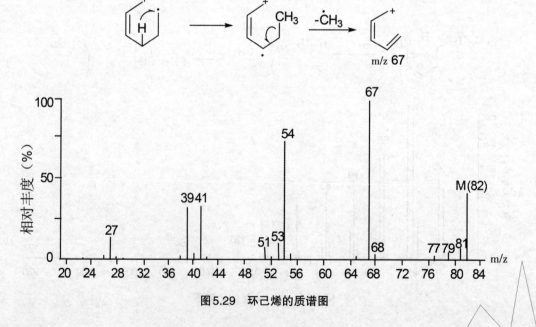

图5.29　环己烯的质谱图

5.5.3　炔烃

炔烃化合物的分子离子峰较强,也有类似烯烃的炔丙基型断裂。生成通式为 C_nH_{2n-3}(m/z 39,53,67,81⋯⋯)的系列离子峰。炔的 α-断裂产生 m/z 39 的偶电子离子。

$$H—C≡C—CH_2—R\rceil^{+} \xrightarrow{\alpha} H—C≡C—\overset{+}{C}H_2 \longleftrightarrow H—\overset{+}{C}=C=CH_2$$
$$m/z\ 39$$

端位炔易脱去 H·,形成很强的 M-1 峰。

$$H—C≡C—R\rceil^{+} \longrightarrow \overset{+}{C}≡C—R + H·$$

例如1-戊炔质谱图中出现 m/z 67 的基峰就是其分子离子失去一个氢自由基而产生。另外,含有 γ-氢的炔烃还可以发生双氢重排失去甲基自由基得到 m/z 53 的碎片离子,发生 McLafferty 重排失去乙烯产生 m/z 40 的重排峰。

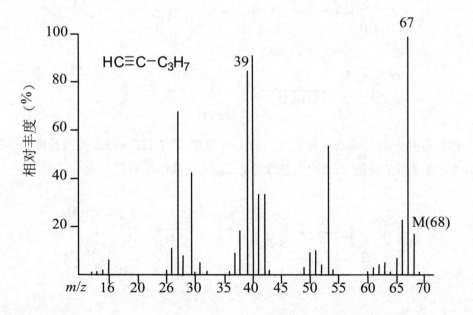

图5.30　1-戊炔的质谱图

5.5.4 芳烃

芳香环能使分子离子峰稳定,因此芳烃的质谱图一般表现出较强的分子离子峰。

(1) 烷基苯:烷基苯的特征是发生 β-裂解生成卓鎓离子($C_7H_7^+$,m/z=91),在谱图中往往表现为基峰。卓鎓离子消去一分子乙炔得到环戊二烯正离子($C_5H_5^+$,m/z=65)或消去两分子乙炔得到环丙烯正离子($C_3H_3^+$,m/z=39)。

烷基苯质谱中经常出现较强的 m/z 91 离子峰常常是通过重排而形成,因此 m/z 91 离子峰并不能说明分子中一定存在苄基结构。例如叔丁基苯和1,4-二苯基-1,3-丁二烯的质谱图中都会因为重排而出现 m/z 91 离子峰。

(2) 带有 γ-氢的烷基苯易发生 McLafferty 重排,产生较强的 m/z 92 重排峰。如图5.31 为正丁基苯的质谱图,其中的基峰就是卓鎓离子峰(m/z 91)。

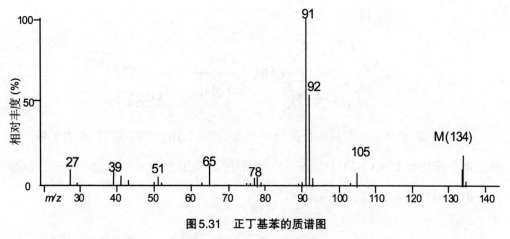

图5.31 正丁基苯的质谱图

烷基苯经α-断裂产生丰度不大的苯环碎片离子($C_6H_5^+$离子，m/z 77)，依此失去C_2H_2，得到 m/z 39、51、65、77等峰。某些芳烃化合物通过氢重排可能出现苯离子(m/z 78)和C_6H_6+H离子(m/z 79)的质谱峰。

5.5.5 醇类

（1）饱和脂肪醇：伯醇和仲醇的分子离子峰很弱，叔醇则根本检测不到。

①失水反应：饱和脂肪醇很容易在电子轰击下及电离条件下发生脱水反应，在质谱图上可能看不到分子离子峰，反而出现很强的M-18峰。同位素实验证明脂肪醇主要发生1,3-或1,4-位的消去反应脱水而不是通常认为的1,2-位消去反应。

4个碳以上的伯醇会发生麦氏重排同时脱水和脱烯，仲醇和叔醇一般不会发生这种裂解。

$$\xrightarrow[\text{-C}_2\text{H}_4]{\text{-H}_2\text{O}} \quad CH_2 = CHR \rceil^+$$

$$M\text{-}46$$

② α-断裂:饱和醇最明显的特征是α-断裂,产生 $C_nH_{2n+1}O^+$ 的系列特征离子峰。伯醇主要的碎片离子是 $CH_2\overset{\centerdot}{O}H$（$m/z=31$）,仲醇的是 $RCH\overset{\centerdot}{O}H$（$m/z=45,59,73\cdots$）,叔醇产生 $RR'C\overset{+}{O}H$（$m/z=59,73,87\cdots$）。

伯醇:

$$R\!-\!\overset{\overset{\displaystyle H}{|}}{\underset{\underset{\displaystyle H}{|}}{C}}\!-\!\overset{+}{O}H \longrightarrow H_2C\!=\!\overset{+}{O}H \;+\; \overset{\centerdot}{R}$$

$$m/z\,31$$

仲醇:

$$R\!-\!\overset{\overset{\displaystyle CH_3}{|}}{\underset{\underset{\displaystyle H}{|}}{C}}\!-\!\overset{+}{O}\cdot \longrightarrow CH_3\!-\!HC\!=\!\overset{+}{O}H \;+\; \overset{\centerdot}{R}$$

$$m/z\,45$$

叔醇:

$$R\!-\!\overset{\overset{\displaystyle CH_3}{|}}{\underset{\underset{\displaystyle CH_3}{|}}{C}}\!-\!\overset{+}{O}\cdot \longrightarrow \overset{\displaystyle CH_3}{\underset{\displaystyle CH_3}{\Big\rangle}}C\!=\!\overset{+}{O}H \;+\; \overset{\centerdot}{R}$$

$$m/z\,59$$

图 5.32~5.34 分别为 1-己醇、2-己醇和 2-甲基-2-戊醇的质谱图,从中可见分子离子峰基本不出现。

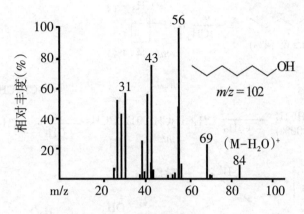

图5.32 1-己醇的质谱图

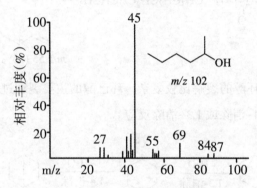

图5.33 2-己醇的质谱

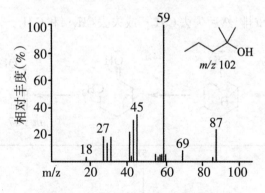

图5.34 2-甲基-2-戊醇的质谱图

以2-己醇为例分析各主要碎片离子的形成过程。分子离子经过1,3-或1,4-消去反应脱水得到 m/z 84的碎片离子。该离子再失去甲基、乙基分别产生 m/z 69和 m/z 54的碎片离子。分子离子还经α-断裂,形成 m/z 45和 m/z 87的碎片离子。其中 m/z 45峰是分子离子优先失去最大的烷基而产生,成为为基峰。m/z 87的的离子通过氢重排脱去一分子水得到 m/z 69的碎片离子。

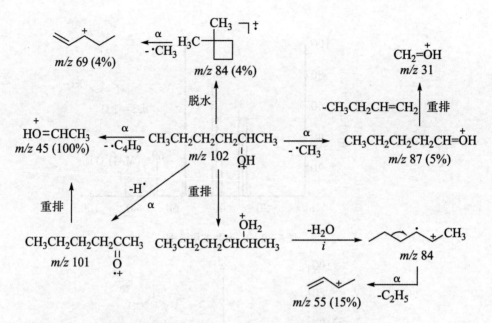

（2）脂环醇：脂环醇的裂解比较复杂。环己醇的主要裂解过程为：

① 脱水反应：1,4-消除或1,3-消除反应。

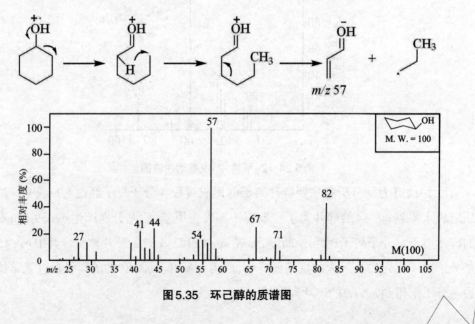

② α-断裂，氢重排，然后失去C_3H_7·，或失去CH_3·和C_2H_4。

图5.35　环己醇的质谱图

（3）苄基醇

苄基醇的分子离子峰比较强,苄基醇的M-1峰很强,失去的氢原子可以来自分子的任何位置。M-1峰继续裂解失去CO,得到基峰 m/z 79,再失去一分子氢得到苯基离子 m/z 77。M-1峰和M-CHO峰是苄基醇的特征峰。

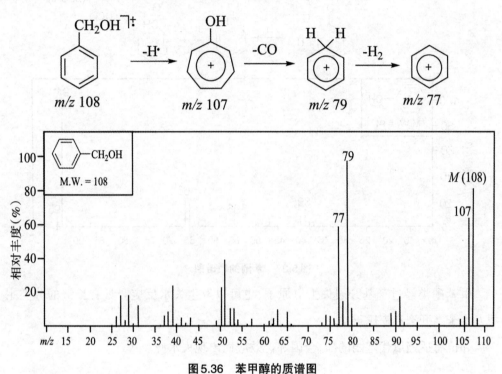

图5.36 苯甲醇的质谱图

（4）酚

苯酚的分子离子峰很强,往往是基峰。

酚羟基的氢容易离去,可重排到芳香环上(邻位),随后发生α-断裂开环。之后有两种断裂方式:其一是发生i-断裂,失去CO,得到的奇电子碎片离子。第二种断裂方式是再发生氢重排,得到[M-CHO]⁺碎片离子。在苯酚的质谱图中(图5.37),离子(m/z 66,38.8%)的丰度高于[M-CHO]⁺碎片离子丰度(m/z 65,26.8%)。而在萘酚的质谱图中,离子(m/z 116,45.2%)的丰度低于[M-CHO]⁺碎片离子丰度(m/z 115,76.8%)。酚类可能失去CHO形成M-29峰。但是M-CO峰是其特征峰。

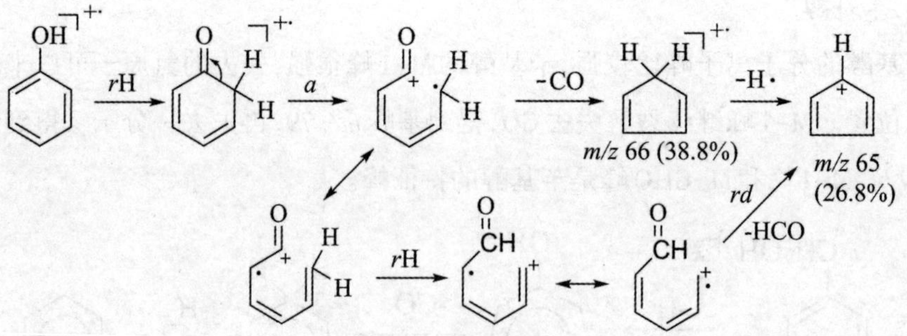

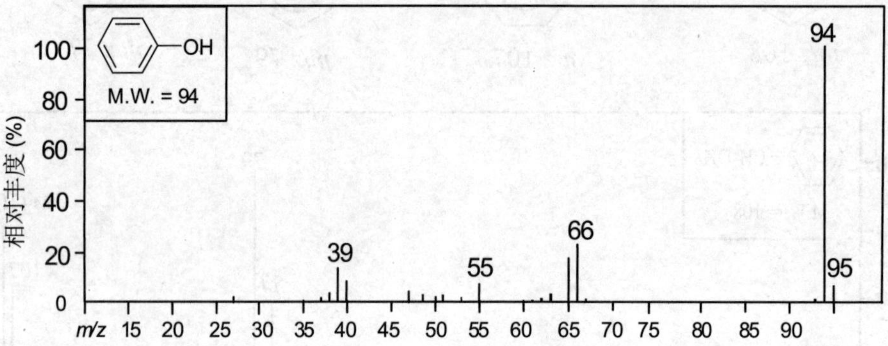

图 5.37　苯酚的质谱图

甲苯酚类经过苄基开裂失去氢原子，也可以发生失水反应。具有长链的分类主要发生苄基开裂和麦氏重排。

邻位有适当取代基团的酚，会因邻位效应而出现失水峰。

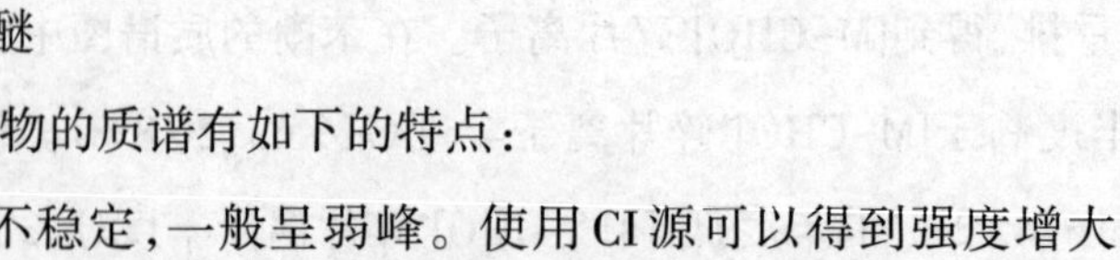

5.5.6　醚

5.5.6.1　脂肪醚

脂肪醚类化合物的质谱有如下的特点：

(1)分子离子不稳定，一般呈弱峰。使用CI源可以得到强度增大的$(M+H^+)$峰。这种质子化的分子离子峰容易发生*i*–断裂，脱去烷氧基自由基，正电荷留在烃类碎片上，生成一系列的*m/z* 29、43、57…的碎片离子。

$$R-\overset{+\bullet}{O}-R' \xrightarrow{-\dot{O}R'} R^+ \quad (R>R')$$

（2）脂肪醚类化合物主要发生 α-断裂，正电荷留在氧原子上。较大的基团优先失去，生成一系列的 m/z 45+14n（45、59、73…）的偶电子离子峰，强度大。生成的碎片离子进一步裂解产生和醇类似的鎓离子（m/z 31、45…）。通式为 RCH ＝ $\overset{+}{O}$R 的偶电子离子是醚的特征。

$$CH_3CH_2-\overset{\frown}{C}H-\overset{+}{O}-C_2H_5 \xrightarrow{\cdot C_2H_5} CH_3-CH=\overset{+}{O}-C_2H_5 \xrightarrow{-C_2H_4} CH_3-CH=\overset{+}{O}H$$

CH_3 下标于CH

m/z 102 (1)　　　　　　　　　　　m/z 73 (51)　　　　　　m/z 45 (100)

（3）脂肪醚会发生氢重排反应，C—O 键均裂。形成 m/z 28、42、56…等离子。

$$R-\overset{+\cdot}{\underset{H}{O}}\diagdown R' \longrightarrow R-OH + \dot{C}H_2-\overset{+}{C}HR'$$

若正电荷留在氧原子上，产生 R$\overset{+}{O}$H 自由基正离子。

甲基正丁醚的质谱图如5.38所示。甲基正丁基醚的分子离子中，甲基的给电子作用使定域于氧原子的游离基更加活泼，而且有利于稳定氧原子的正电荷，因此 α-断裂具有很大的优势，产生 m/z 45 离子形成基峰。其他离子的丰度都低于20%。发生电荷转移的 i-断裂居于很次要的位置，只产生丰度很低的 m/z 57 碎片离子峰。在甲基正烷基醚中，m/z 45 离子峰均为基峰。烷基碳原子数大于3时，会形成 M-32（氢重排，i-断裂）的峰。如本例中 m/z 56 离子峰的丰度达20%。

$$CH_3CH_2CH_2\overset{+}{C}H_2 \xleftarrow[\cdot OCH_3]{i-断裂} CH_3CH_2CH_2CH_2\overset{+\cdot}{O}CH_3 \xrightarrow[\cdot C_3H_7]{\alpha-开裂} CH_2=\overset{+}{O}CH_3$$

m/z 57　　　　　　　　　　　　　m/z 88　　　　　　　　　　　　m/z 45

$$-H\cdot \Big\downarrow i-断裂$$

$$CH_3CH_2CH=CH_2 \Big]^{+\ddagger}$$

m/z 56

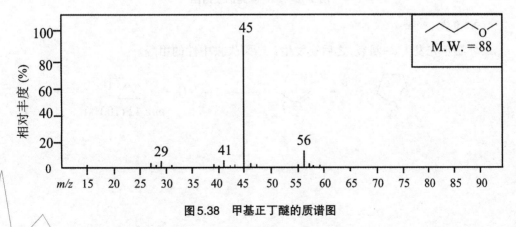

图5.38　甲基正丁醚的质谱图

随着氧原子两侧烷基链的增长,定域于氧原子上的游离基活性降低,同时烷基的电离能随碳原子数的增加而降低,因此有利于正电荷转移到烷基。在这两个因素的共同作用下,i-断裂逐渐超过 α-断裂。例如乙醚的 α-断裂反应产生 m/z 59(80%)与 m/z 31(100%)离子的丰度较高。i-断裂产生的 m/z 29 离子丰度为 79%。

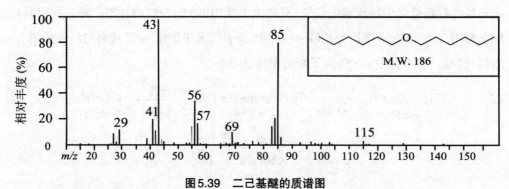

而二己基醚的 α-断裂反应的竞争优势下降,产生 m/z 115 离子的丰度仅为 5%。i-断裂成为主导反应,产生的 m/z 85(90%)和 m/z 43(100%)的碎片离子丰度都很高。

图5.39 二己基醚的质谱图

5.5.6.2 环醚

环醚首先发生 α-断裂,之后在发生 i-断裂失去中性的甲醛。

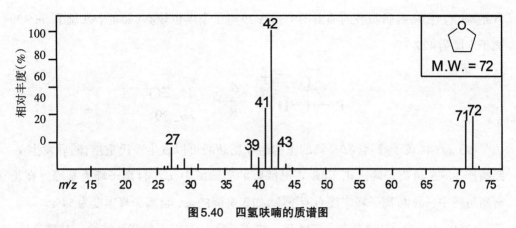

图5.40 四氢呋喃的质谱图

5.5.6.3 芳香醚

芳香醚的分子离子峰较强,只发生 i-开裂,芳氧 σ-键不会断裂。

乙基或更高级的脂肪醚会通过麦氏重排消去 C_nH_{2n},给出高度特征的自由基离子。

5.5.7 羰基化合物

羰基化合物(醛、酮、酸、酯、酰胺等)质谱有如下特点:

(1)分子离子峰一般可见。

(2)主要发生 α-断裂,继而发生诱导断裂。

(3)常发生 McLafferty 重排反应。

5.5.7.1 醛

【脂肪醛】脂肪醛(R—CHO)的分子离子峰为中强峰,其质谱图具有以下特征:

(1)m/z 29(HCO$^+$)离子峰:脂肪醛类化合物的特征碎片离子峰是经过 α-断裂生成 M-1 或 M-29 碎片离子以及 m/z 29(HCO$^+$)。在甲醛、丙醛等低级醛的质谱图中,m/z 29

317

均是基峰。在高级脂肪醛的质谱图中，m/z 29 离子丰度也较高（如正十八烷醛，m/z 29 离子丰度为 42%）。

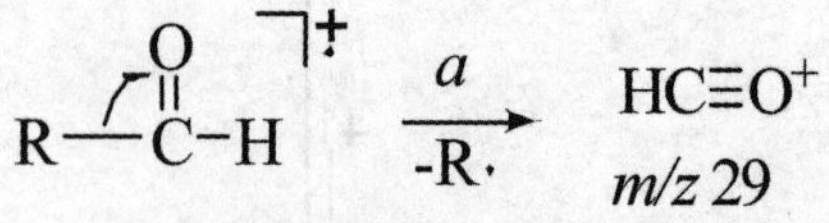

$$R-\overset{\overset{\displaystyle O}{\|}}{C}-H \quad \xrightarrow[-R\cdot]{a} \quad HC\equiv O^+ \\ m/z\ 29$$

（2）m/z 44 离子峰：含有 γ 氢的正构饱和脂肪醛可以发生麦氏重排，随后发生 α-断裂产生 m/z 44 离子峰。正丁醛、正己醛等的质谱图中，m/z 44 离子峰为基峰。在长链脂肪醛中，m/z 44 离子峰丰度有所下降，如正癸醛的 m/z 44 离子峰丰度为 54%。

（3）M-44 离子峰：这是与 m/z 44 互补的离子峰。C4 以上的脂肪醛的 γ-H 重排后，发生 α-断裂产生 m/z 44 离子峰。发生 i-断裂产生 M-44 离子峰。究竟哪个占优，取决于 $R-CH=CH_2$ 和 $CH_2=CHOH$ 两个电离能，电离能较低的优先被电离，产生碎片离子。例如当 R 为甲基时，前者为 9.58eV，后者为 9.14eV，两者电离能相近，后者略低。正戊醛质谱图中 m/z 44（100%）和 M-44（m/z 56，81.6%）两离子峰丰度接近。

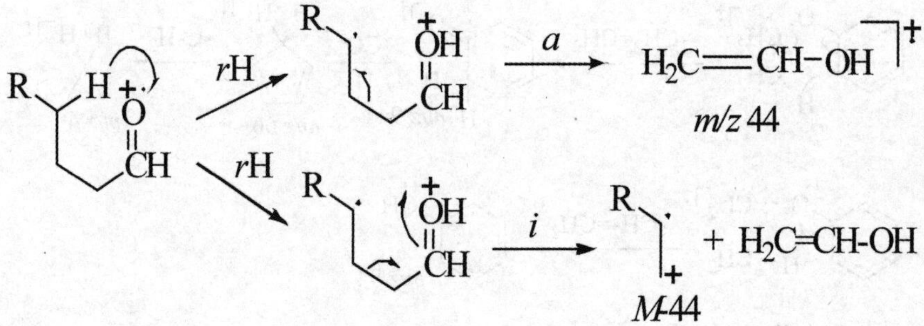

（4）M-28 离子峰：C4~C10 的脂肪醛质谱图中，M-28 离子峰比较显著。该峰形成是通过末端甲基上氢重排，之后发生 α-断裂，失去 C_2H_4，产生 M-28 离子峰。

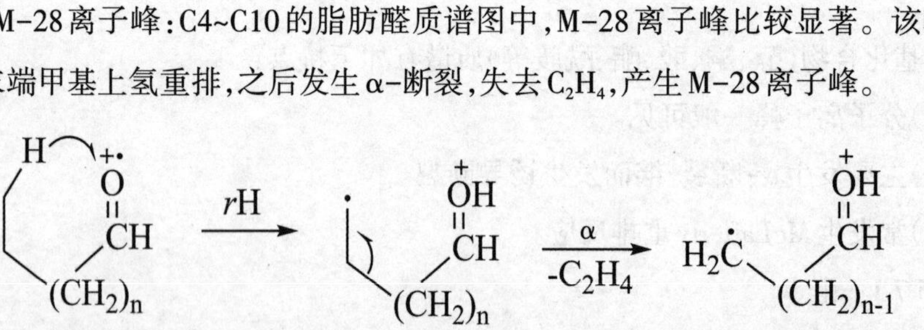

正己醛的质谱图如图 5.41 所示，图中可见 m/z 100 为分子离子峰，经生 α-断裂分别形成 m/z 29 和 m/z 99 的偶电子离子。m/z 99 离子失去 CO 产生 m/z 71 碎片离子。分子离子也可发生 McLafferty 型重排产生 m/z 44 的偶质量数离子成为基峰。氢重排继之 i-断裂失去烯醇碎片产生 m/z 56 的重排离子。

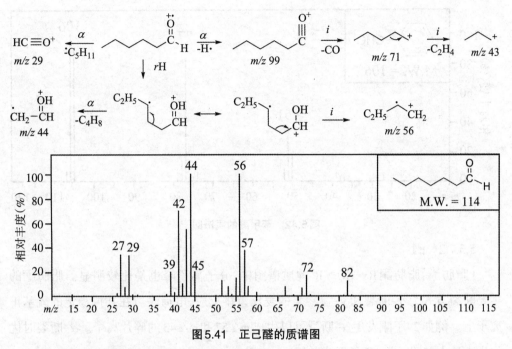

图5.41 正己醛的质谱图

【芳香醛】芳香醛质谱图有以下几个特征：

(1)分子离子峰很高,并且M-1峰也很高。

(2)无取代基的芳香醛分子离子容易发生i-断裂。产生较强的[M-29]$^+$离子。

(3)若邻位有羟基,可发生失水反应,产生失水峰[M-18]$^{+\cdot}$离子。

(4)若邻位有甲氧基,可发生失甲醇反应,产生失甲醇峰[M-CH$_3$OH]$^{+\cdot}$离子。

m/z 106 (100%)　　　　　m/z 105 (94.2%)　　　　　m/z 77 (92.6%)

m/z 122 (100%)　　　　　　　　　　　　　　　m/z 104 (14.4%)

m/z 122 (100%)　　　　　　　　　　　　　　　m/z 104 (22.8%)

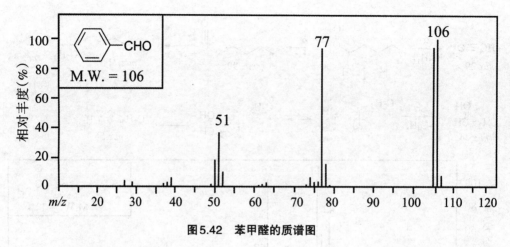

图5.42　苯甲醛的质谱图

5.5.7.2　酮

【脂肪酮】脂肪酮 R—CO—R′ 的质谱图中,分子离子峰也是比较明显。脂肪酮的主要断裂方式为 α-断裂和 γ-氢参与的麦氏重排反应,电荷停留在共振稳定的酰基正离子上。例如 2-丁酮发生 α-断裂可以生成 m/z 57 和 m/z 43 的碎片离子。α-断裂时优先失去最大基团,得到离子形成基峰。

$$CH_3CH_2 - \overset{\overset{+\cdot}{O}}{\underset{\parallel}{C}} - CH_3 \longrightarrow CH_3CH_2 - \overset{O+}{\underset{\parallel}{C}} + CH_3 - \overset{O+}{\underset{\parallel}{C}}$$

$$\qquad\qquad\qquad\qquad m/z\ 57\ (9.5\%) \qquad m/z\ 43\ (100\%)$$

长链脂肪酮(烷基在 C4 以上)可以发生 Mclafferty 重排。例如 5-壬酮分子离子峰经 α-断裂或 i-断裂分别形成 m/z 85 和 m/z 57 的碎片离子。

$$\overset{+}{} \xleftarrow{\quad i \quad} \overset{\overset{+\cdot}{O}}{} \xrightarrow{\quad a \quad} \overset{O+}{}$$

$$m/z\ 57\ (100\%) \qquad\qquad\qquad\qquad\qquad\qquad m/z\ 85\ (85.2\%)$$

5-壬酮发生 Mclafferty 重排脱去烯烃产生 m/z 100 的碎片离子,再经 Mclafferty 重排脱去丙烯形成较强的 m/z 58 的碎片离子。4-壬酮的质谱图如图 5.43 所示。

m/z 100 (7.6%)

m/z 58 (67.8%)

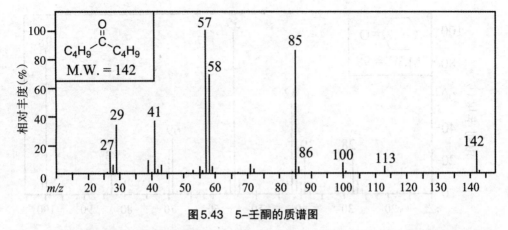

图5.43 5-壬酮的质谱图

【脂环酮】脂环酮的质谱图中可见到相对明显的分子离子峰，α-断裂和氢转移重排是分子离子碎裂的主要途径。环己酮的基峰是乙烯酮离子(*m/z* 55)，次强峰为*m/z* 42的离子峰，它是由分子离子经由α-开裂再通过非均裂的方式得到。

m/z 55 (100%)

m/z 70 (20%)　　　*m/z* 42 (84.4%)

m/z 69 (26%)

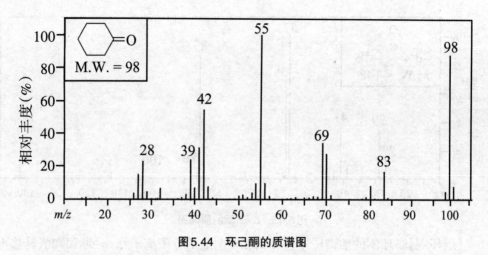

图5.44 环己酮的质谱图

【芳香酮】二芳基酮由于良好的共轭性能,分子离子峰常为基峰形式出现。芳基烷基铜容易发生 α-断裂而出现芳甲酰离子峰,此外含有 C4 以上的烷基的芳酮也可以发生 Mclafferty 重排反应。如图 5.45 为 1-苯基-1-丁酮的质谱图,可见 m/z 120 的麦氏重排离子峰和 m/z 105 的苯甲酰离子峰(基峰)。

m/z 105

m/z 77

m/z 120

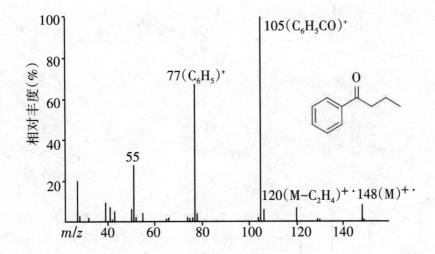

图5.45 1-苯基-1-丁酮的质谱图

5.5.7.3 羧酸

(1)脂肪酸的分子离子峰较弱,含有$\gamma-H$的脂肪酸通过六元环的McLafferty重排裂解是这类脂肪酸的主要特征裂解反应,得到m/z偶数的重排离子。当羧酸α碳上无其它取代基,得到m/z 60重排离子。α-碳有甲基取代基时,得到m/z 74的重排离子。因此这类裂解反应也提供了羧酸α碳的结构信息。

正构脂肪酸经历置换反应可以产生m/z 73,87,101,115,129,143…系列离子。

$$n = 1, 2, 3, 4, 5\cdots$$
$$m/z = 73, 87, 101, 115, 129\cdots$$

正十二羧酸经α断裂产生烷基系列峰m/z 29、43、57、71等离子,麦氏重排离子m/z 60的丰度高达98%,双氢重排形成的m/z 73的离子峰为基峰。其裂解过程如下:

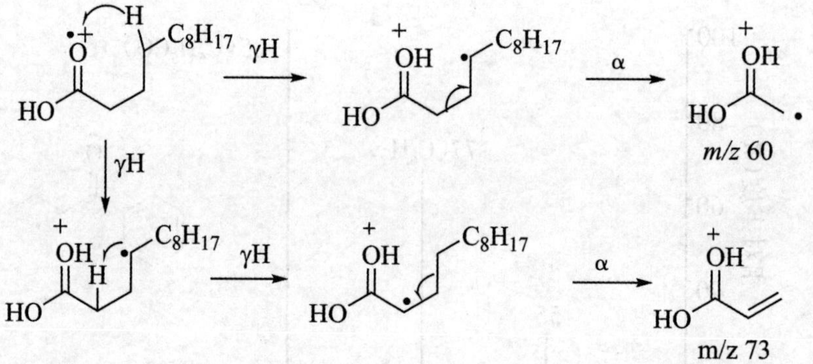

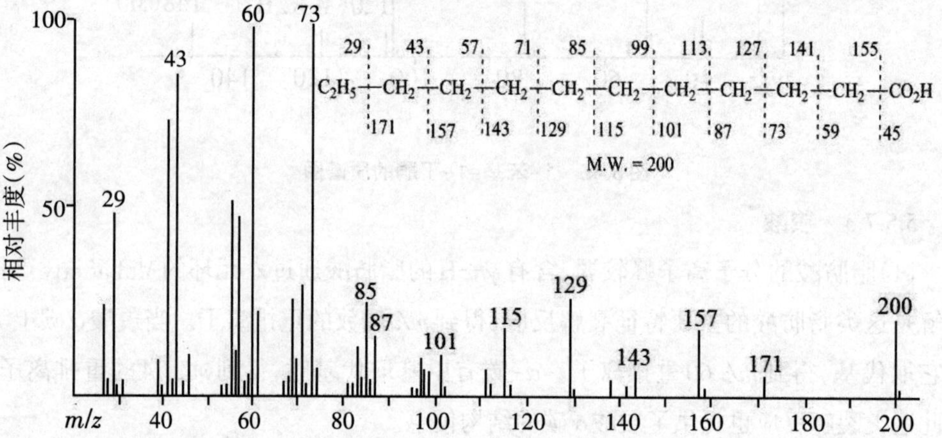

图5.46 正十二羧酸的质谱图

一些脂肪酸还可以产生经 α 裂解得到的 m/z 45 离子峰。

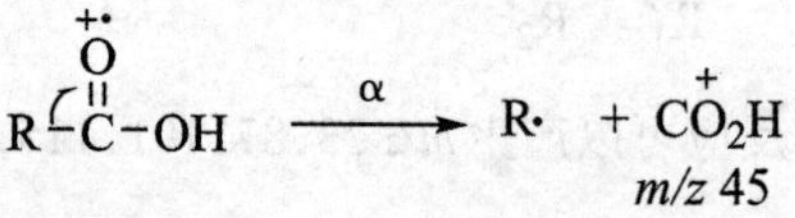

低级脂肪酸常有 M-17（失去 OH）、M-18（失去 H_2O）、M-45（失去 CO_2H）的离子峰，如下图5.47为丁酸的质谱图，失羟峰 m/z 71、失羧峰 m/z 43都比较明显。其中 γH 重排生成的 m/z 60的基峰。

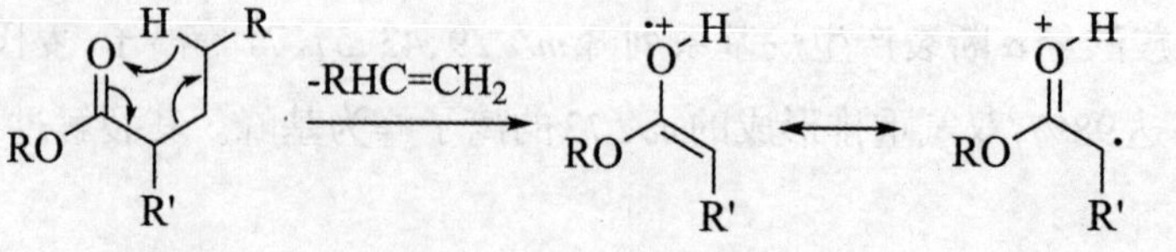

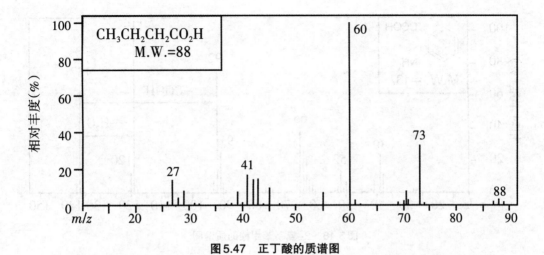

图5.47 正丁酸的质谱图

芳香酸有较强的分子离子峰,主要的开裂是失去OH和CO,得到M-17峰和M-45峰。当羧基邻位有—CH₃、—OH、—NH₂等取代基时,会发生重排失水形成M-18峰。

m/z 118

m/z 120

m/z 119

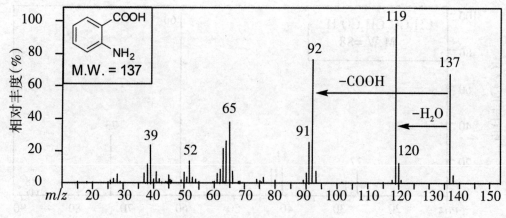

图5.48　2-氨基苯甲酸的质谱图

5.5.7.4　酯

脂肪酯的质谱图与脂肪酸类似,重要的开裂反应有:

(1)α-开裂产生四种离子:

$$R - \overset{\displaystyle O}{\underset{\displaystyle \|}{C}} - OR' \longrightarrow R^+ \qquad \text{或} \qquad \overset{\displaystyle O^+}{\underset{\displaystyle \|\|\|}{C}} - OR'$$

$$\qquad\qquad m/z\ 15,\ 29,\ 43,\ 57\cdots \qquad\qquad\qquad m/z\ 45,\ 59,\ 73,\ 87\cdots$$

$$R - \overset{\displaystyle O}{\underset{\displaystyle \|}{C}} - OR' \longrightarrow \overset{+}{O}R' \qquad \text{或} \qquad R - \overset{\displaystyle O^+}{\underset{\displaystyle \|\|\|}{C}}$$

$$\qquad\qquad m/z\ 17,\ 31,\ 45,\ 59\cdots \qquad\qquad\qquad m/z\ 43,\ 57,\ 71\cdots$$

上述裂解的碎片离子中,$R - C \equiv O^+$ 最重要,R^+ 的强度随碳链增长而迅速减弱。

(2) C4 以上的羧酸形成的酯均能够发生麦氏重排,在 C6~C26 的羧酸形成的甲酯中,麦氏重排形成的 m/z 74 的重排离子成为基峰。

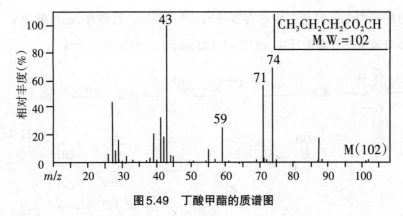

图5.49　丁酸甲酯的质谱图

（3）含有较大烷氧基的酯会发生双氢重排。

苄基酯可发生双氢重排形成 m/z 108 的苯甲醇自由基离子：

$$m/z\ 61 + 14n$$

（4）芳香羧酸酯主要发生 α-裂解，失去烷氧基，再失去 CO 得到芳基正离子。如苯甲酸甲酯首先在游离基诱导下失去甲氧基自由基，产生稳定的苯甲酰正离子，m/z 105（100%），接着失去 CO，得到 m/z 77 的 $C_6H_5^+$ 离子。

$$m/z\ 108$$

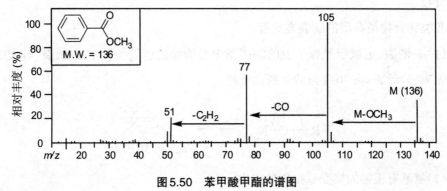

图5.50　苯甲酸甲酯的谱图

苯甲酸正丙酯及其更高级的芳香羧酸脂肪酯除 α-裂解外,还可发生 γ – H 的麦氏重排和双氢重排等重排反应,得到 m/z 122、m/z 123 的重排离子峰。

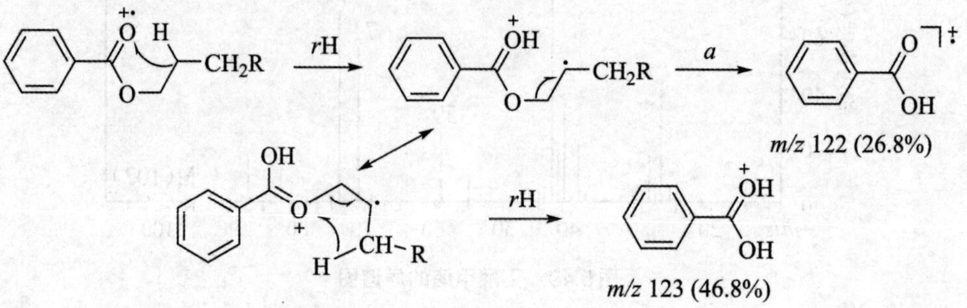

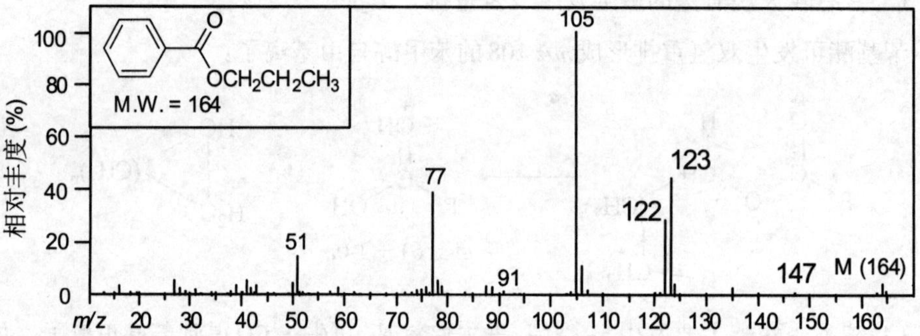

图5.51 苯甲酸正丙酯的质谱图

5.5.8 含氮化合物

5.5.8.1 胺

【脂肪胺】脂肪胺的分子离子峰很弱,甚至检测不到。脂肪胺和芳胺的分子离子峰比较明显。根据氮规则,含有奇数氮原子的胺类化合物其分子离子峰的质量数应该为奇数。

胺类化合物最典型的断裂方式有:

(1)α-断裂:定域于氮原子上的游离基中心诱导脂肪胺类发生 α-断裂,较大的基团优先离去,形成 m/z 30+14n 的系列离子峰。

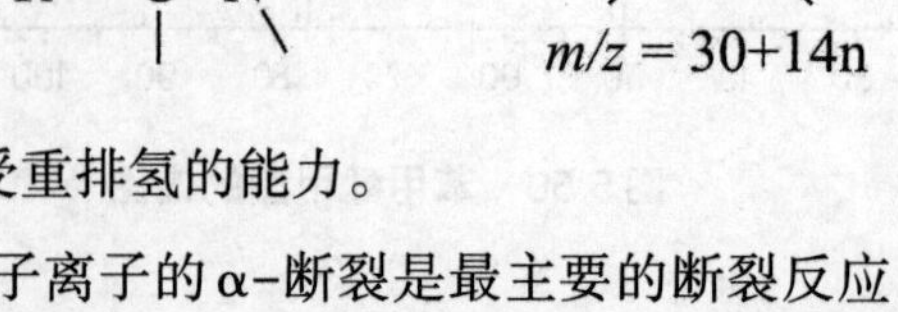

(2)氨基有很强的接受重排氢的能力。

伯胺 R—CH$_2$—NH$_2$ 分子离子的 α-断裂是最主要的断裂反应,得到 m/z=30 的离子

$[CH_2 = NH_2]^{+\cdot}$是基峰。α-碳上有甲基取代基时,基峰为m/z 44,其他取代基依次类推。

仲胺R—NH—R′的α-断裂也是主要的断裂反应,此外,烷基含有C3以上的仲胺在α-断裂后,会进一步发生氢重排及i-断裂。如图5.52为N-丙基正丁胺的质谱图,较大的丁基优先发生α-断裂,得到m/z 72的碎片离子形成基峰,之后氢重排并发生i-断裂得到m/z 30的$[CH_2 = NH_2]^{+\cdot}$碎片离子。

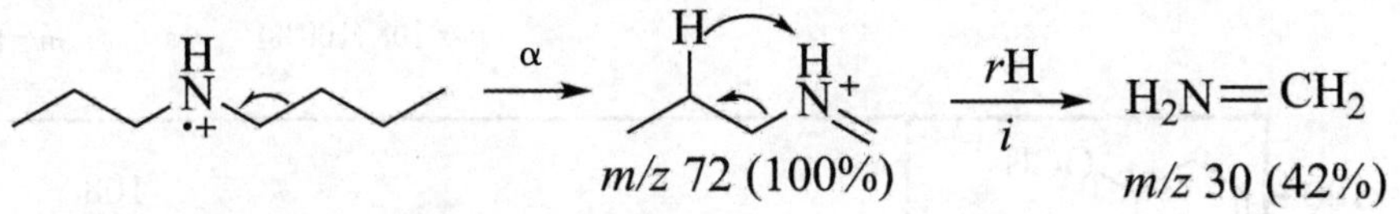

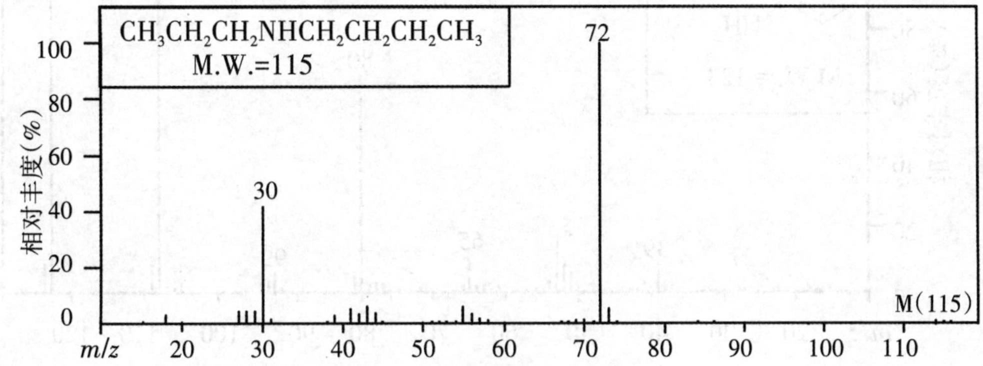

图5.52　N-丙基正丁胺的质谱图

叔胺的分子离子碎裂也是首先发生 α-断裂,之后发生氢重排和i-断裂。

【芳香胺】芳胺的分子离子峰比较明显,芳环无其他取代基时,芳胺分子离子峰就是基峰。许多芳胺有中等强度的M-1峰,是芳胺的特征峰。芳胺分子可以脱出 HCN 和H_2CN,其过程与苯酚脱除CO以及CHO类似。

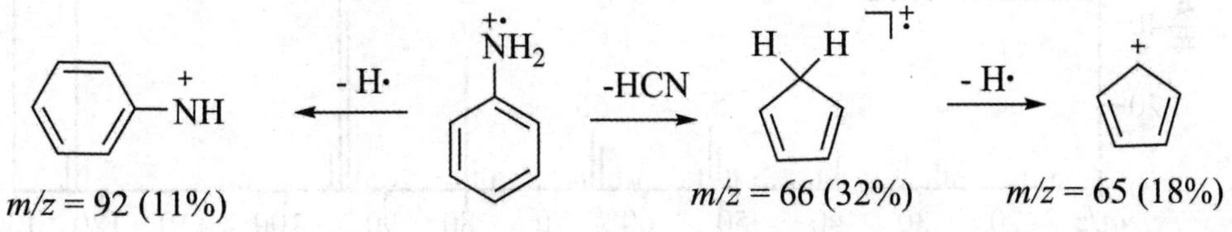

若芳环含有甲氧基其他取代基,不同取代的芳胺质谱图也不尽相同,说明发生断裂的方式不尽相同。例如甲氧基取代的苯胺,邻位和对位甲氧基取代的苯胺,m/z 108和m/z 80的离子是主要的碎片离子,而间位甲氧基取代的苯胺不出现这两种离子。

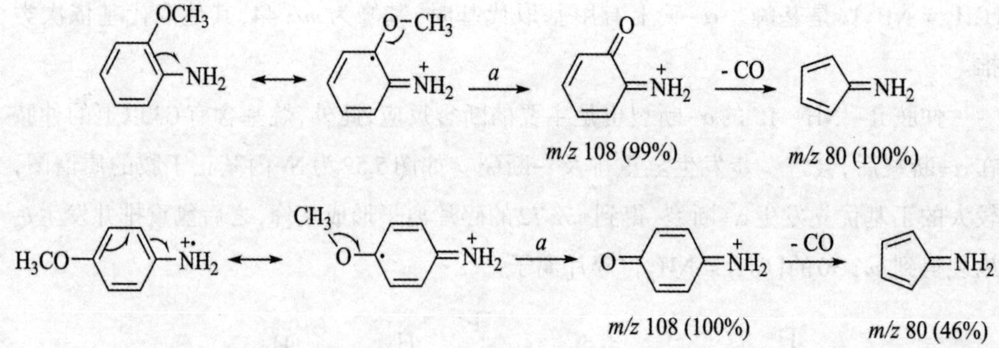

m/z 108 (99%)　　　　m/z 80 (100%)

m/z 108 (100%)　　　　m/z 80 (46%)

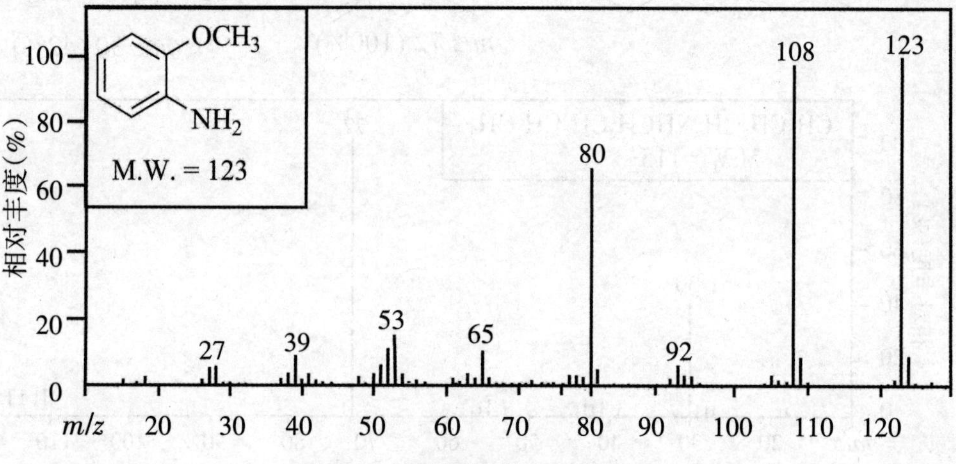

图5.53　邻甲氧基苯胺的质谱图

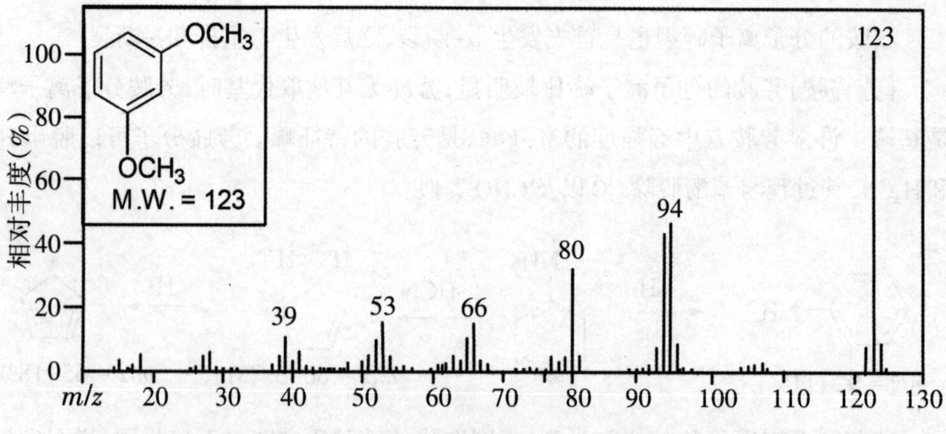

图5.54　间甲氧基苯甲醛质谱图

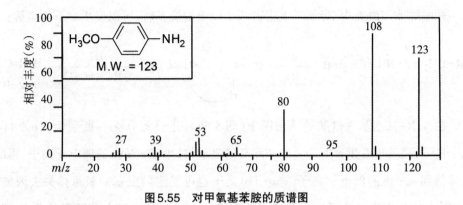

图 5.55　对甲氧基苯胺的质谱图

5.5.8.2　酰胺

酰胺类化合物的分子离子峰比较明显,裂解过程与酯类似。伯、仲、叔酰胺的裂解略有不同。伯酰胺的裂解反应主要是由氧原子上的游离基或电荷中心诱导发生。仲酰胺和叔酰胺的酰基的氧原子和氮原子均可引发裂解。酰胺主要的裂解反应有:

【α-裂解】低级酰胺(C4 以下)可发生 α-裂解,得到 $O=C=\overset{+}{N}H_2$ (m/z=44)离子,与胺的裂解方式类似。

$$R\overset{\overset{+\cdot}{O}}{\underset{}{-C}}-NH_2 \quad \xrightarrow{-R\cdot} \quad \overset{+}{O}\equiv C-\overset{\cdot}{N}H_2 \longleftrightarrow O=C=\overset{+}{N}H_2$$
$$m/z\ 44$$

【麦氏重排】伯酰胺含 4 个或 4 个以上的碳原子时,重排后的离子(m/z 59)往往成为基峰。

仲酰胺或叔酰胺中,当氨基上带有两个以上的烷基时,可以发生如下的裂解:

$$R-CH_2-\overset{\overset{O}{\underset{\cdot}{\|}}}{C}-\overset{+}{N}H-\overset{\frown}{CH_2}-R \xrightarrow[-R\cdot]{a} R-\overset{\underset{\cdot}{C}H}{\underset{H}{|}}-\overset{\overset{O}{\|}}{C}-\overset{+}{N}=CH_2 \xrightarrow[-RCH=C=O]{rH} H_2\overset{+}{N}=CH_2$$
$$m/z\ 30$$

在 N,N-二乙基丙酰胺的质谱图中(图 5.56),分子离子经 α-断裂生成 m/z 114 偶电子离子,之后再发生 N 上乙基的四元环的氢重排,生成 m/z 86 的偶电子离子,再次氢重排得到 m/z 30 的偶电子离子。m/z 114 离子也可发生丙酰基的氢重排失去丙烯酮,形成 m/z 58 的偶电子离子成为质谱图的基峰。m/z 100 的离子由分子离子发生 α 断裂失去乙基游离基而形成,之后发生 i-断裂失去 CO 得到 m/z 72 的离子。

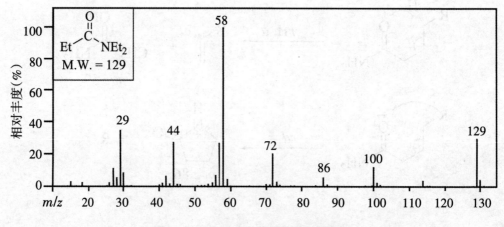

图 5.56　N,N-二乙基丙酰胺的质谱图

5.5.8.3 腈类化合物

烷基腈具有很高的电离能,例如乙腈的电离能为12.2eV,而乙醇的电离能只有10.6eV。因此脂肪腈被电离后,处于较高的能态,在裂解过程中常伴有碳骨架的重排。腈类化合物质谱图的主要特征有:

(1)正构烷基腈都有比分子离子强的多的[M-1]$^+$离子,比较特征。

$$R-CH-C\equiv\overset{+\cdot}{N} \xrightarrow[-\cdot H]{\alpha} R-CH=C=\overset{+}{N}$$
$$\underset{H}{|} \qquad\qquad M-1$$

(2)常发生McLafferty重排反应,m/z 41峰很强。

$$\xrightarrow{\gamma H,\ \alpha} H_2C=C=\overset{+}{N}H \quad + \quad \overset{R}{\diagup}$$
$$m/z\ 41$$

(3)发生α-断裂或取代重排生成m/z 40、54、68、82等离子峰,m/z 110的峰较强。

$$\xrightarrow{rd} \underset{(CH_2)n}{H_2C-\overset{+}{N}} \quad + \quad \cdot R$$

$$n=1,2,3,4\cdots$$
$$m/z=54,68,82,96\cdots$$

(4)长链腈通过六元环重排产生很强的m/z 97离子峰。

$$\longrightarrow H\overset{\cdot+}{N}=\bigcirc \quad + \quad \overset{R}{\diagup}$$
$$m/z\ 97$$

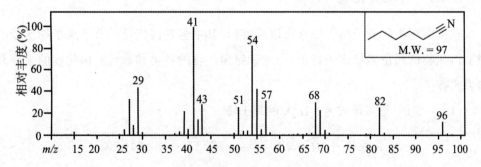

图5.57 正己基腈的质谱图

5.5.8.4 硝基化合物

脂肪族的硝基化合物分子离子峰比较弱甚至不出现,主要特征离子峰是M—NO$_2$。谱图中还会出现 m/z 30(NO$^+$)的离子峰。

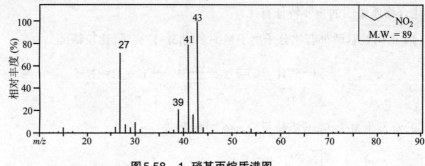

图 5.58 1-硝基丙烷质谱图

芳香族硝基化合物的分子离子峰比较强,可产生M—NO$_2$和M—NO的特征离子峰。

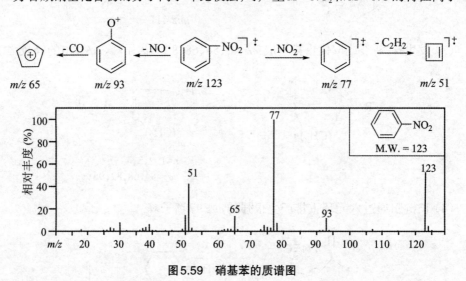

图 5.59 硝基苯的质谱图

5.5.9 有机卤化物

有机卤化物的分子离子峰常可以观察到,其中芳基卤代烃的分子离子峰比较明显。卤化物的同位素峰比较特征,可以确定卤代物的种类和数目。卤化物的主要裂解方式有:

(1) α-裂解:形成通式为 C$_n$H$_{2n}$X$^+$ 的离子峰。

$$R-CH_2-CH_2-\overset{+\cdot}{X} \xrightarrow{\alpha} R-CH_2\cdot + CH_2=\overset{+}{X}$$

α-裂解的倾向按照给电子能力的大小次序增强,即:F > Cl > Br > I。该断裂对溴化物和碘化物都不是主要的,氟化物很容易发生 α-裂解。

(2) 卤代烷在自由基正离子的诱导下发生 i-断裂,生成 $(M-X)^+$ 离子。

$$R \overset{\curvearrowleft}{\underset{}{—}} \overset{+\cdot}{X} \xrightarrow{\ i\ } R^+ + X\cdot$$

(3) 消去 HX:卤代烷还可以脱出 HX 产生 $[M-HX]^{+\cdot}$,即 $[C_nH_{2n-1}]^{+\cdot}$ 离子。

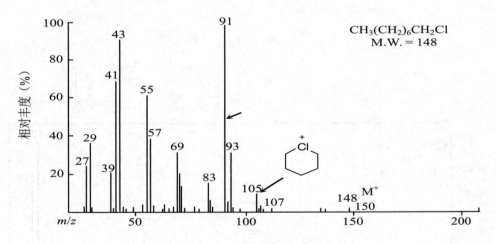

$$n = 0, 1, 2, 3$$

(4) 长链的卤代烃可发生取代重排反应,生成五元环或六元环偶电子离子。

图5.60 1-氯辛烷的质谱图

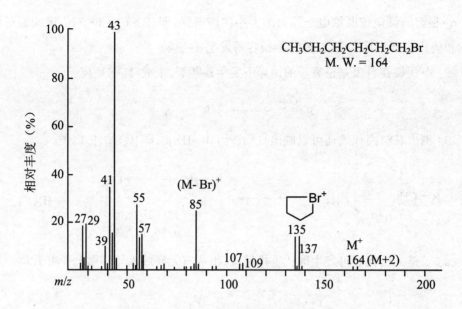

图 5.61   1-溴己烷的质谱图

卤代苯大多分子离子峰较强，容易产生 M—X 离子峰。对二氯苯的质谱图如下，其主要的裂解过程为：

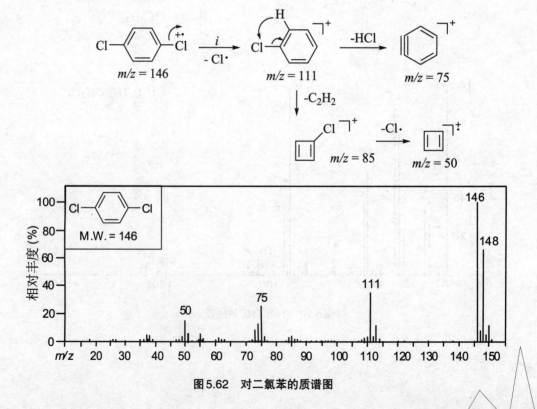

图 5.62   对二氯苯的质谱图

5.5.10　硫醇与硫醚

硫醇与硫醚的质谱与相应醇和醚的质谱类似,但硫醇和硫醚的分子离子峰比相应的醇和醚的要强得多,容易从丰度较高的M+2峰识别出硫原子的存在。其主要的裂解反应有:

(1)α-断裂:硫醇的α-断裂反应,正离子留在硫原子上,得到$[C_nH_{2n+1}S]^+$峰(离子系列为m/z 47,61,75,…)。

$$R-\underset{R'}{CH_2}-\overset{+\cdot}{S}H \xrightarrow[-\ \cdot R']{\alpha} R-CH=\overset{+}{S}H$$
$$m/z\ 47,\ 61,\ 75,\ ...$$

(2)与醇的失去水再脱出乙烯的反应相类似,硫醇可以发生失去H_2S再失去乙烯的反应,形成M−62离子。

$$\xrightarrow{rH} \quad \xrightarrow[-H_2S]{i} \quad M\text{-}34 \quad \xrightarrow[-C_2H_4]{i} \quad M\text{-}62$$

(3)硫醚的裂解反应与醚类似,即可以发生α-断裂,也可以发生i-断裂。α-断裂丢失烷基后形成的偶电子离子可进一步发生氢重排。

$$R-\underset{R'}{CH_2}-\overset{+\cdot}{S}R'' \xrightarrow[-\ \cdot R']{\alpha} R-CH=\overset{+}{S}R''$$
$$[C_nH_{2n+1}S]^+$$

(4)硫醚还可以发生σ-断裂,正电荷留在硫原子上,形成m/z 47、61、75、89…等。

$$R-\overset{+\cdot}{S}-R' \xrightarrow[-\ R'\cdot]{\sigma} R-\overset{+}{S}$$
$$m/z\ 47,\ 61,\ 75,\ 89\cdots$$

1-丁硫醇的质谱图如图5.63所示,分子离子经过α-断裂失去$\cdot C_3H_7$形成m/z 47偶电子离子。也可经三元环取代重排脱去$\cdot C_2H_5$形成m/z 61偶电子离子。分子离子经过六元环氢重排,脱去H_2S形成m/z 56的奇电子离子(基峰),进一步失去乙烯形成m/z 28奇电子离子。1-丁硫醇的裂解过程和质谱图如下:

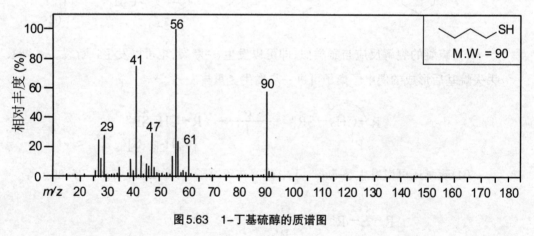

图5.63　1-丁基硫醇的质谱图

5.6　质谱图的解析

时至今日,质谱已经广泛地应用于测定有机化合物的相对分子量和分子式,此外,质谱与红外光谱,核磁共振氢谱和碳谱等结合是确定复杂有机化合物结构的必要分析手段。

5.6.1　谱图解析的步骤

(1)确认分子离子峰:质谱解析的首要目标是确认分子离子峰以获取分子质量和元素组成(参见 5.2.1 节)。分子离子峰必须是质谱图中除同位素峰外质量最大的离子峰,谱图中的其他离子必须能够由分子离子峰通过合理的丢失中性碎片而产生。在 EI 质谱图中,质量数最大的离子有可能并不是分子离子峰,这是因为分子离子不稳定的样品,在质谱图上往往不显示分子离子。另外,质谱反应有可能会生成比分子离子质量更大的离子。

(2)确认分子中是否含有氮原子:根据氮律,分子离子质量的奇偶数与其所含氮原子数目直接相关。当分子离子的 m/z 为奇数时,可断定分子中含有奇数个氮原子。

(3)观察同位素离子峰的强度,确认是否含有氯、溴以及硫元素等;氯、溴元素的同位素丰度较高,因此含有氯、溴的分子离子峰有明显的特征,在质谱图中很容易辨认。通过同位素峰的相对丰度,可以了解到分子中卤原子的数目。其他杂原子如 S、Si、P 等的信息也可根据分子离子峰的同位素峰及其相对丰度而推出。

(4)找出亚稳离子峰。亚稳离子给出母、子离子对,对于推测结构很有帮助。

(5)关注重排离子:重排离子反映化合物的结构信息,其重要性不亚于简单断裂产生的离子。一般重排离子都是奇电子离子,质量数符合氮律,由此与简单断裂的离子相区分。

(6)特征离子:每一类化合物都有自己的特征离子或离子群。比如长链烷烃的 $[C_nH_{2n+1}]^+$ 离子群,烷基苯的 m/z 91 的苄基离子(卓鎓离子)等。

(7)根据合理的断裂途径解析质谱图中出现的碎片离子峰。

(8)推导分子式,计算不饱和度。由高分辨质谱仪测得的精确分子量或由同位素峰的相对强度计算分子式。从所推出的结构式对质谱进行指认,质谱中的重要峰(基峰、高质量区的峰、重排离子峰和强峰)应该能得到合理的解释,找到归属。

不过,对于结构复杂的有机化合物而言,仅靠质谱是不能够推出结构的,必须与其他波谱分析手段相结合才能完成结构解析。

5.6.2　谱图解析实例

【例5.3】某酮类有机物其质谱如下图所示,试推测其结构式。

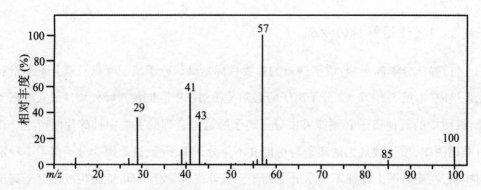

解：化合物为酮，一定含有羰基C═O。从质谱图看出其分子离子峰 m/z =100。m/z=85的碎片离子是失去 CH_3（质量为15）后形成。m/z=57的碎片离子是断裂CO（质量为28）的碎片后形成。其中基峰 m/z=57，说明该碎片离子很稳定，也表示该碎片与分子的其他部分是比较容易断裂，这个碎片离子很可能是：

$$\begin{array}{c} CH_3 \\ | \\ H_3C-C^+-CH_3 \\ m/z\ 57 \end{array}$$

即该化合物可能结构为甲基叔丁基酮(3,3-二甲基-2-丁酮)。

该有机物的断裂过程可以进行如下的推断：

$$\begin{array}{ccc} \underset{CH_3}{\overset{CH_3\ \overset{+\cdot}{O}}{\underset{|}{H_3C-C-C-CH_3}}} & \xrightarrow[-CH_3]{\alpha} & \underset{CH_3}{\overset{CH_3}{H_3C-C-C\equiv O^+}} & \xrightarrow{i} & \underset{CH_3}{\overset{CH_3}{H_3C-C-CH_3}} \\ m/z\ 100 & & m/z\ 85 & & m/z\ 57 \end{array}$$

【例5.4】试由质谱图推出化合物结构

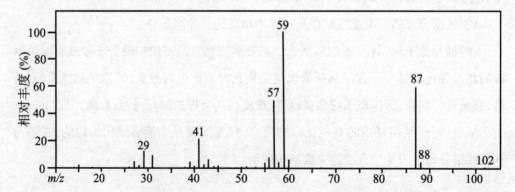

解：质谱图上最大质荷比的峰为 m/z 102。下一个主要的碎片峰为 m/z 87，二者相差15u，对应于一个甲基。分子离子丢失一个中性的碎片是合理的，可以确定 m/z 102

是分子离子峰。该分子离子峰很弱,谱图中未见苯环的特征碎片峰。所以该化合物为脂肪族化合物。

质谱图中出现m/z 59和m/z 41两峰,对应质量数之差为18,说明m/z 41离子应该为m/z 59离子通过氢重排脱水而得。可知该化合物含氧,为醇或醚类物质,但质谱图中没出现分子离子的失水峰(M-18),说明该化合物为醚。结合分子量M=102可知化合物分子式为$C_6H_{14}O$。

在低质量端出现明显的m/z 29峰,它并不是由m/z 41峰断裂而来(质量差12,不符合离子碎裂规律),说明分子中含有乙基(CH_3CH_2—)。

谱图中出现丰度较大的m/z 57峰。此峰与其他碎片峰之间没有明显的母子关系。说明其由分子离子直接断裂而得,与分子离子相差45u,可以认为由分子离子断裂脱出$CH_3CH_2O·$游离基而形成。此碎片离子丰度很大(仅次于m/z 59的基峰),结构稳定,为叔丁基正离子(t-Bu$^+$)的特征峰。

综上所述,可知化合物结构为:

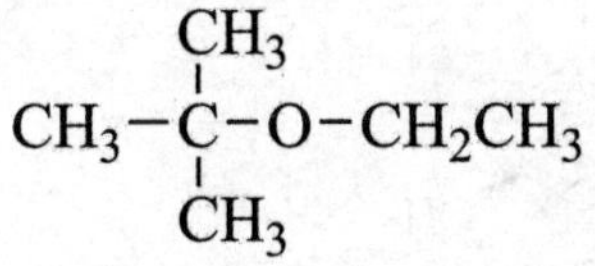

$$CH_3-\overset{\overset{\textstyle CH_3}{|}}{\underset{\underset{\textstyle CH_3}{|}}{C}}-O-CH_2CH_3$$

主要碎裂途径为:

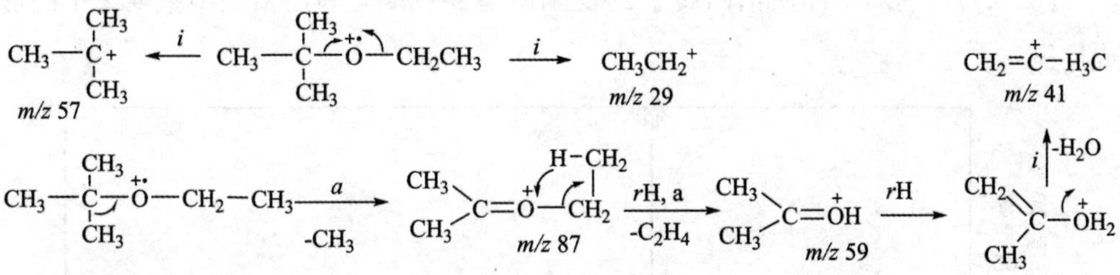

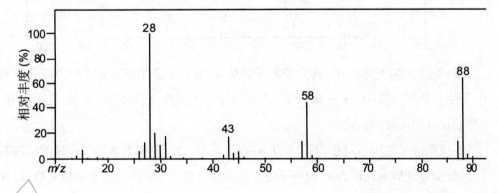

【例5.5】请写出下图中1,4-二氧六环质谱中基峰离子的形成过程。

解：1,4-二氧六环质谱图中 m/z 28的基峰离子可能的形成过程为：

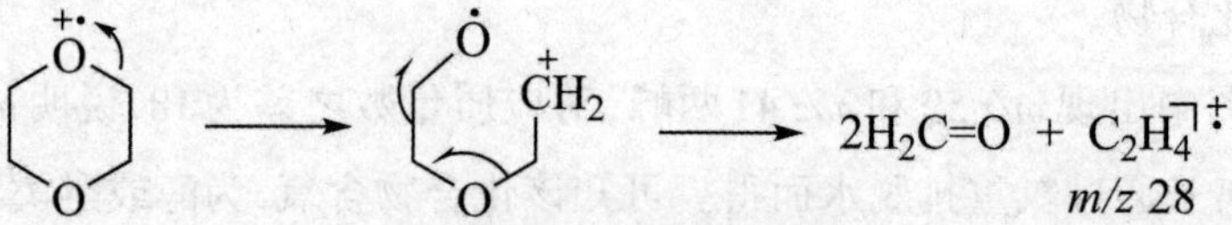

$$\text{2H}_2\text{C=O} + \text{C}_2\text{H}_4^{+\bullet}$$
$$m/z\ 28$$

【例5.6】某同学欲合成 cis-piperitol，反应完成后分得3个分子量均为154的纯化合物，其质谱数据如下，问哪个化合物是他想要合成的产物？

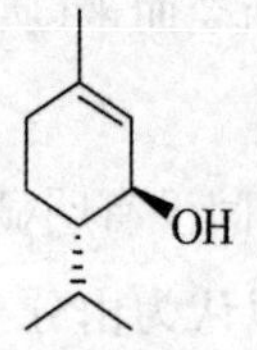

cis-piperitol

化合物	基峰 m/z
1	121
2	84
3	112

解：cis-piperitol 为环己烯类化合物，其质谱主要裂解反应为逆 Diels-Alder 反应。因此化合物2是他想要合成的产物。

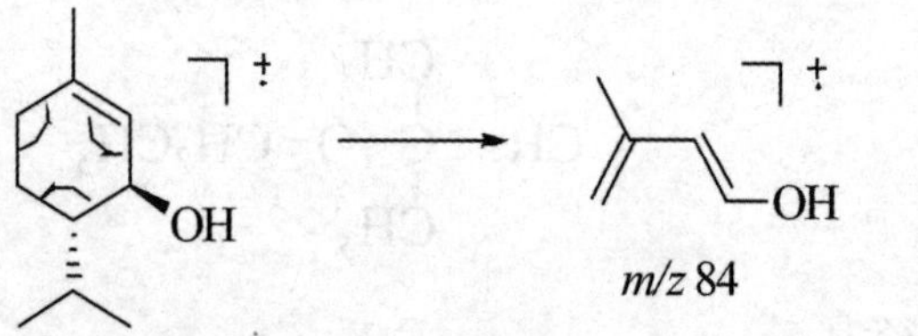

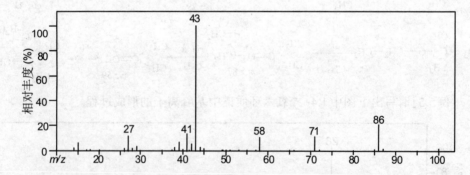

$$m/z\ 84$$

【例5.7】试判断下面质谱图属于2-戊酮还是3-戊酮。写出谱图中主要离子的形成过程。

解：3-戊酮为对称分子，其分子离子发生 α-断裂主要生成 m/z 57的丙酰基正离子，发生 i-断裂形成 m/z 29的离子峰。本质谱图中上述两离子峰强度很低，几乎没有，说明该化合物可能为2-戊酮。

2-戊酮分子结构不对称，不论发生 α-断裂还是 i-断裂，都是优先失去较大的丙基片段，分别得到质荷比均为43的离子峰。本题质谱图中 m/z 29的离子形成基峰，而其他离子峰强度较低,与2-戊酮的裂解反应比较符合。

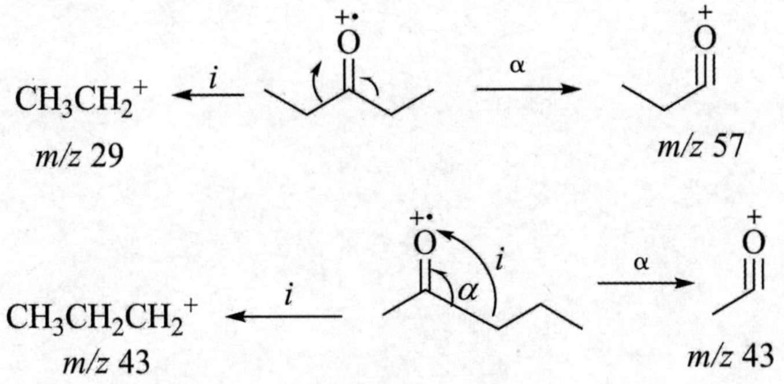

$$CH_3CH_2^+ \xleftarrow{i} \quad \xrightarrow{\alpha}$$

m/z 29 m/z 57

$$CH_3CH_2CH_2^+ \xleftarrow{i} \quad \xrightarrow{\alpha}$$

m/z 43 m/z 43

6　多谱综合解析

　　紫外光谱、红外光谱、质谱以及核磁共振实验可以从不同的方面对有机化合物的结构特征进行解析。但对于一个结构复杂且未知的有机分子,仅仅凭一种谱图是难以确定其化学结构。例如,通过高分辨质谱可以得到化合物的分子量甚至其分子式,但是有机化合物的同分异构现象非常普遍,同一分子式与多种物质结构相对应,因此要确定有机化合物的结构,就需要将多种波谱表征技术结合起来进行综合解析,才能准确推导出其化学结构。

6.1　各种谱图的特点和给出的信息概览

6.1.1　质谱

　　(1)根据分子离子峰 $M^{+\cdot}$ 确定分子量(注意有时候不一定能得到分子离子峰)。

　　(2)根据同位素丰度比确定分子式。不同的化合物其元素组成不同,同位素峰(M+1,M+2)的丰度不同。根据质谱给出的 M、M+1 和 M+2 等峰的相对丰度,查 Beynon 表可以确定物质的分子式。

　　(3)通过 M+2 峰、M+4 峰给出的信息判断分子中是否含有氯、溴、硫等原子。

　　(4)根据氮律确定分子中的氮原子的数目。

　　(5)根据碎片信息判断分子的结构特征。

　　(6)使用高分辨质谱不仅可以确定化合物的精密分子量,而且由于现在广泛使用的傅立叶变换质谱仪、双聚焦质谱仪、飞行时间质谱仪等高分辨质谱仪都集成了质量分析软件,可以根据分子的精密分子量将物质可能的分子式缩小至为数不多的几个甚至唯一确定。

　　(7)确定化合物的分子式后,可以推算出化合物的不饱和度。不饱和度反映出化

合物的环和双键的数目,对判定有机化合物的结构至关重要,其计算式为:

$$\Omega = \frac{(2x + 2) - y + z}{2}$$

式中:x:四价元素(C,Si等)的个数;

y:一价元素(H,F,Cl,Br,I等)的个数;

z:三价元素的个数(N,P等)的个数;二价元素(O,S等)不计。

6.1.2　^{1}H NMR

(1)根据积分曲线的数值推算出氢原子数。

(2)根据氢原子的化学位移值判定相应氢原子的类型,如分子中是否含有羧基、醛、芳烃、烯烃等结构,是否存在杂原子(如卤素、氧原子或氮原子)以及它们的存在形式(如与碳原子形成双键或单键等信息)。

(3)根据自旋–自旋偶合裂分信息判断基团的连接次序和相邻基团的取代信息。

(4)根据峰形判定是否为活性氢,如果不能确定,可以加入重水交换。

6.1.3　^{13}C　NMR

(1)确定碳原子数。

(2)根据碳原子的化学位移值确定羰基类型碳原子的杂化类型。

(3)确定芳香族和烯烃的取代基数目和类型。

(4)根据DEPT谱确定碳原子的取代类型(伯、仲、叔、季)。

6.1.4　二维核磁共振谱

(1)判断H—H,H—C,C—C之间的关联性,推导结构。

(2)确定化学位移和偶合常数。

6.1.5　IR

(1)判断羰基的存在与类型。

(2)判断芳烃、烯烃、炔烃以及氰基等重要官能团的存在。

(3)判定活泼氢(羟基、羧基和氨基)的类型。

6.1.6　紫外光谱

判断分子中有无共轭体系,如苯环、共轭烯烃,α、β-不饱和羰基化合物等。

6.2　综合解谱的一般程序

(1)分子式的确定

最好采用高分辨质谱仪测得准确的分子量并根据给出的可能分子式来确定物质分子式。低分辨质谱可以通过分子离子峰及其同位素峰(M+1,M+2)的相对强度信息,结合元素分析来确定元素组成,共同确定分子式。

有机化合物是由碳原子形成分子骨架,氧、氮、硫和卤素等杂原子与碳原子结合形成官能团,氢原子依附于碳原子和杂原子以满足各自的化合价。所以有机化合物的结构鉴定必然包括以上各元素的分析鉴定过程。通过质谱和元素分析确定分子式时,必须考虑得到的分子式与碳谱、氢谱确定的碳氢元素数目是否一致。此外N、O和卤素等杂原子的信息不能像碳、氢原子一样从相应的核磁共振谱直接确定,需要借助各种波谱数据来间接推断。如氮元素的存在以及数目可以根据氮律来辅助求证。氧原子的存在与否可以结合红外、核磁共振和质谱来共同确定。卤素中除氟原子可以根据 ^{19}F 谱来鉴定外,氯和溴原子的存在与否可以根据质谱同位素峰的丰度信息判断。碘是单一同位素,没有特征同位素峰,可以借助质谱以及核磁共振谱的重元素效应来判断。硫元素在质谱中也有明显的M+2同位素峰信息来辅助鉴定,磷元素可以通过单独的 ^{31}P 核磁共振谱鉴定。

(2)分子结构碎片的确定

①通过对各类谱图的解析可以直接确定一些特征官能团和结构片段。如IR谱图可以直接确定羰基、甲基、异丙基等结构信息。MS谱中的碎片离子峰可以给出苄基、苯甲酰基、烯丙基等特征碎片离子峰。

②结合多种谱图解析单个谱图不能直接确定的分子片段和官能团的结构信息。例如通过IR谱图可以观察到分子中含有芳烃结构,结合氢谱、碳谱可以进一步判断芳烃的取代信息(单取代还是多取代,邻位取代还是间位或对位取代等),通过紫外可以判断分子中是否存在共轭结构等。因此在分子结构的解析过程中,要对每一类谱图进行详细的解读,尽可能对谱峰信息进行归属,以获取每个官能团和特征结构单元信

息。为了确定谱图中未能直接检出的剩余结构单元,应从分子整体(分子式或分子量)中扣除所有已经确定的结构单元,对剩余部分再进行分析,尽可能从谱图中找出隐含信息(如质谱图中的碎片峰、氢谱和碳谱的化学位移值和偶合常数,红外谱的特征吸收峰等),结合物质的其他物理量(熔沸点、折光率等)和化学性质进行结构解析。

③确定结构单元的链接方式。氢谱中的化学位移和偶合裂分信息(J值)是确定邻近基团和连接方式的重要依据。质谱中的主要碎片离子和分子离子以及它们之间的质量差、亚稳离子以及重要的重排离子都可以提供官能团和结构单元的链接信息。红外谱中的邻接基团会使官能团的吸收频率发生显著的位移,因此可以根据邻接基团的频率位移考虑邻接基团的性质(如共轭基团和电负性基团的取代)以确定链接方式。

表6.1 常见的结构单元在各种谱图中的特征

结构片段	IR/cm^{-1}	MS（m/z）	^{1}H NMR δ/ppm	^{13}C NMR
烷基	CH$_3$: 2960,2872,1375; CH$_2$:2926,2853,1460; 异丙基:1381~1389; 1372~1368; 叔丁基:1250。	CH$_3$: M-15; CH$_3$CH$_2$:29,M-29; t-Bu: 57,41。	0~5,从质子数可以确定 CH$_3$、CH$_2$、CH。通过δ值和偶合裂分确定邻近基团。	0~82,通过化学位移判断相邻结构单元,计算烷基碳数目。通过与DEPT谱结合,判断碳的取代类型。
C=C	ν_{CH}: 3010~3100; $\nu_{C=C}$: 1630~1690; $\delta_{CH(顺)}$:~700; $\delta_{CH(反)}$:~970。	较强的烯丙基碎片离子峰: 41,55,69···	4~6; 根据质子数和偶合常数确定部分结构。	82~162,与芳基碳在同一区域共振。
芳环	ν_{CH}: 3000~3100; $\nu_{C=C}$: 1600,1500; $\delta_{CH(反)}$:650~910。	苯系:77,63,51,39; 烷基苯:m/z 91。	6~9,根据质子数和偶合裂分区推算取代情况。	82~160,部分确定取代程度和取代基结构。
炔烃	ν_{CH}: 3300。	m/z:39的炔丙基正离子和 m/z 40的重排离子。	2~3。	65~100。

结构片段	IR/cm^{-1}	MS（m/z）	^{1}H NMR δ/ppm	^{13}C NMR
羰基化合物（醛、酮、羧酸、酯、酰胺）	$\nu_{C=O}$: ~1700左右,非常特征。	酸:60,74… 酮酯:RC≡O$^+$ 酰胺:44 醛:M−1。	羧酸:10~13; 与羰基相邻的质子:2.1~2.7。	$\delta_{C=O}$:155~225。
—OH —NHR	醇:3100~3600,峰形宽; 胺:3100~3500,峰形尖锐。	醇:[M−H$_2$O]$^+$;含氧碎片离子:31,45… 胺:30,44…	活性质子峰,较宽。重水交换消失或减弱。	无直接信号峰,与N,O直接相连的碳信号峰比烷基在低场出现。
醚(C—O—C)	脂肪醚:1000~1300; 芳香醚:约1250和约1120。	31,45…	无直接信号峰,与氧直接相连的烷基氢信号峰比相应烷基在低场出现。	无直接信号峰,与氧直接相连的碳信号峰比相应烷基碳在低场出现。

（3）分子整体结构的确定

根据以上解析方法将分子结构单元链接时可能产生多种分子结构式,综合运用所掌握的实验资料对各种可能结构进行对比分析,排除不可能的结构。当仍有多种结构不能排除时,可以对各种结构的碳原子和氢原子的化学位移进行计算,以与实测值最符合的结构为正确结构。如果计算值与实测值差别较大,说明原推定结构不合理,需重新推定结构式。

（4）验证结构式

①质谱验证:运用质谱断裂机制是验证分子结构是否正确的重要方法,正确的分子式一定能写出合理的质谱断裂反应,得到符合质谱图中主要碎片峰的碎片离子。同时质谱中的同位素峰的相对丰度值也是判断分子中碳原子数、卤素和硫元素等的重要判据。

②标准谱图验证:如果是已知化合物,最好将测定的谱图与标准谱图对比,查看谱峰的个数、位置和形状是否与标准谱图吻合。

6.3 综合解析实例

【例6.1】一个固态有机化合物经元素分析表明该分子只含C、H、O三种元素,熔点33℃,质谱图如下,试确定其结构。

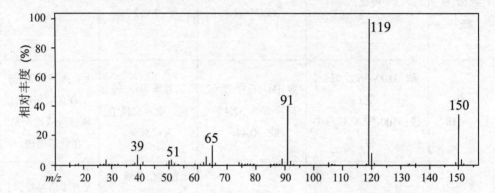

解: MS图中分子离子峰m/z 150,由贝依表可知,可能的化合物有21个,但只含C、H、O的有四个:(1) $C_6H_{14}O_4$,(2) $C_8H_6O_3$,(3)$C_9H_{10}O_2$,(4)$C_{10}H_{14}O$;计算其相应的不饱和度分别为:0,6,5,4。

质谱图中出现m/z 91主要碎片峰,说明分子含有甲基苯的结构单元。m/z 65、51、39 均为甲基苯环的碎片离子峰,更加印证分子中存在苯环。所以$\Omega \geq 4$,不可能是(1)。质谱图显示分子离子峰与基峰(m/z 119)之间相差31个质量单位,说明存在$-OCH_3$结构单元。m/z 91碎片峰与基峰之间相差28个质量单位,为基峰丢失CO的结果。综合以上质谱信息,说明分子中含有甲基苯($CH_3C_6H_5$)、CO、OCH_3三个结构单元,与分子式(3)相一致。因此推知化合物为甲基苯甲酸甲酯,其裂解过程如下:

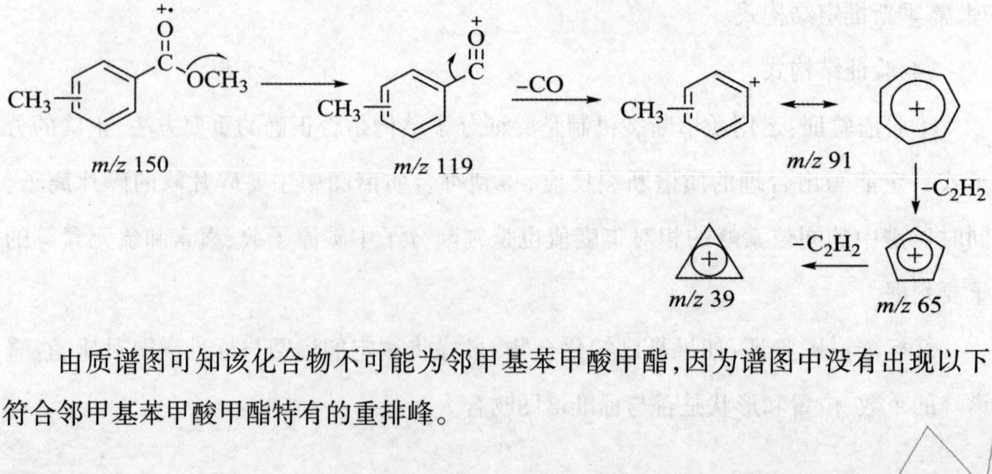

由质谱图可知该化合物不可能为邻甲基苯甲酸甲酯,因为谱图中没有出现以下符合邻甲基苯甲酸甲酯特有的重排峰。

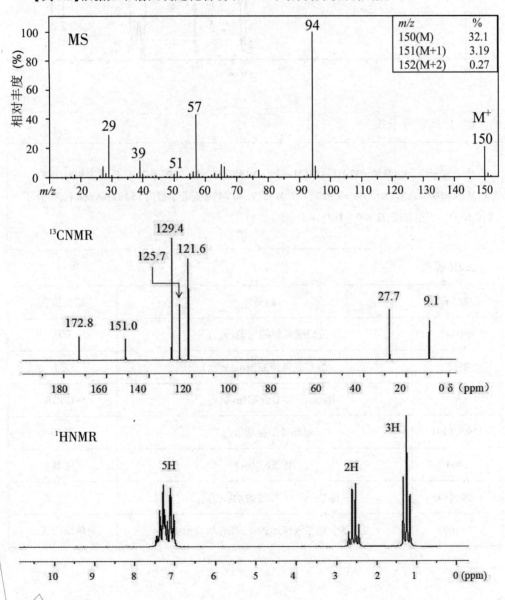

间甲基苯甲酸甲酯室温下为一液体,该化合物为固体,因此只能为对甲基苯甲酸甲酯,查文献知对甲基苯甲酸甲酯熔点为33.2℃,由此确定该化合物结构。

【例6.2】根据如下谱图确定化合物(M=150)结构,并说明依据。

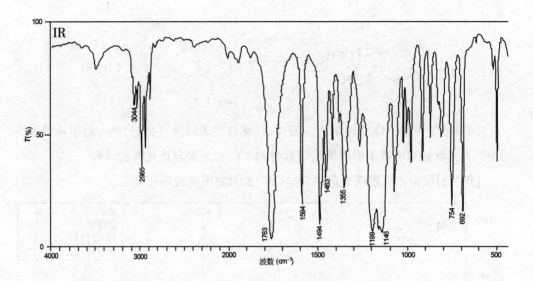

解:1.确定分子式

分子离子峰 150(M)%=32.1%,151(M+1)%=3.18%,152(M+2)%=0.27%,折算为相对丰度:150(M)%=100%,151(M+1)%=9.96%,152(M+2)%=0.84%,查分子量为150的Beynon表,得分子式:$C_9H_{10}O_2$。不饱和度:$\Omega = 9 - 10/2 + 1 = 5$。

2.IR解析

波数/cm⁻¹	归属	结构信息
3044	芳烃碳氢伸缩振动(ν_{Ar-H})	苯环
2985	饱和碳氢伸缩振动(ν_{C-H})	烷基
1763	酯羰基C=O伸缩振动($\nu_{C=O}$)	-COOR
1594,1494	苯环骨架振动($\nu_{C=C}$)	苯环
1463	甲基δ_{CH}(as)	甲基
1199,1146	酯C—O—C伸缩振动(ν_{C-O-C})	
754,692	苯环5个相邻氢变形振动,环骨架变形振动	单取代苯

3. ^1H NMR解析

化学位移 δ	氢原子数	裂分数	归属	推断	说明
1.2 ppm	3	3	CH_3	CH_3CH_2	
2.6 ppm	2	4	CH_2	$CH_3CH_2-\overset{\overset{O}{\parallel}}{C}-\xi-$	羰基αH: δ ≈ 2 ppm
6.9~7.5	5	多重峰	C_6H_5	苯环5个氢	单取代苯

4. ^{13}C NMR解析

化学位移 δ	碳原子数	归属	推断	说明
9.1, 27.7	2	CH_3CH_2	不带氧原子的乙基	氧乙基 δ_{CH_2} > 50ppm
121.6, 125.7, 129.4	5	未取代苯环碳	单取代苯	单取代苯结构有对称性，出3组峰
151.0	1	取代苯环碳	较低场出现，苯环被电负性较大基团取代	
172.8	1	$C=O$	酯羰基碳	

5. 推断分子结构

结构式	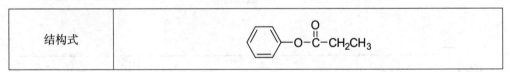

6. MS 验证结构

断裂反应	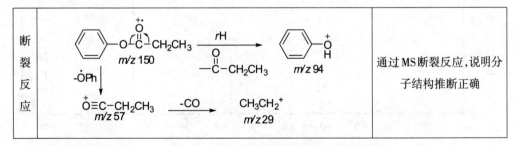	通过 MS 断裂反应，说明分子结构推断正确

【例6.3】某化合物 A 的分子式为 $C_9H_{10}O$，请解析各谱图并推测分子结构。

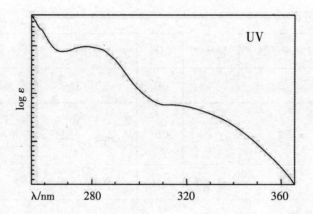

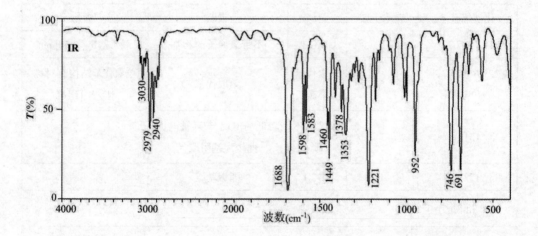

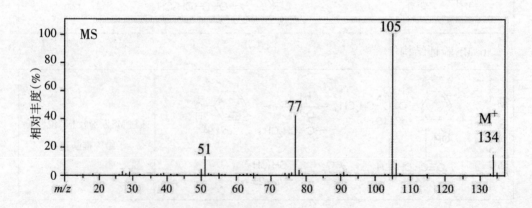

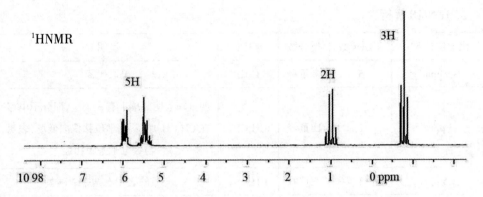

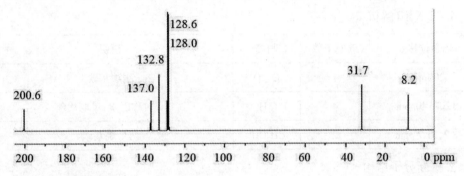

解：1. 计算不饱和度

化合物分子式：C$_9$H$_{10}$O。不饱和度：$\Omega = 9 - 10/2 + 1 = 5$。可能含有苯环。

2. IR 解析

波数/cm⁻¹	归属	结构信息
3030	芳烃碳氢伸缩振动(ν_{Ar-H})	苯环
2979,2940	饱和碳氢伸缩振动(ν_{C-H})	烷基
2000～1669	单取代苯泛频峰	单取代苯
1688	共轭羰基C＝O伸缩振动($\nu_{C=O}$)	芳基酮
1598,1583,1449	苯环骨架振动($\nu_{C=C}$)	苯环
1221	芳酮C—O伸缩振动($\nu_{C=O}$)	芳酮
1199,1146	酯C—O—C伸缩振动(ν_{C-O-C})	
746,691	苯环5个相邻氢变形振动,环骨架变形振动	单取代苯

3. ¹H NMR 解析

化学位移 δ	氢原子数	裂分数	归属	说明
7~8 ppm	5	多重峰	C_6H_5	单取代苯
~3 ppm	2	四重峰	CH_3CH_2	四重峰表明邻碳上有三个氢,即分子中存在 CH_2CH_3 片断,化学位移偏向低场,表明与吸电子基团相连
~1.5 ppm	3	三重峰	CH_3CH_2	三重峰表明有两个邻碳氢

4. ¹³C NMR 解析

化学位移 δ	碳原子数	归属	说明
200ppm	1	C=O	酮羰基碳
120~140ppm	4	C_6H_5	有对称因素,单取代苯
8.2, 31.7 ppm	2	CH_3CH_2	两个烷基碳

5. 推断分子结构

结构式	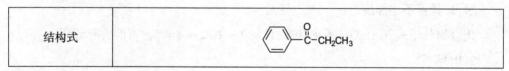

6. MS 验证结构

断裂反应	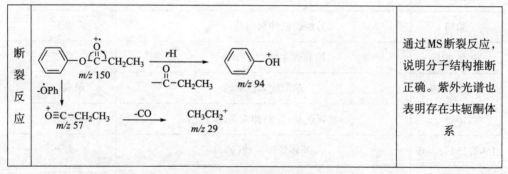	通过 MS 断裂反应,说明分子结构推断正确。紫外光谱也表明存在共轭酮体系

【例6.4】从链霉菌中分离得到一代谢物,ESI-MS 测得其分子量为137.0712,请根据以下谱图分析其结构。

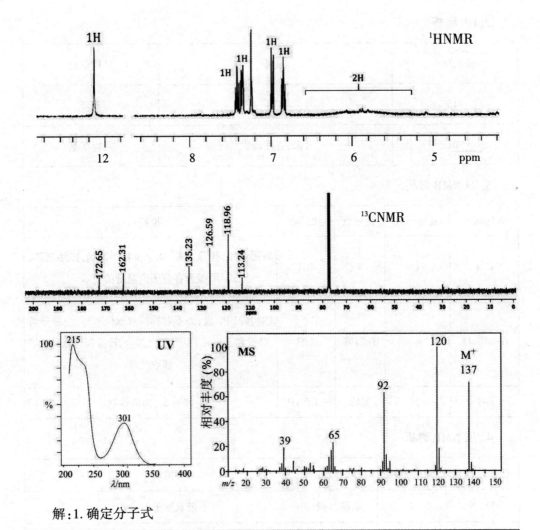

解:1.确定分子式

分子离子峰 137.0712,分子量为奇数,说明含有奇数个氮原子。查分子量为 137 的 Beynon 表,含有奇数个氮原子,质量误差在 0.02% 以内(137.044~137.098)的分子式共 7 个,分别为:(1) $C_6H_7N_3O$(137.0590),(2)$C_4H_{11}NO_4$(137.0688),(3)$C_7H_7NO_2$(137.0477),(4)$C_7H_{11}N_3$(137.0841),(5)$C_9H_{13}NO$(137.0967),(6)$C_8H_{11}NO$(137.0841)和(7)$C_3H_{11}N_3O_3$(137.0801)。根据氢谱和碳谱,分子中含有 7 个氢原子和至少 6 个碳原子(6 个碳谱信号),因此可能的分子式为(1)$C_6H_7N_3O$ 和(3) $C_7H_7NO_2$。两者的不饱和度均为 5,考虑含有苯环结构,并且还有一个双键。结合碳谱信号有羰基,所以排除分子式(1)。

2. UV解析

波长/nm	归属	结构信息
215	B带	苯环
301	R带,强度较大	共轭羰基

3. ¹H NMR解析

δ（ppm）	氢原子数	裂分数	归属	推断
12.1	1	s	OH	峰形尖锐,排除羧基,化学位移很低场,排除氨基,可能为有分子内氢键的羟基
6.80~7.44	4	d或t峰	ArH	四组峰四个氢,为不对称的双取代苯环,均裂分为双重和三重峰,说明彼此偶合,排除间位取代,为邻取代苯
5~7	2	宽峰	—CONH₂	峰形宽,为活性氢

4. ¹³C NMR解析

化学位移 δ	碳原子数	归属	推断
172.6	1	酯羰基碳	不带氧原子的乙基
162.3	1	苯环取代碳	在很低场出现,被大电负性基团取代
135.2,126.6,119.0,113.2	4	苯环	苯环还剩5个碳,出现4个谱峰,有2个谱峰重叠。δ119.0强度最大,可能在该处2个碳谱峰重叠

5. 推断分子结构

结构式	
	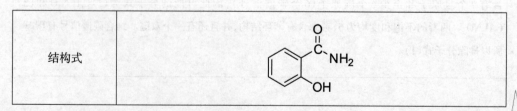

6. MS验证结构

断裂反应	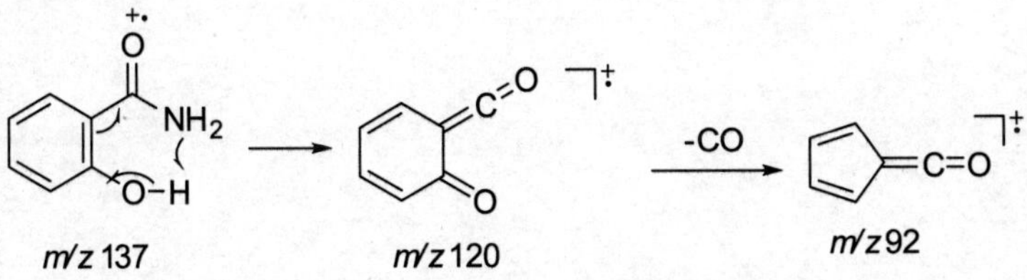 $m/z\ 137 \longrightarrow m/z\ 120 \xrightarrow{-CO} m/z\ 92$	通过MS断裂反应，说明分子结构推断正确

7　二维核磁共振谱

二维核磁共振谱（Two-Dimensional NMR spectroscopy，2D NMR）的原理和工作方法是1971年比利时人 J. Jeener 首先提出来的。经过 Ernst 和 Freeman 等人的努力，于1974年首次实现了二维核磁共振实验，从此核磁共振技术进入二维时代。瑞士科学家 R.R. Ernst 也因为在核磁共振领域做出的卓越贡献而被授予1991年的诺贝尔化学奖。

20世纪80年代是二维核磁共振技术飞速发展的10年，各种各样的脉冲序列不断被开发出来，使二维核磁共振技术在有机化合物的结构鉴定、分子在溶液中的三维空间结构测定以及分子动态研究中都得到广泛的应用。特别是近些年来，多维核磁共振技术的发展使得核磁共振成为研究生物大分子（如蛋白质、多肽、核酸等）不可或缺的工具。

^{1}H NMR 或 ^{13}C NMR 谱只能在一个频率坐标轴方向上展现物质的核磁共振信息（共振峰的峰位和强度），而二维核磁则是在一个平面内将分子核磁共振的信息展现出来，这样在一个频率坐标轴上有可能重叠的信号可以在两个独立的频率坐标轴上被分开，从而减少谱线的重叠和拥挤，还可以提供自旋核之间相互作用的新信息，在复杂化合物分子解析中具有重要的应用价值。

一维核磁共振实验中，一个脉冲过后，立即进行数据采集，得到 FID（Free Induced Decay，自由感应衰减）信号。FID 是一个频率函数，共振峰分布在频率轴横轴上，纵轴为强度信息。如果一个脉冲过后，经过一段时间的迟延再进行下一个或多个脉冲，才开始数据采集，就会得到自旋核之间的一些有用信息。二维核磁共振实验就是通过特殊的脉冲序列来获得自旋核之间的各种信息的。

二维 NMR 实验的脉冲序列一般由四个区域组成：预备期 D_1（preparation），演化期 t_1（evolution），混合期 τ_m 和检测期 t_2（如图7.1所示）。

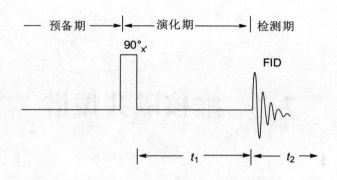

图 7.1　二维 NMR 实验的脉冲序列

【预备期 D_1】每个 2D NMR 实验都需要脉冲之间的驰豫延迟 D_1，接着一个脉冲结束预备期。驰豫延迟相当于一维实验的等待时间。理想的状态是在 D_1 结束时磁化向量 M_z 保持最大，而在 xy 平面上磁化向量 M_{xy} 恢复到零以便随后的激发脉冲建立最大的 M_{xy}。理论上 $D_1 \geq 5T_1$（T_1 为纵向驰豫时间），但是为了节约时间，实验中一般取 $D_1 = 2 \sim 3$ T_1。

【演化期 t_1】在预备期末，施加一个或多个 90°脉冲，使体系建立共振非平衡状态。演化时间 t_1 是以某固定增量 Δt_1 为单位，逐步延迟 t_1。每增加一个增量 Δt_1，其对应的核磁信号的相位和增幅值不同。因此，由 t_1 逐步延迟增量 Δt_1，可得到二维实验中的另一维 FID 信号，这些 FID 即是 F_1 域的时间函数。

【混合期 τ_m】由一组固定长度的脉冲和迟延组成。在混合期自旋核间通过相干转移，使 t_1 期间存在的信息直接影响检测期信号的相位和幅度。根据二维实验所提供的信息不同，也可以不设混合期。二维核磁的技术关键点就是在演化期和混合期，通过在此期间对磁化矢量的各种技术处理而得到各种二维核磁谱。

【检测期 t_2】与一维核磁共振一样，二维核磁共振在检测期 t_2 期间采集的 FID 信号的时间函数，进行 FT 变换得到 F_2 域（即表示化学位移的轴）的频率谱。二维核磁共振的关键就是引入第二个时间变量—演化期 t_1。一个处于 Boltamannn 平衡态的宏观磁化矢量（与 z 轴同相）被施加一个 90°脉冲后，产生横向磁化强度并以确定的频率进动并且将持续一定的时间，表征这一特性的是横向驰豫时间 T_2。对于液态来说，T_2 一般为几秒。然后横向磁化矢量通过驰豫回到平衡态。在这个意义上讲，自旋体系具有记忆能力。Jeener 就是利用这种记忆能力，通过检测器间接记录演化期中自旋核的行为，从 $t_1 = 0$ 开始，用某个固定的时间增量 Δt_1 逐步延迟时间 t_1 进行一系列的实验，每增加一个 Δt_1，产生一个单独的 FID，得到 N_i 个 FID。这样每个 FID 所用脉冲完全相同，只是演化期内的迟延时间逐渐增加,这样获得的信号是两个时间变量t_1和t_2的函数$S(t_1,t_2)$(图7.2A,对每一个FID做FT变换,可得到N_i个在频率F_2中的频率谱$S(t_1,F_2)$(图7.2B)。这些不同Δt_1增量的频率谱,其谱峰强度和相位也不同,共同组成了一个在t_1方向的"准FID"或干涉图。再经过FT变换,得到两个频率的二维核磁共振谱$S(F_1,F_2)$。因此二维核磁共振谱是通过记录一系列的一维谱获得的,每个相邻的一维谱的差别仅在于脉冲程序内引入的时间增量Δt_1所产生的相位和强度的不同。这种谱图以堆积图(图7.2C)或等高线(图7.2D)的形式表示。

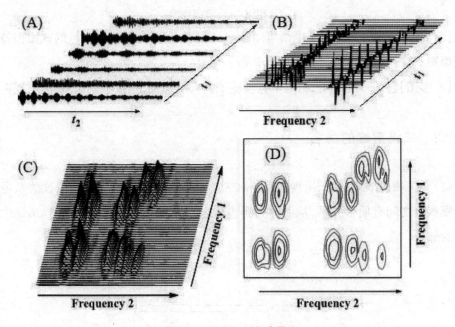

图7.2　2D NMR实验原理

7.1　二维核磁共振谱的表现形式

【堆积图】堆积图由很多条"维"谱线紧密排列而构成(如图7.3a)。这种图能直观地显示谱峰的强度信息,具有很好的立体感。但对于复杂的分子,强峰附近可能隐藏弱小的峰而不能检测。

【等高线图】是把堆积图用平行于F_1和F_2域的平面进行平切后所得(图7.3 b)。最中心处的圆圈表示峰的位置,圆圈的数目表示峰的强度。等高线图保留的信息量取决于平切平面的位置。如果选的太低,噪音信号被选入而干扰样品信号。如果选的太高,一些弱小的信号峰又被漏掉。这种图的优点是易于指认,绘图时间短,故广为采用。

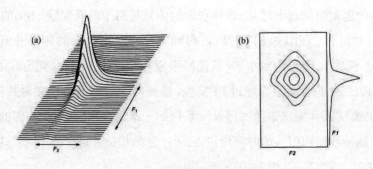

图 7.3　CHCl$_3$ 的 HH COSY 谱图

(a)堆积图　(b)等高线图

【断面图】它是从二维堆积图中取出某一个谱峰做垂直于 F_1 和 F_2 域的截面而得到的截面图。这样的谱图容易读出偶合常数。

【投影图】它是一维谱图,相当于宽带质子去偶的氢谱,用来准确读取化学位移。

7.2　二维谱峰的命名

(1)交叉峰(cross peak):出现在 $\omega 1 \neq \omega 2$ 处,即非对角线上。从峰的位置关系可以判断哪些峰之间有偶合关系,从而得到哪些核之间有偶合关系,交叉峰是二维谱中最有用的部分。

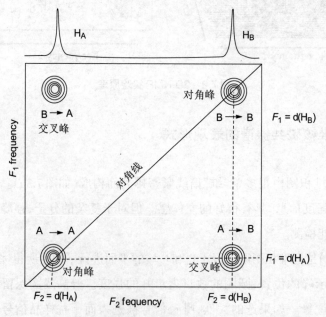

图 7.4　二维谱峰

（2）对角峰（Auto peak）:位于对角线（ω1＝ω2）上的峰,称为对角峰。对角峰在 F_1 和 F_2 轴的投影。

7.3 二维 J 分解谱（J resolved spectroscopy）

二维谱可分为 J 分解谱、化学位移相关谱和多量子谱三类。J 分解谱亦称 J 谱或者 δ-J 谱,以横轴（F_2 频率轴）为化学位移,纵轴（F_1 频率轴）为偶合常数,在平面展开,得到反应对应于某化学位移的质子偶合情况的图谱。二维 J 谱把化学位移和自旋偶合的作用分辨开来,包括异核和同核 J 谱。在一维核磁共振谱中,常常遇到谱峰密集地出现在一个较小的化学位移范围内的情况,给化学位移核偶合常数的确定带来困难。除了提高仪器的磁场强度外,二维 J 分解谱把化学位移（横轴）与谱峰的裂分（偶合常数,纵轴）分别在两个独立的坐标轴展示,达到解析的目的。

【同核 J 分解谱】图 7.5 为 2,3-二溴丙酸的同核二维 J 分解谱,J_{HH} 与 $δ_H$ 在谱中展开,该谱把化学位移与自旋偶合作用分辨开来。从 F_2 域的投影中可读出每个峰的化学位移,偶合常数由 F_1 域读出。

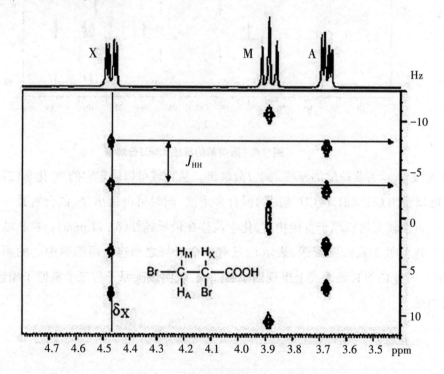

图7.5 2,3-二溴丙酸的同核二维J分解氢谱

使用二维J分解谱有一个前提条件,即谱图必须属于一级谱,才能清楚地显示各峰形。对于强偶合的二级谱,谱线复杂,即使在二维J分解谱中也达不到其典型的分解效果。使用高频仪器测定有可能使其转化为近似一级谱图,此时二维J分解谱可用于解析其峰形和偶合情况。

【异核二维J分解谱】该谱的F_2域为^{13}C化学位移,谱线为宽带去偶谱的表现形式。F_1域为^{13}C核被与该碳相连的^1H核偶合裂分的多重峰结构,用J_{CH}标度。与一维^{13}C谱中的偏共振谱一致,即季碳为单峰,CH是双重峰,CH_2是三重峰,CH_3是四重峰。因此异核二维J分解谱是将^{13}C化学位移与C—H偶合峰完全分离,谱图清晰,并可测出$^1J_{CH}$的值。

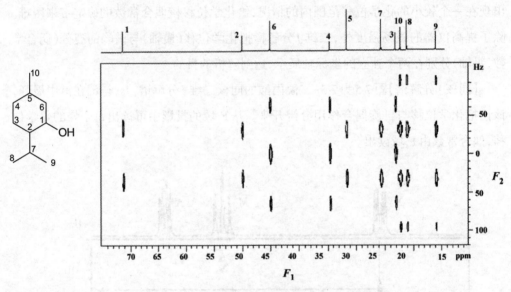

图 7.6   薄荷醇的异核二维J分解谱

如图7.6所示为薄荷醇的异核二维J分解谱。从F_2域可以确定它的^{13}C化学位移,F_2域上可以看出CH_3、CH_2和CH基团的偶合多重度,同时可以量出$^1J_{CH}$偶合常数。例如C_1与电负性较大的氧原子直接相连,化学位移在最低场处(δ_{C_1} 71 ppm)。在F_2域的垂线上出现两处等高线圆圈图,表示C_1只有一个氢与之相连。两圆圈中心的距离为$^1J_{CH}$值。通过C_9的F_2域垂线上出现四个圆圈图,表明该碳原子与三个氢原子相连,为甲基CH_3。

7.4　二维相关谱

在有机分子结构解析中,二维相关谱(2D COSY,Correlation Spectroscopy)是最可靠、最常用的方法之一。它的二维坐标F_1和F_2都表示化学位移,从中可以得到各组核之间的连接信息,因此在实际应用中比二维J分解谱更重要,已经成为化学工作者们研究分子结构的常规实验技术。

7.4.1　同核相关谱

同核相关谱能显示化合物中所有相同核的偶合关系。同核维系相关谱中的两频率轴都表示化学位移,对角线上的信号与普通核磁共振谱相同,对角线两侧的交叉峰说明两核之间存在偶合关系。

$^1H,^1H$ COSY谱主要研究^1H核之间的偶合相关信息,以确定质子的连接顺序。在^1H NMR谱中,想要确定相互偶合质子之间的连接关系,可以通过选择性去偶实验来实现。但是如果对^1H NMR谱中所有化学位移不同的质子逐一完成去偶实验求得偶合信息,确定连接关系不仅浪费时间,也会因为某些谱峰的重叠而难以进行选择性的去偶实验。二维$^1H,^1H$ COSY谱解决了以上问题,它不仅简化谱图,而且能够直观地给出偶合信息,即通过谱中的交叉峰建立J偶合网来确定质子的连接次序。它包括$^1H,^1H$ COSY90°,$^1H,^1H$ COSY45°,相敏COSY,核双量子滤波COSY,核远程$^1H,^1H$ COSY谱等,前四种通过交叉峰揭示相邻碳氢偶合$^3J_{HH}$以及不等价的同碳氢偶合$^2J_{HH}$关系,后一种COSY谱通过增加延迟时间,得到交叉峰可显示远距离的偶合相关性。

【$^1H,^1H$ COSY90°谱】$^1H,^1H$ COSY的基本脉冲序列如图7.7所示。

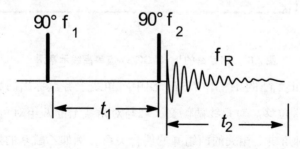

图7.7　$^1H,^1H$ COSY 的基本脉冲序列

该实验是经过多次累加测量完成,每次测量时在两个90°脉冲之间逐步延迟时间 t_1,而在时间 t_2 进行检测,得到自由衰减信号(FID),经过FT变换后得到频率域 F_2 谱。对 t_1 方向的FT变换给出的 ¹H ¹H COSY 中的第二个频率域坐标 F_1,就得到一个完整的 ¹H, ¹H COSY。

图7.8是AX系统的 ¹H ¹H COSY 等高线示意图。在该图中,出现两类峰,对角线峰和交叉峰。对角线峰在谱图的对角线上,与一维谱相似,表示核A与核X的化学位移分别是对角线上的 (δ_A, δ_A) 和 (δ_X, δ_X) 两组峰。偏离对角线的交叉峰以对称的形式出现在对角线的两侧,说明对角线上的两个质子之间存在着标量偶合。

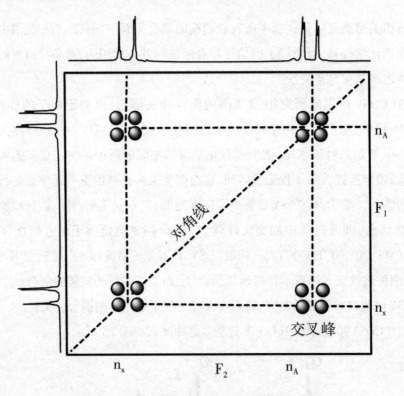

图7.8 AX系统的 ¹H ¹H COSY谱等高线示意图

图7.9是乙酸正丁酯的 ¹H, ¹H COSY。图中对角线上各点标出的数字表明分子式中各个 ¹H核的化学位移。对角线两侧交叉峰与对角线上的两组对角峰连成正方形,由此可以推测出对角线上相关的两组峰的偶合关系。例如乙酰基的氢没有与任何其他氢偶合,只在对角线上出现信号点。H-3化学位移值最大($\delta \approx 3.95$ppm),与H-4相

偶合(交叉峰A)。除与H-3偶合,H-4与H-5也存在偶合关系(交叉峰B)。同样H-5
与H-4和H-6都存在偶合关系。

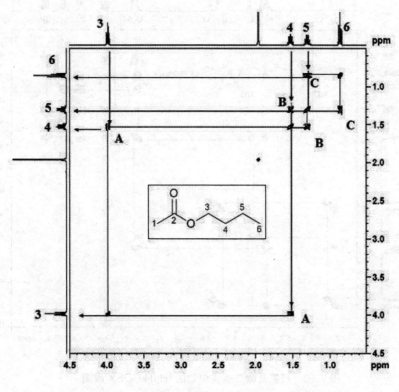

图7.9 乙酸正丁酯的 ¹H,¹H COSY 90°谱图

图7.10是以双羟基吡咯为骨架结构的糖氨基酸二肽类似物的 ¹H,¹H COSY 90°谱,
根据偶合关系,H-2应该是典型的双重峰在谱图的4.7ppm处出现的两个双重峰,分别
对应于环A或环B的H-2。从其中一个双峰入手,通过交叉峰可以找到该环的H-3、
H-4、H-5和H-6。同样从另外一个H-2双峰入手,可以找到该环的其他氢的化学位
移信号峰。环A上H-6的每个质子都呈现dd四重峰,而环B上H-6的每个质子峰形
明显与环A不同,表明H-6与临近的酰胺NH发生了 ^3J 偶合导致裂分,从而形成多重
峰(最多ddd八重峰)。因此通过两个环H-6的裂分峰形可以归属上述每个氢所在的
环。

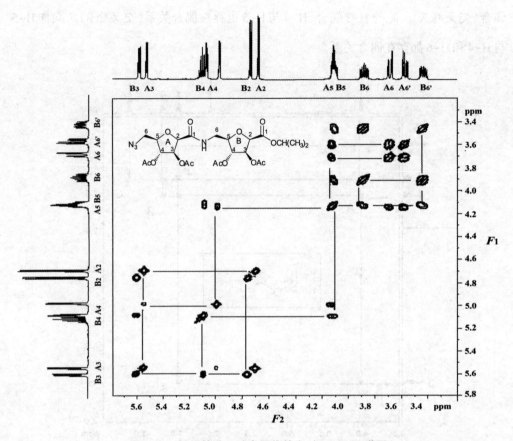

图 7.10　糖氨基酸二肽类似物的 ¹H,¹H COSY 谱图

【¹H,H COSY 45°谱】¹H,¹H COSY 90°也有不足之处,在90°脉冲下,磁化会传递到所有其他跃迁上,即直接相连跃迁(功能级跃迁)和间接跃迁(不享有共能级的平行跃迁)。由于自旋体系多重谱线中相干转移产生的自相关峰(平行跃迁),使谱中每个对角峰和交叉峰都直观地显示为由多个点组成的矩形图,所以在质子密集区这些矩形图彼此重叠,比较拥挤。特别是一些化学位移相差很小的强偶合体系,其交叉峰常常靠近对角线,甚至被对角线掩蔽而不易解析。量子力学结果表明,在直接和间接相连的跃迁之间,相干转移的系数比为$\cos^2(\alpha/2)$,如果$\alpha=\pi/4$,则$\cos^2(\alpha/2)=6$,这表明相对于平行跃迁而言,如果把脉冲宽度设置为$\pi/4$(约45°)时,直接相连跃迁的磁化转移将提高6倍。与¹H,¹H COSY 90°相比较,选用¹H,¹H COSY 45°减少了平行跃迁的磁化转移强度,限制了多重峰内的间接跃迁,对角峰因自身的自相关峰消失而简化,交叉峰

的峰形也由原来的矩形图变成有倾角的峰形。倾角可用于识别相关的两个¹H核的偶合常数是正还是负,从而判断相关两个氢核是同碳氢偶合(²J_{HH}值为负)还是邻碳氢偶合(³J_{HH}值为正)。值得注意的是,如果多重峰的峰形在常规COSY谱中不能被分辨,那么COSY45°谱很难确定这一交叉峰的精确倾斜角度,此时可进行COSY60°实验。

图7.11为2,3-二溴丙酸(AMX体系)的COSY90°和COSY45°谱图。虽然两张图谱的对角峰都反应出化学位移,由交叉峰都可以找到偶合对,但是两张谱图的峰形有明显的区别。COSY45°图点阵简化。全部交叉峰不再是COSY90°谱中的矩形点阵峰形,而是呈倾斜分布。当交叉峰的中心连线的倾斜方向与对角线近似平行,表明为同碳氢的偶合,即²J偶合产生的交叉峰,偶合常数一般为负,例如HA与HM的偶合交叉峰中心连线。邻位氢偶合产生的交叉峰,它们的中心连线与对角线近乎垂直,其偶合常数为正,如图7.11右中HA与HX或HM与HX的偶合交叉峰中心连线的方向。

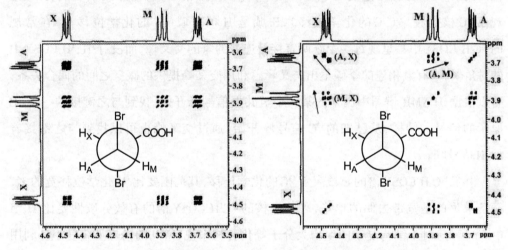

图7.11　2,3-二溴丙酸的HHCOSY 90°(左)和HHCOSY 45°(右)谱

7.4.2　异核相关谱(Heteronuclear Correlation of chemical shift)

所谓异核化学位移相关谱是两个不同核的频率通过标量偶合建立起来的相关谱,应用最广泛的是¹H-¹³C COSY。

(1)¹³C ¹H化学位移相关谱(¹³C¹H COSY)

基本脉冲序列:

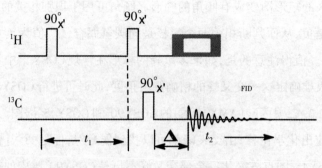

图 7.12 ^{13}C ^{1}H COSY 脉冲序列

在第一个 $90°$ 脉冲过后的演化期 t_1 期间内，^{1}H 磁化矢量发展并标记各个 ^{1}H 的自旋频率。在 t_1 结束时，同时加上 ^{1}H 和 ^{13}C 两个 $90°$ 脉冲，使 ^{1}H 核的极化作用转移到 ^{13}C 核上。在检测期 t_2 前增加一个延迟时间 Δ，它是 $^{1}J_{CH}$ 偶合常数的倒数调制的。在 t_2 期间检测到的 ^{13}C 共振信号是被 ^{1}H 核自旋频率调制成的 t_1 的函数，经过 FT 转变后，F_2 域是观察 ^{13}C 核的频率（^{13}C 的化学位移），F_1 域是 ^{1}H 频率域（^{1}H 的化学位移）。在常规的 $^{13}C^{1}H$ COSY 中只呈现每一个碳所直接键连着的氢的交叉峰，而没有 ^{1}H,^{1}H COSY 中的对角峰，没有氢相连的季碳不出交叉峰。利用交叉峰提供的碳氢之间的偶合关系，可以根据 ^{1}H NMR 谱图中已知的某一个氢共振信号峰开始，找到与之键接的一个 ^{13}C 原子的信号。同样，从已知的 ^{13}C 信号峰开始，通过交叉峰也可以找到与之键接着的 ^{1}H 信号峰。

由于 $^{13}C^{1}H$ COSY 谱的 F_2 域表示 ^{13}C 的化学位移，其范围要比 ^{1}H 化学位移宽的多，而且采集的是宽带去偶的单峰，因此异核的 $^{13}C^{1}H$ COSY 谱的有效分散性要比 ^{1}H,^{1}H COSY 谱好，对于结构复杂的生物大分子等化合物来说，得到的谱峰重叠度小。利用这一重要特性可以区分谱峰重叠的 ^{1}H NMR 谱图。由于 ^{13}C 信号峰可分辨度高，通过该 ^{13}C 信号峰的交叉峰点，画出平行于 F_1 轴的投影图，可以准确读出与该碳相关的化学位移。

图 7.13 为一氨基糖酸酯类化合物的二维 ^{13}C ^{1}H COSY 谱。图上方 F_2 域是宽带去偶 ^{13}C 谱，可以看到 10 个 ^{13}C 峰。三个季碳没有出峰。图左边是一维氢谱。从氢谱中较易辨认的乙酰基的甲基信号峰 CH_3(Ac)（δ 2.0ppm）和 OCH_3（$COOCH_3$，δ 3.82 ppm），通过交叉找到其 ^{13}C 的化学位移。通过 ^{13}C 谱也可以很容易地确定 C_3 和 C_9 相键接的两个同碳不等价氢的化学位移值。其他各个碳的化学位移可以结合 ^{1}H,^{1}HCOSY 谱以及本 ^{13}C ^{1}H COSY 谱图共同确定。

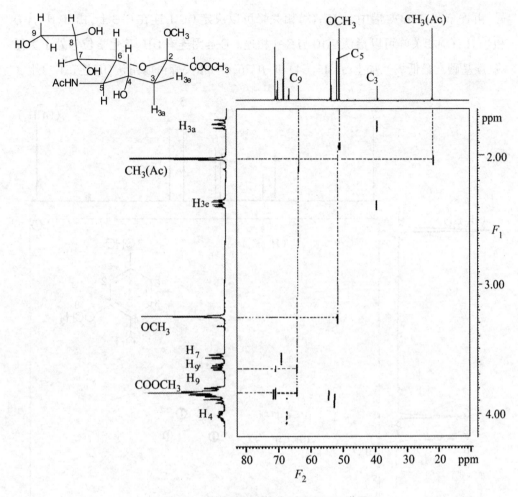

图 7.13　氨基糖酸酯的 ^{13}C ^1H COSY 谱图

（2）COLOC 谱（远程 ^{13}C ^1H 化学位移相关谱，Correlation Spectroscopy via Long Range Coupling）

COLOC 谱的形式类似 ^{13}C ^1H COSY，F_1 域为 ^1H 化学位移，F_2 域为 ^{13}C 化学位移，无对角峰。在交叉峰中，除了碳氢相关峰外，还会出现强 $^1J_{CH}$ 相关峰。COLOC 谱可以反映相关两三个键的 ^{13}C 和 ^1H 核之间的偶合关系，甚至可以超越 O、N 等杂原子，将碳原子与相关两个化学键以上的氢原子建立起连接关系，因此对确定分子骨架结构很有帮助。季碳原子在 ^{13}C ^1H COSY 谱中不出现相关峰，在常规的 ^1H,^1HCOSY 谱中也得不到相关信息，而 COLOC 谱可以给出它的相关信息。解 COLOC 谱时，要与 ^{13}C ^1H COSY 谱对照以便扣除 $^1J_{CH}$ 交叉峰，得到远程偶合信息。

图 7.14 是香草醛的 COLOC 谱，先分别从 F_1、F_2 域找到 CHO、OCH$_3$、C-4 的相应信

号，由香草醛 COLOC 谱中 $^3J(H_8,C_3)$ 相关峰可以决定 OCH$_3$ 连在 C-3 上，由 $^3J(H_7,C_2)$ 和 $^3J(H_6,C_7)$ 相关峰可以指认 CHO 与 C-1 相连。C-4 因连有 OH，其化学位移处于次低场（羰基碳在最低场），加上 $^2J(H5,C4)$ 和 $^3J(H6,C4)$ 相关峰可以指认 OH 连在 C-4 上。

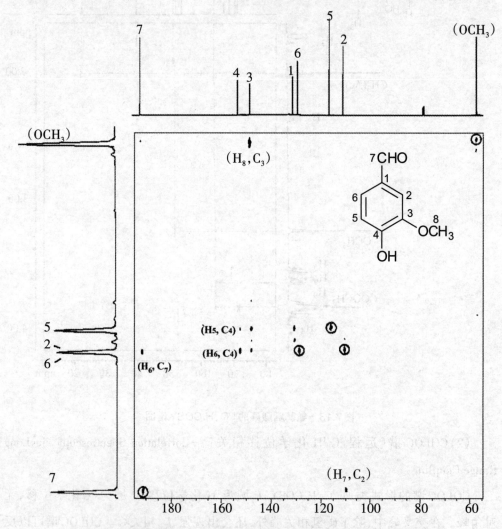

图7.14　香草醛的 COLOC 谱图（上边为 ^{13}C 宽带去偶谱，左为 ^{1}H 去偶谱）

7.4.3　^{1}H 检测的异核化学位移相关谱

异核化学位移相关谱（^{13}C ^{1}HCOSY 谱）是对 ^{13}C 采样的。由于受 ^{13}C 核灵敏度较低的影响,在测试时需要较多的样品,累加时间较长。如果把 $^{13}C\ ^1HCOSY$ 谱由检测 ^{13}C 信号改变为检测 ^1H 信号,将大大提高相关谱的灵敏度,对样品量和累加次数的要求也大为减少。这种把检测 ^{13}C 信号变为检测 ^1H 信号的异核化学位移相关谱实验成为反转实验(Inverse实验)。检测 ^1H 的异核化学位移相关谱包括HMQC(^1H 检测的异核多量子相干实验)、HSQC(^1H 检测的异核单量子相干实验)和HMBC(^1H 检测的异核多键相干实验)。

【HMQC】HMQC(Heteronuclear Multiple Quantum Correlation)是 ^1H 检测的异核多量子相干实验,将 ^1H 信号的振幅及相位分别依 ^{13}C 化学位移及 ^1H 间的同核化学偶合信息调制,并通过直接检测调制后的 ^1H 信号,获得 $^{13}C—^1H$ 化学位移相关数据。

$$\overset{H_1}{\underset{\textstyle C_1}{\big\downarrow}}\ \overset{H_2}{\underset{\textstyle C_2}{\big\downarrow}}\ \overset{H_3}{\underset{\textstyle C_3}{\big\downarrow}}\ \overset{H_4}{\underset{\textstyle C_4}{\big\downarrow}}$$

与 $^{13}C\ ^1HCOSY$ 非常相似,谱峰交叉峰显示 ^1H 核与其直接相连的 ^{13}C 核的相关性。不同的是HMQC的 F_2 域是 ^1H 的化学位移,F_1 域是 ^{13}C 的化学位移,与常规的 $^{13}C\ ^1HCOSY$ 谱正好相反,不能得到季碳的结构信息。但是其作图效率高,在样品量减少1/3的情况下累加时间缩短到原来的1/6。

图7.15为2-丁烯酸乙酯的HMQC图谱,图的左边是宽带去偶的碳谱,可以看到6个 ^{13}C 峰($\delta\ 77.0\text{ppm}$ 处的 $CDCl_3$ 溶剂峰除外)。除了 $\delta \approx 167\text{ ppm}$ 的羰基碳外,其余碳都有氢原子与之直接相连。从氢谱中较易辨认的乙氧基(OCH_2CH_3)中的亚甲基出发找到交叉峰A,进而可以很容易地找出与之对应的亚甲基 ^{13}C 的信号峰及其化学位移。同样烯丙基氢的氢谱峰形表现为双重峰,很好辨认,通过 $^{13}C\ ^1H\ COSY$ 谱中的交叉峰B也可以找到 ^{13}C 谱的化学位移。

在核磁共振实验中,F_2 域的分辨率决定于检测器 t_2 所采集数据点的数目,F_1 域的分辨率决定于演化期 t_1 所采集的数据点数目,前者往往远大于后者,使二维核磁谱中 F_2 的分辨率比 F_1 域好得多。F_1 域的 ^{13}C 谱分辨率差是Inverse实验的不足之处,因而样品量较多。时间允许的话,做 $^{13}C\ ^1HCOSY$ 谱比较好。

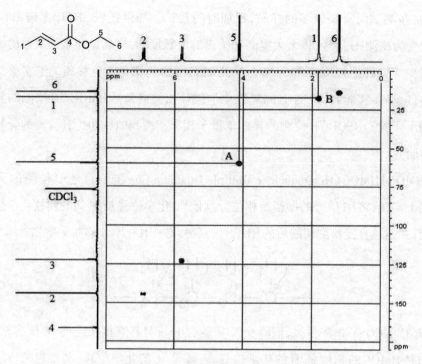

图7.15 2-丁烯酸乙酯的HMQC图谱

【HSQC】HSQC（Heteronuclear Single Quantum Correlation）是^{1}H检测的异核单量子相干实验。谱图形式与HMQC相同，F_2域是^{1}H的化学位移，F_1域是^{13}C的化学位移，二者的差别在于HSQC的F_1域灵敏度、分辨率和总体谱图质量要比HMQC的高。不足之处是脉冲序列化比HMQC复杂。

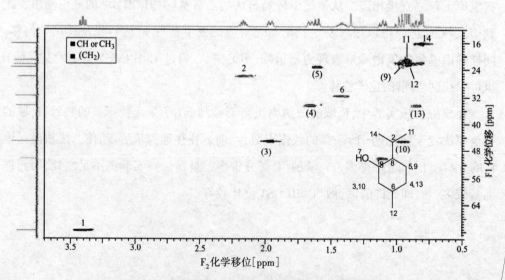

图 7.16 薄荷醇的HSQC谱（带括号的为亚甲基氢）

如图 7.16 为薄荷醇的 HSQC 谱,在薄荷醇的 HSQC 谱中可以看出,氢谱中重叠的 H(9)~H(14) 被完全分开展现。亚甲基 $CH_2(3,10)$,$CH_2(4,13)$ 和 $CH_2(5,9)$ 的同碳氢也可以分辨。

【HMBC】HMBC(Heteronuclear Multiple Bond Correlation)是一种检测与质子相隔两个、三个键($^2J_{CH}$,$^3J_{CH}$)的远程 ^1H—^{13}C 相关信息的波谱手段,特别适用于检测与甲基有远程偶合的碳($^2J_{CH}$,$^3J_{CH}$)。该法适用于具有众多甲基的天然产物,如三萜化合物、甾醇化合物的结构鉴定。

$$\overset{H_1}{\underset{}{|}}\quad —C_1—C_2—C_3—C_4—\qquad —C_1—X—C_3—C_4—$$
$$X = O, N...$$

HMBC 可高灵敏度地检测 ^{13}C—^1H 远程偶合($^2J_{CH}$,$^3J_{CH}$),因此可得到有关季碳的结构信息及其被杂原子切断地 ^1H 偶合系统之间的结构信息。实际上,任何两个异核(如 ^1H 和 ^{13}C)之间如果存在弱偶合,就可以用间接检测的方法把产生的异核多量子相干转化成单量子相干来测定。HMQC 和 HMBC 都属于异核二维化学位移相关实验,HMQC 谱类似于 C,H COSY,而 HMBC 谱类似于 COLOC 谱。只是 F1 域是 X 核(如 ^{13}C,^{15}N)的化学位移,F_2 域为 ^1H 化学位移。HMBC 谱的相干峰表示 ^1H 核与 ^{13}C 核以 $^nJ_{CH}$(n>1)相偶合的关系,有时候 $^1J_{CH}$ 的交叉峰也可以看到。

由于 Inverse 实验的 ^1H 检测灵敏度很高,(其检测时间可节约 10 倍),大大提高了异核 C、H 相关二维实验的灵敏度。对同一个样品做 HMBC 或 HMQC 实验时,其灵敏度可以提高一个数量级,时间节约 100 倍(相当于浓度降低 10 倍)。因此比常规 C、H COSY、COLOC 和 INADEQUATE 实验具有明显的优势。因此 HMBC 和 HMQC 对于检测分子量大而样品量少的合成样品、天然产物分离样品是很适宜的。

当通过 H,H COSY 等谱图确定一些独立的偶合体系碳氢原子的相互键接关系后,整体分子中这些独立偶合体系之间的键接顺序就要通过远程偶合来帮助确定,在这个意义上 HMBC 有很重要的应用价值,例如图 7.17 为乙酸正丁酯的 HMBC 谱图,图中 C5 与 H3、H4、H5、H6 都有明显的交叉相关峰出现。此外被杂原子(氧原子)隔开的乙酰基的羰基碳 C2 和 H3 的远程相关峰也是很清晰的。

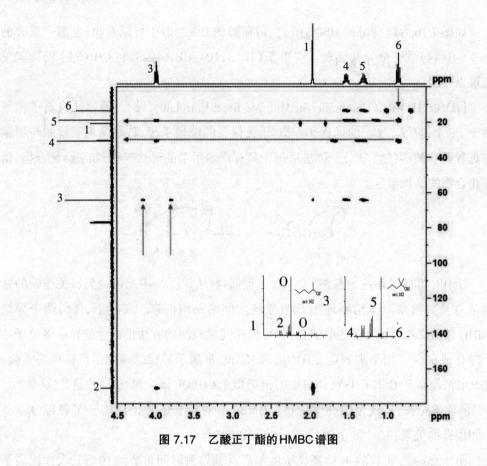

图 7.17　乙酸正丁酯的 HMBC 谱图

附　　录

附录1　常用氘代溶剂和杂质峰在¹H谱中的化学位移 单位:ppm

溶剂	—	CDCl₃	(CD₃)₂CO	(CD₃)₂SO	C₆D₆	CD₃CN	CD₃OH	D₂O
溶剂峰	—	7.26	2.05	2.49	7.16	1.94	3.31	4.80
水峰	—	1.56	2.84	3.33	0.40	2.13	4.87	—
乙酸	—	2.10	1.96	1.91	1.55	1.96	1.99	2.08
丙酮	—	2.17	2.09	2.09	1.55	2.08	2.15	2.22
乙腈	—	2.10	2.05	2.07	1.55	1.96	2.03	2.06
苯	—	7.36	7.36	7.37	7.15	7.37	7.33	—
叔丁醇	CH₃	1.28	1.18	1.11	1.05	1.16	1.40	1.24
	OH	—	—	4.19	1.55	2.18	—	—
叔丁基甲醚	CCH₃	1.19	1.13	1.11	1.07	1.14	1.15	1.21
	OCH₃	3.22	3.13	3.08	3.04	3.13	3.20	3.22
氯仿	—	7.26	8.02	8.32	6.15	7.58	7.90	—
环己烷	—	1.43	1.43	1.40	1.40	1.44	1.45	—
1,2-二氯甲烷	—	3.73	3.87	3.90	2.90	3.81	3.78	—
二氯甲烷	—	5.30	5.63	5.76	4.27	5.44	5.49	—
乙醚	CH₃(t)	1.21	1.11	1.09	1.11	1.12	1.18	1.17
	CH₂(q)	3.48	3.41	3.38	3.26	3.42	3.49	3.56
二甲基甲酰胺	CH	8.02	7.96	7.95	7.63	7.92	7.79	7.92
	CH₃	2.96	2.94	2.89	2.36	2.89	2.99	3.01

溶剂	—	CDCl₃	(CD₃)₂CO	(CD₃)₂SO	C₆D₆	CD₃CN	CD₃OH	D₂O
二甲基亚砜	CH₃	2.88	2.78	2.73	1.86	2.77	2.86	2.85
	—	2.62	2.52	2.54	1.68	2.50	2.65	2.71
二氧杂环	—	3.71	3.59	3.57	3.35	3.60	3.66	3.75
乙醇	CH₃(t)	1.25	1.12	1.06	0.96	1.12	1.19	1.17
	CH₂(q)	3.72	3.57	3.44	3.34	3.54	3.60	3.65
	OH(s)	1.32	3.39	3.63	—	2.47	—	—
乙酸乙酯	CH₃CO	2.05	1.97	1.99	1.65	1.97	2.01	2.07
	OCH₂(q)	4.12	4.05	4.03	3.89	4.06	4.09	4.14
	CH₃(t)	1.26	1.20	1.17	0.92	1.20	1.24	1.24
润滑脂	CH₃(m)	0.86	0.87	—	0.92	0.86	0.88	—
	CH₂(br)	1.26	1.29	—	1.36	1.27	1.29	—
正己烷	CH₃(t)	0.88	0.88	0.86	0.89	0.89	0.90	—
	CH₂(m)	1.26	1.28	1.25	1.24	1.28	1.29	—
甲醇	CH₃	3.49	3.31	3.16	3.07	3.28	3.34	3.34
	OH	1.09	3.12	4.01	2.16	—	—	—
正戊烷	CH₃(t)	0.88	0.88	0.86	0.87	0.89	0.90	—
	CH₂(m)	1.27	1.27	1.27	1.23	1.29	1.29	—
异丙醇	CH₃(d)	1.22	1.10	1.04	0.95	1.09	1.50	1.17
	CH	4.04	3.90	3.78	3.67	3.87	3.92	4.02
硅脂	—	0.07	0.13	—	0.29	0.08	0.10	—
四氢呋喃	CH₂	1.85	1.79	1.76	1.40	1.80	1.87	1.88
	CH₂O	3.76	3.63	3.60	3.57	3.64	3.71	3.74
甲苯	CH₃	2.36	2.32	2.30	2.11	2.33	2.32	—

溶剂	—	CDCl₃	(CD₃)₂CO	(CD₃)₂SO	C₆D₆	CD₃CN	CD₃OH	D₂O
	CH(o/p)	7.17	7.20	7.18	7.02	7.30	7.16	—
	CH(m)	7.25	7.20	7.25	7.13	7.30	7.16	—
三乙基胺	CH₃	1.03	0.96	0.93	0.96	0.96	1.05	0.99
	CH₂	2.53	2.45	2.43	2.40	2.45	2.58	2.57
石油醚	—	0.5–1.5	0.6–1.9	—	—	—	—	—

附录2　氘代溶剂中污染物的 ^{13}C 化学位移

		CDCl$_3$	(CD$_3$)$_2$CO	(CD$_3$)$_2$SO	C$_6$D$_6$	CD$_3$CN	CD$_3$OD	D$_2$O
溶剂峰		77.16	29.84	39.52	128.06	1.32	49.00	
			206.26			118.26		
乙酸	CO	175.99	172.31	171.93	175.82	173.21	175.11	177.21
	CH$_3$	20.81	20.51	20.95	20.37	20.73	20.56	21.03
丙酮	CO	207.07	205.87	206.31	204.43	207.43	209.67	215.94
	CH$_3$	30.92	30.60	30.56	30.14	30.91	30.67	30.89
乙腈	CN	116.43	117.60	117.91	116.02	118.26	118.06	119.68
	CH$_3$	1.89	1.12	1.03	0.20	1.79	.085	1.47
苯	CH	128.37	129.15	128.30	128.62	129.32	129.34	
叔丁醇	C	69.15	68.13	66.88	68.19	68.74	68.40	70.36
	CH$_3$	30.25	30.72	30.38	30.47	30.68	30.91	30.29
氯仿	CH	77.36	79.19	79.16	77.79	79.17	79.44	
环己烷	CH$_2$	26.94	27.51	26.33	27.23	27.63	27.96	
1,2-二氯乙烷	CH$_2$	43.50	45.25	45.02	43.59	45.54	45.11	
二氯甲烷	CH$_2$	53.52	54.95	54.84	53.46	55.32	54.78	
DMSO	CH$_3$	40.76	41.23	40.45	40.03	41.31	40.45	39.39
乙醇	CH$_3$	18.41	18.89	18.51	8.72	18.80	18.40	17.47
	CH$_2$	58.28	57.72	56.07	57.86	57.96	58.26	58.05
二氧六环	CH$_2$	67.14	67.60	66.36	67.16	67.72	68.11	67.19
乙酸乙酯	CH$_3$CO	21.04	20.83	20.68	20.56	21.16	20.88	21.15
	CO	171.36	170.96	170.31	170.44	171.68	172.89	175.26
	OCH$_2$	60.49	60.56	59.74	60.21	60.98	61.50	62.32
	CH3	14.19	14.50	14.40	14.19	14.54	14.49	13.92

续表

		CDCl₃	(CD₃)₂CO	(CD₃)₂SO	C₆D₆	CD₃CN	CD₃OD	D₂O
正己烷	CH₃	14.14	14.34	16.88	14.32	14.43	14.45	
	CH₂(2)	22.70	23.28	22.05	23.04	23.40	23.68	
	CH₂(3)	31.64	32.30	30.95	31.96	32.36	32.73	
甲醇	CH3	50.41	49.77	48.59	49.97	49.90	49.98	49.50
硝基甲烷	CH₃	62.50	63.21	63.28	61.16	63.66	63.08	63.22
吡啶	CH₂(2)	149.90	150.67	149.58	150.27	150.76	150.07	149.18
	CH₂(3)	123.75	124.57	123.84	123.58	127.76	125.53	125.12
	CH₂(4)	135.96	136.56	136.05	135.28	136.89	138.35	138.27
THF	CH₂	25.62	26.15	25.14	25.72	26.27	26.48	25.67
	OCH₂	67.97	68.07	67.03	67.80	68.33	68.83	68.68
三乙胺	CH₃	11.61	12.49	11.74	12.35	12.38	11.09	9.07
	CH₂	46.25	47.07	45.74	46.77	47.10	46.96	47.19